"十三五"国家重点出版物出版规划项目

现代机械工程系列精品教材

普通高等教育"十一五"国家级规划教材

现代施工工程机械

第2版

主　编　张　洪

副主编　贾志绚　智晋宁

参　编　张福生　晋民杰　宋　勇　董洪全

　　　　李　捷　杨春霞　杨明亮　姚艳萍

　　　　林慕义　陈　伟

主　审　冯忠绪

U0241063

机械工业出版社

工程机械是现代化建设工程中的重要技术装备。本书重点介绍了主要类型工程机械的工作原理、构造性能、操纵控制方法和作业特点。

　　全书分为两篇。第一篇为土石方施工机械，包括推土机、装载机、铲运机与平地机、挖掘机械、破碎与筛分机械、隧道掘进机械以及桩工机械。第二篇为筑路与建筑施工机械，包括压实机械、沥青混合料搅拌设备、混凝土摊铺机械、水泥混凝土搅拌设备、水泥混凝土输送设备、起重机械以及高空作业车。

　　本书是起重运输和工程机械专业的专业教材，也适用于机械设计类、土木建筑工程类、交通运输工程类、水利水电工程类、采矿工程类和农业工程类等专业本科生的教学。

图书在版编目（CIP）数据

现代施工工程机械/张洪主编. —2 版. —北京：机械工业出版社，2018.1（2024.1 重印）

普通高等教育"十一五"国家级规划教材　"十三五"国家重点出版物出版规划项目　现代机械工程系列精品教材

ISBN 978-7-111-61328-2

Ⅰ.①现…　Ⅱ.①张…　Ⅲ.①工程机械-高等学校-教材　Ⅳ.①TU6

中国版本图书馆 CIP 数据核字（2018）第 259899 号

机械工业出版社（北京市百万庄大街 22 号　邮政编码 100037）

策划编辑：刘小慧　责任编辑：刘小慧　张丹丹　任正一

责任校对：郑　婕　封面设计：张　静

责任印制：单爱军

北京虎彩文化传播有限公司印刷

2024 年 1 月第 2 版第 4 次印刷

184mm×260mm · 20.25 印张 · 495 千字

标准书号：ISBN 978-7-111-61328-2

定价：49.90 元

前　言

本书自 2008 年出版以来，数次重印，得到国内一些院校的选用，在教学实践中受到广大师生的欢迎。同时，工程机械行业的制造、使用维护企业以及有关研究机构的工程技术人员也将本书作为常用的专业参考书。

近十年来，现代化建设工程中的施工技术和工程机械产品都有了很大发展，许多标准也进行了修订。通过对引进设备的消化吸收和自主创新，我国工程机械的整体水平有了很大的提升，形成了很强的国际市场竞争力。本书希望通过再版来体现现代施工技术的发展和机械设备的更新，使教学内容跟上先进技术的发展步伐。

本书在修订中基本保持了原版的体系和风格，对各章内容都进行了调整和修改。除删减了较为陈旧或较少使用的设备的内容外，还强化了现有设备的先进技术，增加了一些现代施工工程中典型的设备类型，如去掉了稳定土拌和机械，增加了桩工机械和高空作业车的内容。

本书由太原科技大学张洪担任主编，并对全书进行统稿；由贾志绚、智晋宁担任副主编；由长安大学冯忠绪担任主审，并对全书内容进行审阅。参加本书修订的有太原科技大学的贾志绚（第一章）、张福生（第二、四章）、宋勇（第三章的第一、二节和第十一章）、晋民杰（第五章）、杨春霞（第六章）、董洪全（第七章）、智晋宁（第三章的第三、四节和第九章）、李捷（第十章）、杨明亮（第十三章）、姚艳萍（第十四章）、北京信息科技大学的林慕义（第八章）、吉林大学的陈伟（第十二章）。

本书在修订过程中，机械工业出版社给予了大力支持，国内外许多工程机械生产、研究和使用企业提供了技术方面的信息，使用本书的高等院校教师提出了宝贵建议，在此一并表示衷心的感谢。

限于编者水平，书中难免有不足和疏漏之处，恳切希望使用本书的高校师生和广大读者不吝赐教。

编　者

目 录

前　言

第一篇　土石方施工机械

第一章　推土机 ………… 2
　第一节　概述 ………… 2
　第二节　推土机的总体构造 ………… 5
　思考题 ………… 23

第二章　装载机 ………… 24
　第一节　概述 ………… 24
　第二节　装载机构造 ………… 25
　第三节　滑移装载机简介 ………… 34
　思考题 ………… 37

第三章　铲运机与平地机 ………… 38
　第一节　铲运机概述 ………… 38
　第二节　自行式铲运机构造 ………… 41
　第三节　平地机概述 ………… 49
　第四节　平地机构造 ………… 54
　思考题 ………… 66

第四章　挖掘机械 ………… 67
　第一节　概述 ………… 67
　第二节　单斗挖掘机构造 ………… 70
　第三节　挖掘装载机简介 ………… 84

　思考题 ………… 87

第五章　破碎与筛分机械 ………… 88
　第一节　概述 ………… 88
　第二节　破碎机械 ………… 90
　第三节　筛分机械 ………… 105
　第四节　联合破碎筛分设备 ………… 111
　思考题 ………… 112

第六章　隧道掘进机械 ………… 113
　第一节　概述 ………… 113
　第二节　凿岩机及凿岩台车 ………… 114
　第三节　掘进机 ………… 119
　第四节　盾构机 ………… 126
　思考题 ………… 132

第七章　桩工机械 ………… 133
　第一节　概述 ………… 133
　第二节　预制桩施工机械构造 ………… 137
　第三节　灌注桩施工机械构造 ………… 147
　第四节　旋挖钻机 ………… 153
　思考题 ………… 158

第二篇　筑路与建筑施工机械

第八章　压实机械 ………… 160
　第一节　压实机械的用途及分类 …… 160
　第二节　静作用压路机结构 ………… 166
　第三节　振动与冲击压实机械结构 … 174
　思考题 ………… 190

第九章　沥青混合料搅拌设备 ……… 191
　第一节　概述 ………… 191
　第二节　沥青混合料搅拌设备构造 … 192
　第三节　沥青混合料搅拌设备的控制
　　　　　系统 ………… 211

思考题 …………………………… 214

第十章　混凝土摊铺机械 ………… 215
第一节　概述 …………………… 215
第二节　沥青混合料摊铺机 …… 217
第三节　滑模式水泥混凝土摊铺机 … 228
思考题 …………………………… 237

第十一章　水泥混凝土搅拌设备 …… 238
第一节　水泥混凝土搅拌机 …… 238
第二节　水泥混凝土搅拌站（楼）… 248
思考题 …………………………… 255

第十二章　水泥混凝土输送设备 …… 256
第一节　水泥混凝土搅拌运输车 …… 256
第二节　水泥混凝土输送泵和泵车 … 260

第三节　自行式小型混凝土搅拌站 … 273
思考题 …………………………… 276

第十三章　起重机械 ……………… 277
第一节　起重机械分类 ………… 277
第二节　塔式起重机 …………… 278
第三节　流动式起重机 ………… 289
思考题 …………………………… 303

第十四章　高空作业车 …………… 304
第一节　概述 …………………… 304
第二节　高空作业车的总体构造 … 308
思考题 …………………………… 313

参考文献 …………………………… 315

第一篇

土石方施工机械

第一章　推土机

第二章　装载机

第三章　铲运机与平地机

第四章　挖掘机械

第五章　破碎与筛分机械

第六章　隧道掘进机械

第七章　桩工机械

第一章

推 土 机

第一节 概　　述

一、用途

推土机是一种在履带式拖拉机或轮胎式牵引车的前面安装推土装置及操纵机构的自行式施工机械，主要用来完成短距离松散物料的铲运和堆集作业，如开挖路堑、构筑路堤、回填基坑、铲除障碍、清除积雪、平整场地等。

推土机配备松土器后可翻松Ⅲ、Ⅳ级以上硬土、软石或凿裂层岩。推土机还可协助其他机械完成施工作业，以提高作业效率。

推土机的用途十分广泛，是铲土运输机械中最常用的作业机械之一，在土方施工中占有重要地位。但由于铲刀没有翼板，容量有限，在运土过程中会造成两侧的泄漏，故运距不宜太长，一般为50~100m，否则会降低生产率。

二、分类和表示方法

推土机可按发动机功率等级、行走装置、推土铲安装形式、传动方式和用途等进行分类。

1. 按发动机功率等级

按推土机装备的发动机功率等级不同，可分为以下五类：

1）超小型。功率在30kW以下，用于极小的作业场地。

2）小型。功率在30~75kW范围内，用于零星土方作业。

3）中型。功率在75~225kW范围内，用于一般和中型土方作业。

4）大型。功率在225~745kW范围内，生产率高，用于坚硬土质或深度冻土的大型土石方工程。

5）特大型。功率在745kW以上，用于大型露天矿或大型水电工程。

2. 按行走装置

按推土机的行走装置不同，可分为履带式推土机和轮胎式推土机两种，如图1-1所示。

1）履带式。履带式推土机附着性能好、牵引力大，其牵引力能达到同等级轮胎式推土机的1.5倍。履带的接地比压小，爬坡能力强，能适应恶劣的工作环境，作业性能优越。

2）轮胎式。轮胎式推土机的机动性好，作业循环时间短，转移方便迅速，不损坏路面。但牵引力较小，松软地面的通过性较差，使用范围受到限制。适用于经常变换工地和在良好地面条件的场地作业，如城市建设和道路维修工程。

a)　　　　　　　　　　　　　　　　　　b)

图 1-1　推土机的外形

a) 履带式推土机　b) 轮胎式推土机

3. 按推土铲安装形式

1) 固定式。推土铲与主机纵向轴线固定为直角，也称为直铲式推土机。这种形式推土机的结构简单，只能正对前进方向推运土，作业灵活性较差，用于中小型推土机。

2) 回转式。推土铲能在水平面内回转一定角度，与主机纵向轴线可以安装成固定直角或非直角，也称为角铲式推土机。这种形式的推土机作业范围较广，便于向一侧移土和开挖边沟。

4. 按传动方式

1) 机械式传动。这种传动方式的推土机工作可靠，传动效率高，制造简单，维修方便，但操作较费力，适应外阻力变化的能力差，易引起发动机熄火，作业效率较低。目前，大中型推土机已较少采用。

2) 液力机械传动。采用液力变矩器与动力换档变速器组合传动装置，可随外阻力变化自动调整牵引力和速度，换档次数少，操纵轻便，作业效率高，是大中型推土机多采用的传动方式。缺点是采用了液力变矩器，传动效率较低，结构复杂，制造和维修成本较高。

3) 静液压传动。由液压马达驱动行走机构，可实现牵引力和速度无级调整，发动机功率利用好。因为没有主离合器、变速器和驱动桥等传动部件，故整机重量轻，结构紧凑，总体布置方便，操纵简单，可实现原地转向。但传动效率较低，受液压元件限制，目前在大功率推土机上应用很少。

4) 电传动。有两种形式，一种是由柴油机带动发电机，通过发电机的电能驱动电动机，进而驱动行走机构和工作装置。该形式结构紧凑，总体布置方便，操纵灵活，可实现无级变速和整机原地转向。但整机质量大，制造成本高，仅在少数大功率推土机上应用。另一种电传动式推土机采用动力电网的电力，通过电缆给推土机提供动力，主要用于露天矿开采和井下作业，没有废气污染。但受到电缆的限制，作业的场地仅局限在一定范围内。

5. 按用途

1) 标准型推土机。这种机型一般按标准配置生产，应用范围广泛。

2) 专用型推土机。专用性强，为适应某些特殊环境和施工要求，在标准型推土机基础上配置了专门的部件和装置，如图 1-2~图 1-7 所示。

湿地型推土机采用加长履带和宽幅防陷三角形履带板，加大了接地面积，接地比压小，底盘部分有良好的防水密封性能，主要用于浅水和沼泽地的施工作业，也可在陆地湿软地面

图 1-2 湿地型推土机

图 1-3 高原型推土机

图 1-4 环卫型推土机

图 1-5 电厂（推煤）型推土机

图 1-6 推耙机

图 1-7 吊管机

上使用。

高原型推土机采用高原（涡轮增压）发动机和耐低温、防紫外线辐射性能较好的材料，能在高海拔（3000～5000m）地区作业，适应高寒、低压、缺氧和紫外线辐射高等恶劣条件。

环卫型推土机用于垃圾场填埋、平整和压实。在专用的环卫型铲刀上增加护栏，以增大铲刀容量，防止木桩等顶坏发动机护板和散热器，采用防缠绕履带板，驾驶室严格密封，降低噪声和防止灰尘进入。

电厂（推煤）型推土机配置大容量 U 形铲，主要用于火力发电厂和大型煤场的散煤推运。

军用高速推土机（图 1-1b）主要用于国防建设，平时用于战备施工，战时可快速除障，挖山开路，牵引拖车等。

推耙机是推土机的变型产品，推耙可以绕其与推杆的连接铰点做前后摆动，配合推杆的提升和下落即能实现向前的推运和向后的耙动，操纵灵活方便，广泛用于港口船只散装货物的清舱和平舱作业，也用于仓库松散物料的推耙作业。

吊管机也是推土机的变型产品，工作装置为安装在底盘侧面的吊杆和卷扬机构及配重，为增加整机的稳定性，采用加长加宽履带，用于各种管道的敷设。

推土机产品型号按类、组、型分类原则编制，一般由类、组、型代号和主参数代号组成。字母 T 表示推土机（即推土机汉语拼音的第一个字母），L 表示轮胎式，Y 表示液压式，主参数的数字表示装配发动机的功率，单位是马力或瓦。对于引进的新机型，许多厂家按引进机型编号。

推土机的主要技术参数有发动机额定功率、机重、最大牵引力和铲刀的宽度及高度等，其中功率是其最主要的参数。

三、推土机作业过程

推土机的基本作业过程如图 1-8 所示。将铲刀下降至地面以下一定深度（铲土深度可通过铲刀的升降量来调整），推土机向前行驶，此过程为铲土作业（图 1-8a）。铲土作业完成后，铲刀略提升使其贴近地面，推土机继续向前行驶，此过程为运土作业（图 1-8b）。当运土至卸土地点时卸弃，或根据需要将铲刀提升一定高度，推土机慢速前行将铲刀前的土壤摊铺开来，此过程为卸土作业（图 1-8c）。卸土作业完成后，推土机倒退或掉头快速行驶至铲土地点重新开始铲土作业。推土机经过铲土、运土和卸土及回程四个过程完成一个工作循环，故推土机属于循环作业式的土方工程机械。

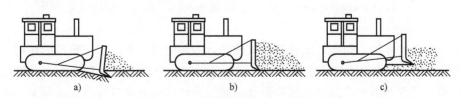

图 1-8　推土机的基本作业过程

a）铲土作业　b）运土作业　c）卸土作业

第二节　推土机的总体构造

推土机由发动机、传动系统、行走和转向系统、工作装置和操纵控制系统等几部分组成。

一、传动系统

传动系统的作用是将发动机的动力减速增矩后传给行走装置，使推土机具有足够的牵引力和合适的工作速度。常用的传动方式有机械传动、液力机械传动和静液压传动三种。目前国外厂家已淘汰了机械传动方式，在中小型推土机上采用静液压传动方式，在大型和特大型推土机上采用液力机械传动方式。国内的中小型推土机上有的仍采用机械传动，大中型推土机上则多采用液力机械传动，已有厂家开发出静液压传动推土机。

1. 机械传动系统

机械传动系统由主离合器、联轴器、变速器、中央传动装置、转向离合器和制动器、终传动机构组成。图1-9所示为国产TY180型推土机的机械传动系统布置简图。该机型以柴油机为动力装置，推土铲刀操纵方式为液压式。

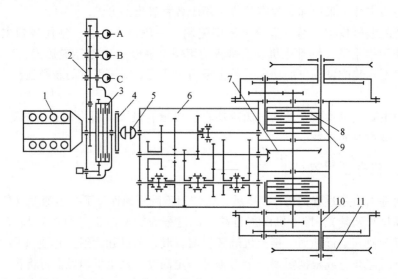

图 1-9　国产 TY180 型推土机的机械传动系统布置简图

1—柴油发动机　2—动力输出箱　3—主离合器　4—小制动器　5—联轴器　6—变速器
7—中央传动装置　8—转向离合器　9—转向制动器　10—终传动机构　11—驱动链轮
A—工作装置齿轮液压泵　B—主离合器齿轮液压泵　C—转向齿轮液压泵

主离合器3的作用是切断或结合发动机的动力，并对传动系统起过载保护作用；变速器6用来变换档位，获取合适的作业速度和前进倒退行驶；中央传动装置7为一对锥齿轮，用于增加转矩并改变动力传递方向；转向离合器8用于传递动力并与转向制动器9一起实现推土机转向和减速停车；终传动机构10用来进一步降速增矩，以保证推土机有合适的牵引力和作业速度。机械传动系统的传动路线如图1-10所示。

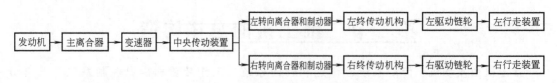

图 1-10　机械传动系统的传动路线

动力输出箱2装在主离合器壳体上，由飞轮上的齿轮驱动，用来带动三个齿轮式液压泵。这三个齿轮式液压泵分别向工作装置、主离合器和转向离合器的液压操纵机构提供液压油。

2. 液力机械传动系统

液力机械传动系统由液力变矩器、动力换档变速器、中央传动装置、转向离合器和制动器、终传动机构组成。图 1-11 所示为 D85A-12 型推土机的液力机械传动系统布置简图。

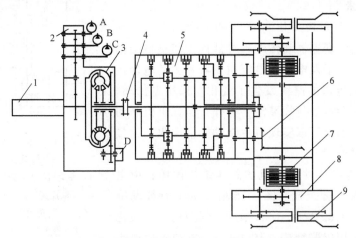

图 1-11　D85A-12 型推土机的液力机械传动系统布置简图
1—发动机　2—动力输出箱　3—液力变矩器　4—联轴器　5—动力换档变速器
6—中央传动装置　7—转向离合器与制动器　8—终传动机构　9—驱动链轮
A—工作装置液压泵　B—变矩器与动力换档变速器液压泵　C—转向离合器液压泵　D—排油液压泵

液力机械传动系统与机械传动系统的区别在于前者用液力变矩器和动力换档变速器取代了主离合器和机械式换档变速器，可不停机换档。液力变矩器能够根据推土机负荷的变化自动改变其输出转速和转矩，使推土机实现自动调节工作速度和牵引力，减少传动系统的冲击负荷，避免推土机熄火，变速器的档位数也较少。液力机械传动系统的传动路线如图 1-12 所示。

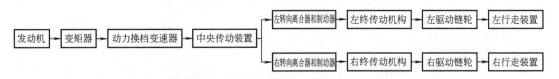

图 1-12　液力机械传动系统的传动路线

液力传动有很好的自适应能力，但传动效率比机械传动低，可通过选择具有综合性能的变矩器来改善液力机械传动系的性能，也可通过选择带有闭锁离合器的变矩器使液力机械传动系统具有机械传动系统的功能。

3. 静液压式传动系统

推土机液压传动系统由双向变量液压泵、双向定量液压马达和终传动机构组成，通常采用双泵双回路闭式液压系统，图 1-13 所示为推土机静液压传动系统原理图，静液压传动系统的传动路线如图 1-14 所示。

采用液压传动的推土机靠流体的压力能来完成功率传递，结构简单，不需要变矩器、离合器、变速器、中央传动装置、转向离合器和制动器等机械传动装置，布置方便，传动效率高，无级变速范围大，自动适应性好，噪声低。

推土机采用循环作业方式，特别是铲土过程中负荷变化剧烈，受液压元件功率的限制，目前静液压传动只用在中小型推土机上，大功率推土机仍采用液力机械传动。

4. 电传动技术

推土机的电传动多采用柴油-电力的混合动力。传动系统取消了离合器、变速器和传动轴等部件，使整机结构更加紧凑。但因增加了发电机、电源逆变器和驱动电动机等部件，使功率流传递的路线发生了变化。采用电传动，使推土机原地转向和行驶更加灵活，另外，当推土机制动或下坡时，驱动电动机可以实现再生制动能量回收，为推土机其他附件提供电能。

图 1-15 所示为电传动推土机的总体结构简图，由电传动和机械传动两部分组成。图 1-16 所示为卡特彼勒推出的首款电驱动推土机 D7E。D7E 采用常规布局，模块化设计，传动系统采用串联结构（图 1-17），发动机后连接着交流发电机，交流电动机横置于车体后部驾驶人座位下方，电气设备布置在驾驶人后方较低的位置。D7E 工作装置采用两个 L 型顶推架，单升降油缸，结构比高驱动推土机更为简化。

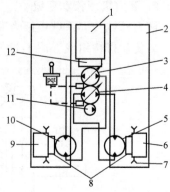

图 1-13 推土机静液压传动
系统原理图
1—发动机 2—履带 3—前液压泵
4—后液压泵 5、10—驱动液压马达
6、9—终传动机构 7—驱动链轮
8—停车制动器 11—供油泵
12—分动箱

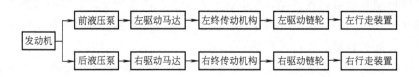

图 1-14 静液压传动系统的传动路线

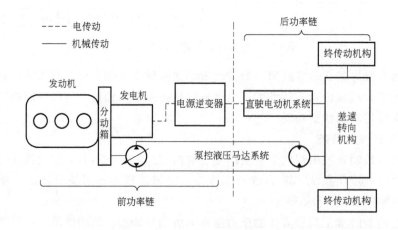

图 1-15 电传动推土机的总体结构简图

图1-16　卡特彼勒推出的
首款电驱动推土机D7E

图1-17　D7E的电传动系统
1—终传动　2—AC/DC电源转换器　3—辅助电
源转换器　4—驱动单元（两个交流电动机）
5—AC发电机　6—6缸涡轮柴油机

该机利用交流电动机实现连续变速，不需要传统的机械变速器，比上一代D7机型减少了60%的运动部件，同时每小时可节油20%，提高生产率10%，降低操作运行成本10%，延长传动系统寿命50%，改善了操纵性能。

交流传动的关键部件是逆变器，除为电动机提供动力外也为水泵、空调等附件提供动力。整个电力系统采用全密封、全液冷，还采用了高电压隔离、屏蔽布线、冗余接地等措施保障电气系统的安全。

D7E的终传动机构采用两级减速，因电动机与链轮不在同一轴线上，故第二级采用了行星传动。液压系统包括行走转向和工作装置两部分，除了共用液压油箱外各系统相对独立，行走操纵与卡特彼勒液压传动的其他推土机类似，采用集成操纵杆，无须换档，只需设定最高速度。

卡特彼勒D7E型履带式推土机电驱动系统与汽车上定义的混合动力技术较为相似但又有所不同，没有安装超大容量的蓄电池来储存能量，而是将动力回馈给发动机，以动能的形式储存在飞轮中，待机器反向加速运行时释放能量。

二、行走和转向系统

行走系统是实现机械行驶和将发动机动力转化成机械牵引力的系统，包括机架（车架）、悬架和行走装置三部分。机架是整车的骨架，用来安装所有总成和部件。行走装置用来支承机体，把发动机传到驱动轮上的转矩和转速转变为推土机工作与行驶所需的驱动力和行走速度。机架与行走装置通过悬架连接起来。

1. 行走装置

轮胎式推土机的行走装置包括机架和前后桥。推土机的行驶速度较低，车桥与机架一般采用刚性连接（即刚性悬架）。为保证在不平地面行驶时车轮均能与地面接触，将一个驱动桥与机架铰接，使车桥两侧车轮能随地面起伏而上下摆动。

履带式推土机的行走装置由驱动链轮、支重轮、托带轮、引导轮、履带（统称为"四轮一带")、台车架（又称为履带架或行走架）和张紧装置等组成。根据驱动轮的布置位置不同有两种类型：一种为低位驱动轮形式，另一种为高位驱动轮形式。

（1）低位驱动轮形式 低位驱动轮的行走装置中驱动链轮和引导轮的中心几乎在一条水平线上，如图1-18所示。

四种轮子均支承在台车架上，履带包绕在轮子外面并由张紧装置张紧，直接与地面接触。驱动链轮转动时通过轮齿驱动履带使之运动，使推土机行驶。支重轮沿履带的轨面滚动，将整机的荷载传给履带并夹持履带防止其横向滑出，转向时，可迫使履带在地

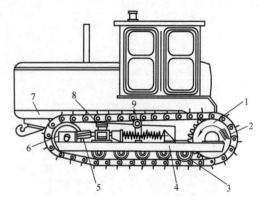

图1-18 履带式行驶系统构造示意图
1—驱动链轮 2—履带 3—支重轮 4—台车架
5—张紧装置 6—引导轮 7—机架 8—悬架 9—托带轮

面上横向滑移。托带轮用来承托履带的上部防止履带过度下垂，减小履带运动中的上下振动并防止履带侧向滑落。引导轮用于引导履带正确卷绕，与张紧装置一起使履带保持一定的张紧力，以防跳振和滑落，还可缓和履带对台车架的冲击。

（2）高位驱动轮形式 高位驱动轮形式的行走装置是美国卡特彼勒公司首先运用于大型履带式推土机上，如图1-19所示。两个引导轮和支重轮、托带轮安装在台车架上，驱动轮抬高一段距离使履带形成三角形状。驱动链轮高置脱离台车架，避免了推土机作业和行走时的冲击和振动载荷直接传到驱动链轮，减少了对传动系统的影响，延长传动系统的寿命。

对应于驱动轮高置，将主要传动部件（如终传动、转向制动和变速器等）设计成模块化整体部件。如图1-20所示，变速器作为标准单元结构布置在后桥箱（主箱体）的后部，任何时候只需抽出驱动轴，拆下螺栓和操纵连杆，不必移动履带全套的传动装置和锥齿轮组件均可整体抽出，拆装和维修非常方便。

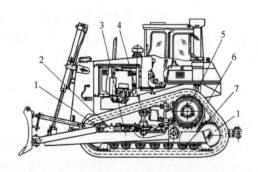

图1-19 高位驱动轮行走装置推土机外形（SD7）
1—引导轮 2—张紧装置 3—台车架 4—托带轮
5—驱动轮 6—履带总成 7—支重轮

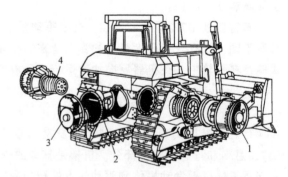

图1-20 卡特彼勒推土机的模块化结构
1—终传动机构 2—锥齿轮 3—变速器
4—转向离合器与制动器

静液压传动的推土机，发动机与液压泵做成一个模块，液压马达和终传动机构、停车制动器及驱动链轮做成一个模块，结构更加简单。

2. 机架（车架）

主机架是推土机最重要的受力部件，一般是由传动箱与两根纵梁焊接而成的，通过平衡梁与台车架连接。大型推土机的纵梁采用了变截面的全箱形断面设计，与铸造而成的后桥箱焊接为一体，结构简单、坚固，可以很好地吸收推土机作业产生的高强度冲击和扭转载荷。图 1-21 所示为卡特彼勒 D11R CD 推土机的主机架结构，其由两根纵梁、前横梁、平衡梁（中横梁）以及后桥箱（主箱体）构成。后桥箱前后左右分别布置了变矩器、变速器和左右两套转向离合器-终传动机构。变速器部分暴露在车体外，可以方便地从后方进行拆装。终传动机构则完全脱离台车架并暴露在车体外，安装和拆卸也非常方便（图 1-22）。

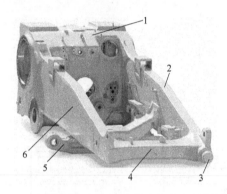

图 1-21 卡特彼勒 D11R CD 推土机的主机架结构   图 1-22 卡特彼勒 D11R CD 推土机主机架安装图
1—后桥箱（主箱体） 2—纵梁上护板 3—横拉杆耳轴
4—前横梁 5—平衡梁（中横梁） 6—纵梁

台车架与机架采用枢轴式铰接形式，取代了普通推土机（低位驱动轮）中台车架与机架连接所采用的八字梁结构，提高了台车架与机架的连接刚度，同时履带后部接地位置不受链轮位置影响，使整机重心在履带接地长度上可调节，满足不同机具对整机重心的要求。

3. 悬架

履带式推土机的左右两个行走装置，通常采用半刚性悬架与机架连接，即后部驱动链轮轴与台车架刚性连接，前部悬架平衡梁通过弹性元件与机架连接，平衡梁中部与推土机机架铰接。当推土机行驶在崎岖的路面时，两侧行走装置可绕台车架上驱动链轮轴做上下摆动，以保持推土机上部机体的稳定性。

现代大型推土机则采用了弹性悬架，以获得更好的路面适应性。图 1-23 所示为卡特彼勒和小松推土机的弹性悬架机构。支重轮通过摆动架和橡胶弹簧与台车架相连，驱动链轮的轮缘和轮毂之间设有橡胶垫，在不平路面行走时支重轮可以上下摆动，橡胶弹簧和橡胶垫的

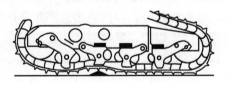

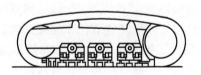

a)   b)

图 1-23 卡特彼勒和小松推土机的弹性悬架机构
a）卡特彼勒公司推土机的弹性悬架机构 b）小松公司推土机的弹性悬架机构

缓冲大大地减少了冲击振动，提高了推土机牵引附着性能和乘坐舒适性。

4. 转向和制动系统

采用机械传动和液力机械传动的推土机，通常采用转向离合器加转向制动器来实现推土机的转向与制动。转向离合器有干式和湿式。湿式离合器浸在油中，散热好，寿命长，是常用的形式。转向制动器则因便于布置多采用带式制动器。

采用液压传动方式的推土机，无须转向器和行车制动器，只要控制每一侧液压马达的输出转速或旋转方向（如图1-13中的5和10），就可实现推土机的转向或原地转向。当操纵阀中位时，液压节流即可实现行车制动。驻车制动器安装在终传动机构处。

三、推土机工作装置

推土机工作装置包括推土装置和松土器或绞盘（可选）。

1. 推土装置

推土机的推土装置为推土铲，是推土机的主要工作装置，由推土板（铲刀）和推架两部分组成，安装在推土机的前端，有固定式和回转式两种安装形式。

采用固定式铲刀的推土机，其铲刀正对前进方向安装，称为直铲或正铲，多用于中、小型推土机。回转式铲刀可在水平面内回转一定的角度安装，以实现斜铲作业。一般最大回转角为25°；还可使铲刀在垂直平面内倾斜一个角度，以实现侧铲作业，侧倾角一般为0°～9°，

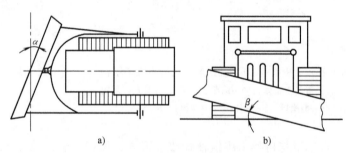

图1-24 回转式铲刀安装示意图
a) 铲刀回转 b) 铲刀侧倾

如图1-24所示。回转式铲刀以0°回转角安装时，同样可实现直铲作业。因此，回转式铲刀的作业适应范围更广，大、中型推土机多安装回转式铲刀。

直铲作业是推土机最常用的作业方法。固定式铲刀较回转式铲刀自重轻，使用经济性好，坚固耐用，承载能力强，一般在小型推土机和承受重载作业的大型履带式推土机上采用。

当推土机处于运输工况时，推土装置被提升液压缸提起，悬挂在推土机前方；当推土机进入作业工况时，则降下推土装置，将铲刀置于地面或插入土内，随推土机向前行进，进行推运土或平整作业。当推土机作为牵引车作业时，可将推土装置拆除。

通常，向前推挖土石方、平整场地或堆积松散物料时，广泛采用直铲作业；傍山铲土或单侧弃土，常采用斜铲作业；在斜坡上铲削硬土或挖边沟，采用侧铲作业。

（1）固定式推土装置 图1-25所示为D155A3型推土机固定式推土装置，由推土板、顶推梁、斜撑杆、横拉杆和倾斜液压缸等组成。

顶推梁6铰接在履带式底盘的台车架上，推土板3可绕其铰接支承摆动，以实现铲刀的提升或下降。推土板3、顶推梁6、斜撑杆8、倾斜液压缸5和横拉杆4等组成一个刚性构架，整体刚度大，可承受重载作业负荷。在推土板的背面有两个铰座，用以安装铲刀升降液

压缸。升降液压缸铰接于机架的前上方。

通过等量伸长或缩短斜撑杆 8 和倾斜液压缸 5 的工作长度，可以调整推土板的切削角（即改变刀片与地面的夹角），以适应不同土质的作业要求。

（2）回转式推土装置 回转式推土装置构造如图 1-26 所示，由推土板 1、顶推架 6、推土板推杆 5 和斜撑杆 2 等组成，可根据施工作业需要调整铲刀在水平和垂直平面内的倾斜角度。当两侧的螺旋推杆分别铰装在顶推架的中间耳座上时，铲刀呈直铲状态；当一侧推杆铰装在顶推架的后耳座上，而另一侧推杆铰装在顶推架的前耳座上时，呈斜铲

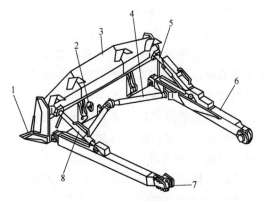

图 1-25 D155A3 型推土机固定式推土装置
1—端刃 2—切削刃 3—推土板 4—横拉杆
5—倾斜液压缸 6—顶推梁 7—铰座 8—斜撑杆

状态；铲刀水平斜置后，可在直线行驶状态实现单侧排土、回填沟渠，提高作业效率。

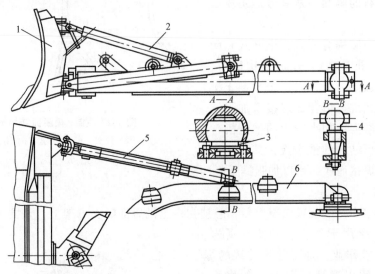

图 1-26 回转式推土装置构造
1—推土板 2—斜撑杆 3—顶推架支承 4—推杆球状铰销 5—推土板推杆 6—顶推架

为扩大作业范围，提高工作效率，现代推土机多采用侧铲可调式结构，即反向调节倾斜液压缸和斜撑杆的长度，可在一定范围内改变铲刀的侧倾角，实现侧铲作业。当铲刀侧倾调整时，先用提升液压缸将推土板提起。当倾斜液压缸收缩时，安装在倾斜液压缸一侧的推土板升高，伸长斜撑杆一端的推土板则下降；反之，倾斜液压缸伸长时，倾斜液压缸一侧的推土板下降，收缩斜撑杆一端的推土板则升高，从而实现铲刀左、右侧倾。铲刀处于侧倾状态下，可在横坡上进行推土作业或平整坡面，也可用铲尖开挖浅沟。

为避免铲刀由于升降或倾斜运动导致各构件间发生运动干涉，铲刀与顶推架前端采用球铰连接，铲刀与推杆、斜撑杆之间，也采用球铰或万向联轴器连接。

顶推架的后端铰接在台车架的球状支承上，整个推土装置可绕其铰接支承摆动升降。

（3）推土板的结构与形式　推土板主要由曲面板和可卸式切削刃组成。切削刃用高强度耐磨材料制造，磨损后可更换。

推土板的外形结构参数主要有宽度、高度和积土面曲率半径。为减小积土阻力，利于物料滚动前翻，防止物料在铲刀前散胀堆积，或越过铲刀向后溢漏，推土板的积土面形状常采用抛物线或渐开线曲面。此类积土表面物料贯入性好，可提高物料的积聚能力和铲刀的容量，降低推土机的能量损耗。因圆弧曲面与抛物线曲面的形状与其积土特性十分相近，且圆弧曲面的制造工艺性好，易加工，故现代推土板多采用圆弧曲面。推土板的外形结构常用的有直线形和U形两种。

直线形推土板属窄型推土板，宽高比较小，比切削力（即切削刃单位宽度上的顶推力）大，适宜连续切削作业。但铲刀前的积土易从两侧流失，切土和推运距离过长会降低生产率。

U形推土板两侧略前伸呈"U"形，在运土过程中，U形铲刀中部的土壤上升卷起前翻，两侧的土壤则在翻的同时向铲刀内侧翻滚，可提高铲刀的充盈程度，有效地减少了土粒或物料的侧漏，适宜做运距较长的推土作业。

推土板断面结构有开式、半开式和闭式三种形式（图1-27）。开式结构简单，但刚性差，承载能力低，只在小型推土机上采用；半开式推土板背面焊接了加强结构，刚度得到增强；功率较大的推土机常采用封闭式箱形结构的推土板，其背面和端面均用钢板焊接而成，用以加强推土板的刚度。

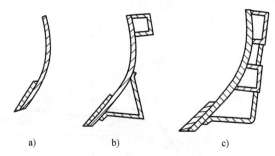

a)　　　　　b)　　　　　c)

图1-27　推土板断面结构形式

a）开式　b）半开式　c）闭式

2. 松土器

松土器又称为松土装置或裂土器，悬挂在推土机后部的支承架上，是推土机的主要附属工作装置，广泛用于硬土、黏土、页岩、黏结砾石的预松作业，也可替代传统的爆破施工方法，用以凿裂层理发达的岩石，开挖露天矿山，提高施工的安全性，降低生产成本。

松土器按松土齿的数量可分为单齿式和多齿式。多齿松土器通常安装3~5个松土齿，用于预松硬土和冻土层，配合推土机和铲运机的作业。单齿松土器的比切削力大，用于松裂岩石作业。图1-28所示为D155A3型推土机上安装的三齿松土器结构。

松土器主要由安装架1、上拉杆（倾斜液压缸）2、松土器臂8、横梁4、提升液压缸3及松土齿等组成，整个松土器悬

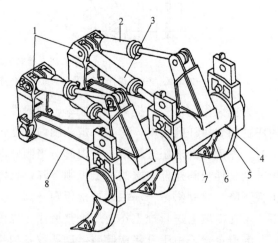

图1-28　D155A3型推土机上安装的三齿松土器结构

1—安装架　2—倾斜液压缸　3—提升液压缸　4—横梁
5—齿杆　6—护套板　7—齿尖　8—松土器臂

挂在推土机后桥箱体的安装架上。松土齿用销轴固定在松土齿架的齿套内，松土齿杆上设有多个销孔，改变齿杆的销孔固定位置，即可改变松土齿杆的工作长度，调节松土器的松土深度。

松土齿由齿杆、护套板、齿尖镶块及固定销组成（图1-29）。齿杆1是主要的受力件，承受巨大的切削载荷。齿杆形状有曲齿形、直齿形和折齿形三种基本结构（图1-29a、b、c）。当直齿形齿杆在松裂致密分层的土壤时，具有良好的剥离表层的能力，同

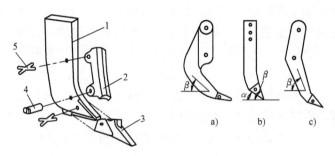

图 1-29　松土齿的构造

a）曲齿　b）直齿　c）折齿

1—齿杆　2—护套板　3—齿尖镶块　4—弹性固定销　5—刚性销轴

时具有凿裂块状和板状岩层的功能。曲齿形齿杆提高了齿杆的抗弯能力，裂土阻力较小，适合松裂非匀质性的土壤。当采用曲齿形齿杆松土时，块状物料先被齿尖掘起，并在齿杆垂直部分通过之前即被凿碎，松裂效果较好。但块状物料易被卡阻在弯曲处。折齿形齿杆形状比曲齿形齿杆简单些，性能介于直齿形齿杆和曲齿形齿杆之间。

松土齿护套板2用以保护齿杆，防止磨损，延长其使用寿命。齿尖镶块3和护套板2是直接松土、裂土的零件，其工作条件恶劣，容易磨损，使用寿命短，需经常更换，因而应采用高耐磨性材料，在结构上应尽可能拆装方便、连接可靠。

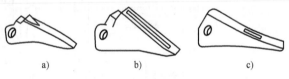

图 1-30　齿尖镶块的结构

a）短型（凿入式）　b）中型（凿入式）

c）长型（对称式）

齿尖镶块有不同的结构外形（图1-30），按其长度分为短型、中型和长型三种，按其对称性分为凿入式和对称式两种。

齿尖镶块的结构不同，其凿入性、凿裂性和抗磨性也不同，松土时，应根据作业条件和地质结构合理选用松土齿。

短型齿尖镶块刚度大，耐冲击，适合凿裂岩石，但耐磨性较差。中型齿尖镶块抗冲击能力中等，耐磨性较好，适合一般硬土的破碎作业。长型齿尖镶块耐磨性好，但抗冲击能力较低，齿尖容易崩裂，适合耙裂动载荷较小的冻土。

凿入式齿尖由合金钢锻造成型，具有良好的自磨锐性能和凿入能力，特别适合凿松均匀致密的泥石岩、粒度较小的钙质岩和紧密黏结的砾岩类土质。

对称式齿尖镶块具有高抗磨性，自磨锐性好。由于齿尖镶块的结构具有对称性，故可反复翻边安装使用，延长了齿尖的使用寿命。

在不容易造成崩齿的情况下，为延长齿尖镶块的寿命，应尽量选用中型凿入式或长型对称式齿尖镶块。

四、推土机操纵控制系统

1. 工作装置液压操纵系统

现代工程机械广泛采用液压系统来操纵工作装置。液压系统回路有开式和闭式之分。开

式系统设有油箱，结构简单，散热性能好，油中杂质可在油箱中沉淀。但机构运行平稳性较差，能量损失较大。闭式系统的液压油在系统的封闭油路中循环，结构紧凑，传动效率高，且空气不易进入，传动平稳性好。但闭式系统结构复杂，散热性能差。工程机械工作装置操纵系统的执行元件以间歇式工作为主，对传动效率的要求不苛刻，故普遍选用开式系统。

液压系统由动力元件、执行元件、控制元件和辅助装置及管道组成。图1-31所示为TY320型履带式推土机开式液压操纵系统。动力元件为PAL200型液压泵2，执行元件包括铲刀升降液压缸9、推土板倾斜液压缸22、松土器升降液压缸16和松土器倾斜液压缸19，控制元件为各种液压阀，辅助装置包括油箱1和24、过滤器及油管等。

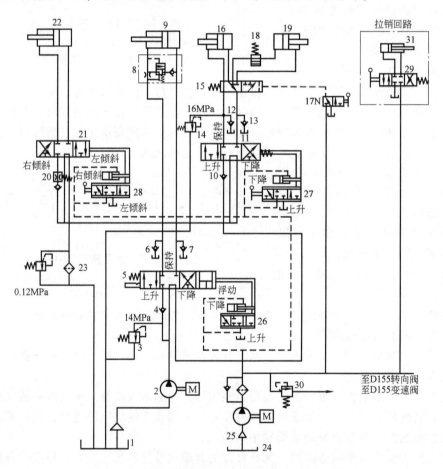

图1-31　TY320型履带式推土机开式液压操纵系统

1、24—油箱　2—液压泵　3—主溢流阀　4、10—单向阀　5—铲刀换向阀　6、7、12、13—吸入阀（补油阀）
8—铲刀快速下降阀　9—铲刀升降液压缸　11—松土器控制阀　14—安全过载阀　15—松土器换向阀
16—松土器升降液压缸　17—先导阀　18—锁紧阀　19—松土器倾斜液压缸　20—单向节流阀
21—铲刀倾斜液压缸换向阀　22—推土板倾斜液压缸　23—过滤器　25—变矩器、变速器液压泵
26—铲刀液压缸先导伺服阀　27—松土器液压缸先导伺服阀　28—铲刀倾斜液压缸先导伺服阀
29—拉销换向阀　30—变矩器、变速器溢流阀　31—拉销液压缸

液压泵2由传动系统分动箱输出的动力驱动，输出的液压油通过分配阀供应到系统各执行元件。系统的最高压力为14MPa，由液压泵2出口处的主溢流阀3控制。由于各执行机构

一般不需同时运动，铲刀升降控制回路、铲刀侧倾控制回路和松土器升降控制回路全部按串联方式连接：液压泵输出液压油通向铲刀升降控制回路入口，其回油通向松土器控制回路入口；松土器控制回路的回油通向铲刀侧倾控制回路入口，铲刀侧倾控制回路的回油直接回油箱。若几个回路同时工作，由于负荷叠加，系统工作压力会很高。为了避免工作液压缸活塞的惯性冲击，降低其工作噪声，液压缸内一般都装有缓冲装置。

大型推土机的液压元件尺寸较大，管路较长，若采用直接操纵的手动式换向控制阀，因受驾驶室空间的限制，布置比较困难，很难使控制元件靠近执行元件，这会增加高压管路的长度，导致管路沿程压力损失增加。现已广泛采用便于布置的先导式操纵换向控制阀。先导阀布置在驾驶室内，以便操纵，而换向阀布置在工作液压缸附近。用先导阀分配的控制液压油来操纵换向阀换向，减少系统功率损失，提高传动效率。

在图 1-31 所示系统中，推土板和松土器升降液压缸的控制阀，均采用先导式操纵换向控制阀。该阀为滑阀式结构，可实现换向、卸荷、节流调速和工作装置的微动控制。换向时，先操纵手动式先导阀，若将先导阀阀芯向左拉，先导阀则处于右位工作状态，来自变矩器、变速器液压泵 25 的液压油分别进入伺服液压缸的无杆腔和有杆腔，由于活塞承压面积差，活塞杆将右移外伸，并通过连杆拉动推土板或松土器工作液压缸的换向控制阀右移。当换向控制阀阀芯右移时，连杆机构将以伺服液压缸活塞杆为支点，带动先导阀阀体左移，使先导阀复位，回到"中立"位置。此时，主换向控制阀就处于左位工作，而伺服液压缸活塞因其无杆腔被关闭，有杆腔液压油向左推压活塞，故活塞被固定在确定的位置上，主换向控制阀也固定在相应的左位工作状态。

先导式操纵换向控制阀具有伺服随动助力作用，操纵伺服阀比直接操纵手动式换向控制阀要轻便省力，可减轻驾驶人的疲劳。

铲刀工作时有"上升""固定""下降"和"浮动"四种不同的操纵要求，其控制回路有四个相应的工作位置。当换向阀处于"浮动"位置时，液压缸无杆腔、有杆腔连通，铲刀为"浮动"状态，可随地面起伏自由浮动，便于仿形推土作业，也可在推土机倒行时利用铲刀平地。

大型推土机铲刀的升降高度可达 2m 以上，提高铲刀的下降速度，可缩短铲刀作业循环时间，提高生产率。为此，在推土板升降回路上装有铲刀快速下降阀 8，用以减小铲刀下降时操纵液压缸 9 有杆腔的排油腔回油阻力。铲刀在快速下降过程中，回油背压增大，铲刀快速下降阀 8 在压差作用下自动开启，有杆腔回油，即通过铲刀快速下降阀直接向铲刀升降液压缸进油腔补充供油，从而加快了铲刀的下降速度。

推土板在速降过程中，推土板的自重对其下降速度起加速作用。但铲刀下降速度过快有可能导致升降液压缸进油腔供油不足，形成局部真空，产生气蚀现象，影响升降液压缸工作的平稳性。为此，在液压缸的进油道上均设有推土板升降液压缸单向补油阀 6、7，在进油腔出现负压时，补油阀 6、7 迅速开启，进油腔可直接从油箱中吸油补充。

在作业过程中，松土器的升降与倾斜不需同时进行，在液压操纵系统中，其升降和倾斜液压缸共用一个先导式操纵换向控制阀，另外设置一个选择工作液压缸的松土器换向阀 15。作业时，可根据需要操纵手动先导阀来改变松土器换向阀的工作位置，再分别控制松土器的升降与倾斜。松土器换向阀 15 的控制液压油由变矩器、变速器的齿轮式液压泵提供。

松土器液压回路也具有快速补油功能，松土机构补油阀 12、13 在松土器快速升降或快速倾斜时可迅速开启,直接从油箱中补充供油,实现松土机构快速平稳动作,提高松土作业效率。

由于松土器作业阻力大,经常出现冲击载荷,在其液压回路上装有松土机构安全过载阀14和锁紧阀(控制单向阀)18。

安全过载阀14可在松土器突然过载时起安全保护作用。当松土器固定在某一工作位置作业时,其升降液压缸闭锁,液压缸活塞杆受拉,如遇突然载荷,有杆腔(过载腔)油压将瞬时骤增,当油压超过溢流阀调定压力时,溢流阀即开启卸荷,液压缸闭锁失效,从而起到保护系统的作用。为了提高溢流阀的过载敏感性,应将该阀安装在靠近升降液压缸的位置上。通常,松土机构溢流阀的调定压力要比系统主溢流阀3的调定压力高15%~25%。

松土器倾斜液压缸控制锁紧阀18安装在倾斜液压缸无杆腔的进油路上。松土作业时,倾斜液压缸处于闭锁状态,液压缸活塞杆受压,无杆腔承受载荷较大,该腔闭锁油压相应较大,装设倾斜液压缸闭锁控制锁紧阀18,可提高松土器控制阀11中位闭锁的可靠性。

当采用单齿松土器作业时,松土齿杆高度的调整也可实现液压操纵。用液压控制齿杆高度固定拉销,只需在系统中并联一个简单的拉销回路,执行元件为拉销液压缸31。

在推土板倾斜回路的进油路上,设有流量控制单向节流阀20,该阀可调节和控制铲刀倾斜液压缸的倾斜速度,实现铲刀稳速倾斜,并保持液压缸内的恒定压力。

2. 推土板的自动找平系统

目前应用在推土机上的自动找平控制方式有两种:GPS找平控制和激光找平控制。激光找平控制系统结构简单,运用较多,有的已成为某些机型的标准配置。

激光导向自动找平系统是一种专门用于对施工作业面进行高精度平整的光机电液一体化自动控制设备,它将激光信号转化为电信号,根据电信号的变化控制电磁比例液压换向阀,通过控制推土机铲刀提升液压缸来控制铲刀的切土深度,减少推土机往返作业的遍数和行程,提高了大面积场地的平整精度和施工质量,加快了工程进度,降低了施工成本。

推土机推土装置的找平系统具有发射、接收、跟踪激光和自动调平铲刀的功能,其由激光发射器、激光接收器及其高度位移装置、顶推梁纵坡角度传感器、光电转换器及电液伺服跟踪控制回路等组成。

激光发射器通常装设在作业区以外的适当地方,激光接收器及其高度位移装置安装在铲刀上方,用来搜索激光,检测铲刀的相对高度。推土机激光控制铲刀自动找平原理如图1-32所示。

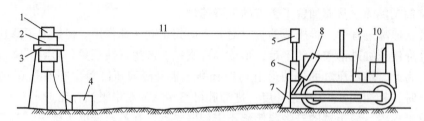

图1-32　推土机激光控制铲刀自动找平原理

1—转动探头　2—激光发射器　3—可调式三角架　4—发电机　5—激光接收器　6—激光接收器液压缸
7—铲刀　8—铲刀升降液压缸　9—控制装置　10—油箱　11—激光束

当发电机4为激光发射器2提供能源时,激光器内的激光工作物质即激发和释放定向激光束 11。通过控制装置 9 调整激光接收器液压缸 6 的工作高度，使激光接收器 5 对准激光束，即可按预定的铲刀切削深度进行推铲平地作业。在推铲作业过程中，找平系统自动控制装置及时根据检测到的铲刀相对高度，通过电液伺服控制回路，自动修正铲刀的离地高度，调整铲刀入土深度，使激光接收器快速准确跟踪对准激光束，使铲刀始终保持在恒定高度，提高平地的精度。

当路面设计标高确定后，自动找平推土机应采用多次推铲作业法，其切土深度应逐次递减，以确保平整精度，提高施工质量。每次确定切削深度后，都应重新调整激光发射器与激光接收器的相对高度，保证激光束对准接收系统。

装有激光自动找平系统的推土机，可沿直线路面进行往返推铲平地作业，也可在大面积场地沿任意方向或弯道行驶作业。当采用直线形推铲作业法时，可在作业区外安装固定式激光发射器。这种激光器固定发出一束定向激光，可被直线作业的推土机激光接收器有效接收。平整大面积场地，则可采用非定向推铲作业方式，用以提高推土机对施工场地的作业适应性，确保施工质量。

推土机激光导向控制普遍采用旋转气体激光器。该激光器结构简单，造价低，操作方便，激光辐射半径可达数百米，旋转速度可达 1200r/min，且激光平面稳定，不受气候影响，能满足推土机高平整度施工作业的要求。

激光导向自动跟踪控制的液压回路如图 1-33 所示。

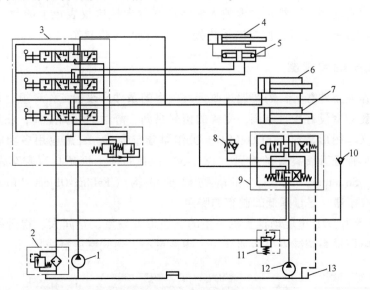

图 1-33　激光导向自动跟踪控制的液压回路

1、12—液压泵　2—过滤器　3—手动多路换向组合阀　4—铲刀倾斜液压缸　5—液压锁　6、7—铲刀升降液压缸　8—单向节流阀　9—电-液换向组合阀　10—单向阀　11—溢流阀　13—油箱

该液压系统采用双泵双回路，具有手控和激光跟踪控制铲刀的功能。手控液压回路由液压泵 1，手动多路换向组合阀 3，过滤器 2，铲刀倾斜液压缸 4 及其液压锁 5，铲刀升降液压缸 6、7 和油箱 13 组成。

采用手控液压回路控制推土工作装置，可实现铲刀升降或倾斜。手动多路换向组合阀 3 由上、中、下三个手动式换向控制阀和溢流阀组合而成。三个手动阀均采用滑阀式结构，系四位五通阀。下阀为铲刀升降控制阀，具有"提升""下降""浮动""闭锁"四个工作位置，可实现铲刀升降、定位闭锁和浮动推土作业。中阀为铲刀倾斜控制阀，通过控制铲刀倾斜液压缸，操纵铲刀前倾、后倾、倾斜定位（锁闭）或置铲刀于倾斜浮动状态。上阀为铲刀速降补油控制阀。当铲刀快速下降时，液压泵1可直接向升降液压缸无杆腔补充供油，确保系统工作平稳。将该阀置于左位时，接通升降液压缸排油腔，可减小无杆腔的排油阻力，提高铲刀提升速度。

铲刀倾斜液压缸液压锁5可双向锁定倾斜液压缸，将铲刀固定在任意倾斜状态，保持固定的铲刀切削角或调定的侧倾角，用以提高推土机的作业稳定性。

推土机应用激光导向平地作业，可起动电-液自动控制回路，实现激光控制铲刀，提高地面平整度和施工质量。回路由液压泵12，电-液换向组合阀9，单向节流阀8，单向阀10，系统安全溢流阀11，铲刀升降液压缸6、7和油箱13组成。

电-液伺服控制回路由液压泵12提供液压油，通过激光接收器检测到的铲刀相对高度和顶推梁纵坡角度传感器转换的电信号，迅速输入电-液伺服系统，操纵电-液换向组合阀9（由电磁先导阀操纵液控换向阀），自动控制铲刀提升或下降，修正铲刀相对高度，跟踪激光束，实现铲刀自动调平。单向节流阀8可在铲刀下降时节流调速，缓慢平稳下降，达到铲刀渐近找平的目的，提高找平精度。单向阀10可防止推土工作装置自重引起铲刀自然坠落，确保铲刀定位的可靠性。溢流阀11在系统过载时开启卸荷，可保护自控液压系统的安全。

当使用铲刀自动调平装置时，驾驶人应将激光导向控制仪表板上的"工作状态"旋转开关旋至"自动控制"位置，使控制系统处于自动调平工作状态。

五、推土机的驾驶室

推土机的作业条件恶劣，需要通过改善驾驶室的条件来改善工作环境，保证安全，提高工作效率，如驾驶室设有冷暖空调，完善的密封措施，舒适的可调座椅；注重驾驶人与操作界面的协调，文本图形显示器LCO/LEO、操作面分布合理，普遍应用多功能操作手柄；合理的驾驶室外形保证开阔良好的视野（图1-34），有的推土机还具有翻车保护结构（Roll-Over Protection Structure，ROPS）和落物保护结构（Falling-Object Protective Structure，FOPS），安装减振器，尽量降低驾驶室的噪声。

图1-35所示为D7E电驱动推土机采用的五边形驾驶室，空间大、视野好。由于发动机无传动带，且电驱动系统减少了运动部件，噪声更小，驾驶室更舒适。

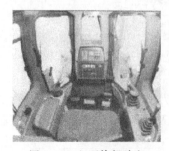
图1-34　六面体驾驶室

图1-35　D7E电驱动推土机采用的五边形
驾驶室（右图为维护状态的驾驶室）

六、推土机的智能化

所谓智能化，是在工程机械机电液一体化的基础上，与微处理器自动控制结合起来，通过安装各种传感器来获取工作环境的信息，使其具有自我感知、自主决策、自动控制的功能。智能化工程机械是智能机器人的一类。

目前，针对工程机械所推出的智能化控制技术体现在两个方面：一是以简化驾驶人操作，提高车辆的动力性、经济性、作业效率及节省能源等为目的的机电液融合技术；二是以提高作业性能为目的的机电液一体化控制技术。

现运用在推土机上的智能化技术有：

1. GPS 全球定位系统

GPS（Global Positioning System）全球定位系统可通过卫星向全球用户提供连续实时三维位置（经度、纬度、高度）、三维速度和时间信息。GPS 包括：空间部分——GPS 卫星，地面控制部分——地面监控系统，用户设备部分——GPS 信号接收机。目前，GPS 在推土机上的应用主要有：确定和控制作业时机械的位置和移动路径，即导航；确定和控制作业装置的位置和姿态，即自动找平控制。因而在确定和控制机械运动的方向和移动距离以及确定和控制作业装置的动作和运动轨迹时，可不用人工或简化人工操纵，实现推土机的自动化和无人驾驶。

GPS 推土机控制系统的基本组成有笔记本式计算机、驾驶室内控制微机和显示屏、固定 GPS 基准站和移动 GPS 接收机。笔记本式计算机将设计数据传输给控制微机，控制微机将 GPS 测量数据进行坐标变换，并显示推土机铲刀位置和设计数据，同时微机发出控制信号（高度和倾角）。利用 GPS 接收器可确定推土机当前位置和铲刀标高，并与预先输入在控制微机里的数字地形模型进行比较，显示屏将铲刀位置和路的横截面图直观地显示出来。该系统用于土地粗平时，其高程控制精度为 2~3cm，与激光技术结合使用可达 2~3mm 的坡度精度，可减少测量和工程造价，广泛用于公路、铁路和堤坝等大型土方工程建设，特别适用于高速公路立交的复杂曲面形状路面的推土施工。

通过 GPS 和无线通信技术使机载电子控制系统与地面基站实现网络化，并通过基站控制，使工程机械机群作业统一管理。

GPS 还为销售商、银行和用户提供安全销售、安全贷款和安全使用保障，因为安装了 GPS 的推土机不论在全球的任何位置都可以被侦测到，并可通过指令使其停止工作，迫使用户及时还款或防盗。

2. 动力传动系统控制

动力传动系统控制包括发动机控制、换档操纵控制、转向控制，可根据推土机行驶速度与负载状态自动换档，并使发动机转速与运行工况相匹配，达到节能目的，且操作方便，提高了生产率。

图 1-36 所示为小松推土机的控制系统。在机器内部装有三个电子控制器，分别对发动机、变速器和转向制动系统进行控制。在控制器内记录着大量的操作数据，利用传感器随时检测推土机在工作中的各种状态。控制器精确地计算出变矩器、变速器、转向离合器和制动器的最佳工作状态，必要时可自动变换档位。小松推土机的转向控制器能根据负荷状态自动地控制转向离合器和制动器之间的比例关系，实现平稳转向，即使在坡地转向时也不会出现

"逆转向"现象。在换档过程中，变速控制器自动地控制换档离合器，以保证换档过程平稳，提高机器部件的可靠性，延长使用寿命。发动机的节气门通过旋钮用电子信号控制，可减少由于机构联动带来的问题。

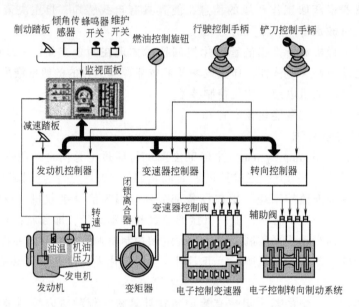

图 1-36　小松推土机的控制系统

3. 计算机控制状态监测和故障诊断

卡特彼勒推土机上的状态监测和故障诊断系统，也称为关键信息管理系统（Vital Information Management System，VIMS）。监控系统具有能同时监控发动机燃油液面高度、冷却液温度、变矩器油温和液压油温等，还具有故障诊断能力，并可向驾驶人提供三级报警。

故障诊断系统为设备的维修保养提供了可靠的技术手段。机载式诊断功能将停机时间减少到最少，最大限度提升机器性能。机载计算机可根据各种传感器的检测信号，结合专家知识库对机器的运行状态进行评估，预测可能出现的故障，在出现故障时发出故障信息或指导驾驶人查找和排除故障。

4. 无人驾驶遥控推土机

随着通信技术和多信息处理技术的高速发展，以及多算法融合技术和自动控制理论的深入研究，国内外已将遥控无人驾驶技术运用于推土机中。

2015年，山推自主研发生产了国内第一台无人驾驶遥控推土机 DE17R，如图 1-37 所示。这是一款无线遥控静压驱动的无人驾驶环卫型推土机，可随意选择遥控或在机驾驶操作，无线遥控可靠距离可达 500m。该产品主要适用于工况环境恶劣，对人身体健康和安全威胁较大的工作环境，如垃圾处理、建筑拆除、抢险、防爆、救援甚至军工等高危作业。

图 1-37　山推无人驾驶环卫型推土机 DE17R

　　该机型的遥控系统实现了推土机的远程作业电控制：包括发动机的起动、熄火和加速踏板控制；推土机的前进后退加减速控制，踏板的制动、转向、原地转向和带载转向控制；铲刀的上升、下降、左右倾斜及浮动功能控制；喇叭、辅助照明和云台摄像头 360°控制。采用国际工程机械专用远程数据传输系统，数据传输可靠、安全，速度高。采用专业防爆摄像头，耐蚀性好且防爆、防尘、防雨；镜头自带刮水器清洁功能，可以在雨天和灰尘等环境作业，整体防护等级 IP68。采用电控静压驱动传动系统，可无级调速、带载转向和原地转向，灵活机动，自动适应多种工况，可在不同工作负载下提供最佳推土速度。采用智能匹配技术，获得最高工作效率和最合理的燃油经济性，整机综合燃油消耗可降低 10%～15%。

5. 铲刀的自动控制技术

　　采用无线遥感、传感技术、电子技术和微机控制等先进技术，使推土机的工作装置实现了自动控制，可在自动模式下按设计坡度完成推土作业。

　　推土作业时，铲刀的自动控制系统能够监控铲刀的负载，并调整铲刀高度，以减小轨迹误差，提高作业效率。随着作业过程接近目标设定坡度，铲刀自动控制系统将根据提供的坡度性能要求进行相应调整，自动控制技术可使推土作业的工作效率比附加机器控制系统提高 13%。

思　考　题

　　1. 简述推土机的用途、分类和作业过程。

　　2. 推土机常用的传动方式有哪些？用简图说明各方式的传动路线。

　　3. 履带式推土机液力机械传动方式与机械传动方式在结构组成上有什么不同？由此产生什么效果？

　　4. 试述履带式推土机普通式行走装置和高架式行走装置的不同之处及优缺点。

　　5. 试述推土机工作装置的结构形式及其工作特点。

　　6. 推土机作业自动找平控制方式有几种？简述激光导向铲刀自动找平的原理和作用。

第二章

装　载　机

第一节　概　述

一、用途及分类

装载机是一种广泛用于公路、铁路、矿山、建筑、水电和港口等工程的土石方施工机械，它的作业对象主要是各种土壤、砂石等散状物料、灰料及其他筑路用散状物料等，主要完成铲、装、卸、运等作业，也可对岩石、硬土进行轻度铲掘作业，如果换装不同工作装置，还可以扩大其使用范围，完成推土、起重和装卸其他物料的工作。由于它具有作业速度快、效率高和操作轻便等优点，已成为土石方工程施工的主要机种之一。

装载机一般可按以下特点来分类：

按行走装置的不同可分为轮胎式和履带式，按机架结构形式的不同可分为整体式和铰接式，按使用场所的不同可分为露天用装载机和井下用装载机。常用装载机的分类特点及适用范围见表 2-1。

表 2-1　常用装载机的分类特点及适用范围

分类方法	分　　类	特点及适用范围
发动机功率	小型	功率<74kW
	中型	功率在 74~147kW 范围内
	大型	功率在 147~515kW 范围内
	特大型	功率>515kW
传动形式	机械传动	结构简单,成本低,传动效率高,使用维修方便;传动系统冲击振动大,操纵复杂、费力;仅 0.5m³ 以下的装载机采用
	液力机械传动	传动系统冲击振动小,传动件寿命长,随外载自动调速,操作方便省力;在大中型装载机上多采用
	液压传动	无级调速,操作简单;起动性差、液压元件寿命较短,仅在小型装载机上采用
	电传动	无级调速,工作可靠,维修简单;设备质量大,费用高;在大型装载机上采用
行走系统结构	轮胎式装载机 (1) 铰接式 (2) 整体式车架装载机	重量轻,速度快,机动灵活,效率高,不易损坏路面;接地比压大,通过性差,稳定性差,对场地和物料块度有一定要求;转弯半径小,纵向稳定性好,生产率高;不但适用于路面,而且可用于井下物料的装载运输作业 车架是一个整体,转向方式有后轮转向、全轮转向、前轮转向及差速转向。仅小型全液压驱动和大型电动装载机采用

（续）

分类方法	分　类	特点及适用范围
行走系统结构	履带式装载机	接地比压小，通过性好，重心低，稳定性好，附着性能好，比切入力大；速度低，灵活机动性差，制造成本高，行走时易损路面，转移场地需拖运；用在工程量大、作业点集中、路面条件差的场合
装载方式	前卸式	前端铲装卸载，结构简单，工作可靠，视野好。适用于各种作业场地
	侧卸式	侧面卸载不需车体转向结构较复杂，质量大，成本高，适用于狭小的场地作业
	后卸式	前端装料，后端卸料，作业效率高；作业安全性稍差，应用于矿井巷道内狭窄场所

　　国产装载机的型号一般用字母 Z 表示，第二个字母 L 代表轮胎式装载机，无 L 表示履带式装载机，后面的数字代表额定载重量。如 ZL50，代表额定载重量为 50kN 的轮胎式装载机。但需指出，各生产厂家也有自己独特的类型和型号表示方法。

二、装载机的主要技术参数

　　装载机的主要技术参数有发动机额定功率、额定载重量、铲斗容量、机重、最大掘起力、卸载高度、卸载距离、铲斗的收斗角和卸载角等。

第二节　装载机构造

一、装载机的总体构造

　　装载机以柴油发动机或电动机为动力装置，行走装置为轮胎或履带，由工作装置来完成土石方工程的铲挖、装载、卸载及运输作业。如图 2-1 所示，轮胎式装载机是由动力装置、车架、行走装置、传动系统、转向系统、制动系统、液压系统和工作装置等组成的。

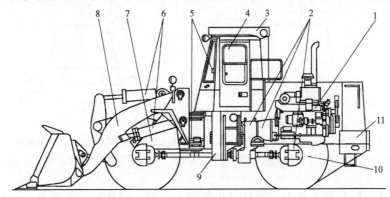

图 2-1　轮胎式装载机结构简图

1—柴油机　2—传动系统　3—防滚翻与落物保护装置　4—驾驶室　5—转向系统
6—液压系统　7—前行走装置　8—工作装置　9—车架　10—后行走装置　11—配重

履带式装载机是以专用底盘或工业拖拉机为基础车，装上工作装置并配装适当的操纵系统而构成的，其结构如图2-2所示。

二、传动系统

轮胎式装载机传动系统如图2-3所示，其动力传递路线为：发动机→液力变矩器→变速器→传动轴→前、后驱动桥→轮边减速器→车轮。履带式装载机传动系统与履带式推土机相同。

1. 液力变矩器

装载机采用双蜗轮液力变矩器，能随外载荷的变化自动改变其工况，相当于一个两档自动变速器，提高了装载机对外载荷的自适应性。变矩器的第一和第二蜗轮输出轴及其上的齿轮将动力输入变速器。在两个输入齿轮之间安装有超越离合器。

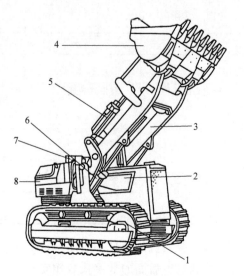

图 2-2　履带式装载机结构简图

1—行走机构　2—发动机　3—动臂　4—铲斗

5—转斗液压缸　6—动臂液压缸

7—驾驶室　8—燃油箱

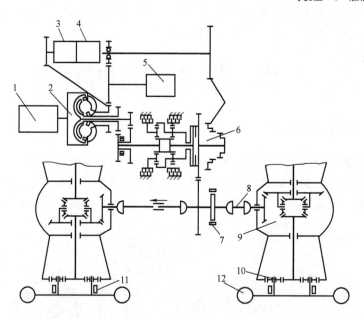

图 2-3　轮胎式装载机传动系统

1—发动机　2—液力变矩器　3—变速液压泵　4—工作装置液压泵　5—转向液压泵　6—变速器　7—驻车制动

8—传动轴　9—驱动桥　10—轮边减速器　11—制动踏板　12—轮胎

当二级从动齿轮的转速高于一级从动齿轮的转速时，超越离合器将自动脱开，此时，动力只经二级蜗轮及二级齿轮传入变速器。随着外载荷的增加，蜗轮的转速降低，当二级从动齿轮的转速低于一级从动齿轮的转速时，超越离合器楔紧，则一级蜗轮轴及一级齿轮与二级蜗轮轴及二级齿轮一起回转传递动力，增大了变矩系数。

2. 变速器

变速器为行星式动力换档变速器，由两个制动器和一个闭锁离合器实现三个档位。前进Ⅰ档和倒档分别由各自的制动器实现换档，前进Ⅱ档（直接档）通过结合闭锁离合器实现。

3. 驱动桥

采用双桥驱动，主传动采用一级弧齿锥齿轮减速器，左右半轴为全浮式。轮边减速器为行星传动减速。

三、转向系统

转向系统能够使装载机根据作业要求改变行驶方向或保持直线方向行驶。轮胎式装载机常用的转向方式为全液压铰接车架转向，其转向原理如图2-4所示。该系统主要由转向液压泵、过滤器、全液压转向器、分流阀和转向液压泵等组成。

转向系统油路由先导油路与主油路组成。所谓流量放大，是指通过全液压转向器以及流量放大阀，可保证先导油路流量变化与主油路中进入转向缸的流量变化具有一定的比例，达到低压（一般不大于2.5MPa）小流量控制高压大流量的目的。

全液压转向器主要由伺服转阀和计量马达组成。转向液压缸由缸体、缸盖、活塞杆和活塞等组成。液压缸的活塞杆端与后车架相连，另一端与前车架相连接，两个转向液压缸进出油管路采用交叉连接，即一个转向液压缸的无杆腔与另一个转向液压缸的有杆腔相连，转向时使前后车架相对转动，实现铰接式装载机的左右转向。

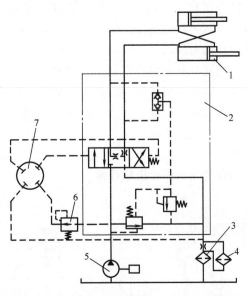

图2-4 轮胎式装载机转向液压系统原理图
1—转向液压缸 2—流量放大阀 3—精过滤器
4—散热器 5—转向液压泵 6—减压阀
7—全液压转向器

不转向时，转向器7的两个出口关闭，流量放大阀2的主阀杆在复位弹簧作用下保持在中位，转向液压泵5与转向液压缸1的油路被断开，主油路经过流量放大阀2中的流量控制阀卸荷回油箱；当驾驶员操纵转向盘时，转向器7排出的油与转向盘的转角成正比，先导油进入流量放大阀2后，通过主阀杆上的计量小孔控制主阀杆位移，即控制开口大小，进而控制进入转向液压缸1的流量。通过全液压转向器的先导、小流量去操纵流量放大阀2的阀杆左右移动，使转向液压泵5的大流量通过流量放大阀进入左右转向液压缸，使装载机完成左右转向，即流量放大转向。停止转向后，主阀杆一端先导液压油经计量小孔卸压。两端油压趋于平衡，在复位弹簧的作用下，主阀杆回复到中位，从而切断到液压缸的主油路。另外，该系统还增设了液压油散热器，降低了系统油温，对液压元件及密封件起保护作用。

四、制动系统

制动系统按功能分为行车制动和驻车制动两大系统。行车制动用于经常性的一般行驶中的车速控制，驻车制动仅供机械长时间制动使用。

1. 行车制动系统

轮胎式装载机行车制动（俗称为脚制动）系统一般用气压、液压或气液混合方式进行控制。图 2-5 所示为气顶油、四轮制动的双管路行车制动系统，该系统属于气液混合方式控制，由空气压缩机、分水排水器、储气罐、双管路气制动阀、加力器和钳盘式制动器等组成。

当系统工作时，空气压缩机排出的压缩空气经分水排水器过滤后，经压力控制器、单向阀进入储气罐。制动时，踩下制动踏板。由双管路气制动阀出来的压缩空气分两路分别进入前、后加力器，使制动液产生高压，进入钳盘式制动器制动车轮。

2. 驻车及紧急制动系统

驻车制动（又称为手制动）系统用于装载机在工作中出现紧急情况时制动，以及当装载机的气压过低时起保护作用，也可以使装载机在停车后保持原位置，不致因路面坡度或其他外力作用而移动。

轮胎式装载机的驻车制动有两种形式：一种是机械式操纵的制动系统，它主要由操纵杆、软轴和制动器等组成，多用在小型轮胎式装载机上；另一种是气制动系统，如图 2-6 所示，它主要由储气罐、制动控制阀、制动气室和制动器等组成，有人工控制和自动控制两种。人工控制是驾驶员操纵制动控制阀上的控制按钮，使制动器结合或脱开；自动控制是当制动系统气压过低时，控制阀会自动关闭，制动器处于制动状态。驻车制动系统中的制动器多安装在变速器的输出轴前端。

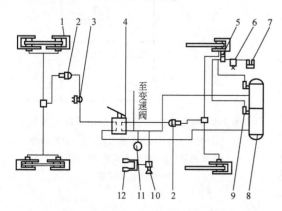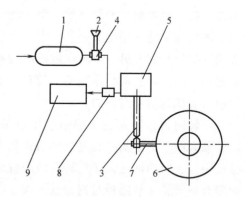

图 2-5　气顶油、四轮制动的双管路行车制动系统
1—钳盘式制动器　2—加力器　3—制动灯开关
4—双管路气制动阀　5—压力控制器　6—分水排水器
7—空气压缩机　8—储气罐　9—单向阀
10—气喇叭开关　11—气压计　12—气喇叭

图 2-6　驻车及紧急制动系统
1—储气罐　2—控制按钮　3—顶杆
4—驻车及紧急制动控制阀　5—制动气室
6—制动器　7—拉杆　8—快放阀
9—变速操纵空档装置

五、工作装置

装载机的铲掘和装卸物料作业是通过其工作装置的运动来实现的。轮胎式装载机的工作

装置广泛采用反转六连杆和正转八连杆机构。常用的装载机工作装置机构简图如图 2-7 所示。

图 2-7a、b 所示为正转六连杆机构。该机构由铲斗、动臂、摇臂、连杆、机架和转斗液压缸六个构件组成。图 2-7c 所示为正转八连杆机构，该机构由铲斗、动臂、前摇臂、后摇臂、前连杆、后连杆、机架和转斗液压缸八个构件组成。图 2-7d 所示为反转六连杆机构，该机构由铲斗、动臂、摇臂、连杆、机架和转斗液压缸六个构件组成。

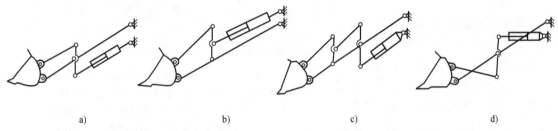

| a) | b) | c) | d) |

图 2-7　常用的装载机工作装置机构简图

a)、b) 正转六连杆机构　c) 正转八连杆机构　d) 反转六连杆机构

六连杆机构结构简单，但连杆传动比较小，常用在中小型装载机上；八连杆机构结构较复杂，但连杆传动比较大，适用在大中型装载机上。

正转机构在工作时杆件运动干涉小，动臂可做成直线形，加工简单。反转机构为了避免杆件的运动干涉，动臂常做成"Z"形，并且，多采用转斗液压杆布置在框架中的结构形式。

国产轮胎式装载机的工作装置一般采用反转 Z 形六连杆机构。图 2-8 所示为国产轮胎式装载机的工作装置，它由铲斗、动臂、摇臂、连杆及其液压控制系统所组成。整个工作装置铰接在前车架上。铲斗 1 通过连杆 2 和摇臂 3 与转斗液压缸 10 铰接。动臂与车架、动臂液压缸 11 铰接。铲斗的翻转和动臂的升降采用液压操纵。

履带式装载机工作装置多采用正转八连杆转斗机构，它主要由铲斗、动臂、摇杆、拉杆、弯臂、转斗液压缸和动臂液压缸等组成，如图 2-9 所示。

当装载机作业时，工作装置应能保证铲斗的举升平移和自动放平性能。当转斗液压缸闭锁、动臂液压缸举升或降落时，连杆机

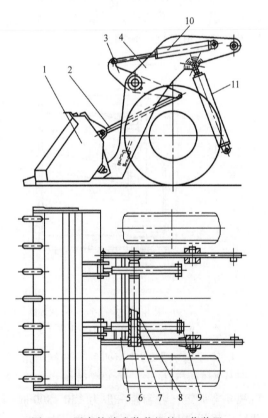

图 2-8　国产轮胎式装载机的工作装置

1—铲斗　2—连杆　3—摇臂　4—动臂　5—连接板

6—套管　7—铰销　8—贴板　9—销轴

10—转斗液压缸　11—动臂液压缸

构使铲斗上下平动或接近平动,以免铲斗倾斜而撒落物料。当动臂处于任意位置、铲斗绕动臂的铰点转动进行卸料时,铲斗卸载角不小于45°,保证铲斗物料的卸净性;当卸料后动臂下降时,又能使铲斗自动放平。

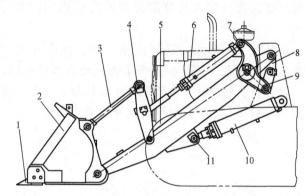

图 2-9　履带式装载机工作装置结构
1—斗齿　2—铲斗　3—拉杆　4—摇杆　5—动臂
6—转斗液压缸　7—弯臂　8—销臂装置　9—连接板
10—动臂液压缸　11—销轴

1. 铲斗

装载机的铲斗主要由斗底、后斗壁、侧板、斗齿、上下支承板、主刀板和侧刀板等组成,如图 2-10 所示。

后斗壁 1 和斗底 4 为斗体,呈圆弧形弯板状,圆弧形铲斗有利于铲装物料。斗体两侧与侧板 7 常用低碳、耐磨、高强度钢板焊接制成。斗底前缘焊有主刀板 3,侧板 7 上缘焊有侧刀板 6。斗齿 2 用螺栓紧固在主刀板上,可以减小铲掘阻力,减轻主刀板磨损,延长使用寿命。斗齿采用耐磨的中锰合金钢材料,侧齿和加强角板都用高强度耐磨钢材料制成。

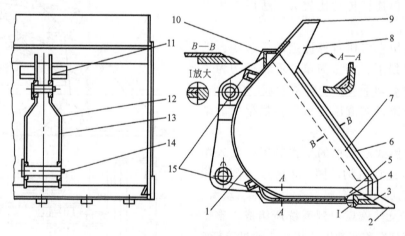

图 2-10　装载机铲斗
1—后斗壁　2—斗齿　3—主刀板　4—斗底　5、8—加强板　6—侧刀板　7—侧板
9—挡板　10—角钢　11—上支承板　12—连接板　13—下支承板　14—销轴　15—限位块

铲斗斗齿的形状分为四种。选择齿形时应考虑其插入阻力、耐磨性和易于更换等因素。齿形分为尖齿和钝齿,轮胎式装载机多采用尖形齿,而履带式装载机多采用钝形齿。斗齿数目视斗宽而定,斗齿距一般为 150~300mm。斗齿结构分为整体式和分体式两种,中小型装载机多采用整体式,而大型装载机由于作业条件差、斗齿磨损严重,故常采用分体式。分体式斗齿分为基本齿和齿套两部分,磨损后只需要更换齿套。

2. 动臂

工作装置的动臂用来安装和支承铲斗,并通过举升液压缸实现铲斗升降。

动臂的结构按其纵向中心形状可分为曲线形和直线形两种。曲线形动臂常用于反转式连杆机构，其形状容易布置，也容易实现机构优化。直线形动臂的结构和形状简单，容易制造，生产成本低，受力状况好，通常用于正转式连杆机构。

动臂的断面有单板、双板和箱形三种结构形式。单板式动臂结构简单，工艺性好，制造成本低，但扭转刚度较差。中小型装载机多采用单板式动臂，而大中型装载机多采用双板式或箱形断面结构的动臂，用以加强和提高抗扭刚度。

工作装置的摇臂有单摇臂和双摇臂两种。单摇臂铰接在动臂横梁的摇臂铰销上，双摇臂则分别铰接在双梁式动臂的摇臂铰销上。在动臂下侧，焊有动臂举升液压缸活塞杆铰接支座，液压缸活塞杆铰接在支座内的销轴上，销轴和铰接支座承受举升液压缸的升举推力。

3. 限位机构

为保证装载机在作业过程中动作准确、安全可靠，在工作装置中常设有铲斗前倾限位、后倾限位、动臂升降自动限位装置和铲斗自动放平机构。

在铲装、卸料作业时，对铲斗的前后倾角度有一定要求，并对其位置进行限制。铲斗前、后倾限位常采用限位块限位方式。后倾角限位块分别焊装在铲斗后斗壁背面和动臂前端与之相对应的位置上；前倾角限位块焊装在铲斗前斗壁背面和动臂前端与之相对应的位置上，也可以将限位块安装在动臂中部限制摇臂转动的位置上。这样可以控制前倾、后倾角，防止连杆机构超过极限位置而发生干涉。

此外，装载机如果换装不同的工作装置，还可完成推土、起重和装卸等工作，如图 2-11 所示。

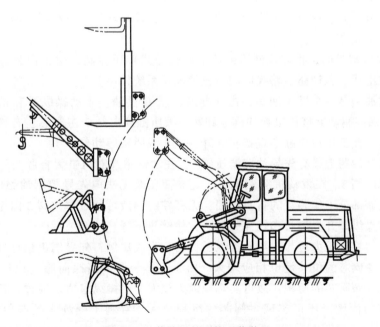

图 2-11　装载机的可换工作装置

六、工作装置液压系统

工作装置液压系统是装载机液压系统的重要组成部分，它的工作原理如图 2-12 所示。该液压系统为 CAT966D 型装载机反转六连杆机构工作装置的液压控制系统，主要由工作液

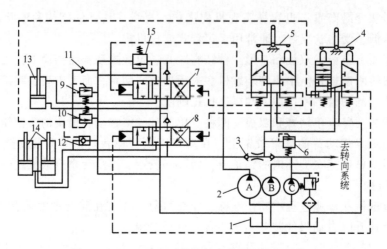

图 2-12　CAT966D 型装载机工作装置液压系统

1—油箱　2—液压泵组　3—单向阀　4—举升先导阀　5—转斗先导阀　6—先导油路调压阀
7—转斗液压缸换向阀　8—动臂液压缸换向阀　9、10—安全阀　11—补油阀　12—液控单向阀
13—转斗液压缸　14—举升液压缸　15—主油路限压阀

A—主液压泵　B—转向液压泵　C—先导液压泵

压泵、分配阀、安全阀、动臂液压缸、转斗液压缸和油箱、油管等组成。

液压系统应保证工作装置实现铲掘、提升、保持和转斗等动作，因此，要求动臂液压缸操纵阀必须具有提升、保持、下降和浮动四个位置，而转斗液压缸操纵阀必须具有后倾、保持和前倾三个位置。

CAT966D 装载机的工作装置液压系统采用先导式液压控制，由工作装置主油路系统和先导油路系统组成。主油路多路换向阀由先导油路系统控制。

先导控制油路是一个低压油路，由先导液压泵 C 供油。手动操纵举升先导阀 4 和转斗先导阀 5，分别控制动臂液压缸换向阀 8 和转斗液压缸换向阀 7 主阀芯左右移动，改变主阀芯的工作位置，使工作液压缸实现铲斗升降、转斗或闭锁等动作。

在先导控制油路上设有先导油路调压阀 6，在动臂举升液压缸无杆腔与先导油路的连接管路上设有单向阀 3。在发动机突然熄火，先导液压泵无法向先导控制油路供油的情况下，动臂液压缸依靠部分工作装置的自重作用，无杆腔的油液可通过单向阀 3 向先导控制油路供油，同样可以操纵举升先导阀和转斗先导阀，使铲斗下降、前倾或后转。

先导油路的控制压力应与先导阀操纵手柄的行程成比例，先导阀手柄行程大，控制油路的压力也大，主阀芯的位移量也相应增大。由于工作装置多路换向阀（或称主阀）主阀芯的面积大于先导阀阀芯的面积，故可实现操纵力放大，使操纵省力。通过合理选择和调整主阀芯复位弹簧的刚度，还可实现主阀芯的行程放大，有利于提高主控制回路的速度微调性能。

在转斗液压缸 13 的两腔油路上，分别设有安全阀 9 和 10，当转斗液压缸超载时，两腔的液压油可分别通过安全阀 9 和 10 直接卸荷，流回油箱。

当铲斗前倾卸料速度过快时，转斗液压缸可能出现供油不足。此时，可通过补油阀 11 直接从油箱向转斗液压缸补油，避免气穴现象的产生，消除机械振动和液压噪声。同理，动臂举升液压缸快速下降时，也可通过液控单向阀 12 直接从油箱向动臂液压缸上腔补油。

CAT966D 型装载机的工作装置设有两组自动限位机构，分别控制铲斗的最高举升位置和铲斗最佳切削角的位置。自动限位机构设在先导操纵杆的下方，通过动臂液压缸举升定位传感器和转斗液压缸定位传感器的无触点开关，自动实现铲斗限位。当定位传感器的无触点开关闭合时，对应的定位电磁铁即通电，限位连杆机构产生少许位移，铲斗回转定位器或动臂举升定位器与支承辊之间出现间隙，在先导阀复位弹簧的作用下，先导阀操纵杆即可从"回转"或"举升"位置自动回到"中立"位置，停止铲斗回转或举升。

七、工作装置的液压减振系统

轮胎式装载机广泛采用刚性悬架，在前后机架与驱动桥之间不装减振弹簧。

采用刚性悬架的轮胎式装载机，轮胎是唯一的弹性元件。

轮胎式装载机的振动模型如图 2-13 所示。

在轮胎式装载机的振动模型中，装载机的底盘和发动机总成为主质量系统 A，轮胎为主质量系统的弹性阻尼装置 B；工作装置及铲斗内的物料则为副质量系统 D，工作装置液压缸则为副质量系统的弹性阻尼装置 C。

为缓和和改善工作装置的振动和冲击，提高铲斗在提升和装载运行中的平稳性，避免物料撒落，最大

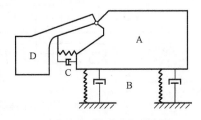

图 2-13　轮胎式装载机的振动模型

限度地提高装载机的生产率，现代轮胎式装载机已采用工作装置液压减振系统，其工作原理图如图 2-14 所示。

该液压减振系统由三个二位电磁换向阀（1、2、3）、两个或多个膜片式蓄能器 6、节流阀 4 和 5 组成。蓄能器为工作装置副质量系统的弹性元件，节流阀为阻尼元件。

蓄能器 6 并联在动臂举升液压缸无杆腔的油路上，节流阀 4 和 5 与蓄能器 6 串联。在蓄能器与节流阀之间装有电磁换向阀 1 和 2；在动臂举升液压缸有杆腔的油路上装有电磁换向阀 3，与油箱直接相连。

当装载机处于运输工况时，地面的不平整度引起机械振动和颠簸，液压蓄能器便吸收或释放冲击振动压力能，同时通过节流阀的阻尼作用，降低振动加速度，达到衰减装载机及其工作装置振动的目的，提高装载机行驶的稳定性。

图 2-14 所示为装载机的运输工况，其动臂举升液压缸和转斗液压缸均闭锁，液压减振处于减振开启状态。此时，电磁换向阀 1 和 2 接通举升液压缸下腔和蓄能器，装载机机架受到冲击后，蓄能器即吸收或释放冲击和振动产生的压力能，随时进行油液交换。其中，节流阀 4 的节流孔径要比节流阀 5 的节流孔径大得多，在举升液压缸下腔与蓄能器进行油液交流时，主要流经阻尼小的节流阀 4。因为在此工况下，动臂液压缸和转斗液压缸内活塞与缸壁的摩擦，以及液压油在油管和液压阀内的黏性摩擦，基本上可以满足减振的要求，故节流阀 4 只需起阻尼补偿作用，而流经节流阀 5 和电磁换向阀 2 的流量甚少。此时，动臂液压缸的有杆腔则通过电磁换向阀 3 与油箱相通，具有排油和补油的作用。

当装载机处于铲掘作业工况时，无论举升动臂还是转斗，都要求工作装置主液压系统迅速供油，提高循环作业效率。此时，应将液压减振系统的电磁换向阀 1 和 3 关闭，以保证主

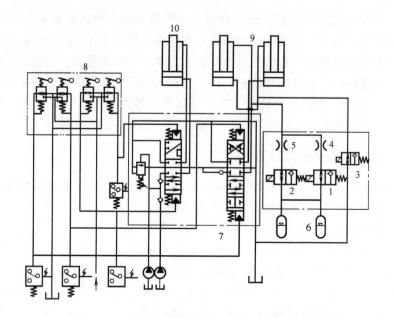

图 2-14   轮胎式装载机工作装置液压控制与减振系统的工作原理图

1、2、3—电磁换向阀　4、5—节流阀　6—蓄能器　7—工作装置液压缸换向主控制阀

8—先导阀　9—动臂液压缸　10—转斗液压缸

油路提供工作液压缸足够的油量，避免系统弹性缓冲造成工作装置动作缓慢。但液压减振系统中的电磁换向阀2仍处于开启状态，以使工作液压缸进油腔的油压与蓄能器保持压力平衡。如果需要停止铲斗运动，应将主电磁换向阀置于"中立"位置，此时，系统则可恢复减振开启状态。由于动臂液压缸下腔油压始终与蓄能器的油压相等，故铲斗始终能保持其举升高度不变，从而避免了装载机因液压缸内漏造成铲斗缓慢沉降的缺点，提高了工作装置液压系统的工作可靠性。

液压减振系统的开启和关闭由先导阀8控制。驾驶员可根据作业需要操纵先导阀手柄，当切断先导液压泵油路时（图2-14），电磁换向阀1和3即获得压力感应信号而开启，系统则处于减振开启状态。当先导阀接通先导控制油路时，先导控制液压系统的油压上升将自动触动压力开关，电磁换向阀1、3则被关闭，此时，系统处于非减振状态。

节流阀5的流量应能满足举升液压缸下腔与蓄能器及时达到压力平衡，同时也应满足工作装置在铲装物料时，其铲斗动作反应灵敏，没有明显的弹性缓冲过程。

试验资料表明，采用液压减振系统的轮胎式装载机，若其行驶速度在40km/h范围内，振动加速度的峰值可降低70%；中小型轮胎式装载机在运输工况下，最大振幅为±25mm，一般不会超过15mm，驾驶人很难察觉出来，减振十分有效。

第三节　滑移装载机简介

一、结构及性能特点

滑移装载机也称为多功能工程车（图2-15），是一种利用两侧车轮或履带的线速度之差来实现车辆转向的专用底盘，它采用整体式车架，行走方式有轮式（图 2-15a）和履带式（图 2-15b）两种，转向为滑移转向方式。可快速挂接更换不同的工作装置，以适应各种作业要求。滑移装载机的动力可达到 20~50kW，主机质量仅为 2~4t，一般情况下车速为 10~15km/h 左右。

图 2-15　滑移装载机
a）轮式　b）履带式

相对于普通的装载机，滑移装载机具有整机尺寸小，工作效率较高，且方便更换多种工作装置的特点，如图 2-16 所示。可根据不同工作需求，实现特定的作业，如路面的破碎、铣刨、压实，园林及民宅建设作业等。在大型工程的后期场地清理及工程收尾作业中也表现出色。最具特色的还有在相对狭小的空间中作业，充分发挥其体型娇小的特点，堪称"狭小空间的工作效率专家"。另外，它还可作为移动液压泵站的动力源。

图 2-16　配备不同工作装置的滑移装载机

图 2-16　配备不同工作装置的滑移装载机（续）

二、液压系统的组成及工作原理

滑移式装载机的液压系统由行走及转向液压系统和工作装置液压系统两部分组成。行走及转向系统主要用于实现整机的行走、制动和滑移转向的动作；工作装置液压系统用于完成动臂的起升、铲斗的开合与翻转，及其他可选属具的相关操作。

图 2-17 为某滑移装载机的液压系统原理图。系统由液压马达、液压缸和管系组成，额定工作压力为 17MPa，采用手动换向控制方式。整个系统大致分为三个回路：行走控制回路、工作装置控制回路、属具工作控制回路。

1. 行走控制回路

行走系统采用开式传动，多路阀分为两组，两个定量齿轮泵分别为阀组供油，控制马达的两片阀分别为多路阀组 I 的第三片和多路阀组 II 的第一片，两者靠近，用左右手来控制。通过手动换向，实现车辆的前后行走或原地转向。

2. 工作装置控制回路

工作装置的位置控制通过动臂的举升和挂架的摆动来实现，多路阀组 I 中间一组阀控制挂架摆动油缸，多路阀组 II 中第二片阀控制大臂的举升，由于大臂承受的质量较大，采用了两个同步液压缸。

3. 属具工作控制回路

属具是主要工作装置，为了适应不同的工作环境，系统提供了两种流量，多路阀组 I 和 II 中的左右两片阀均能为属具提供一路液压油。当需要大流量时，两个阀组均供油；当需要

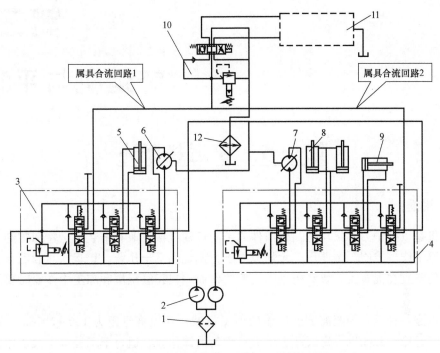

图 2-17 某滑移装载机的液压系统原理图

1—滤油器 2—双联齿轮泵 3—多路阀组Ⅰ 4—多路阀组Ⅱ 5—挂架摆动油缸 6—左行走马达
7—右行走马达 8—动臂举升油缸 9—辅助工作油缸 10—属具换向阀 11—属具 12—散热器

小流量时，只采用一路阀组的液压油。根据工作需要，通过打开或关闭相应的合流阀，实现不同的工作速度。

属具换向阀能够改变液流的方向，以实现属具的开启和闭合，或属具的正、反转。

思 考 题

1. 简述装载机的用途、分类和工作特点。
2. 试述轮胎式和履带式装载机的总体构造及功用。
3. 轮胎式装载机的传动系统由哪些部件组成？简述其功用及工作原理。
4. 装载机工作装置有几种结构形式？各有什么性能特点？
5. 与普通装载机相比，滑移装载机有什么结构特点？

第三章

铲运机与平地机

第一节 铲运机概述

一、用途

铲运机是以带铲刀的铲斗为工作部件的铲土运输机械，兼有铲装、运输和铺卸土方的功能，铺卸厚度能够控制，主要用于大规模的土方调配和平土作业。铲运机可自行铲装Ⅰ~Ⅲ级土壤，但不宜在混有大石块和树桩的土壤中作业，在Ⅳ级土壤和冻土中作业时要用松土机预先松土。

铲运机是一种适合中距离铲土运输的施工机械，其经济运距为100~2000m。铲运机单机可铲装、运输，并能以一定层厚土壤进行均匀铺卸作业，适合于工程量不大、作业环境有特殊要求的场合，如道路交通、港口建设、矿山采掘等平整土地、填筑路堤、开挖路堑以及浮土剥离等工作。

二、分类和表示方法

铲运机主要根据行走方式、行走装置、装载方式、卸土方式、铲斗容量和操纵方式、转向系统、驱动系统等进行分类。

1. 按行走方式分

按行走方式的不同可分为拖式和自行式两种，如图3-1所示。

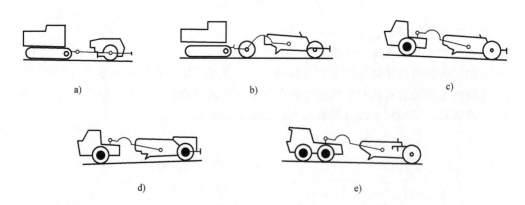

图 3-1 铲运机的类型

a) 单轴拖式 b) 双轴拖式 c) 单发动机自行式 d) 双发动机自行式 e) 三轴自行式

1）拖式铲运机。因履带式拖拉机具有接地比压小、附着能力大和爬坡能力强等优点，故在短运距和松软潮湿地带作业时常用履带式拖拉机作为拖式铲运机的牵引车。

2）自行式铲运机。本身具有行走动力，行走装置有履带式和轮胎式两种。履带式自行铲运机又称为铲运推土机，其铲斗直接装在两条履带的中间，适用于运距不长、场地狭窄和松软潮湿地带工作。轮胎式自行铲运机按发动机台数又可分为单发动机、双发动机和多发动机三种，按轴数分为双轴式和三轴式（图3-1 c、d、e）。轮胎式自行铲运机由牵引车和铲运斗两部分组成，大多采用铰接式连接，铲运斗不能独立工作。轮胎式自行铲运机结构紧凑，行驶速度快，机动性好，在中距离的土方转移施工中应用较多。

2. 按装载方式分

按装载方式分为升运式与普通式两种。

1）升运式。也称为链板装载式，在铲斗铲刀上方装有链板运土机构，把铲刀切削下的土升运到铲斗内，从而加速装土过程，减小装土阻力，可有效地利用本身动力实现自装，不用助铲机械即可装至堆尖容量，可单机作业。土壤中含有较大石块时不宜使用，其经济运距在1000m以内。

2）普通式。也称为开斗铲装式，靠牵引机的牵引力和助铲机的推力，使用铲刀将土铲切起，在行进中将土装入铲斗，其铲装阻力较大。

3. 按卸土方式分

按卸土方式的不同分为自由式卸土、半强制式卸土和强制式卸土，如图3-2所示。

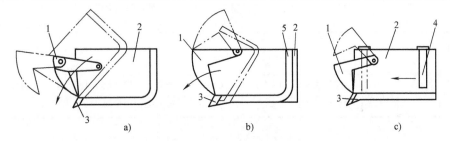

图 3-2　铲运机卸土方式
a）自由式卸土　b）半强制式卸土　c）强制式卸土
1—斗门　2—铲斗　3—刀刃　4—后斗壁　5—斗底后壁

1）自由式卸土（图3-2a）。当铲斗倾斜（有向前、向后两种形式）时，土壤靠其自重卸出。这种卸土方式所需功率小，但土壤不易卸净（特别是黏附在铲斗侧壁上和斗底上的土），一般只用于小容量铲运机。

2）半强制式卸土（图3-2b）。利用铲斗倾斜时土壤自重和斗底后壁沿侧壁运动时对土壤的推挤作用共同将土卸出。这种卸土方式仍不能使黏附在铲斗侧壁上和斗底上的土卸除干净。

3）强制式卸土（图3-2c）。利用可移动的后斗壁（也称为卸土板）将土壤从铲斗中自后向前强制推出，故卸土效果好。但移动后壁所消耗的功率较大，通常大、中型铲运机采用这种卸土方式。

升运式铲运机因前方斜置链板运土机构，因而只能从底部卸土。卸土时将斗底后抽，再将后斗壁前推，将土卸出。有的普通式大、中型铲运机也采用这种抽底板和强制卸土相结合的方法，效果较好。

4. 按铲斗容量分

小型：铲斗容量<5m^3。

中型：铲斗容量 5 ~ 15m³。

大型：铲斗容量 15 ~ 30m³。

特大型：铲斗容量 >30m³。

5. 按工作机构的操纵方式分

按工作机构的操纵方式分为液压操纵式和电液操纵式两种。

1）液压操纵式。工作装置各部分用液压操纵，能使铲刀刃强制切入土中，结构简单，操纵轻便灵活，动作均匀平稳，应用越来越广泛。

2）电液操纵式。操纵轻便灵活，易实现自动化，是今后的发展方向。

我国定型生产的铲运机产品型号按类、组、型分类原则编制，一般由类、组、型代号与主参数代号两部分组成，见表 3-1，如铲斗几何容量为 9m³ 的液压拖式铲运机标记为 CTY9。近年来，我国引进了多种进口机型，很多都按照引进机型进行编号。

表 3-1   铲运机型号编制方法

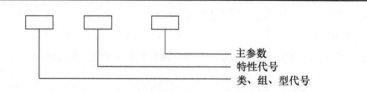

类	组	型		特性	代号	代号含义	主参数（单位）
铲土运输机械	铲运机 C（铲）	拖式 T（拖）		Y（液）	CTY	液压拖式铲运机	铲斗几何容量/m³
		自行式	履带式	Y（液）	CY	履带液压铲运机	
			轮胎式 L（轮）	—	CL	轮胎液压铲运机	

三、铲运机的作业过程

铲运机的作业过程包括铲土、运土、卸土和回程四道工序（图 3-3 所示）。

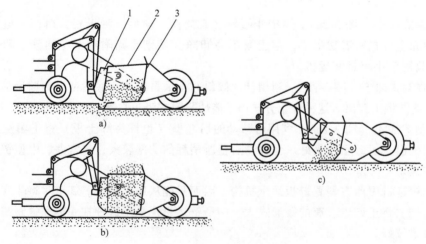

图 3-3   铲运机的作业过程

1—斗门   2—铲斗   3—卸土板

铲运机前进，斗门1起升，铲斗2放下，刀片切削土壤，并将土装入斗内（图3-3a），此过程为铲土作业；待土装满后，关闭斗门，升起铲斗，机械重载运行（图3-3b），此过程为运土作业；当土运至卸土处，打开斗门，放下铲斗并使斗口距地面一定距离（视土壤铺设的厚度而定），卸土板3前移，机械在慢行中卸土（图3-3c），并利用铲刀将卸下的土壤推平，此过程为卸土作业；卸土作业完成后，铲斗升起，机械快速空驶回铲土处，准备进行下一个作业循环，此过程为回程过程。对于自行式铲运机，可以采用串联作业方式缩短装斗时间，提高效率。如图3-4所示，在两台自行式铲运机的前后端加装一套牵引顶推装置，以实现串联作业。当前机铲土作业时，后机为助铲机；当后机铲土作业时，前机可给后机强大的牵引力，从而使铲土时间大大缩短，降低作业成本。

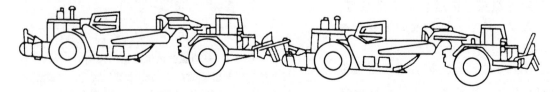

图3-4 串联作业的自行式铲运机

第二节 自行式铲运机构造

自行式铲运机多为轮胎式，一般由单轴牵引车（前车）和单轴铲运车（后车）组成，如图3-5所示。

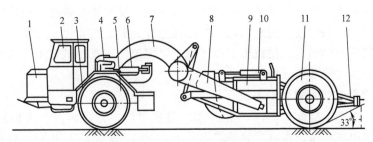

图3-5 单动力驱动自行式铲运机外形

1—发动机 2—驾驶室 3—传动装置 4—中央枢架 5—前轮 6—转向液压缸
7—曲梁 8—辕架 9—铲斗 10—斗门液压缸 11—后轮 12—尾架

有的铲运机在后车上还装有一台发动机，称为双动力驱动自行式铲运机，如图3-6所

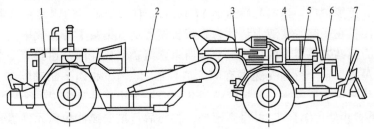

图3-6 双动力驱动自行式铲运机外形

1—铲运发动机 2—铲斗 3—转向液压缸 4—驾驶室 5—液压油箱 6—牵引发动机 7—推拉装置

示。它利用其前后发动机驱动前、后轮，提高附着牵引力，在铲装土方过程中能克服较大的铲土阻力，提高爬坡能力，适用于路面条件不好、铲装阻力和行驶阻力较大的场合。

单轴牵引车是自行式铲运机的动力部分，由发动机、传动系统、转向系统、制动系统、悬架装置和车架等组成；铲运车是工作装置，由辕架、铲斗、尾架及卸土装置等组成。

另一种自行式铲运机采用履带行走装置，铲运斗直接装在两条履带之间，前面装有推土板，推土板转下来后可当推土机用，功能较多，

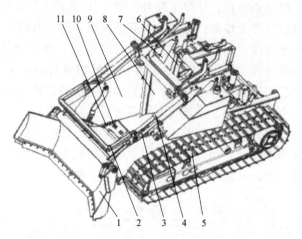

图3-7　多功能铲运机整体结构图

1—推土机　2—前围板结构　3—推土板液压缸　4—围板液
压缸　5—行走系统　6—车架液压缸　7—刮斗液压缸
8—刮斗　9—车架　10—主切刀　11—边切刀

如图3-7所示，因此这种铲运机也称为多功能铲运机。

一、传动方式

自行式铲运机大多采用液力机械式传动或全液压传动。

在液力机械式传动中，广泛采用变矩器、动力换档变速器，最终行星轮传动等部件。在铲运机作业过程中，采用液力变矩器能更好地适应外界载荷的变化，可实现无级变速，从而改变输出轴的速度和牵引力，使机械工作平稳，可靠地防止发动机熄火及传动系统过载，提高了铲运机的动力性能和作业性能。

1. CL9型自行式铲运机传动系统

CL9型铲运机是斗容量为 $7 \sim 9m^3$ 的中型、液压操纵、普通装载、强制卸土的国产自行式。采用单轴牵引车的传动系统，发动机型号为6120Q，额定功率为117.6kW。动力由发动机、动力输出箱，经前传动轴输入液力变矩器，再经行星式动力换档变速器、传动箱、后传动轴，使动力向前输入到差速器、轮边减速器，最后驱动车轮使机械运行，其传动简图如图3-8所示。

CL9型铲运机装有四元件单级三相液力变矩器，其由两个变矩器特性和一个耦合器特性合成，效率高，范围较广。当涡轮转速达1700r/min时，变矩器的闭锁离合器起作用，将泵轮和涡轮直接闭锁在一起，变液力传动为直接机械传动，提高了传动效率。

行星式动力换档变速器由两个行星变速器串联组合而成，前变速器有一个行星排，后变速器有三个行星排。整个行星变速器有两个离合器 C_1、C_2 和四个制动器 T_1、T_2、T_3、T_4，这六个操纵件均采用液压控制。前后变速器各结合一个操纵件可实现一个档位。前行星变速器结合 C_1 可得直接档，结合 T_1 可得高速档，再与后行星变速器操纵元件组合可实现不同的档位。CL9行星动力变速器有四个前进档，两个倒退档。各档位结合操纵件及传动比见表3-2。

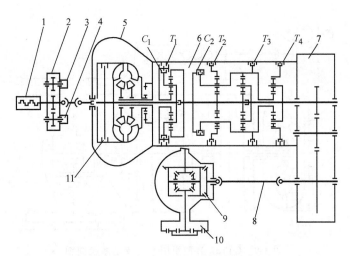

图 3-8　CL9 型铲运机传动系统

1—发动机　2—动力输出箱　3、4—齿轮式液压泵　5—液力变矩器　6—变速器

7—传动箱　8—传动轴　9—差速器　10—轮边减速器　11—闭锁离合器

C_1、C_2—离合器　T_1、T_2、T_3、T_4—制动器

表 3-2　CL9 型单轴牵引车变速器各档动作及传动比（倒档）

档　位		结合操纵件	传　动　比	液压操纵系统	
				调压阀	闭锁离合器
前进档	1	C_1　T_3	3.81	作用	
	2	C_1　T_2	1.94	作用	结合
	3	C_1　C_2	1.0	作用	结合
	4	T_1　C_1	0.72	作用	结合
倒档	1	C_1　T_4	-4.35		
	2	T_1　T_4	-3.13		

2. CAT627B 型自行式铲运机传动系统

美国卡特彼勒公司生产的 CAT627B 型铲运机是双发动机开斗铲装轮胎式铲运机，配置两台额定功率为 166kW 的 3066 型涡轮增压直喷式柴油机，斗容量为 11~16m^3。其传动系统分为牵引车与铲运车两部分，均为液力机械式传动，利用电液系统控制牵引车与铲运车的变速器同步换档，整机系统全速同步驱动。图 3-9 所示为 CAT627B 型牵引车的传动系统简图。动力由发动机输出，经传动轴驱动液力变矩器泵轮转动，同时带动六个液压泵工作。行星式动力换档变速器有八个前进档和一个倒退档。倒档、1 档和 2 档为手动换档，动力经液力变矩器输出，以满足机械低速大转矩变负荷驱动的需要。变速器在 3~8 档之间为自动换档，此时动力直接输出，以提高传动效率。差速器为行星轮式，并设有气动联锁离合器，以备一侧车轮打滑时锁住离合器，使另一侧车轮能发出足够转矩。动力经行星式轮边减速后最终传给行走车轮。

铲运机传动系统中（图 3-10），动力经液力变矩器传递到行星式动力换档变速器。变速器有四个前进档和一个倒退档。铲运车变速器通过电液控制系统与牵引车变速器同步换档或

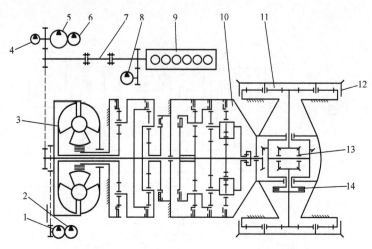

图 3-9　CAT627B 型牵引车的传动系统简图

1—回油液压泵　2—牵引变速器工作液压泵　3—液力变矩器　4—缓冲装置液压泵　5—工作装置液压泵
6—转向系统液压泵　7—传动轴　8—飞轮室回油液压泵　9—牵引发动机　10—牵引变速器
11—轮边减速器　12—轮毂　13—差速器　14—差速锁离合器

保持空档。铲运车的一个前进档位对应于牵引车的两个前进档位（表 3-3）。它利用液力变矩器在一定范围内可以自动变矩变速的特点，补偿前、后传动比的不同，保证前后传动系统同步驱动。铲运车采用牙嵌式自由轮差速器。轮边减速与牵引车一样采用行星轮减速器。

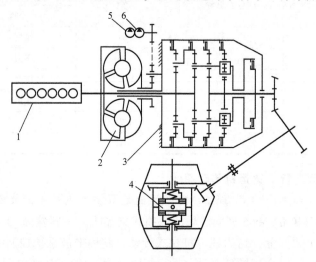

图 3-10　CAT627B 型铲运机传动系统简图

1—铲运车发动机　2—液力变矩器　3—铲运车变速器　4—牙嵌式自由轮差速器
5—铲运车变速器工作液压泵　6—回油液压泵

表 3-3　CAT627B 型牵引车和铲运车变速器档位配合

牵引车变速器	铲运车变速器	牵引车变速器	铲运车变速器
倒档	倒档	3 档和 4 档	2 档
空档	空档	5 档和 6 档	3 档
1 档和 2 档	1 档	7 档和 8 档	4 档

二、自行式铲运机的转向系统

现代轮胎自行式铲运机多采用两个铰接式双作用液压缸动力转向，有带换向阀非伺服式和四杆机构伺服式两类。伺服式又有机械反馈和液压反馈之分。

牵引车和铲运车的连接由转向枢架（图3-11）来实现。转向枢架是一个牵引铰接装置，起传递牵引力和实现机械转向的作用。转向枢架 3 以纵向水平销 2 铰接在牵引车架 1 上，上部以转向立销与辕架铰接。两个双作用双液压缸（转向液压缸）铰接在辕架的左右耳座和转向枢架液压缸支座 9 上，通过液压缸的推拉，使铲刀与牵引车绕立销偏转而实现转向。

例如，CAT627B 型铲运机采用液压反馈伺服式动力转向系统，如图3-12 所示。

转向盘轴上有一左旋螺纹的螺杆，装在齿条螺母中。当转动转向盘时，螺杆在齿条螺母中向上或向下移动。螺杆的移动带动转向垂臂摆动，

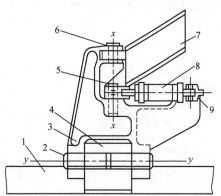

图 3-11　转向枢架

1—牵引车架　2—水平销　3—转向枢架
4—牵引车水平销座　5、6—转向立销
7—辕架　8—转向液压缸
9—转向枢架液压缸支座

将与之相连的转向操纵阀的阀杆移动到相应转向位置。转向操纵阀为三位四通阀，有左转、右转和中间三个位置，转向盘不动时阀处于中间位置。

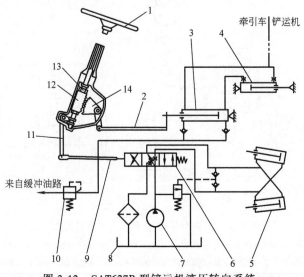

图 3-12　CAT627B 型铲运机液压转向系统

1—转向盘　2—扇形齿轮连杆　3—输出伺服液压缸　4—输入伺服液压缸　5—转向液压缸
6—转向阀　7—转向液压泵　8—液压油箱　9—转向阀连杆　10—补油减压阀
11—转向垂臂　12—齿条螺母　13—转向螺杆　14—扇形齿轮

输入伺服液压缸的缸体和活塞杆分别铰接于牵引车和铲运车上，装在转向枢架左侧。输出伺服液压缸的缸体铰接在牵引车上，活塞杆端通过扇形齿轮连杆与转向器杠杆臂相连。

转向时，输入伺服液压缸的活塞杆向外拉出或缩回，将油液从其小腔或大腔压入输出伺服液压缸的有杆腔或无杆腔，迫使输出伺服液压缸的活塞杆拉着转向器杠杆臂及扇形齿轮转动一角度，从而使与扇形齿轮啮合的齿条螺母及螺杆和转向垂臂回到原位，转向操纵阀阀杆在转向垂臂的带动下回到中间位置，转向停止。因此，当转向盘转一角度时，牵引车相对铲运车也转一角度，以实现伺服作用。来自缓冲油路的液压油经减压阀进入伺服液压缸，以补充其油量。

CAT627B型铲运机采用液压式反馈机构伺服式转向系统结构，重量轻，操作性能好，比机械式反馈更为优越。

三、自行式铲运机的悬架系统

自行式铲运机在铲装作业时，为使其工作稳定，有较高的铲装效率，需要采用刚性悬架的底盘；但在运输和回驶时，刚性悬架的机械振动较大，限制了运行速度，极大地影响铲运机的生产率，并缩短了使用寿命。

这种作业时要求底盘为刚性悬架，高速行驶时又要求底盘为弹性悬架的需求，通过借鉴重型汽车上的油气式弹性悬架得以解决。弹性悬架现有两种结构形式：一种是日本小松和美国通用的铲运机上采用的油气弹性悬架，另一种是美国卡特彼勒的铲运机上采用的弹性转向枢架，如图3-13所示。现有的铲运机以美国卡特彼勒公司生产的型号最为齐全，且其弹性转向枢架结构和工作原理具有代表性。

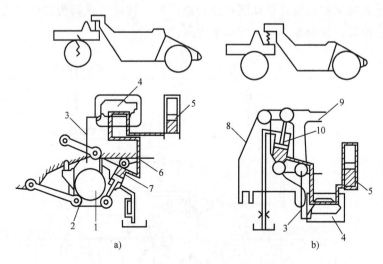

图3-13　两种不同结构形式的弹性悬架

a）WS16S-2型铲运机油气弹性悬架　b）621E型铲运机弹性转向枢架
1—前桥　2—悬臂　3—随动杆　4—水平阀　5—储能器　6—牵引车机架
7—悬架液压缸　8—转向枢架　9—辕架曲梁　10—减振液压缸

由于转向枢架与牵引车之间用一个水平铰销铰接，使牵引车与铲斗可有一定的横向摆动。在铲运机高速行驶时，存在牵引铰接装置的冲击振动。

美国卡特彼勒公司生产的CAT627B型铲运机在牵引车和铲运车之间设有氮气-液压缓冲连接装置（图3-14），可减缓车辆运行时的振动冲击，减轻驾驶人疲劳，降低对道路的要

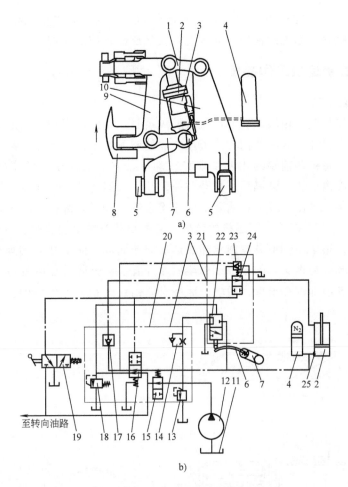

图 3-14 CAT627B 型铲运机连接缓冲装置

a) 外形 b) 液压系统

1—上连杆 2—缓冲液压缸 3—水平控制阀组（包括 20、21 两部分） 4—蓄能器 5—牵引车架

6—板弹簧 7—下连杆 8—铲运机枢架 9—后转向枢架 10—前转向枢架 11—油箱 12—液压泵

13—主溢流阀 14—单向阀 15—放油阀 16、20、24—先导阀 17—液压缸单向阀 18—溢流阀 19—选择阀

21—定位组合阀 22—定位阀 23—锁定单向阀 25—节流孔口

求，提高车辆行驶速度。

在前、后转向枢架之间，用两个连杆 1 和 7 相连，构成了具有一个自由度的平行四连杆机构。由缓冲液压缸 2 控制这个自由度的运动。缓冲液压缸的下腔为工作腔，和装有氮气的蓄能器 4 通过节流孔口相连。蓄能器中的氮气如同弹簧，受压时吸收振动，弹回时氮气膨胀使液流停止并回流，节流孔口起阻尼作用。选择阀 19 置于驾驶室右侧，有升斗/弹性、升斗/锁定、降斗/锁定三个位置。当选择阀位于锁定位时，液压缸大腔和蓄能器的油液接通液压缸的小腔，铲运机为刚性连接，用于铲装或卸土作业，保证强制控制铲刀位置。当选择阀位于弹性位时，液压泵向氮气蓄能器和液压缸大腔供油，液压缸的活塞杆推出，铲斗的前部被顶起，这时铲斗前部支承在油气弹性悬架系统上。

水平控制阀组由先导组合阀（其上有主溢流阀、单向节流阀、放油阀、先导阀、液压缸单向阀和溢流阀）和定位组合阀（其上有定位阀、锁定单向阀和先导阀）用螺栓组成一体，装在弹性连接处，起控制油液通向蓄能器及液压缸各腔的作用。

四、自行式铲运机工作装置

1. 开斗铲装式工作装置

开斗铲装式工作装置由辕架、斗门及其操纵装置、斗体、尾架、行走机构等组成。当铲运机铲装工作时，铲斗门3在斗门升降液压缸4控制下处于打开状态，铲斗升降液压缸2控制铲斗体9下降，将铲斗前端的斗齿和刀片11插入土中，在牵引车的牵引下铲斗边运行边将切削的土装入斗内。铲斗装满后，提斗并关闭斗门，运送到卸土地点时打开斗门，在卸土板的强制作用下将土卸出，或根据需要的厚度将土摊铺开，其结构如图3-15所示。

图3-16所示为开斗铲装式铲运机的辕架，它是铲运车的牵引构件，主要由曲梁和"∏"形架两部分组成。辕架由钢板卷制或弯曲成形后焊接而成。曲梁2前端焊有牵引座1，与转向枢架相连，后端焊在横梁4的中部。横梁两端焊有铲斗升降液压缸支座3，与铲斗液压缸相连。辕架侧臂5前部焊在横梁4两端，后端有球销铰座6，与铲斗相连。

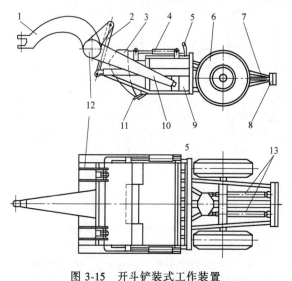

图3-15 开斗铲装式工作装置

1—辕架 2—铲斗升降液压缸 3—铲斗门 4—斗门
升降液压缸 5—卸土板 6—后轮 7—尾架
8—顶推板 9—铲斗体 10—辕架侧臂 11—斗齿和
刀片 12—辕架横梁 13—卸土板液压缸

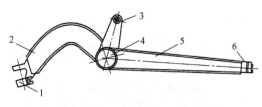

图3-16 开斗铲装式铲运机的辕架

1—牵引座 2—曲梁 3—铲斗升降液压缸支座 4—横梁
5—辕架侧臂 6—球销铰座

2. 工作装置的液压系统

图3-17所示为CAT627B型铲运机工作装置液压系统，其控制工作装置运动的各部分油路如下：

（1）铲斗控制油路 铲斗操纵换向阀8共有四个工位。①快落铲斗：液压油送入铲斗液压缸无杆腔，此时有杆腔的回路通过单向速降阀7直接送入液压缸无杆腔，实现铲斗快落；②铲斗下降；③中位：锁定铲斗；④提升铲斗，放下斗门：铲斗操纵阀杆向前推，可控制气阀使铲斗提升的同时，斗门放下，这样可以用同一手柄控制铲斗和斗门。

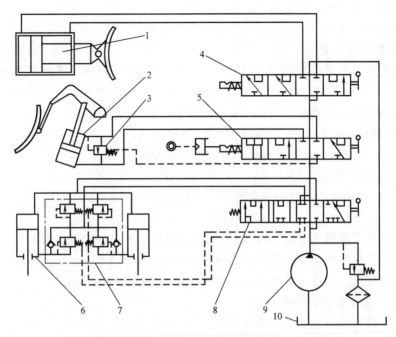

图 3-17 CAT627B 型铲运机工作装置液压系统

1—卸土板液压缸 2—斗门液压缸 3—顺序阀 4—卸土板操纵换向阀 5—斗门操纵换向阀
6—铲斗液压缸 7—单向速降阀 8—铲斗操纵换向阀 9—液压泵 10—油箱

（2）斗门控制油路 ①斗门浮动：此时斗门液压缸的两腔相通，斗门可以自由升降；②斗门下降：此工位也可由压缩空气作用于操纵换向阀实现，此时由铲斗操纵杆控制，由于液压油作用于顺序阀，使其不能开启，不会由顺序阀回油；③中位：斗门固定不动，若此时铲斗提升迫使斗门上升时，由于此时顺序阀的开启压力较低（7030 kPa），液压缸有杆腔压出的油液可经顺序阀排至液压缸无杆腔；④斗门上升。

（3）卸土板控制油路 卸土板操纵换向阀 4 共有四个工位：①卸土板收回（可锁定）：在此工位操纵换向阀杆可以实现锁定，卸土板完全收回后阀杆可自动复位；②卸土板收回；③中位：卸土板固定不动；④卸土板推土卸料。

第三节　平地机概述

一、平地机的用途和分类

平地机是一种完成大面积土壤的平整和整形作业的土方工程机械。其主要工作装置为铲刀，并可配备多种辅助装置（松土器、推土板等），完成多功能作业。平地机的工作装置机动灵活，作业效率高，精度高，是国防工程、道路修筑、矿山、水利、农田等各类基础建设工程中用于平地整形施工的专用机械。

平地机的主要用途是：平整路基和场地，挖沟、整修断面，修刷边坡，清除路面积雪，松土，拌和、摊铺路面基层材料等。现代平地机可以配装自动调平系统，采用电子控制技术，提高作业精度和效率，满足现代化施工要求。

自行式平地机由发动机驱动行驶和作业，其主要分类有：

1. 按车轮的数目分类

按车轮的数目不同可分为四轮（两轴）和六轮（三轴）两种。平地机车轮的布置形式由总轮数×驱动轮数×转向轮数表示。驱动轮数越多，平地机的附着牵引力越人；转向轮数越多，平地机的转弯半径越小。一般的车轮布置形式如下：

1）四轮平地机：4×2×2 型——后轮驱动，前轮转向；

　　　　　　　　4×4×4 型——全轮驱动，全轮转向。

2）六轮平地机：6×4×2 型——中后轮驱动，前轮转向；

　　　　　　　　6×6×2 型——全轮驱动，前轮转向；

　　　　　　　　6×6×6 型——全轮驱动，全轮转向。

目前，国内外大多数平地机采用 6×4×2 型车轮布置形式和铰接式机架。由于转向轮装有倾斜机构，当平地机在斜坡上工作受到侧向载荷时，依靠车轮的倾斜可提高平地机的稳定性；在平地上转向时，能进一步减小转弯半径，实现特殊场地的作业。

2. 按铲刀长度或发动机功率分类

按铲刀长度或发动机功率不同可分为轻、中、重型三种，见表 3-4 所示。

表 3-4　按铲刀长度和发动机功率分类

类　型	铲刀长度/m	发动机功率/kW	质　量/kg	车轮数
轻型	<3	44~66	5000~9000	四轮
中型	3~3.7	66~110	9000~14000	六轮
重型	3.7~4.2	110~220	14000~19000	六轮

3. 按机架结构分类

按机架结构可分为整体式和铰接式两种。整体式机架有较大的整体刚度，但转弯半径较大。与整体式机架相比，铰接式机架具有转弯半径小、作业范围大和作业稳定性好等优点，被广泛应用在现代平地机上。

一般国产平地机的类型代号为 P，Y 表示液压式，主参数为发动机的额定功率，单位为 kW（马力）。如：PY180 表示发动机功率为 132kW（180 马力）的液压式平地机。其主要技术参数有发动机的额定功率、铲刀的宽度、提升高度和切土深度、最大牵引力、前轮的摆动、转向和倾斜角、最小转弯半径以及整机质量等。

二、平地机的作业方式

平地机的作业装置可以实现六个自由度的运动，完成铲刀升降、侧移、引出、倾斜和回转等动作。平地机通过调整铲刀的空间位置，可以实现平地、切削、移土、挖沟和修刷边坡等多种作业形式。

1. 铲刀的作业角度

根据作业要求，平地机可以调整铲刀的工作角度：水平回转角 α、倾斜角 β、切削角 γ，如图 3-18 所示。

（1）水平回转角　铲刀中线与机械行驶方向在水平面上的夹角称为水平回转角。当回

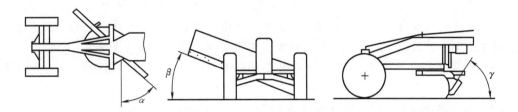

图 3-18 平地机铲刀的工作角度

转角增大时，工作宽度减小，物料的侧移输送能力提高，铲刀单位切削宽度上的切削力增大。对于剥离、摊铺、混合作业及硬土切削作业，回转角可取 30°~50°；对于推土摊铺或进行最后一道刮平以及进行松软或轻质土刮整作业时，回转角可取 0°~30°。

（2）倾斜角 铲刀沿平地机行驶方向移动时所形成的平面与水平面之间的夹角称为倾斜角。

（3）切削角（铲土角） 铲刀切削刃边缘与水平面的夹角称为切削角。一般依作业类型来确定切削角。平整作业时，通常采用中等切削角（60°左右）。当切削、剥离土壤时，采用较小的切削角，以减小切削阻力。当进行物料混合和摊铺时应选用较大的切削角，以增强物料的滚动混合作用。

2. 平地作业

图 3-19 所示为平地机平整场地的作业方式。

（1）直线平整作业 将铲刀水平回转角置为 0°，即铲刀轴线垂直于行驶方向，平地机直线前进完成平整作业。此时，铲刀的切削宽度最大，应以较小的切入深度作业（图 3-19a）。

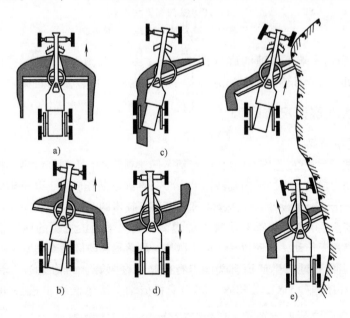

图 3-19 平地机平整场地的作业方式

a）直线平整 b）斜身铲土与移土 c）斜身直行移土

d）退行平地 e）曲折边界平整与移土

（2）斜身铲土与移土作业　利用车架铰接或全轮转向的特点，平地机可以斜身行驶和作业。当平地机斜身直行时，铲刀保持一定的回转角，则铲起的土被移至一侧。在切削和运土过程中，土沿铲刀侧向流动，回转角越大，切土和移土能力越强（图3-19b）。

（3）斜身直行移土作业　铲刀由牵引架侧向引出，可以平整机器侧向较远处的场地（图3-19c）。

（4）退行平地作业　铲刀在水平面内回转180°，平地机可在不用掉头的状态下实现往返作业。特别是在场地受限的地方，退行平地显得更为有效（图3-19d）。

（5）曲折边界平地与移土作业　在弯道上或作业面边界呈不规则的曲线状地段作业时，平地机可以同时操纵转向和铲刀侧向移动，机动灵活地沿曲折的边界作业。当侧面遇到障碍物时，一般不采用转向的方法躲避，而是将铲刀侧向收回，过了障碍物后再将铲刀伸出。主要用于移土填堤、平整场地、回填沟渠和铺筑散料等作业（图3-19e）。

3. 挖沟及铲坡作业

平地机在构筑路堤和整修堤坝时，常采用图3-20所示的作业方式。

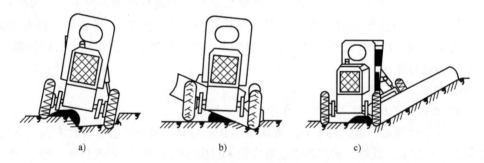

图3-20　挖沟和铲坡作业
a）清理沟底　b）挖沟作业　c）铲边坡

铲刀竖起，利用一端可清理沟底（图3-20a）；铲刀侧倾一定角度，可利用刀角进行挖沟作业（图3-20b）；铲刀被侧向引出并倾斜一定角度后，可以修刷路堤边坡（图3-20c）。

三、平地机发展概况与趋势

1. 国外平地机产品

自行式平地机诞生于20世纪20年代，经历了低速到高速、小型到大型、机械操纵到液压操纵、机械换档到动力换档、机械转向到液压助力转向再到全液压转向，以及整体式机架到铰接式机架的发展过程。随着机械设计、制造技术和电子信息技术的不断发展，平地机的可靠性、耐久性、易操作性、安全性和舒适性都有了很大的提高。现代平地机主要的应用技术有：铰接式机架、全轮驱动、静液压传动、自动找平、电子监控、防落物和防倾翻驾驶室等。

国外较为著名的平地机生产商有美国卡特彼勒、德莱赛、约翰迪尔，瑞典沃尔沃，日本小松、三菱重工和德国的O&K公司等，其中卡特彼勒、沃尔沃和小松公司生产的平地机较为著名，规格较全。国外平地机生产制造技术先进，自动控制程度较高，性能稳定。

卡特彼勒公司生产M和K系列平地机，均配备自制的VHP变功率发动机。M系列平地机，用一个三轴操纵手柄代替了传统的五个操纵杆，增加了机器可操作性，减轻了操作劳动强度；降低了机器的噪声和振动，驾驶人的视野更加开阔，操作环境更为舒适。

沃尔沃生产的 G 系列平地机，其中，G726B、G746B、G946 和 G976 采用全轮驱动，图 3-21 所示为沃尔沃平地机的外形图。沃尔沃 G900 系列自行式平地机均配备符合 EU Stage Ⅳ、US Tier 4 排放标准的沃尔沃发动机。由于采用了沃尔沃高级燃烧技术 Volvo Advanced Combustion Technology，V-ACT 和电子控制技术，使发动机能达到低排放、低油耗、低噪声，实现最佳使用性能。采用了比例需求流量 Proportional Demand Flow，PDF 智能封闭中心载荷传感液压系统，以及一个双齿轮圆盘转动系统，可以保证机器满负荷行走时平稳控制或者转动推土板。全轮驱动（AWD）机型可提供四轮串联双轴驱动、六轮驱动以及"纯前轮驱动"蠕动三种模式，实现精细平整控制。全功率 HTE840 与可选 HTE1160 变速器设有 11 个前进档和六个倒退档，保证机器在低速和高速运行时有很宽的控制范围和更高的效率。另外，手动模式、备选自动模式和行驶模式，可以使变速器性能最佳和燃油最经济。工作状态电子监测系统每天可记录 25 种平地机功能，用于实时维修分析。

图 3-21 沃尔沃平地机的外形图

2. 国内平地机产品

国内工程机械厂通过引进国外平地机先进技术，逐步形成了具有自主知识产权的平地机产品。鼎盛重工（原天津工程机械厂）是国内最早生产平地机的厂家，通过引进德国 O&K 公司的平地机制造技术，经过自主研发，形成了 M 系列平地机，产品规格较全。主要有 PY120M、PY160M、PY180M、PY200M、PY310M 等平地机。机架采用整体热压成形，避免应力集中；作业装置采用具有自主知识产权的"滚盘齿圈"结构，可免维护调整，提高了平整精度。

徐工集团主要生产 GR 系列 165、180、200、215、3003、3505 平地机，采用合资美驰桥，内置进口"NO-SPIN"防滑差速器，平衡箱传动采用重型滚子链传动或齿轮传动，确保传动平稳可靠；进口液压元件；单手柄操作的电液控制 ZF 动力换档变速器；独特的菱形前倾驾驶室，视野开阔，噪声小，并配备可调整操纵台、顶置空调等设施。

常林股份通过引进日本小松平地机技术形成了 PY 系列平地机，目前主要有 135、170、180、190、200、220 系列平地机。传动系统采用轮边驱动以及加强型双排滚子链条；全液压操纵，侧摆前轮和松土时，都采用了双作用的抗飘移止回阀。三一重工率先研制静液压传动平地机，主要产品有 C 系列 120、160、180、200 平地机。集机械和液压传动优势于一体，速度范围广、传动效率高，回转支承结构的作业装置，免维护，精度高，寿命超过10000h。四川成工也是较早生产平地机的厂家之一，生产 MG 系列平地机。主要产品有 MG1320H、

MG1320C，驱动桥采用专利技术的润滑油油温自动控制系统，可靠耐久。

3. 现代平地机的主要技术

1）自动找平装置广泛应用于平地机上，可以提高平地机的作业精度和效率。

2）应用闭式静液压传动，使平地机传动系统实现无变速器、无传动轴、无驱动桥结构，易于实现变速控制和全轮驱动，改善驾驶操作条件，提高作业效率。

3）现代微电子技术越来越普遍地应用于平地机上，用以提升产品的技术水平，实现机电液一体化控制。电子监控系统可以监测发动机、变矩器和变速器等部件的运行状态，其中包括发动机的转速和温度、燃油量、车速、变速器和液压油过滤器的阻塞情况、差速器的锁紧／脱开、变速器和变矩器的操纵压力和油温、海拔、驾驶室内外的温度等信息。约翰·迪尔平地机采用的电子监控系统可以连续监测 16 项运行数据，及时显示重要的监控信息，并就潜在的故障发出声光报警信号；能自动检测和控制工作装置的工作状态参数，保证施工质量；在机械维护方面，可以实现故障自动诊断，并记录相关数据。

4）智能化控制技术。通过机电液一体化控制、通信技术和导航技术可实现无人驾驶、远程遥控，机群作业，改善操作环境，节约能源，提高作业效率。卡特彼勒的 AccuGrade 自动控制系统采用 GPS 定位和制导技术、机器传感器和自动铲刀控制功能，使操作员能够更快、更轻松高效地铲平坡度。数字设计规划、实时挖方/填方数据和驾驶室内制导功能可提供各种详细信息，使操作员能够更精准地完成工作。

第四节　平地机构造

自行式平地机主要由发动机、传动系统、机架、前后桥、行走装置、工作装置以及电气与操纵控制系统等部分组成。平地机的总体结构如图 3-22 所示。

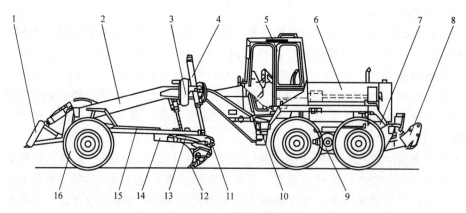

图 3-22　平地机的总体结构

1—前推土板　2—前机架　3—摆架　4—铲刀升降液压缸　5—驾驶室　6—发动机罩　7—后机架
8—后松土器　9—后桥　10—铰接转向液压缸　11—松土耙　12—铲刀
13—铲土角调整液压缸　14—转盘齿圈　15—牵引架　16—转向轮

一、发动机

现代平地机一般采用工程机械专用柴油机，多数柴油机还采用了废气涡轮增压技术，以适应施工中的恶劣工况，在高负荷低转速下可较大幅度地提高输出转矩。通常在传动系统中装设液力变矩器，它与发动机共同工作，使发动机的负荷比较平稳。国产平地机主要配套上柴 D6114、东风康明斯、潍柴斯太尔发动机，性能优良。国外卡特彼勒、沃尔沃和小松平地机采用自制的专用发动机，均能达到欧Ⅲ排放标准要求，一些新机型已达到欧Ⅳ排放标准要求，如沃尔沃 D4、D6 柴油发动机。

二、传动系统

平地机的传动系统一般采用机械传动、液力机械传动和静液压传动三种形式。平地机的驱动装置有后轮驱动和全轮驱动。全轮驱动时，后轮的动力由变速器输出，并由联轴器和传动轴或液压传动把动力传递至前后桥。

1. 液力机械传动

国产 PY180 型平地机的传动系统是后轮驱动形式，主要由变矩器、动力换档变速器、后桥和平衡箱链式终传动等组成，其传动系统简图如图 3-23 所示。动力由发动机经液力变矩器进入动力换档变速器，再经联轴器和传动轴输入三段型驱动桥的主传动。主传动设有自动闭锁差速器，左、右半轴分别与左、右行星减速装置的太阳轮相连，动力由齿圈输出，然后输入左、右平衡箱轮边减速装置，通过重型滚子链轮减速增矩后驱动左、右驱动轮。

国产自行式平地机多采用的电液换档操纵 ZF 液力变矩器-变速器系统或 Clark 液力变矩器-变速器。这两种传动系统均为组成式变速器，由主、副变速器串联构成。ZF 液力变矩器-变速器（图 3-23）采用高、低档副变速器，具有六个前进档和三个倒退档；Clark 液力变矩器-变速器采用换向副变速器，设有六个前进档和六个倒退档。两者的换档（换向）控制原理相同。

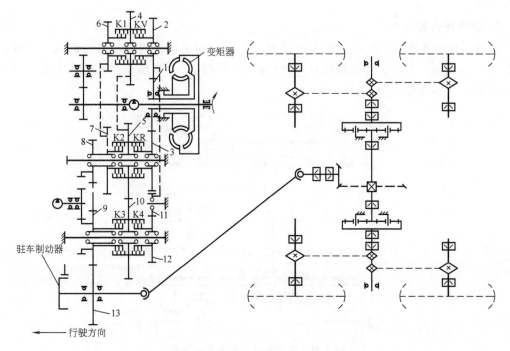

图 3-23 PY180 型平地机传动系统

1—涡轮轴齿轮 2~13—常啮合传动齿轮 KV、K1~K4—换档离合器 KR—换向离合器

液力变矩器为单级向心式变矩器，变矩器泵轮通过弹性盘（非金属材料）与发动机飞轮连接，其涡轮轴将动力输出至变速器。

定轴式动力换档变速器由换档离合器实现动力换档。变量液压泵安装在变速器内的后上方，给换档离合器和液力变矩器提供液压油，液压油经冷却器冷却再向变速器的压力润滑系统供油。变速器设有五个换档离合器和一个换向离合器（KR）。换档离合器为多片式双离合器结构，"KV-K1""KR-K2"和"K4-K3"换档离合器均为单作用双离合器，即左、右离合器可以单独结合，也可以同时结合传递动力。双离合器共用一个液压缸，分别有各自的压紧活塞，可以实现负载换档，换档柔和无冲击。

变速器采用电液操纵系统实现换档。电液控制系统由变量泵、换档压力控制阀、电磁换档液压信号阀、液压换档阀、换档（换向）离合器组以及过滤器、溢流阀、油箱等液压元件和档位选择器等电气元件所组成。

在电液换档控制系统中，变量泵给电磁换档信号阀和换档（换向）离合器信号油压和结合油压。换档时，手动操纵电控档位选择器选择档位，即接通与选择器相关的电磁信号阀，并通过电磁信号阀输出信号油压，再控制液压换档阀实现动力换档。当平地机换向时，应将档位降至1档。

液控液压换档（换向）阀设有缓冲装置，可使换档（换向）离合器结合平稳，换档无冲击。另外，变速器的电液换档电气线路中设有空档保险装置，只有在变速器处于空档位置时，才能起动发动机，这样可以避免发动机负载起动。

变速器后端的泵轮轴上装有平地机工作装置的驱动液压泵。输出的动力一部分用于驱动转向液压泵和紧急转向液压泵。变速器输出轴前端装有驻车制动器，后端通过传动轴将动力传至后桥。

2. 静液压传动

静液压传动系统是一种无变矩器-变速器、传动轴和驱动桥结构的传动系统，其传动原理如图3-24所示。其动力传递路线是：发动机1→联轴器2→液压泵3→液压马达4、5→减速平衡箱6、7→车轮8、9、10、11。

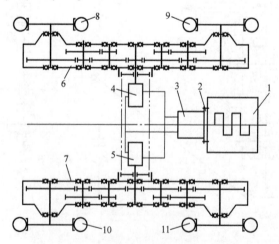

图3-24　平地机液压传动系统简图

1—发动机　2—联轴器　3—液压泵　4、5—液压马达　6、7—减速平衡箱　8~11—车轮

在 PLC 的控制下，分别用改变变量柱塞液压泵的斜盘倾斜方向和变量柱塞液压马达的斜盘倾斜角度来实现对平地机行驶方向和车速的变换。在该传动系统中，变量柱塞液压泵和变量柱塞液压马达既是液压传动元件，又是换向变速装置；减速平衡箱能减小平地机作业时由于车轮在作业路面上的上下跳动而引起的铲刀跳动，同时也是减速器。静液压传动系统没有了传统的变速传动部件，具有结构简单，传动可靠，维修方便，制造成本低，操作舒适以及使用效果好等优点。

三、前桥、后桥及平衡箱

1. 前桥

平地机的前桥有转向从动桥和转向驱动桥两种形式，目前多数采用转向从动桥。小型四轮平地机后桥与机架固接，前桥与机架铰接，以保证四轮同时着地。六轮平地机后桥与机架固接，前桥与机架铰接摆动，后轮通过平衡箱相对于后桥摆动，可以保证全部车轮同时着地，后四轮平均承受载荷。目前，平地机普遍采用这种结构形式。图 3-25 所示为 PY180 平地机前桥的结构。前桥横梁与前机架铰接，可绕铰接轴上下摆动，提高前轮对地面的适应性。前桥为转向桥，通过转向液压缸推动左、右转向节偏转而实现前轮转向。在横坡作业时，通过倾斜液压缸和倾斜拉杆的作用使前轮左、右倾斜，平地机的前轮可以处于垂直状态，提高了前轮的附着力和整机的作业稳定性。

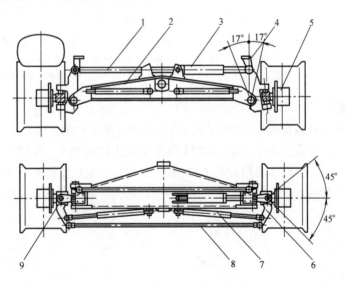

图 3-25 PY180 平地机前桥的结构

1—倾斜拉杆 2—前桥横梁 3—倾斜液压缸 4—转向节支承 5—车轮轴
6—转向节 7—转向液压缸 8—梯形拉杆 9—转向节销

2. 后桥及平衡箱

六轮平地机一般采用一个后桥和平衡箱串联传动，这样可以提高机械的行驶牵引性能和作业平整性，并满足两侧车轮的结构布置要求。平衡箱串联传动的作用就是将后桥半轴输出的动力，分别传给中、后车轮。由于驱动轮可随地面起伏迫使左、右平衡箱进行上下摆动，因此能保证两侧的中、后轮同时着地，均衡前、后驱动轮的载荷，提高平地机的附着牵引性能。

平衡箱串联传动有链条传动和齿轮传动两种形式。链条传动结构简单，并且有减缓冲击的作用；缺点是链条磨损大、寿命短，需要及时调整链条的张紧力。齿轮传动可以实现较大的减速比，当采用齿轮传动时，后桥主传动通常只用一级交错轴斜齿轮减速。目前，大多数平地机上采用链条传动形式的平衡箱。典型的后桥平衡箱结构如图3-26所示。

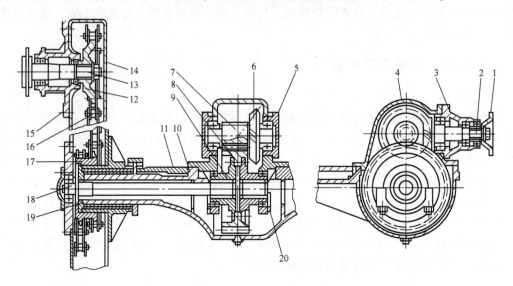

图3-26　典型的后桥平衡箱结构

1—连接盘　2—主动锥齿轮轴　3—主动锥齿轮座　4—齿轮箱体　5—轴承盖　6—从动锥齿轮　7—直齿轮
8—从动直齿轮　9—轮毂　10—壳体　11—托架　12—链轮　13—车轮轴　14—平衡箱体
15—轴承座　16—链条　17—主动链轮　18—半轴　19—端盖　20—压板

3. 转向装置

目前，国内外平地机普遍采用偏转前轮和配合铰接车架的铰接转向方式。当平地机采用整体机架时，则采用偏转前后轮转向，由于偏转后轮转向装置结构复杂，偏转角较小，转弯半径大，作业形式不灵活，目前已较少采用，图3-27a所示为四轮平地机偏转前后轮转向状态。图3-37b所示为六轮平地机前桥为偏转车轮转向，后桥为桥体回转转向状态。图3-27c所示为后桥体上部

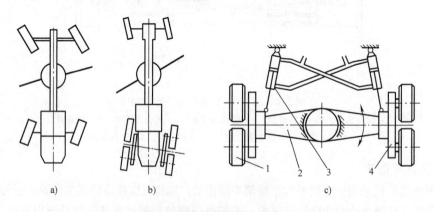

a)　　　　　　　　　b)　　　　　　　　　c)

图3-27　全轮转向状态示意图

a）四轮平地机全轮转向　b）六轮平地机全轮转向　c）六轮平地机后桥转向

1—后轮　2—后桥壳体　3—转向液压缸　4—平衡箱

与机架铰接，可绕铰接点水平回转，转向液压缸的缸体端与机架铰接，活塞杆端与后桥铰接。转向时，一侧液压缸伸出，另一侧液压缸缩回，实现后桥的回转转向。

四、机架

平地机的机架是连接前桥与后桥的弓形梁架，具有整体式和铰接式两种形式，目前平地机普遍采用铰接式机架。图 3-28 所示为沃尔沃平地机的前、后铰接式机架。

图 3-28　沃尔沃平地机的前、后铰接式机架

五、工作装置

平地机的工作装置包括刮土工作装置（铲刀）和松土工作装置（松土器和耙土器），并可加装推土板等辅助作业装置来配合铲刀作业。工作装置大都采用液压操纵或电液自动控制。

1. 刮土工作装置

平地机刮土工作装置（图 3-29），主要由铲刀 9、牵引架 5、转盘 12、回转驱动装置 4、角位器 1 和多组控制液压缸等组成。铲刀安装在弓形梁架下牵引架的转盘上。牵引架的前端是一球形铰，它与车架前端铰接，使得牵引架可绕球铰在任意方向转动和摆动。转盘是一个带内齿的大齿圈，它支承在牵引架上，可在回转驱动装置的驱动下绕牵引架转动，从而带动铲刀回转。铲刀背面的上、下两条滑轨支承在两侧角位器的滑槽上，在铲刀侧移液压缸11 的推动下，可以侧向左、右滑动。角位器与回转耳板下端铰接，上端用角位器紧固螺母 2 固定。松开角位器的紧固螺母，可以调整铲刀的切削角。

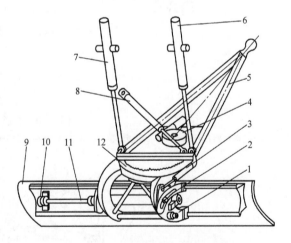

图 3-29　平地机刮土工作装置

1—角位器　2—角位器紧固螺母　3—切削角调节液压缸　4—回转驱动装置　5—牵引架　6—右升降液压缸　7—左升降液压缸　8—牵引架引出液压缸　9—铲刀　10—液压缸头铰接支座　11—铲刀侧移液压缸　12—转盘

平地机的铲刀在空间的运动形式比较复杂，能够实现多种作业形式。它可以完成空间六个自由度的运动，即沿三个坐标轴移动和转动。具体说来，铲刀可以有如下七种形式的动作：①铲刀升降；②铲刀倾斜；③铲刀回转；④铲刀侧移（相对于机架左、右侧伸）；⑤铲刀直移（沿机械行驶方向）；⑥铲刀切削角的改变；⑦铲刀随回转圈一起侧移，即牵引架引出。

其中①、②、④、⑦一般通过液压缸控制，③采用液压马达或液压缸控制，⑤通过机械直线行驶实现，而⑥一般由人工调节或通过液压缸调节，调好后再用螺母锁定。

各种平地机，其铲刀的结构基本相同，但其运动形式不尽相同，例如有些小型平地机为了简化结构没有角位器机构，切削角是固定不变的。

牵引架在结构形式上可分为 A 形和 T 形两种。A 形与 T 形是指从上向下看牵引杆的形状。图 3-30 所示的 A 形牵引架为箱形截面三角形钢架，其前端通过牵引架铰接球头 1 与弓形前机架前端铰接，后端横梁两端通过球头与铲刀提升液压缸活塞杆铰接，并通过两侧铲刀提升液压缸悬挂在前机架上。牵引机架前端和后端下部焊有底板，前底板中部伸出部分可安装转盘驱动小齿轮。图 3-31 所示为 T 形牵引架，其牵引杆为箱形截面结构。这种结构的优点是在转盘前面的部分只是一根小截面杆，横向尺寸小，当牵引架向外引出时不易与耙土器发生干涉，但它在回转平面内的抗弯刚度下降。

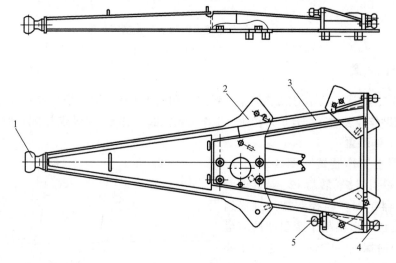

图 3-30　A 形牵引架

1—牵引架铰接球头　2—底板　3—牵引架体　4—铲刀升降液压缸铰接球头　5—铲刀摆动液压缸铰接球头

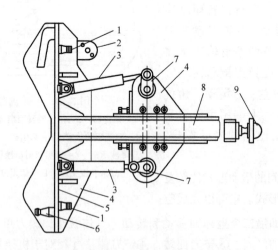

图 3-31　T 形牵引架

1—铲刀升降液压缸铰接球头　2—转盘安装耳板　3—回转驱动液压缸　4—底板
5—横梁　6—牵引架引出液压缸铰接球头　7—回转齿轮摇臂　8—牵引杆　9—铰接球头

与 T 形牵引架相比，A 形牵引架承受水平面内弯矩能力强，对于液压马达驱动蜗杆减速器形式的回转驱动装置易于安装布置，所以以 A 形结构比 T 形结构应用普遍。

转盘（图 3-32）通过托板悬挂在牵引架的下方。驱动小齿轮与转盘内齿圈相啮合，用来驱动转盘和铲刀回转。转盘两侧焊有弯臂，左、右弯臂外侧可安装铲刀液压角位器。角位器弧形导槽套装在弯臂的角位器定位销上，上端与切削角调整液压缸活塞杆端铰接。铲刀背面的下铰座安装在弯臂下端的铲刀摆动铰销上。铲刀可相对弯臂前、后摆动，改变其切削角。铲刀滑槽可沿液压角位器上端的导轨左、右侧移。铲刀背面还焊有铲刀侧移液压缸活塞杆的铰接支座，侧移液压缸通过该铰接支座将铲刀向左侧或向右侧移动引出。

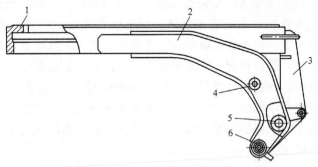

图 3-32　PY180 型平地机转盘

1—带内齿的转盘　2—弯臂　3—松土耙支承架　4—铲刀摆动铰销

5—松土耙安全杆　6—液压角位器定位销

图 3-33 所示为卡特彼勒平地机转盘，它由齿圈 1、拉杆 2 和耳板 3 等焊接而成。耳板承受铲刀作业时的负荷，因此它应有足够的强度和刚度。回转圈在牵引架的滑道上回转，它与滑道之间有滑动配合间隙，且应便于调节。

大部分平地机采用图 3-34 所示的回转支承结构形式。它的滑动性能和耐磨性能都较好，不需要更换支承垫块。回转圈的上滑面与青铜衬片接触，衬片上有两个凸圆块卡在牵引架底板上，青铜衬片有两个凸方块卡在支承块上，通过调整垫片调节上、下配合间隙。

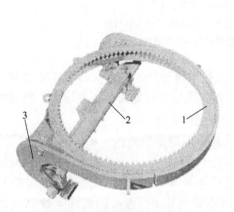

图 3-33　卡特彼勒平地机转盘

1—齿圈　2—拉杆　3—耳板

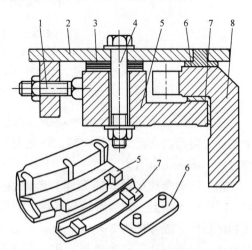

图 3-34　回转支承结构形式

1—调节螺栓　2—牵引架　3—垫片　4—紧固螺栓

5—支承垫块　6、7—衬片　8—回转齿圈

铲刀的回转驱动装置主要是连续回转驱动型，由液压马达驱动，通过蜗杆减速器驱动转盘，使铲刀相对牵引架进行360°回转。若将铲刀回转180°，则可倒退进行平地作业。由于这种传动结构尺寸小，驱动力矩恒定、平稳，故目前多数平地机采用这种驱动形式。但是，这种结构的蜗杆减速器的输出轴朝下，很容易漏油，因此对密封要求高。另一种是双液压缸交替伺服控制驱动小齿轮，在两个液压缸活塞杆伸缩和缸体绕其铰点摆动的联合运动下，小齿轮由偏心轴带动回转。

2. 松土工作装置

松土工作装置按作业负荷大小分为耙土器和松土器。轻型松土器可安装五个松土齿和九个耙土齿，作业时可根据需要选用安装松土齿，一般为单齿或三齿。耙土器齿多而密，单齿承受负荷较小，一般布置在铲刀和前轮之间，属于前置式松土装置，适用于疏松松软的土壤、破碎土块或清除杂草。松土器齿数较少，单齿负荷较大，属于后置式松土装置，布置在平地机尾部，安装位置离驱动轮近，车架刚度大，允许进行重负荷松土作业。

松土器的结构有双连杆式和单连杆式两种，如图3-35所示。双连杆式近似于平行四边形机构，其优点是松土齿在不同的切土深度下松土角基本不变，这对松土有利。另外，双连杆同时承受载荷，改善了松土器架的受力状态。单连杆式松土器的松土齿在不同的入土深度下的松土角变化较大，但结构简单。

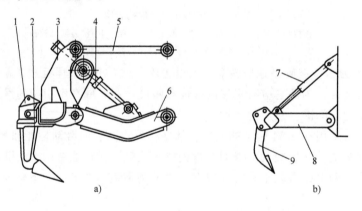

图 3-35 松土器的结构形式

a）双连杆式松土器 b）单连杆式松土器

1、9—松土器 2—齿套 3、8—松土器架 4—控制下连杆液压缸
5—连杆 6—下连杆 7—控制松土器液压缸

松土器的松土角一般为40°～50°，松土器作业时松土齿受到水平方向的切向阻力和垂直于地面方向的法向阻力。法向阻力一般向下，这个力使平地机对地面的压力增大，使后轮减少打滑，增大了牵引力。

耙土器的结构如图3-36所示。弯臂的头部铰接在机架前部的两侧。耙齿7插入耙子架6内，用齿楔5楔紧，耙齿磨损后可往下调整。耙齿用高锰钢铸成，经水韧处理，有较高的强度和耐磨性。摇臂机构2有三个臂：两侧臂与伸缩杆4铰接，中间臂（位于机架正中）与液压缸1铰接，液压缸为单缸，作业时液压缸推动摇臂机构2，通过伸缩杆4推动耙齿入土。这样，作业时的阻力通过弯臂和液压缸就作用于机架弓形梁上，使弓形机架处于不利的受力状况，所以在这个位置一般不宜设置重负荷作业的松土器。

3. 推土装置

推土板是平地机的辅助作业装置之一，安装在机架前端的顶推板上，主要用来切削较硬的土、清理路石以及铲刀板无法到达的边角地带的铲平作业，一般不进行大切削深度的推土作业。推土铲刀的升降机构有单连杆式和双连杆式。双连杆式近似为平行四边形机构，铲刀升降时能保持切削角基本不变。铲刀体大都采用箱形梁，提供了较好的抗扭刚度。图 3-37 所示为沃尔沃 G900 系列平地机的双连杆式推土装置，除有以上特点外，还具有在液压回路中安装安全阀，保证推土板作业安全可靠，以及采用全液压操纵控制等特点。

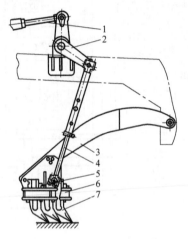

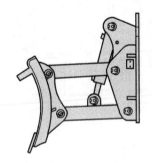

图 3-36　耙土器的结构

1—耙子收放液压缸　2—摇臂机构

3—弯臂　4—伸缩杆　5—齿楔

6—耙子架　7—耙齿

图 3-37　沃尔沃 G900 系列平
地机的双连杆式推土装置

六、液压系统

平地机的液压系统包括工作装置液压系统、转向液压系统和制动液压系统。国产 PY180 平地机的液压系统原理图如图 3-38 所示。

1. 工作装置液压系统

PY180 平地机工作装置液压系统由高压双联齿轮泵、回转液压马达、操纵控制阀、液压缸和油箱等液压元件组成，分别用于控制平地机各种工作装置（铲刀、松土器、推土板等）的运动，如铲刀升降、回转、侧移、引出，切削角的改变，松土器和推土板的收放等，以实现多种作业方式。

液压系统为双泵双回路，泵Ⅰ和泵Ⅱ形成的回路可以分别独立工作，也可同时工作。当调节铲刀升降位置时，则应采用双回路同时工作，这样可以保证左、右铲刀升降液压缸同步移动，提高工作效率。当系统超载时，双回路均可通过设在油路转换阀总成 18 内的溢流阀开启卸荷，保证系统安全（系统安全压力为 13MPa）。因铲刀回转液压马达 2 和前推土板升降液压缸 1 工作时所耗用的功率较其他工作液压缸大，故在泵Ⅱ液压回路中，单独增设一个铲刀回转和前推土板升降油路的溢流阀，此系统的安全压力为 18MPa。

工作装置的液压缸和液压马达均为双作用液压缸和液压马达。泵Ⅰ和泵Ⅱ分别向两个独立

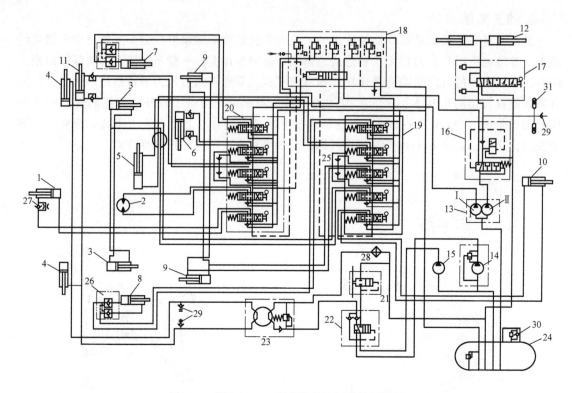

图 3-38 国产 PY180 平地机的液压系统原理图

1—前推土板升降液压缸 2—铲刀回转液压马达 3—铲土角调整液压缸 4—前轮转向液压缸 5—铲刀引出液压缸
6—铲刀摆动液压缸 7、8—左、右铲刀升降液压缸 9—转向液压缸 10—后松土器升降液压缸 11—前轮倾斜液压缸
12—制动器 13—双联液压泵（Ⅰ、Ⅱ） 14—转向液压泵 15—紧急转向液压泵 16—限压阀 17—制动阀
18—油路转换阀总成 19—多路手动换向阀（上） 20—多路手动换向阀（下） 21—旁通指示阀
22—转向液压阀 23—全液压转向器 24—油箱 25—补油阀 26—双向液压锁 27—单向节流阀
28—冷却器 29—微型测量接头 30—进排气阀 31—蓄能器

的工作装置液压回路供油，两液压回路的流量相同。当油路转换阀总成 18 左位工作时，泵Ⅰ和泵Ⅱ的双液压回路合流，工作装置的运动速度可提高一倍，有利于提高平地机的生产率。在铲刀左、右升降液压缸上设有双向液压锁 26，可以防止牵引架后端悬挂重量和地面垂直载荷冲击引起闭锁液压缸产生位移。

当泵Ⅰ和泵Ⅱ两个液压回路的多路操纵阀组都处于中立位置时，两回路的液压油将通过油路转换阀总成 18 中与之对应的溢流阀，并经过滤器直接向封闭式油箱 24 卸荷。此时，工作装置液压缸和液压马达均处于闭锁状态。

双联泵中的泵Ⅰ通过多路手动换向阀（下）20 向前推土板升降液压缸 1、铲刀回转液压马达 2、前轮倾斜液压缸 11、铲刀摆动液压缸 6 和左铲刀升降液压缸 7 提供液压油。泵Ⅱ可向制动单回路液压系统提供液压油。当两个蓄能器的油压达到 15MPa 时，限压阀 16 将自动中断制动系统的液压油路，同时接通连接多路手动换向阀（上）19 的油路，并可通过多路手动换向阀（上）19 分别向后松土器升降液压缸 10、铲土角调整液压缸 3、转向液压缸 9、铲刀引出液压缸 5 和右铲刀升降液压缸 8 提供液压油。

在前轮倾斜液压缸 11 的两腔设有两个单向节流阀，可实现前轮平稳倾斜。为防止前轮倾斜失稳，在前轮倾斜换向操纵阀上还设有两个单向补油阀，当倾斜液压缸供油不足时，可通过单向补油阀从液压油箱中补充供油，以防气蚀造成前轮抖动，确保平地机行驶和转向的安全。

为防止工作装置液压缸或液压马达进油腔的液压油出现倒流现象，同时避免换向阀进入中位时发生油液倒流，在平地机切削角调整，铰接转向，铲刀引出、回转、摆动，前推土板、后松土器和前轮倾斜各并联液压回路中，在封闭式换向操纵阀的进油口均设有单向阀。

油箱 24 为封闭式液压油箱。进排气阀 30 可控制油箱内的压力保持在 0.07MPa 的低压状态，有助于液压泵正常吸油；也可防止气蚀现象的产生，防止液压油污染，减少液压系统故障，延长液压元件使用寿命。

2. 转向液压系统

转向液压系统由转向液压泵 14、紧急转向液压泵 15、转向液压阀 22、全液压转向器 23、前轮转向液压缸 4、油箱 24 等主要液压元件组成。

全液压转向回路的工作原理是：由转向盘直接驱动全液压转向器 23，转向液压泵 14 提供的液压油经流量控制阀和转向液压阀 22 由液压转向器进入前桥左、右转向液压缸推动前轮的转向节臂，实现前轮偏转转向。左、右转向节用横拉杆连接，形成前桥转向梯形，可近似满足转向时前轮纯滚动对左、右偏转角的要求。

当系统过载（系统油压超过 15MPa）时，全液压转向器 23 内的溢流阀即开启卸荷，保护转向液压系统的安全。

当转向液压泵 14 出现故障无法提供液压油时，转向液压阀 22 则自动接通紧急转向液压泵 15。此时，紧急转向液压泵开始工作，它提供的液压油即可进入前轮转向系统，确保转向系统正常工作。紧急转向液压泵由变速器输出轴驱动，只要平地机处于行驶状态，紧急转向液压泵即可正常运转。当转向液压泵或紧急转向液压泵发生故障时，旁通指示阀 21 接通，监控指示灯即显示信号，用以提醒驾驶人。

3. 行车制动系统

行车制动系统是一单回路液压泵蓄能器制动系统，由制动泵Ⅱ、制动阀 17、蓄能器 31 和制动器 12 等组成。

七、驾驶室

驾驶室的结构布置与外观不仅影响整机的美观，而且对机器的可操作性和舒适性起重要作用。目前国内外平地机普遍采用封闭式防滚翻 RPOS 和防落物 FPOS 的驾驶室，驾驶室经过降噪、减振、通风和隔热处理，并配置冷暖空调、音响（收放机）、随机工具箱等设备。目前，卡特彼勒平地机的驾驶室经过降噪处理后，室内噪声可低于 79dB。在结构上保证驾驶人有良好的前、后视野，使驾驶人能够在室内很方便地观察到工作装置的任何动作情况。整体设计更加符合人机工程学要求，如省力踏板、小幅度操纵杆和可调座椅等，常用的操作装置都位于驾驶人的前面，减轻了驾驶人驾驶的疲劳程度，并提高了生产率和安全性。

八、自动控制系统

平地机常用的自动控制系统有电子型、激光型和超声波自动控制装置。按照施工人员给定的要求，如斜度、坡度等，预设基准，机器依据给定的基准自动调节铲刀作业参数。图 3-39 所示为拓普康（TOPCON）平地机坡度自动控制系统。它主要由计算机控制盒、激光跟踪器、声呐追踪器、升降传感器、回转角度传感器、坡度传感器和集成的电液阀控制模块等组成。控制盒与智能遥控旋钮和供电模块连接，声呐追踪器用来测量和控制铲刀的升降高度，激光跟踪器接收 360°方向的激光信号并将其传送给控制盒，坡度传感器测量铲刀的倾斜角度，长坡传感器用来测量平地机沿行驶方向的坡度，液压控制阀组与铲刀升降油缸相连，能控制铲刀升降，以产生期望的坡度。

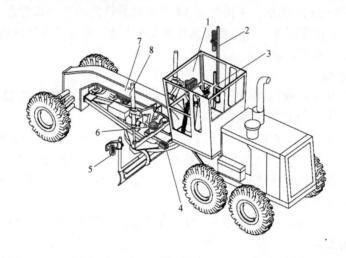

图 3-39　括普康（TOPCON）平地机坡度自动控制系统
1—计算机控制盒　2—激光跟踪器　3—智能旋钮　4—坡度传感器　5—声呐追踪器
6—回转角度传感器　7—长坡传感器　8—液压组件

坡度自动控制系统的工作原理是由声呐追踪器发出 39Hz 的声脉冲，并测出从基准物（预设的基准线或预埋的路缘石或已刮削过的路面等）反射回来的回音时间信号，并由传感器测出铲刀斜率信号、升降传感器测出升降高度以及回转传感器测出的回转角度信号等，计算机控制盒处理各路信息后，向液压控制阀组发出调整信号，自动调节平地机铲刀的位置，从而使施工路面达到理想的要求。该系统能够在 1s 内完成测试与调整 30 多次，满足了平地机的高速作业要求。

思　考　题

1. 简述铲运机三种常用卸土方式和特点。目前自行式铲运机采用哪几种典型的工作装置？
2. 双动力自行式铲运机如何实现前后车的速度匹配和同步行驶。
3. 简述铲运机的作业过程。在实现铲运土的功能上与推土机有何区别？
4. 简述目前的铲运机多采用的悬架机构及其特点。
5. 试述平地机的作业方式及其特点。在实现推土功能时与推土机有何区别？
6. 平地机的铲刀可以实现几种动作？可进行哪些作业？
7. 平地机有几种转向方式？前桥结构有何特点？如何配合整机实现转向和作业？

第四章

挖掘机械

第一节 概　述

一、用途

挖掘机械在建筑、筑路、水利、电力、采矿、石油等工程以及天然气管道铺设和现代军事工程中，被广泛地使用。按其作业特点分为周期性作业式和连续性作业式两种，前者为单斗挖掘机，后者为多斗挖掘机。由于单斗挖掘机是工程机械的一个主要机种，也是各类工程施工中普遍采用的机械，可以挖掘Ⅵ级以下的土层和爆破后的岩石。因此，本章着重介绍单斗挖掘机。

单斗挖掘机的主要用途是：在筑路工程中用来开挖堑壕，在建筑工程中用来开挖基础，在水利工程中用来开挖沟渠、运河和疏浚河道，在采石场、露天采矿等工程中用于剥离和矿石的挖掘等，此外还可对碎石、煤等松散物料进行装载作业。更换工作装置后还可进行起重、浇筑、安装、打桩、破碎、夯土和拔桩等工作。

二、分类

1. 四种分类方法

（1）按动力装置分　按动力装置分为电驱动式、内燃机驱动式、复合驱动式等。

（2）按传动装置分　按传动装置分为机械传动式、半液压传动式、全液压传动式。

（3）按行走装置分　按行走装置分为履带式、轮胎式、步履式。

（4）按工作装置的操纵方式分　按工作装置的操纵方式分为机械式和液压式。

2. 工作装置类型

单斗挖掘机有多种工作装置，机械挖掘机工作装置的主要形式如图 4-1 所示，液压挖掘机工作装置的主要形式如图 4-2 所示。

（1）正铲　正铲挖掘机主要用于挖掘停机面以上的工作面。正铲挖掘机多采用底卸式铲斗，即靠机械方式或液压缸打开斗底卸料，以增加卸土高度，减少土对运输车辆的冲击。

（2）反铲　反铲挖掘机主要用于挖掘停机面以下的工作面。反铲铲斗采用翻转铲斗的卸料方式。

（3）拉铲　拉铲挖掘机是铲斗进行挠性连接的一种形式，适用于挖掘停机面以下的工作面。拉铲的挖掘能力受铲斗自重的限制，一般只适宜挖掘土料和砂砾。

（4）抓斗　抓斗挖掘机也是铲斗进行挠性连接的常用形式。抓斗挖掘机可在提升高度和挖掘深度范围内用来挖掘停机面以上或者以下的工作面，特别适合挖掘深而边坡陡直的基坑和深井，为了增大挖掘深度，可在斗杆端部和抓斗之间加几节加长杆。抓斗的挖掘能力因受自重限制，只能挖掘一般土料、砂砾和松散物料。

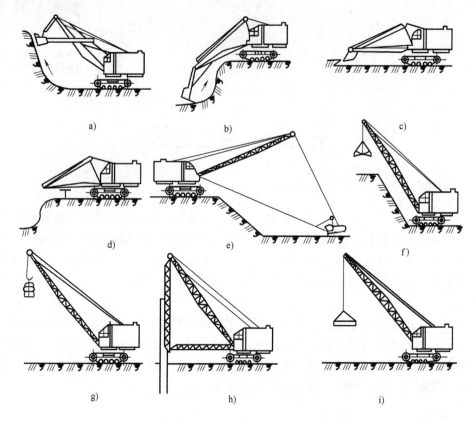

图 4-1　机械挖掘机工作装置的主要形式

a）正铲　b）反铲　c）刨铲　d）刮铲　e）拉铲　f）抓斗　g）吊钩　h）桩锤　i）夯板

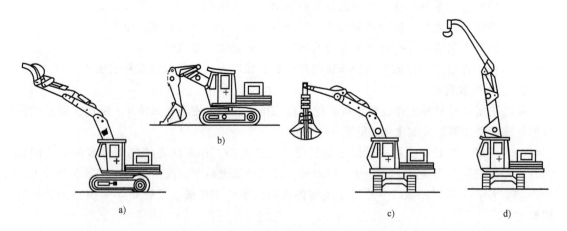

图 4-2　液压挖掘机工作装置的主要形式

a）反铲　b）正铲　c）抓斗　d）吊钩

（5）装有吊钩的挖掘机——起重机　吊钩是挖掘机通常的一种换用装置，用来进行装卸和安装等工作。一般通用式挖掘机都配备有吊钩装置，专用挖掘机必要时也可改装成起重机使用。

（6）装有其他工作装置的挖掘机 单斗挖掘机还可以配有其他工作装置来完成不同的作业，如刨铲用于挖掘停机面以上的土壤，主要用于平整场地和边坡；刮铲用来刮动停机面以上已经松动的土壤，进行坑道、沟槽和基坑等回填工作；桩锤用于打桩，在换用桩锤工作装置后挖掘机就成为了打桩机。夯板用于夯实土壤，故称为夯土机；配上液压镐，可进行岩石、混凝土路面的破碎；装上液压钻，可在地面上钻孔；装上松土器，可以耙松硬黏土和红砂岩等。

单斗挖掘机属于循环作业式机械，每一个工作循环包括：挖掘、回转、卸料和返回四个过程。

三、单斗挖掘机的主要技术参数

单斗挖掘机的参数有：斗容量、机重、额定功率、最大挖掘半径、最大挖掘深度、最大卸载高度、最小回转半径、回转速度和液压系统的工作压力等。其中主要参数有标准斗容量、机重和额定功率三个，用来作为挖掘机分级的标志性参数。

（1）标准斗容量 标准斗容量是指挖掘 $\mathbb{N}$ 级土壤时，铲斗堆尖时的斗容量，单位为 m^3。它直接反映了挖掘机的挖掘能力。

（2）机重 机重是指带标准反铲或正铲工作装置的整机重量，单位为 t，它反映了机械本身的级别和实际工作能力，影响挖掘能力的发挥、功率的利用率和机械的稳定性。

（3）额定功率 额定功率是指发动机正常工作条件下飞轮的净输出功率，单位为 kW，反映了挖掘机的动力性能。

四、液压挖掘机的发展概况

单斗挖掘机开始出现于 20 世纪 40 年代末，它是在拖拉机上应用液压技术制成的一种悬挂作业装置而成为悬挂式液压挖掘机。20 世纪 50 年代后欧洲的一些厂家纷纷研制液压挖掘机，使液压挖掘机由悬挂式发展到全回转半液压式，再发展到全液压式。

20 世纪 60 年代中期后，由于液压挖掘机结构的逐步完善，工程施工应用充分显示出其优越性，使产量急剧上升，因而得到迅速发展，到 20 世纪 60 年代末，世界各国的液压挖掘机产量已占挖掘机总产量的 80% 以上。

20 世纪 70 年代初，多数液压挖掘机已经过改型，其主要特点是广泛采用了带液压伺服装置的高压变量系统，并且向高速、高压、大功率发展。

进入 20 世纪 80 年代，液压挖掘机的液压系统得到进一步完善，单斗挖掘机基本上采用液压传动，质量和外观精益求精。液压系统向机电液一体化发展，根据挖掘机的工作状况自动调节发动机的转速和输出功率。电液伺服系统得到迅速发展，液压挖掘机进一步向大型化和超大型化发展，挖掘机的效率得到进一步提高。

20 世纪 90 年代以来，在挖掘机的开发和生产中基本上采用了电液伺服系统和故障自诊断功能。在人机配合性能上得到充分重视，产品更新越来越快，逐步向自动化、智能化、机器人化发展。大型化和微型化挖掘机、轮式挖掘机以及挖掘装载两用机等机型也是 21 世纪的热点。

第二节 单斗挖掘机构造

一、机械式单斗挖掘机

机械式单斗挖掘机由三大部分组成，即工作装置1、转台2和行走装置3，如图4-3所示。

工作装置1包括铲斗、动臂及提升用的主铰车和变幅铰车，转台2包括动力装置、传动装置和操纵装置（全部罩在机身内），行走装置3包括车座、行走履带及其传动装置。

1. 正铲工作装置

正铲工作装置由铲斗、斗杆、动臂、推压机构、滑轮钢索和斗底开闭机构等组成。正铲工作装置的结构形式主要有：单杆斗柄配双杆动臂和双杆斗柄配单杆动臂两种。前者多用于中、小型（斗容量小于 $1m^3$）挖掘机上，后者多用于 $1m^3$ 以上的挖掘机。

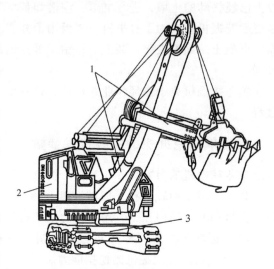

图 4-3 机械式单斗挖掘机的外形图
1—工作装置 2—转台 3—行走装置

图4-4所示为双斗柄配单杆动臂的正铲工作装置，它主要由动臂8、斗柄3、铲斗1和机械操纵系统等组成。机械操纵系统由动力绞盘和钢索滑轮系统组成。动臂为箱形截面，上下两端均成叉形，上叉内装提升钢索的定滑轮，下叉与回转平台上的耳座铰接。变幅卷筒引出的变幅钢索操纵动臂变幅，主卷扬筒引出的提升钢索操纵铲斗升降。动臂中部装有推压轴，轴上装有左、右两个鞍形座和推压驱动小齿轮。斗柄的左右两杆插在鞍形座内，推压齿轮通过链传动装置驱动，并与推压齿条相啮合。当齿轮正、反旋转时，可以使斗柄的左、右两杆来回伸缩，以适应铲斗工作的需要。

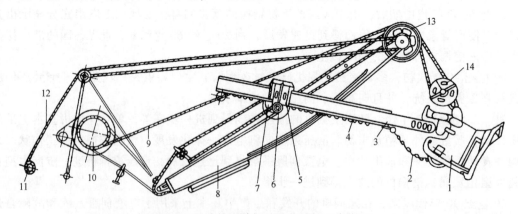

图 4-4 双斗柄配单杆动臂的正铲工作装置

1—铲斗 2—斗底开启索链 3—斗柄 4—推压齿条 5—鞍形座 6—推压轴 7—推压齿轮 8—动臂
9—提升钢索 10—主卷扬筒 11—变幅卷筒 12—变幅钢索 13—定滑轮 14—动滑轮

铲斗是近似正方体的钢斗。其顶部敞开，前壁装有可换斗齿。铲斗的后壁上连接着穿绕提升钢索 9 的滑轮，铲斗与斗柄之间用螺栓和撑杆联接，撑杆可以固定在斗柄上不同的销孔内，用来调整斗齿的切削角。斗底铰接在斗后壁的下方，并用门闩插入铲斗前壁下方的门扣内予以关闭。当拉动斗底开启索链时，斗底打开卸料。斗底是利用惯性力自动关闭的。

2. 拉铲工作装置

拉铲工作装置（图 4-5）由动臂、铲斗和钢索三部分组成。动臂 6 是用角钢焊成格栅式的桁架，然后分节拼装而成。各节之间用接盘和螺栓联接。因拉铲在工作时受力较小，采用这种结构可减轻动臂重量，增加长度，因而扩大了拉铲的工作范围。

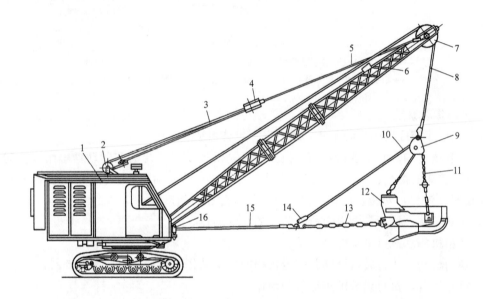

图 4-5　拉铲工作装置

1—机身　2—门形架　3—动臂升降钢索　4—滑轮组　5—悬挂钢索　6—动臂　7—滑轮　8—铲斗升降钢索
9—悬挂连接器　10—卸土钢索　11—升降链条　12—铲斗　13—牵引链条
14—横向连接器　15—牵引钢索　16—导向滑轮

动臂的头部装有固定滑轮轴，轴的中部通过轴承安装铲斗升降用的定滑轮，轴的两端装着动臂用的滑轮。动臂下端铰接在转台的耳座上。

拉铲斗为一个簸箕形钢斗，如图 4-6 所示。斗的后壁呈圆弧形。为了减小挖掘阻力，铲斗侧壁前部切除了一部分。

侧壁的后部通过两个耳环和两根提升链 9 悬挂在连接器 11 上，再悬挂在铲斗提升钢索 10 上。斗侧壁的前部通过两根牵引链 7 与牵引索 8 相连。卸料索 3 一端连于加固拱板 2 的上面，另一端通过连接器 11 连接在牵引索上。卸料索的长度应能保证铲斗装料后提升时斗口稍向上，在卸料放松牵引索 8 时斗口则完全向下。在两根升降链之间有一根横撑杆 12。拱板 2 位于斗的前上部，并稍突出在斗齿的前面，它能保证挖掘时斗齿切入土壤，卸料时使铲斗顺利翻转。

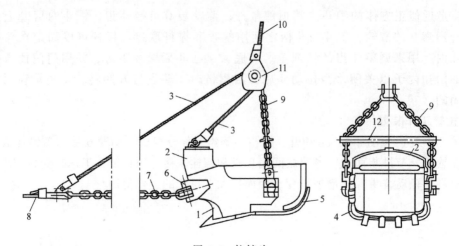

图 4-6　拉铲斗

1—斗壁　2—拱板　3—卸料索　4—侧刃　5—斗底　6—耳环　7—牵引链
8—牵引索　9—提升链　10—铲斗提升钢索　11—连接器　12—横撑杆

3. 机械传动系统

机械式单斗挖掘机的传动系统一般由以下机构组成：

1）主卷扬机构。它主要由卷筒、提升钢索、链传动、离合器和制动器等组成。对正铲而言，执行铲斗的提升、斗杆的伸缩和斗底的启闭等动作；对反铲而言，执行铲斗的伸出和牵引（拉回）动作；对拉铲而言，执行铲斗的升降和启闭动作。

2）回转机构。执行转台以上所有装置的回转动作。

3）变幅机构。执行动臂的升降动作。

4）换向机构。执行转台回转与行走机构的换向动作，以便进行挖掘和卸料作业。

5）行走机构。执行机械的进退行驶动作。

履带式单斗挖掘机的机械传动系统简图如图4-7所示。发动机1输出的动力经主离合器2与链式减速器3传给换向机构水平轴48。然后分成两条传动路线：一路由圆柱齿轮4、5、11将动力传递至主卷扬轴12，驱动主卷筒回转，控制铲斗的动作；另一路由换向机构经垂直轴42、一个两档变速器43，通过圆柱齿轮28、26分别将动力传递给回转立轴29和行走立轴30。

结合爪形离合器27，回转立轴29带动回转小齿轮绕固定的大齿圈41回转，从而带动回转平台向右或向左回转。结合爪形离合器25，行走立轴30经锥齿轮传动将动力传给行走水平轴37，再通过左、右行走爪形离合器32和链传动把动力传递给左、右驱动链轮。左、右爪形离合器32可将一边行走装置的动力切断而使机械转向。

二、单斗液压挖掘机

单斗液压挖掘机主要由发动机、机架、传动系统、行走装置、工作装置、回转装置、操纵控制系统和驾驶室等部分组成。

机架是整机的骨架，它支承在行走装置上。传动系统负责将发动机的动力传递给工作装置、回转机构和行走装置，现代挖掘机主要采用液压传动传递动力。单斗液压挖掘机由液压

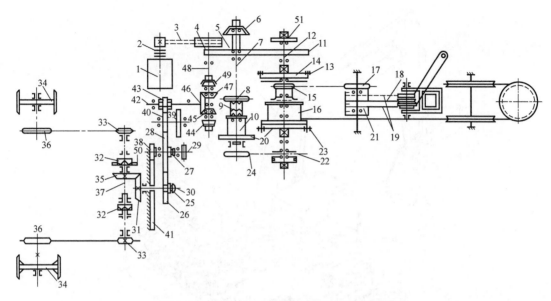

图 4-7 履带式单斗挖掘机的机械传动系统简图

1—发动机 2—主离合器 3—链式减速器 4、5、11、26、28、39、40—圆柱齿轮 6、44、49—锥形离合器

7—变幅卷筒轴 8、15、17—推压机构传动链轮 9—双面爪形离合器 10—变幅卷筒 12—主卷扬轴

13、23、24、50—带式制动器 14、20—主卷筒离合器 16—右主卷筒 18—回缩钢索 19—推压钢索

21—推压卷筒 22—超载离合器 25、27、32—爪形离合器 29—回转立轴 30—行走立轴

31、35—行走锥形齿轮 33、36—行走传动链轮 34—驱动轮 37—行走水平轴 38—回转小齿轮

41—大齿圈 42—垂直轴 43—两档变速器 45～47—换向锥齿轮

48—换向机构水平轴 51—斗底开启卷筒

泵、液压马达、液压缸、控制阀以及液压管路等液压元件组成。工作装置可以根据施工要求和作业对象的不同进行更换。

图 4-8 为液压挖掘机的总体构造简图。工作装置主要由动臂 8、斗杆 4、铲斗 1、连杆 2、摇杆 3、动臂液压缸 7、斗杆液压缸 6 和铲斗液压缸 5 等组成。各构件之间的连接以及工作装置与回转平台的连接全部采用铰接，通过三个液压缸的伸缩配合，实现挖掘机的挖掘、提升和卸土等作业过程。

1. 工作装置

（1）反铲工作装置 液压挖掘机的工作装置最常用的是反铲和正铲，也可以更换抓斗和拉铲等工作装置。图 4-9 为反铲工作装置简图。工作装置主要由动臂、斗杆、连杆和铲斗组成，分别由动臂液压缸、斗杆液压缸和铲斗液压缸驱动，完成挖掘、回转等作业过程。三个液压缸配合工作可以使铲斗在不同的位置挖掘，组合成许多铲斗挖掘位置。动臂和斗杆是工作装置的主要构件，由高强度钢板焊接而成，多采用整体式结构，等强度设计。另外，工作装置的结构决定了挖掘机的工作尺寸，并影响整机的工作性能和稳定性。

铲斗结构如图 4-10 所示，它的形状和大小与作业对象有很大关系，在同一台挖掘机上可以配装不同形式的铲斗。常用的反铲斗的斗齿结构普遍采用橡胶卡销式和螺栓联接方式，如图 4-11 所示。

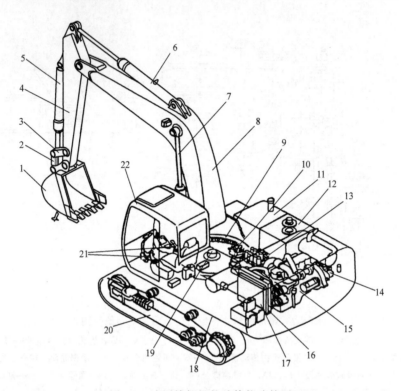

图 4-8　液压挖掘机的总体构造简图

1—铲斗　2—连杆　3—摇杆　4—斗杆　5—铲斗液压缸　6—斗杆液压缸　7—动臂液压缸　8—动臂
9—回转支承　10—回转驱动装置　11—燃油箱　12—液压油箱　13—控制阀　14—液压泵　15—发动机
16—水箱　17—液压油冷却器　18—平台　19—中央回转接头　20—行走装置　21—操作系统　22—驾驶室

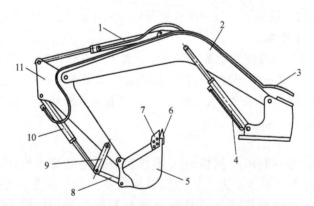

图 4-9　反铲工作装置简图

1—斗杆液压缸　2—动臂　3—液压管路　4—动臂液压缸　5—铲斗　6—斗齿
7—侧齿　8—连杆　9—摇杆　10—铲斗液压缸　11—斗杆

（2）正铲工作装置　单斗液压挖掘机的正铲工作装置如图 4-12 所示，其由动臂 2、动臂液压缸 1、铲斗 5 和斗底液压缸 4 等组成。铲斗的斗底用液压缸开启，斗杆 6 铰接在动臂的顶端，由双作用的斗杆液压缸 7 使其转动。斗杆液压缸的一端铰接在动臂上，另一端铰接在斗杆上。其铰接形式有两种：一种是铰接在斗杆的前端，另一种是铰接在斗杆的尾端。其铲斗的结构与反铲挖掘机类似。为了换装方便，正反铲斗常做成通用的。

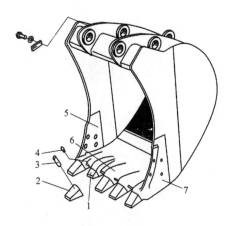

图 4-10　铲斗结构

1—齿座　2—斗齿　3—橡胶卡销　4—卡销

5~7—斗齿板

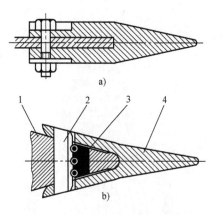

图 4-11　斗齿结构

a）螺栓联接方式　b）橡胶卡销联接方式

1—齿座　2—卡销　3—橡胶卡销　4—斗齿

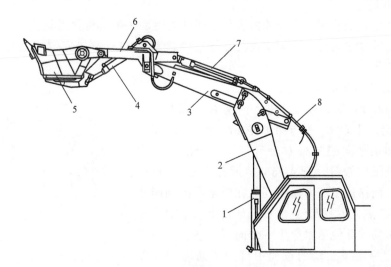

图 4-12　单斗液压挖掘机的正铲工作装置

1—动臂液压缸　2—动臂　3—加长臂　4—斗底液压缸　5—铲斗

6—斗杆　7—斗杆液压缸　8—液压软管

（3）抓斗工作装置　液压抓斗根据作业对象的不同，其结构形式主要有梅花式抓斗和双颚式抓斗两种。双颚式抓斗多用于土方作业。

图 4-13、图 4-14 分别为梅花式抓斗和双颚式抓斗的外形结构示意图。梅花式抓斗呈多瓣形（4 瓣或 5 瓣），每一瓣由一个液压缸控制其开闭动作。液压缸缸体端和活塞杆端分别铰接在上铰链和斗瓣背面的耳环上。每个液压缸并联在一条供油回路上，以使斗瓣的开闭动作协调一致。双颚式抓斗是由一个双作用液压缸来执行抓斗的开闭动作。

（4）液压锤　液压锤是一种常用的换装工作装置，如图 4-15 所示。液压锤主要用来进行打桩、开挖冻土和岩层、破坏路面表层、捣实土壤等工作。它由带液压缸的壳体、换向控制阀、活塞与撞击部分，以及可换的作业工具（如凿子、扁铲、镐等）组成。锤的撞击部

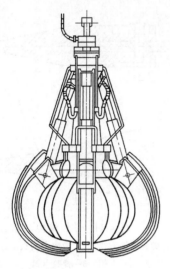

图 4-13 梅花式抓斗的外形结构示意图

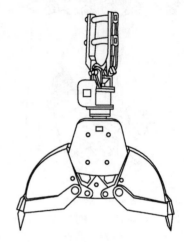

图 4-14 双颚式抓斗的外形结构示意图

分在双作用液压缸的作用下在壳体内进行直线往复运动,撞击作业工具,从而进行破碎或开挖作业。液压锤通过附加的中间支座与斗杆连接。为了减振,在锤壳体和支座的连接处常装设橡胶缓冲装置。

图 4-16 为液压锤的工作过程示意图。

由压力油路 HP 来的液压油进入活塞 P 下端的小室 C_1 中。由于活塞上端 C_2 腔与回油路 BP 相通,因而活塞上升,并推动换向控制阀 D 上升 (图 4-16a)。当阀上升到上部极限位置时 (图 4-16b),闭住了 C_2 腔往回油路的通道,而接通了压力油路 (处在活塞与控制阀之间),使液压油进入 C_2 腔。这时由于活塞上、下端受液压油作用面积的差异使活塞产生一个向下运动,并撞击撞击器。在活塞向下运动的过程中打开了通道 O (图 4-16c),于是 C_2 腔中的液压油进入控制阀的上端,迫使阀体下降,进而关闭 C_2 腔与液压油的通路,打开了它与回油路的通道,完成一次循环。蓄能器 M 可以缓冲工作循环中油路内压力的波动并加快活塞撞击部分的下降速度。液压锤每分钟撞击次数一般可达 160~600 次或更多。

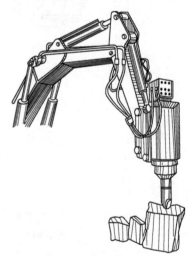

图 4-15 液压锤

2. 回转装置

回转平台是液压挖掘机的重要组成部分之一。在回转平台上,除了布置有发动机、液压系统、驾驶室、平衡重和油箱等外,还有回转装置。回转平台中间装有多路中心回转接头,可将液压油传至底座上的行走液压马达、推土板液压缸等执行元件。

液压挖掘机的回转装置由回转支承装置(起支承作用)和回转驱动装置(驱动回转平台回转)组成。

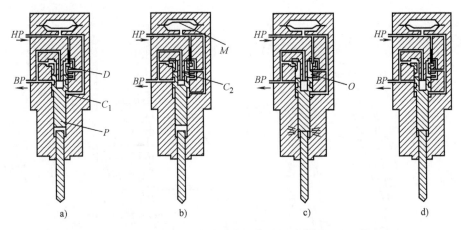

图 4-16　液压锤的工作过程示意图

工作装置铰接在平台的前端。回转平台通过回转支承与行走装置相连。回转驱动装置使平台相对于行走装置进行回转运动，并带动工作装置绕其回转中心转动。

挖掘机回转支承的主要结构形式有转柱式回转支承和滚动轴承式回转支承两种。

滚动轴承式回转支承是一个大直径的滚动轴承，与普通轴承相比，它的转速很慢，常用的结构形式有单排球式和双排球式两种。图4-17所示为单排滚球式回转支承，其主要由内圈，外圈，隔离体，滚动体和上、下密封圈等组成。钢球之间由隔离体隔开，内圈或外圈被加工成内齿圈或外齿圈。内齿圈固定在行走架上，外圈与回转平台固联。回转驱动装置与回转平台固联，一般由回转液压马达、行星减速器和回转驱动小齿轮等组成。通过驱动小齿轮与内齿圈的啮合传动，回转驱动装置在自转的同时绕内齿圈进行公转运动，从而带动平台360°转动。

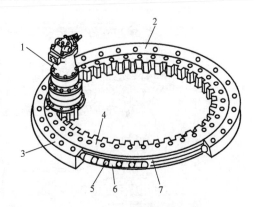

图 4-17　单排滚球式回转支承
1—回转驱动装置　2—回转支承　3—外圈
4—内圈　5—钢球　6—隔离体　7—上、下密封圈

图4-18所示为悬挂式挖掘机常用的转柱式回转支承，这种结构不能实现360°的全回转，但其结构简单。

3. 行走装置

行走装置是挖掘机的支承部分，它承载整机重量和工作载荷并完成行走任务，一般有履带式和轮胎式两种，常用的是履带式行走底盘。单斗液压挖掘机的履带式行走装置都采用液压传动，且基本构造大致相同。图4-19所示为目前国产挖掘机履带行走装置的典型结构。

（1）履带行走装置的构造　履带行走装置主要由行走架、中心回转接头、行走驱动装置、驱动轮、引导轮和履带张紧装置等组成。

行走架（图4-20）由X形底架、履带架和回转支承底座组成。行走装置的各种零部件都安装在行走架上。液压油经多路换向阀和中央回转接头进入行走液压马达。通过减速器把发动机输出的动力传给驱动轮。驱动轮沿着履带铺设的轨道滚动，从而驱动整台机器前进或后退。

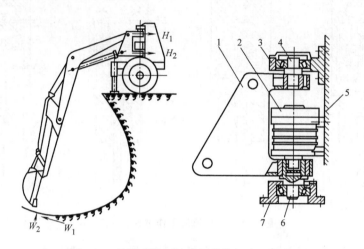

图 4-18　悬挂式挖掘机常用的转柱式回转支承
1—回转体　2—摆动液压缸　3—上轴承座　4—上支承轴　5—机架　6—下支承轴　7—下轴承座

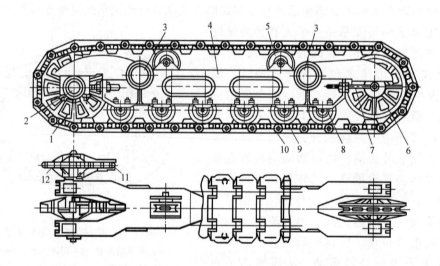

图 4-19　目前国产挖掘机履带行走装置的典型结构
1—驱动轮　2—驱动轮轴　3—下支承架轴　4—履带架　5—托链轮　6—引导轮
7—张紧螺杆　8—支重轮　9—履带　10—履带销　11—链条　12—链轮

驱动轮大都采用整体铸件，其作用是把动力传给履带，要求能与履带正确啮合，传动平稳，并要求当履带因连接销套磨损而伸长后仍能保证可靠地传递动力。

引导轮用来引导履带正确绕转，防止跑偏和脱轨。国产履带式挖掘机多采用光面引导轮直轴式结构及浮动轴封。每条履带设有张紧装置，用以调整履带使其保持一定的张紧力。现代液压挖掘机都采用液压张紧装置。

行走驱动可采用高速小转矩液压马达加减速装置或低速大转矩液压马达驱动，左、右两条履带分别由两个液压马达驱动，独立传动。图 4-21 所示为液压挖掘机的行走驱动机构，它由双向液压马达经一级齿轮减速，带动驱动链轮。

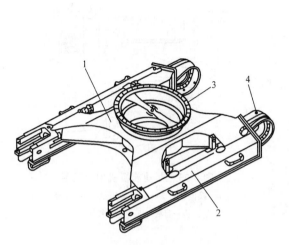

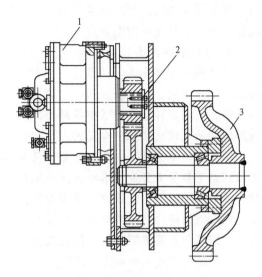

图 4-20　行走架

1—X 形底架　2—履带架　3—回转支
承底座　4—驱动装置固定座

图 4-21　液压挖掘机的行走驱动机构

1—液压马达　2—减速齿轮　3—链轮

（2）轮胎式行走装置的构造　轮胎式液压行走装置如图 4-22 所示。行走液压马达直接与变速器相连接（变速器安装在底盘上），动力通过变速器由传动轴输出给前、后驱动桥，或经轮边减速器驱动车轮。

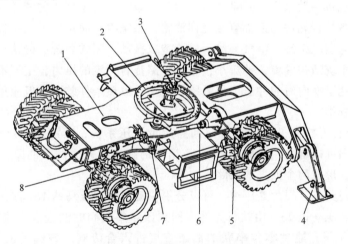

图 4-22　轮胎式液压行走装置

1—车架　2—回转支承　3—中央回转接头　4—支腿　5—后桥
6—传动轴　7—液压马达及变速器　8—前桥

轮胎单斗液压挖掘机的行走速度不高，其后桥常采用刚性连接，结构简单。前桥可以悬架摆动，如图 4-23 所示。车架 3 与前桥 4 通过中间的摆动铰销 5 铰接。铰的两侧设有两个悬架液压缸 2，上端与车架 3 连接，活塞杆端与前桥 4 连接。当挖掘机工作时，换向阀 1 把两个液压缸的工作腔与油箱的通路切断，此时液压缸将前桥的平衡悬架锁住，减少了摆动，提高了作业稳定性；行走时换向阀 1 左移，使两个悬架液压缸的工作腔相通，并与油箱接通，前桥便能适应路面的高低坡度，上下摆动使轮胎与地面保持足够的附着力。

4. 液压控制系统

单斗液压挖掘机的传动系统将柴油机的动力传递给工作装置、回转装置和行走装置等机构进行工作，它的多种动作都是由各种不同液压元件所组成的液压传动系统来实现的。

液压传动系统常按主泵的数量、功率调节方式和回路的数量来分类。单斗液压挖掘机一般有单泵或双泵单回路定量系统、双泵双回路定量系统、双泵双回路分功率调节变量系统和双泵双路全功率调节变量系统等形式。按油液循环方式的不同还可分为开式系统和闭式系统。

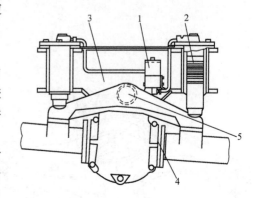

图 4-23　摆动前桥机构示意图
1—换向阀　2—悬架液压缸　3—车架
4—前桥　5—摆动铰销

在定量系统中，液压泵的输出流量不变，各液压元件在泵的固定流量下工作，泵的功率按固定流量和最大工作压力确定。在变量系统中，最常见的是双泵双回路恒功率变量系统，可分为分功率变量调节系统与全功率变量调节系统。分功率变量调节是在系统的各个工作回路上分别装一台恒功率变量泵和恒功率调节器，发动机的功率平均输出到每个工作泵。全功率变量调节是控制系统中所有泵的流量变化只用一个恒功率调节器控制，从而达到同步变量。

单斗液压挖掘机一般采用开式系统。原因是：单斗液压挖掘机的液压缸工作频繁，发热量大。而该系统各执行元件的回油直接返回油箱，系统组成简单，散热条件好。但油箱容量大，使低压油路与空气接触，空气易渗入管路造成振动。闭式系统中的执行元件的回油直接返回液压泵，该系统结构紧凑，油箱小，进回油路都有一定的压力，空气不易进入管路，运转比较平稳，避免了换向时的冲击。但系统较复杂，散热条件差，一般应用在液压挖掘机回转机构等局部系统中。

WY100 型全液压挖掘机采用双泵双回路定量液压系统，其液压系统原理如图 4-24 所示。从系统原理图可以看出，径向柱塞泵 18 出来的高压油分成两个回路，分别进入两组四路集装阀 I、II，形成两个独立的回路。

进入第一组四路集装阀的高压油，可以分别驱动回转液压马达 16、铲斗液压缸 3、辅助液压缸及右行走液压马达 26。由执行元件返回到四路集装阀的油进入合流阀 13。当四个动作元件全部不工作时，通过零位串联的油路直接进入合流阀。该阀是液控的二位三通阀（由工况选择阀及与之串联在一个油路上的二位三通电磁换向阀联合控制）。通过操纵合流阀，可以将第一分路的高压油并入第二分路的进油阀进行合流，也可以直接通到第二分路的四路组合回油部分的限速阀 5，经过限速阀后通入背压阀 22、冷却器 21、主回油过滤器 27，再回到油箱 19。

进入第二组四路组合阀的高压油，可以分别控制动臂液压缸 4、斗杆液压缸 2、左行走液压马达 10 及推土液压缸 7。油液由执行元件返回到回路集装阀，并进入限速阀 5 中。当四个动作元件全部不工作时，则通过阀内的零位串联通道直接进入限速阀 5，由限速阀再进入背压阀流回油箱 19。

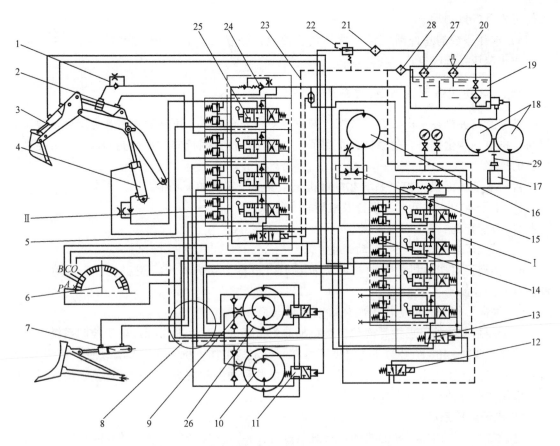

图 4-24 WY100 型全液压挖掘机液压系统原理图

Ⅰ—带合流阀组（后阀组） Ⅱ—带限速阀组（前阀组）

1—单向节流阀 2—斗杆液压缸 3—铲斗液压缸 4—动臂液压缸 5—限速阀 6—工况选择阀 7—推土液压缸
8—多路回路接头 9—节流阀 10—左行走液压马达 11—双速阀 12—电磁阀 13—合流阀 14—限压阀
15—补油阀 16—回转液压马达 17—柴油机 18—径向柱塞泵 19—油箱 20—加油过滤器 21—冷却器
22—背压阀 23—梭形阀 24—进油阀 25—分配阀 26—右行走液压马达 27—主回油过滤器 28—磁性过滤器
29—十字联轴器 A—限速 B—合流 C—行走 P—进油 O—回油

此液压系统的特点如下：

1）双泵双回路液压系统满足了挖掘机的两个执行元件同步动作的要求（如斗杆与铲斗液压缸同时挖掘，动臂提升与转台回转同时动作等）。

2）系统采用双泵合流，通过工况选择阀 6 出来的液控油经过二位三通电磁换向阀进入合流阀 13 的液控口。当需要合流时，踩下脚踏板即可实现。

3）液压回路中设有限速阀 5，可以在挖掘机下坡时起限速作用，但在作业时不起限速作用。它是一个双信号液控节流阀，由两组来自换向阀的压力信号进入限速阀的液控口，当两路进口压力低于设定压力时，限速阀自动开始对回油节流，起限速作用。因此，限速阀对挖掘机挖掘作业不起限速作用。

4）设有补油回路是为了防止液压马达由于回转制动或机器下坡而造成的行驶超速而在回油路中产生吸空现象。液压油经背压油路进入补油阀，向液压马达补油，以保证液压马达工作可靠及有效制动。

5）液压系统的总回路上设有背压阀，使液压系统的回油管中保持 1.2～1.5MPa 的压力，防止液压系统吸空。

三、单斗挖掘机电子控制系统

随着对挖掘机在工作效率、节能、操作轻便、安全舒适、可靠耐用等各方面性能要求的提高，机电一体化技术在挖掘机上得到了广泛应用，使挖掘机的各种性能和操作的方便性有了质的提高。

目前电子（微机）控制系统在挖掘机上主要用于实现如下功能：

1）电子监控，故障自动报警及故障自动排除。

2）节能降耗，提高了生产率。

3）简化了操作，降低了劳动强度。

4）实现了对柴油机的自动控制，如电子调速器、电子节气门控制装置、自动停机装置、自动升温控制装置。

5）提高了作业的自动化或半自动化程度。

电子控制系统的可靠性是现代工程机械非常重要的一项性能指标。电子控制系统应满足下列条件：能在-40～80℃的环境温度下可靠、稳定地工作；抗老化，具有较长的使用寿命；密封性能好，能防止水分和污物的侵入，有较好的耐冲击和抗振动性能；有较强的抗干扰能力，系统能在各种干扰下可靠地工作。

1. 电子监控系统

电子监控系统用以对挖掘机的运行进行监视，一旦发现异常，它能够及时报警，并指出故障的部位，从而可及早排除事故隐患，减少维修时间，改善作业环境，提高作业效率。

某公司生产的挖掘机的电子监控系统电路如图 4-25 所示，该系统由仪表盘、仪表、警告灯、蜂鸣器、控制器以及传感器等组成。仪表盘上装有 16 个指示灯（L1～L16，其中四个备用），用于指示某些开关的状态及故障报警。此外还装有 5 种仪表：发动机转速表、冷却液温度表、燃油表、电压表及工作小时计。在发动机起动之前，将起动开关的钥匙转至"ON"或"预热"位置，此时仪表盘的端子 8 通过控制器的端子 12 接地，仪表上的所有报警指示灯(L1～L16)及发光二极管同时发光，与此同时蜂鸣器也通电发出声响。3s 之后，所有发光二极管熄灭，蜂鸣器也停止发声。接着控制器通过液面高度传感开关，先后检查发动机油底壳内机油液面、液压油箱内液压油液面及散热器内冷却液液面高度是否过低，若低于规定值，仪表盘上的相应指示灯将继续明亮。为避免误报警，检查时挖掘机应停放在水平地面上。蜂鸣器停止发声后，仪表盘上的充电指示灯和机油压力指示灯仍然发亮，属于正常情况。

2. 电子功率优化系统

液压挖掘机能量的平均总利用率仅为 20% 左右，巨大的能量损失使节能技术成为衡量液压挖掘机先进性的重要标志。采用电子功率优化系统（EPOS），对发动机和液压泵系统进行综合控制，使二者达到最佳的匹配，可以达到明显的节能效果，为此世界许多著名挖掘机生产厂家已采用了这种控制技术。

EPOS 是一种闭环控制系统，工作中它能根据发动机负荷的变化，自动调节液压泵所吸

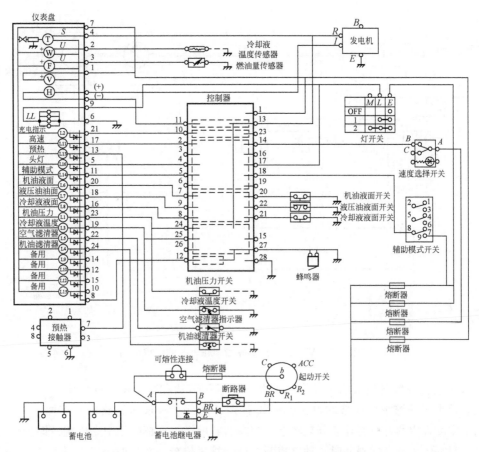

图 4-25 某公司生产的挖掘机的电子监控系统电路

收的功率，使发动机转速始终保持在额定转速附近，即发动机始终以全功率投入工作。这样既充分利用了发动机的功率，提高了挖掘机的工作效率，又防止了发动机过载熄火。

　　某公司生产的挖掘机 EPOS 的组成简图如图 4-26 所示。该系统由柱塞泵斜盘角度调节装置、电磁比例减压阀、EPOS 控制器、发动机转速传感器及发动机节气门位置传感器等组成。发动机转速传感器为电磁感应式，它固定在飞轮壳的上方，用以检测发动机的实际转速。发动机节气门位置传感器由行程开关组成，前者装在驾驶室内，与节气门拉杆相连；后者装在发动机高压液压泵调速器上。两开关并联，以提高工作可靠性。发动机节气门处于最大位置时两开关均闭合，并将信号传给 EPOS 控制器。整个控制过程如下：EPOS 控制器不断地通过转速传感器检测发动机的实际转速，并与控制器内所储存的发动机额定转速值相比较。实际转速若低于设定的额定转速，EPOS 控制器便增大驱动电磁比例减压阀的电流，使其输出压力增大，继而通过液压泵斜盘角度调节装置减小斜盘角度，降低泵的排量。上述过程重复进行直到实测发动机转速与设定的额定转速相符为止。如实测的发动机转速高于额定转速，EPOS 控制器便减小驱动电流，于是泵的排量增大，最终使发动机也工作在额定转速附近。

3. 自动怠速装置

装有自动怠速装置的挖掘机，当操纵杆回中位达数秒时，发动机能自动进入低速运转，

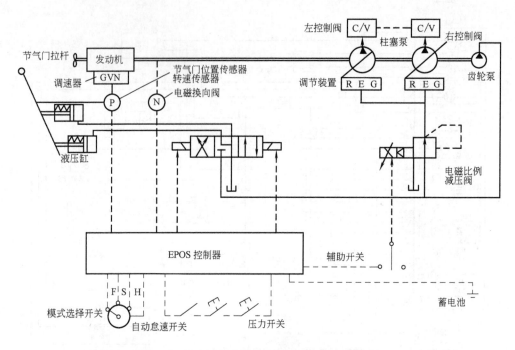

图 4-26 某公司生产的挖掘机 EPOS 的组成简图

从而可减少液压系统的空载损失和马达的磨损，起到节能和减小噪声的作用。

某公司生产的挖掘机的自动怠速装置如图 4-26 所示。在液压回路中装有两个压力开关，挖掘机工作过程中两开关都处于开启状态。当左、右两操纵杆都处于中立位置，即挖掘机停止作业时，两开关闭合。如果此时自动怠速开关处于接通位置，并且两个压力开关闭合 4s 以上，EPOS 控制器便向自动怠速电磁换向阀（和 F 模式用同一换向阀）提供电流，接通自动怠速小驱动液压缸的油路，液压缸活塞杆推动节气门拉杆，减少发动机的供油量，使发动机自动进入低速运转。当扳动操纵杆重新作业时，发动机将自动快速地恢复到原来的转速状态。

此外，有些挖掘机上还采用柴油机电子调速器以及电子节气门控制系统。

第三节　挖掘装载机简介

一、整机结构及特点

挖掘装载机英文为 Backhoe loaders，俗称"两头忙"，同时具备装载、挖掘两种功能，是 20 世纪 80 年代发展起来的产品，如图 4-27 所示。

挖掘装载机非常适合于市政建设，如挖沟铺设管线。挖掘装载机除了挖斗和装载斗外，还可以根据工程施工需要更换抓斗、松土器、起重叉、液压锤和扫雪器等

图 4-27 挖掘装载机

多种工作装置，以实现一机多用，图 4-28 所示为装有各种工作装置的挖掘装载机。

图 4-28　装有各种工作装置的挖掘装载机
a）液压破碎锤　b）清扫装置　c）抓斗　d）叉车装置

挖掘装载机从结构上区分有两种形式：一种带侧移架，另一种不带侧移架。前者的优点是：挖掘工作装置可以侧移，挖斗收拢，运输状态时重心较稳，有利于装载和运输；缺点是：受结构的限制支腿多为直腿，支承点在车轮边缘以内支承点距离较小，挖掘时整车稳定性较差（特别是侧移架移到一侧时）。这种形式"两头忙"的功能重点是在装载方面。后者的优点是：挖掘工作装置不能侧移，整个挖掘装置可通过回转支座绕车架后部中心进行180°回转，采用蛙式支腿，支承点可伸到车轮外侧偏后，挖掘时稳定性好，由于没有侧移架，造价相应也低；缺点是：收斗时挖斗悬挂在车后部，外形尺寸长，运输和装载状态时稳定性差，该种机型重点是在挖掘功能上。

二、挖掘工作装置结构

挖掘装载机反铲挖掘装置的动臂结构有整体式和组合式两种，其形状又有弯动臂和直动臂之分。动臂液压缸的连接方式如图 4-29 所示，其中图 4-29a 所示为支承式，图 4-29b 所示为悬挂式。挖掘装载机挖掘装置动臂结构一般采用直动臂形式。悬挂式较支承式有以下特点：

① 动臂下降幅度大，在挖掘深度较大时，动臂液压缸往往处于受压状态，闭锁能力较强。

② 尽管在动臂提升时液压缸小腔进油，提升力矩一般尚够用（挖掘装载机大都为中小机型），提升速度较快。

③ 采用悬挂式结构，在整机运输或装载作业时动臂在液压缸的作用下易实现反铲装置的质心向后桥一边前移，从而改善了桥荷分配，提高了作业稳定性。

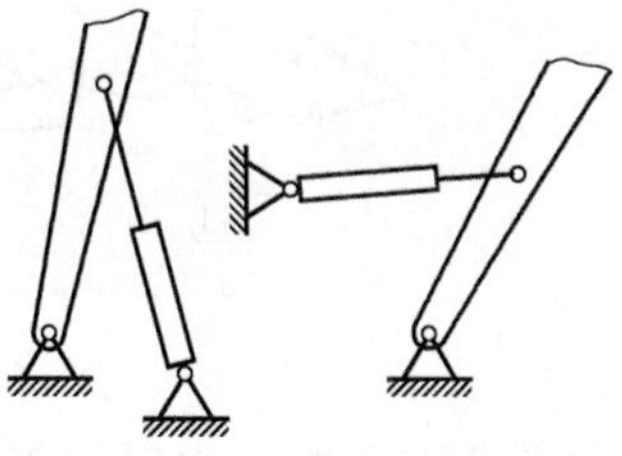

图 4-30 为挖掘工作装置的结构图。动臂的下铰点与回转机构铰接，并以动臂液压缸来支承和改变动臂的倾角，通过动臂液压缸的伸缩可使动臂绕下铰点转动而升降。斗杆铰接于动臂的上端，斗杆与动臂的相对位置由斗杆液压缸控制，当斗杆液压缸伸缩时，斗杆便可绕动臂上铰点转动。铲斗与斗杆前端铰接，并通过铲斗液压缸伸缩使铲斗绕该点转动。为增大铲斗的转角，通常以连杆结构与铲斗连接。

a）　　　　　b）
图 4-29　动臂液压缸的
连接方式

三、装载工作装置结构

挖掘装载机常用的装载工作装置连杆机构有五种形式，如图 4-31 所示。其中图 4-31a 所示为反转连杆机构，图 4-31b~e所示为正转连杆机构。反转连杆机构在铲掘位置时传动角大，转斗液压缸以大腔作用，能产生较大的掘起力，最大掘起力一般发生在斗底后倾位置，故特别适用于大型施工场地坚实物料（如矿石、原石）的采掘和搬运作业。从结构上看，反转连杆机构的几何形状不规则，其摇臂较长，对发动机布置在前端的挖掘装载机来说铰点布置困难，容易发生干涉。正转连杆机构的最大掘起力，一般发生在斗底前倾位置，故较适合地面铲掘作业。特别是市政、建筑工地上建

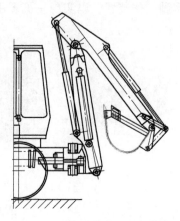

图 4-30　挖掘工作装置的结构图

筑材料的装载和砂土类材料的铲装作业。从结构上看，正转连杆机构可以将摇臂、连杆布置在动臂上方，避开主机前端的机体，尤其适合发动机布置在前端的挖掘装载机，故在挖掘装载机上较为常用。

以下对四种正转连杆机构进行分析比较：

图 4-31b 所示连杆机构中转斗液压缸的活塞杆靠近铲斗，易被装载物料损伤，且工作装置整个质心外移，影响装载质量。

图 4-31c 所示连杆机构虽对图 4-31b 的缺点有所改进，但掘起力变化曲线陡峭，摇臂-连杆的传动比较小，铲斗卸载角速度较大，对整机的冲击力较大。

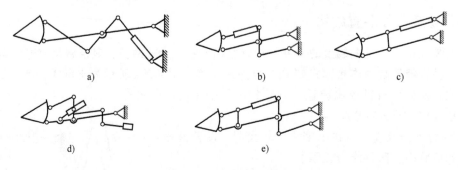

图 4-31　装载装置连杆机构

图 4-31d 所示为辅助连杆随动调平的正转连杆机构。在动臂举升过程中，辅助连杆通过转斗机构的变化控制液压阀的流量，继而控制转斗液压缸实现铲斗的平移运动。铲掘时转斗液压缸大腔进油工作，能发挥较大的掘起力，但该机构附加了辅助连杆与液压阀的联系，结构较复杂，提高了设计上和布置调整上的要求。该连杆机构的应用如图 4-27 所示。

图 4-31e 所示为双连杆机构，连杆传动比较大，掘起力曲线变化平缓，当铲斗切削刃面平贴地面时，提升动臂自然后倾使铲装物料不易抛洒，进行地面铲装工作时可缩短循环时间，适于利用铲斗及动臂复合铲掘作业；铲装物料时铲斗后倾角速度大，可抖动铲斗中物料向后移动，易于装满铲斗，其应用如图 4-32 所示。

图 4-32　正转八连杆机构的挖掘装载机

思 考 题

1. 简述挖掘机械的用途、类型和工作特点。

2. 简述机械式正铲挖掘机工作装置的类型、结构特点及其工作原理。

3. 简述反铲液压挖掘机工作装置的工作原理及其结构特点。

4. 简述履带式挖掘机行走装置的组成和结构特点，并说明该装置与推土机的行走装置有什么区别。

5. 分析 WY100 型全液压挖掘机液压系统的工作原理。

6. 简述单斗挖掘机在实现铲装物料的功能上与装载机有什么区别。

7. 简述挖掘装载机的工作装置有什么特点。

第五章
破碎与筛分机械

第一节 概 述

一、用途

破碎与筛分机械是采石场必备的工程机械，它是加工生产各种规格碎石及砂料的机械设备，其作用是将大块岩石进行破碎、筛分分级，形成不同粒度的碎石、砾石等，广泛应用于公路、建筑、水利和矿业等领域的施工中。

为了获得各种规格的用来铺筑路面和制配混凝土材料的碎石，就必须将大的块石破碎成碎石。破碎机就是一种用来破碎石块的机械。

从采石场开采出来的或经过破碎的石料，是由各种大小不同的颗粒混合在一起的，在筑路工程中，石料在使用前，需要按粒度大小分成不同的级别。石料通过筛面的筛孔分级称为筛分。筛分所用的机械称为筛分机械。

筛分机械主要用于各种碎石料的分级，以及脱水、脱泥和脱介等作业。筛分机械中应用最广泛的是振动筛，因为它具有结构简单、工作可靠、生产能力大、筛分效率高、不易堵塞、筛网面积小和耗电少等优点，因此，在选矿、公路和铁路建设等部门得到了广泛的应用。在公路石料生产中，筛分机械常与各种碎石机配套使用，组成联合碎石设备。

破碎与筛分机械的工作对象是各种硬度不同的岩石材料及砂料。适用的岩石材料抗压强度一般不超过 250MPa。

二、分类

1. 破碎机械

各种碎石机的破碎方式如图 5-1 所示。

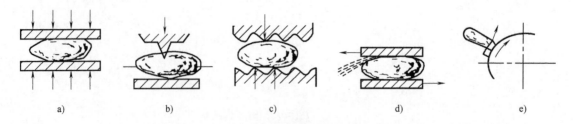

图 5-1 各种碎石机的破碎方式
a) 压碎 b) 劈碎 c) 折断 d) 磨碎 e) 冲击破碎

从采石场开采来的石料，其形状是不规则的，而石料的尺寸一般以粒度来衡量，即以石块能通过的孔径大小而定。根据原材料和破碎产品的粒度大小，把破碎过程分为粗碎、中碎和细碎。按破碎机结构特点分有颚式、锥式、辊式和锤式等多种，如图 5-2 所示。

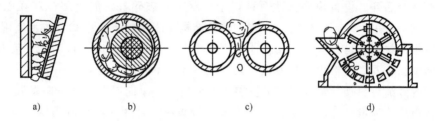

图 5-2　破碎机的主要形式
a）颚式破碎机　b）旋回式破碎机和圆锥式破碎机
c）辊式破碎机　d）锤式破碎机

2. 筛分机械

筛分机械按工作机构运动与否可分为不动式和活动式两大类。不动式筛分机采用固定筛格，物料靠自重沿倾斜棒条筛面运动而过筛，不消耗动力，主要用于粗筛。活动式筛分机有振动筛、弧形筛、滚筒筛和共振筛等，其中以振动筛应用最为广泛。

三、破碎与筛分机械发展概况及趋势

1858 年，美国 E. W. Blake 发明了颚式破碎机。发展至今，全世界各种类型的颚式破碎机已有百余种，其中也发展创新了很多异型颚式破碎机，这些机型有各自的特点和优缺点，但工作原理基本相同，可分成简摆型、复摆型和综合摆动型三种基本机型。颚式破碎机在其创新发展的过程中，都是围绕着"改善动颚运动特性"这个主线进行的，如果机器具有好的动颚运动特性，则产量随之增加，能耗、钢耗降低。发展趋势主要在以下方面：①对综合摆动颚式破碎机采用机构优化设计的方法，应用电子计算机程序辅助分析其运动学与动力学特征，使设计参数更加合理，真正实现高效节能；②复摆颚式破碎机大型化，且在大型机上取代简摆机的趋势，已知国内最大规格为 1500mm×2100mm，国外最大规格为 2000mm×3000mm。

圆锥式破碎机作为破碎设备中的一个类型，十分适用于中碎和细碎。20 世纪初，美国 Symons 兄弟利用旋回式破碎机的工作原理发明了弹簧保险圆锥式破碎机，美国和苏联开始设计生产。第二次世界大战后，美国 Allis-chalmers 公司研制出底部单缸液压圆锥式破碎机。Nordberg 公司则在 Symons 圆锥式破碎机的基础上，陆续开发出旋盘破碎机、Omnicone 型圆锥式破碎机和 HP 圆锥式破碎机。HP 系列多缸液压圆锥式破碎机和 H1800 系列单缸液压圆锥式破碎机是当今世界上最先进的两种圆锥式破碎机。圆锥式破碎机的发展方向是液压圆锥加自动控制，且要向大型化发展。

在颚式破碎机设计基础之上，1924 年德国人首先研制出了单、双转子两种型号反击式破碎机，由于结构简单、生产率高、移动方便及处理多种物料等优点而迅速发展并且一直沿用至今。伴随着破碎理论的发展与技术进步，随后又诞生了三级反击式破碎机，可以破碎河卵石、花岗岩等。当今，国外生产反击式破碎机的知名公司有：西班牙 Rover 公司，法国 Dragon 公司，德国 Hazemag、KHD、Krupp 公司，以及日本川崎重工等。国产破碎机于 20 世

纪 50 年代诞生，20 世纪 80 年代末引进 KHD 型硬岩反击式破碎机填补国内空白。目前我国反击式破碎机系列产品较多，发展也较为迅速，据统计从粗碎反击式破碎机到制砂反击式破碎机，共有八个系列，设备规格已达百种以上。反击式破碎机发展趋势体现在以下几个方面：①优化结构，提高破碎硬岩能力，改进转子结构便于板锤装换；②新技术应用，研发高韧性高耐磨板锤材料，延长板锤寿命；③应用机电一体化技术，提高自动化程度及生产率，降低劳动强度；④发展规格化、系列化、大型化，满足不同用户需求。

综合国内外筛分机理及筛分机械的发展，筛分机械可以向以下几个方向发展：①筛分机械大型化，提高处理量；②研制重型、特重型筛分设备，适用于给料粒度大于 400mm 的分级；③研制适用于细粒难筛物料的筛分机械，解决目前潮湿细粒黏性物料的筛分难题。

第二节　破碎机械

一、颚式破碎机

1. 颚式破碎机的工作原理与分类

在颚式破碎机中，物料的破碎是在两块颚板之间进行的。当颚式破碎机工作时，可动颚板相对于固定颚板做周期性的摆动。当可动颚板向固定颚板靠拢时为破碎机的破碎行程，石料在可动颚板与固定颚板之间受到挤压、剪切和弯曲等作用而碎裂；当可动颚板与固定颚板相离时为破碎机的排料行程，破碎了的物料在重力作用下排出。

根据可动颚板运动特性的不同，常用的颚式破碎机可分为简单摆动式和复杂摆动式两种基本类型。

（1）简单摆动式颚式破碎机　简单摆动式颚式破碎机又称为可动颚板做简单摆动的曲柄双摇杆机构的颚式破碎机，如图 5-3a 所示。这种颚式破碎机可动颚板 2 上每一点都绕悬挂轴，相对固定颚板 1 做周期性的圆弧摆动。连杆 4 上端悬挂在偏心轴 3 上，下端的前后两面各连接一块推力板 6 和 7。后推力板 6 后端支承在调节机构 5 上。当偏心轴转动时，驱动连杆上下运动，通过推力板使可动颚板摆动，两颚板之间的石块在不断下溜过程中被多次搓动挤压，直到它们最后被破碎到尺寸小于两颚板的下隙口尺寸时，成品石料就从下隙口漏

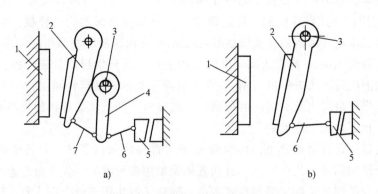

图 5-3　颚式破碎机的工作简图

a）简单摆动式　b）复杂摆动式

1—固定颚板　2—可动颚板　3—偏心轴　4—连杆　5—调节机构　6、7—推力板

出。调节机构 5 可以调整下隙口的宽度，以便破碎出不同规格的成品石料。

（2）复杂摆动式颚式破碎机　复杂摆动式颚式破碎机又称为可动颚板做复杂摆动的曲柄单摇杆机构的颚式破碎机，如图 5-3b 所示。这种颚式破碎机的可动颚板 2 是直接悬挂在偏心轴 3 上的，它没有单独的连杆，只有一块推力板 6。可动颚板由偏心轴带动，其工作表面上每点的运动轨迹都是一个封闭曲线，上部轨迹接近圆形，下部轨迹接近椭圆形。

复杂摆动式颚式破碎机与简单摆动式颚式破碎机相比，具有结构简单、紧凑，生产率高等优点。在碎石料生产中普遍采用中、小型复杂摆动式颚式破碎机。

2. 颚式破碎机的构造

（1）简单摆动式颚式破碎机　简单摆动式颚式破碎机（图 5-4）由机架 1、动颚 5、悬挂轴 4、偏心轴 6、飞轮 8、连杆 7、前后推力板及调整装置等组成。

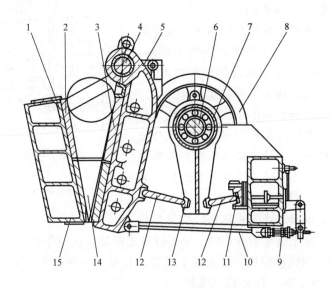

图 5-4　简单摆动式颚式破碎机

1—机架　2—固定颚板　3—可动颚板　4—悬挂轴　5—动颚　6—偏心轴　7—连杆
8—飞轮　9—弹簧　10—拉杆　11—楔形铁块　12—推力板　13—推力板座
14—侧板　15—底板

破碎机的工作腔由机架前壁（即定颚）和活动颚（简称动颚）所组成。定颚和动颚上都衬有耐磨的颚板，破碎腔的两个侧面也装有耐磨衬板。颚板一般用螺栓紧固在定颚和动颚上。为防止颚板与颚之间因贴合不紧密而造成作业时过大的冲击，其间通常装有可塑性材料制成的衬垫，衬垫材料一般为锌合金或铝板。

颚板用高锰钢等抗冲击、耐磨损材料制造。为了有效破碎石料，颚板表面常铸成波浪形或牙形，其齿峰角度一般为 90°～120°，齿高和齿距视出料粒度和产量要求而定（图 5-5）。

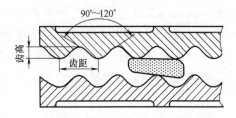

图 5-5　颚板的断面形状

动颚上端固定在悬挂轴上，悬挂轴则用轴承支承在机架上，使动颚可以绕悬挂轴的中心做摆动。偏心轴也用轴承支承在机架上，连杆的上端装在偏心轴的偏心部分，连杆的下端通过前、后推力板与动颚下部和机架相连。偏心轴转动时带动连杆做偏心运动。为防止磨损，推力板所支承的部位都装有耐磨的支承座。

当颚式破碎机在工作时，偏心轴每转动一周，就有一次破碎和一次排料的过程。当破碎岩石时，需要消耗较大的能量；排料时，动颚依靠自重向后摆动而不消耗能量。因此，偏心轴上配置有质量较大的飞轮，储存动颚排料行程产生的能量，尽量保证偏心轴的转速恒定。

推力板在工作时的惯性作用会产生有离开支座的趋势，这将使机器受到冲击作用。为防止出现这种情况，动颚下端用拉杆和弹簧等元件连接在机架后壁上。在动颚破碎行程弹簧受到压缩，在动颚卸料行程弹簧恢复长度。弹簧的预紧力保证了推力板与其支座间始终处于接触状态。

简单摆动式颚式破碎机的排料口宽度的调整机构，采用液压调节装置（图 5-6）。

当调整卸料口宽度时，先将高压油压入液压缸 4，推动调节柱塞 3 向前，柱塞推动挡块 2 移动，然后增减调整垫片 8，以得到相应的排料口宽度。调整结束油液排出，再将固定螺栓拧紧。

简单摆动式颚式破碎机多用于大型破碎机。作业时受冲击力较大，各转动部位一般采用巴氏合金制成的滑动轴承，轴承采用静压稀油润滑，需要设置专门的润滑系统。推力板的支承部位和动颚上的轴承则可采用润滑脂润滑。

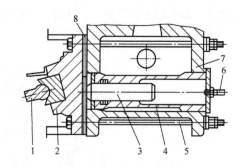

图 5-6　液压调节装置

1—推力板　2—挡块　3—调节柱塞　4—液压缸
5—挡块紧固螺栓　6—油管　7—机架　8—垫片

后推力板也是简单摆动式颚式破碎机的保险装置。当破碎腔内落入难于破碎的异物时，推力板首先断裂，从而保护了其他机件免受损坏。

（2）复杂摆动式颚式破碎机　复杂摆动式颚式破碎机（图 5-7）主要由机架 8、可动颚板 5、固定颚板 7、偏心轴、推力板、飞轮和调节机构等组成。

机架 8 是一个上下开口的四方斗，采用钢板焊接结构、铸钢件结构或铸铁结构。固定颚板装在机架的前臂上，机架两侧内壁装有侧板 6，作为防止斗壁的磨损和紧固固定颚板之用。机架后上方两侧安装偏心轴的轴承座。

偏心轴通过滚动轴承或滑动轴承支承在机架的轴承座上，其两端分别装着直径相同的飞轮。对称旋转的飞轮用于平衡带轮、储存及释放能量，使偏心轴运转均匀。偏心轴由电动机或内燃机通过 V 带传动装置来驱动。

可动颚板 5 的上部为一圆筒，通过轴承悬挂在偏心柱上，下部为矩形板面，正

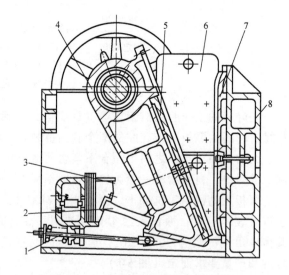

图 5-7　复杂摆动式颚式破碎机

1—锁紧弹簧　2—肘板　3—调整垫片　4—动颚部
5—可动颚板　6—侧板　7—固定颚板　8—机架

面装有可动颚板，背面有加强肋条。可动颚板的后下端有安装推力板（为矩形板）的横槽，槽内通过圆柱销装有肘板座，而推力板装在肘板座之间，用来支承着可动颚板 5 的下端进行摆动，并起保护作用。因推力板在可动颚板下端的摆动中也上下摆，因而其前后端面制成圆弧形，以便与肘板座形成圆面接触而减少磨损。在推力板中部开挖有数个椭圆孔或圆孔，以降低其强度。当破碎斗内偶尔落入过硬而难以破碎的石块或其他铁器等物时，推力板先被切断，从而避免了其他主要零件的损坏。

可动颚板后面最下端被一根带弹簧的拉杆连接于机架的后壁，使可动颚板下端既能向前动，又能向后拉复原位。

固定颚板 7 和可动颚板都是由高锰钢铸成的矩形板，其工作表面都铸有纵向齿，而且两种板的齿与槽相对。破碎过程中对石块既有压碎作用，又有弯曲作用，进而提高了破碎效率。两颚（齿）板都是上下对称的，当下部磨损过多后可掉头使用。

调整机构可用来调整卸料口的宽度，使破碎机加工出不同规格的碎石成品。对楔铁式调整机构，借调整螺栓及螺母可使楔铁沿机架后壁上升或下降，则前楔铁可在机架内侧的滑槽内前后滑动，通过推力板使卸料口的宽度改变。

3. 常用颚式破碎机的型号及主要参数

颚式破碎机常见型号及参数见表 5-1。

表 5-1　颚式破碎机常见型号及参数

规　格 项　目	PE400×600	PE600×900	PE1000×1200	PEX150×750	PEX250×1200
给料口尺寸(B/mm)×(L/mm)	400×600	600×900	1000×1200	150×750	250×1200
给料口调整范围/mm	40~100	65~160	105~185	12~45	25~60
最大给料尺寸/mm	350	480	850	125	210
生产率/(t/h)	8~20	35~120	180~400	5~16	20~60
偏心轴转速/(r/min)	275	250	200	280	330
电动机功率/kW	30	75~80	160~200	15	37~45

二、圆锥式破碎机

1. 圆锥式破碎机工作原理与分类

圆锥式破碎机的主要类型：

（1）按破碎流程中的用途分类

1）粗碎圆锥式破碎机。又称为旋回式破碎机，给料粒度可为 1200~1300mm，排料口宽为 75~220mm，生产能力为 160~2100t/h。

2）中碎圆锥式破碎机。它以标准型、中间型、颚旋式为代表，有时旋回式破碎机也可用于中碎，给料粒度为 150~350mm，排料口宽度为 10~60mm，生产能力为 50~790t/h。

3）细碎圆锥式破碎机。以中间型、短头型为代表，给料粒度为 45~100mm，排料口宽度为 3~15mm，生产能力为 18~300t/h。

后两类一起统称为圆锥式破碎机。

（2）按动锥竖轴支承方式分类　按动锥竖轴支承方式可分为悬轴式及支承式两类。悬轴式即动锥竖轴（主轴）悬挂在上部支承点 O 上（图 5-8a），旋回式破碎机属于这种类型。支承式即动锥竖轴支承在球面轴承上，标准型、中间型及短头型圆锥式破碎机属于这种类型。

圆锥式破碎机的工作原理图如图 5-8 所示。它由两个截头的圆锥体——活动圆锥 1（破碎圆锥）和固定圆锥 2（中间圆锥体）组成。活动圆锥的心轴理论上支承在球铰链 O 上，并且偏心地安置在中空的固定圆锥体内。活动圆锥 1 与固定圆锥 2 之间的空间为破碎腔。电动机经过带传动，使锥齿轮 3 和 4、偏心轴套 5、主轴 6、活动圆锥 1 转动，在转动过程中，由于偏心轴套的作用，活动圆锥的素线依次靠近及离开中空固定圆锥体的素线。当活动圆锥靠近固定圆锥时，处于

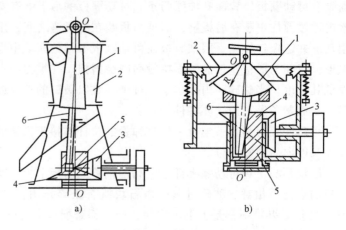

a)　　　　　　　　　b)

图 5-8　圆锥式破碎机的工作原理图
a）悬轴式　b）支承式
1—活动圆锥　2—固定圆锥　3—小锥齿轮　4—大锥齿轮
5—偏心轴套　6—主轴

两者之间的岩石就被破碎。当活动圆锥离开固定圆锥时，破碎产品则借自重经排料口排出。破碎作用是以挤压（压碎）为主，同时碎石也兼有弯曲作用而折断。

2. 旋回式破碎机的构造

旋回式破碎机基本上有三种形式：固定轴式、斜面排料式和中心排料式。由于前两种存在许多缺点，因此，我国主要生产中心排料旋回式破碎机。

中心排料 900/160 旋回式破碎机（图 5-9）的机架是由机座 14、固定锥（中部机架）10 和横梁 9 组成，它们彼此用螺栓紧固。破碎机的机座 14 安装在钢筋混凝土的基础上。

旋回式破碎机的工作机构是破碎锥 32 和固定锥（中部机架）10。固定锥（中部机架）10 的内表面镶有三行平行的高锰钢衬板 11，最下面的一行衬板支承在机架下端凸出部分上，而上面一行则插入固定锥（中部机架）10 上部的凸边中。这样，就能承受破碎岩石时由于摩擦而产生的推力和破碎力的垂直分力。固定锥（中部机架）与衬板间用锌合金（或水泥）浇注。

破碎锥 32 的外表面套有三块环状锰钢衬板 33。为了使衬板与锥体紧密接触，在两者间浇注锌合金，并在衬板上端用螺母 8 压紧。在螺母上端装以锁紧板 7，以防螺母松动。

破碎锥装在主轴 31 上。主轴的上端是通过锥形螺母 2、锥形压套 1、衬套 4 和支承环 6 悬挂在横梁 9 上。为了防止锥形螺母松动，其上还装有楔形键 3、衬套 4 以其锥形端支承在支承环 6 上，而其侧面支承在内表面为锥形的衬套 5 上。当破碎机运转时，由于衬套 4 的下端与锥形衬套 5 的内表面都是圆锥面，故能保证衬套 4 沿支承环 6 和锥形衬套 5 上滚动，从而满足了破碎锥旋回摆动的要求。

主轴的下端插入偏心轴套 22 的偏心孔中，该孔对破碎机轴线呈偏心状态。当偏心轴套旋转时，破碎锥的轴就以横梁上的固定悬点为锥顶圆锥面运行，从而产生破碎作用。

偏心轴套是通过带轮 18、弹性联轴器 19 并由锥齿轮 15、17 带动。

偏心轴套 22 在机座的中心套筒 24 的钢衬套 23 中转动，套筒利用四根肋板 25 与机座连

接。在肋板 25 和传动轴套筒的上面，敷设有高锰钢护板 26 和 16，以免落下的岩石砸坏肋板和套筒。偏心轴套的整个内表面和偏心轴套比较厚的一边约 3/4 的外表面（即承受破碎压力的一边）都浇注巴氏合金。为使巴氏合金牢固地附着在偏心轴套上，在轴套的内壁上布置有环状的燕尾槽。

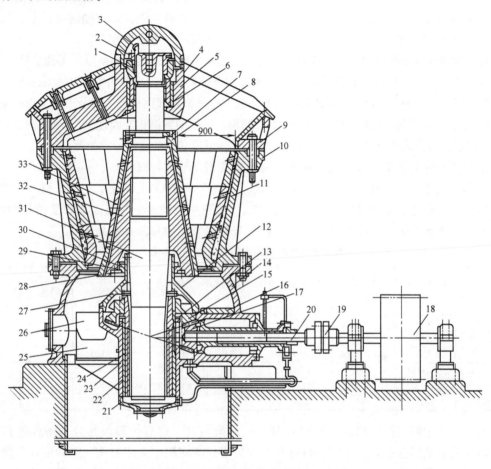

图 5-9　中心排料 900/160 旋回式破碎机

1—锥形压套　2—锥形螺母　3—楔形键　4、23—衬套　5—锥形衬套　6—支承环　7—锁紧板　8—螺母
9—横梁　10—固定锥（中部机架）　11、33—衬板　12—挡油环　13—青铜止推圆盘　14—机座
15—大锥齿轮　16、26—护板　17—小锥齿轮　18—带轮　19—联轴器　20—传动轴　21—机架下盖
22—偏心轴套　24—中心套筒　25—肋板　27—压盖　28～30—套环　31—主轴　32—破碎锥

　　偏心轴套的止推轴承由三片止推圆盘组成。上面的钢圆盘与固定在偏心轴套上的大锥齿轮连接在一起。它回转时，就沿中间的青铜止推圆盘 13 转动，而青铜止推圆盘又沿下面的钢圆盘转动。下面的钢圆盘用销子固定在中心套筒的上端，以防止其转动。

　　为了防止矿尘进入破碎机内部的各摩擦表面和混入润滑油中，在破碎锥下端装有由三个具有球形面的套环 28～30 构成的密封装置。套环 28 用螺钉固定在破碎锥上，套环 29 装在中心套筒的压盖 27 的颈部上，它们之间装有骨架式橡胶油封。上部套环 30 自由地压在套环 29 上。这种结构的密封装置比较可靠，粉尘不易透过各套环之间的缝隙进入破碎机的内部。

　　排料口的宽度是用主轴上端的锥形螺母 2 来调节的。调节时,首先用桥式起重机将主轴和破碎锥一起向上稍稍提起,然后,将主轴悬挂装置上的锥形螺母 2 旋出或旋入,将排料口调节到要求的宽度。这种装置的调节范围很小,而且调节时很不方便。

　　破碎机的保险零件是装在带轮 18 轮毂上的四个有削弱断面的保险销轴,断面的尺寸通常按电动机负荷的 2 倍来计算。如果破碎机内掉入大块非破碎物,则销轴应被剪断,破碎机停止运转而使其他零件免遭破坏。这种保险装置构造简单,可靠性较差。

　　旋回式破碎机用稀油和干油进行润滑。旋回式破碎机所需的润滑油是由专用油泵站供给的,油沿输油管从机座下盖 21 上的油孔流入偏心轴套的下部空间内,由此再沿主轴与偏心轴套之间的间隙,以及偏心轴套与衬套之间的间隙上升,润滑这些摩擦表面后,一部分油在上升的途中与挡油环 12 相遇而流至锥齿轮,另一部分油上升到偏心轴套的青铜止推圆盘 13 上。润滑油润滑了各部件以后,经排油管流出。破碎机的传动轴 20 的轴承有单独的进油与排油管。

　　主轴的悬挂装置是通过手动干油润滑装置定期用干油进行润滑。

　　旋回式破碎机型号有 PXZ(重型)、PXQ(轻型)和 PXF(引进)三个系列,其中 PXZ 系列用于破碎中等及以上硬度的各种物料,PXQ 系列用于破碎中等或以下硬度的各种物料,PXF 系列用于大型露天矿山和选矿厂。旋回式破碎机常用型号及参数见表 5-2。

表 5-2　旋回式破碎机常用型号及参数

型号规格	给料口尺寸/ mm	排料口尺寸/ mm	最大给料 尺寸/mm	生产能力/ (t/h)	主　电　动　机			
					型　号	功率/ kW	转速/ (r/min)	电压/ V
PXZ0913	900	130	750	625~770	JR137-8	210	735	380
PXZ1618	1600	180	1350	2400~2800	JRQ158-10	310	590	6000
PXQ0710	700	100	580	200~240	JR128-10	130	585	380
PXQ1215	1200	150	1000	720~815	JR137-8	210	735	380
PXF5475	1372	152	1150	1740	YR400-12/1180	400	490	6000
PXF7293	1829	178	1550	2620	YR500-12/1730	500	295	6000

　　上述中心排料式旋回式破碎机没有可靠的保险装置,调节排料口的装置不仅操作不方便,而且调节范围也很小。所以,目前开始在旋回式破碎机中采用液压调整和液压保险。液压调整和液压保险装置可使排料口宽度的调节工作容易进行,使机器的保险装置可靠。图 5-10 为我国生产的 1400 液压旋回式破碎机的结构图。

　　1400 液压旋回式破碎机的结构与普通旋回式破碎机基本相同,不同的仅是在机座的下部装有液压缸,破碎锥支承在液压缸的上部。液压缸的上部有三个摩擦盘,上摩擦盘固定在主轴下端,下摩擦盘固定在活塞杆上,中摩擦盘上表面是球面,下表面是平面。当破碎机工作时,中摩擦盘的上球面和下平面与上下摩擦盘都有相对滑动。改变液压缸内的油量,即可调整排料口的大小。

　　旋回式破碎机的液压系统如图 5-11 所示。系统中的蓄能器起保险作用,内部充气压力一般为 1.8MPa。单向节流阀 5 起到使破碎锥进给动作快而复位动作慢的作用,以便减轻复位时对破碎机的强烈冲击。

　　起动破碎机前,首先要向液压缸内充油。充油时,先打开截止阀 8、关闭截止阀 9,然后再起动液压泵。当油压接近 1MPa 时,破碎锥开始上升,破碎锥升到工作位置后,就关闭截止阀 8,同时也停止液压泵工作,液压系统的压力保持 1MPa 左右,破碎机可开始工作。破碎机工作之后,系统油压可达 1.5~1.8MPa。

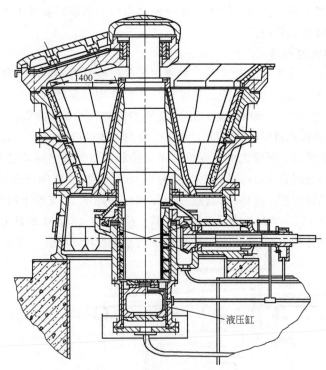

液压缸

图 5-10　我国生产的 1400 液
压旋回式破碎机的结构图

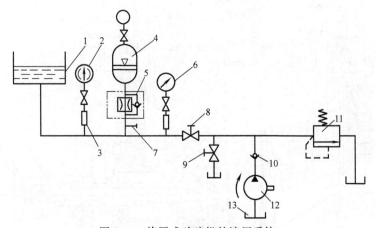

图 5-11　旋回式破碎机的液压系统

1—液压缸　2—电接点压力计　3—减振器　4—蓄能器　5—单向节流阀　6—压力计　7—放气阀
8、9—截止阀　10—单向阀　11—溢流阀　12—单级叶片泵　13—油箱

当增大排料口时，则打开截止阀 8 和 9，液压缸内的油在破碎锥自重的作用下流回油
箱。破碎锥下降到需要位置后，即关闭截止阀 8 和 9。当减小排料口时，则打开截止阀 8，
起动液压泵向液压缸内充油，破碎锥就上升，当达到要求的排料口宽度时，即关闭截止阀 8
和停止液压泵工作。

液压装置也是机器的保险装置。当破碎腔中进入非破碎物时，由于破碎力激增而使破碎
锥向下压活塞杆，于是，液压缸内的油压大于蓄能器内的气体压力，液压缸内的油被挤入蓄

能器中，因而破碎锥下降，排料口增大，非破碎物排出。非破碎物排出之后，由于蓄能器的作用，破碎锥能缓慢自动复位。

3. 圆锥式破碎机的构造

圆锥式破碎机是一种压缩型破碎机，主要用于各种硬度石料的中碎和粗碎。这种破碎机具有破碎比大、生产率高、功率消耗低和碎石产品粒度均匀等优点。

根据排料口的调整方式和过载保险装置不同，圆锥式破碎机可分为弹簧保险和液压保险两种形式。

（1）弹簧保险圆锥式破碎机的构造　弹簧保险圆锥式破碎机（图5-12）由固定锥、活动锥、驱动机构、调整机构、保险机构、保险装置及给料装置组成。活动锥的锥体17压套在主轴15上，锥体17的表面镶有耐磨衬板16。在衬板16和锥体17之间浇注了一层锌合金，以保证它们之间有良好的贴合度。锥体17通过一个青铜球面轴承20支承于机架7上。主轴15的上端装有一个给料盘13，主轴15的下部做成锥形，插在偏心轴套31的锥形孔内。偏心轴套31的上部压装了一个大锥齿轮5，该齿轮与传动轴3的小锥齿轮4啮合，将动力传递到偏心轴套

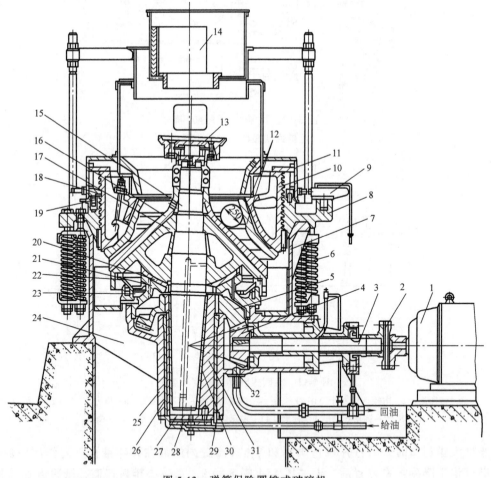

图5-12　弹簧保险圆锥式破碎机

1—电动机　2—联轴器　3—传动轴　4—小锥齿轮　5—大锥齿轮　6—弹簧　7—机架　8—支承环　9—推动液压缸　10—调整环　11—防尘罩　12、16—衬板　13—给料盘　14—给料箱　15—主轴　17—破碎锥体　18—锁紧螺母　19—活塞　20—球面轴承　21—球面轴承座　22—球形颈圈　23—环形槽　24—肋板　25—中心套筒　26—衬套　27—止推轴承　28—机架下盖　29—进油孔　30—锥形衬盖　31—偏心轴套　32—排油孔

31 上。偏心轴套安装在机架中心的套筒 25 内，其下端通过青铜止推轴承 27 支承在机架 7 的下盖上。为了减少摩擦，偏心轴套 31 的锥孔内和机架中心的套筒内部都装有青铜衬套。

固定锥是一个圆环状构件，环的内侧为圆锥面，锥面上镶有耐磨衬板 12，在衬板 12 与本体之间也浇注有锌合金。为确保安装可靠，衬板 12 还用螺栓固定在调整环 10 上。调整环 10 的外侧是一个圆柱面，表面车有梯形螺纹。支承环 8 安装在机架 7 的上部，靠四周的压缩弹簧使之与机架贴紧。由于调整环 10 外侧的梯形螺纹与支承环的内表面的梯形螺纹相配合，所以当调整环向下拧时，排料口尺寸减小；反之，排料口尺寸增大。

当传动轴转动时，通过锥齿轮运动，使偏心轴承旋转。偏心套的转动带动主轴绕机架中心线做公转。由于主轴与活动锥是刚性连接的，这样，活动锥就随着主轴的转动做圆摆动。

弹簧 6 是弹簧保险圆锥式破碎机的保险装置。当破碎腔内落入不易破碎的异物时，固定锥向上抬起，压缩弹簧 6，使排料口增大，将异物排出，以防止损坏破碎机。

（2）液压保险圆锥式破碎机的构造　液压保险圆锥式破碎机（图 5-13）的工作原理与弹簧保险圆锥式破碎机基本相同。液压保险圆锥式破碎机主轴 3 的上部压在活动锥 2 的中心，下部则穿过偏心套后，支承在球面止推轴承 4 上。止推轴承 4 的下方是调节液压缸。

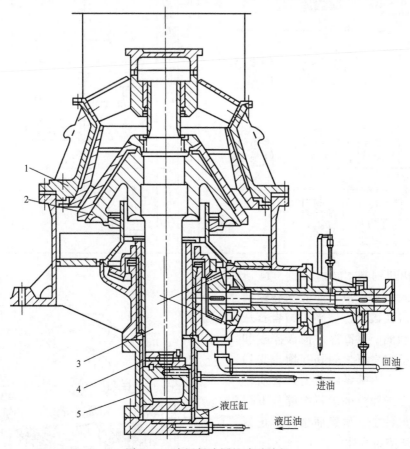

图 5-13　液压保险圆锥式破碎机
1—固定锥　2—活动锥　3—主轴　4—止推轴承　5—活塞

电动机带动传动轴，通过一对锥齿轮传动，使偏心套旋转，从而使活动锥晃动。

液压保险圆锥式破碎机排料口的调节是借助于主轴下方的液压缸活塞杆升降来实现的，

而这种破碎机的保险装置就是液压系统中的蓄能器。

三、冲击式破碎机

1. 冲击式破碎机工作原理与分类

冲击式破碎机的类型很多，但目前用得最广的有锤式破碎机（锤头铰接式）和反击式破碎机（锤头固定式）。按其转子数量又可分为单转子和双转子两种：对单转子结构，只能以一个方向旋转工作的称为不可逆式，可以以正反两个方向旋转的称为可逆式；对双转子结构，根据双转子旋转方向可分为同向旋转、反向旋转和相向旋转。冲击式破碎机的分类见表 5-3。

表 5-3　冲击式破碎机的分类

类型			不可逆式	可逆式	类型			同向旋转	反向旋转	相向旋转
单转子	锤式	单排锤头			双转子	锤式	转子位于同水平			
		多排锤头				反击式	转子位于同水平			
	反击式	不带均整栅板					转子位于不同水平			
		带均整栅板								

锤式破碎机的基本结构如图 5-14 所示。岩石给入破碎机后，即受到高速回转锤头的冲击而破碎。破碎了的岩石从锤头处获得动能，以高速冲向破碎板和筛条，同时还有岩石之间相互撞击受到进一步破碎。小于筛条缝隙的岩石从缝隙中排出，大于缝隙的岩石在筛条上再经锤头的附加冲击、研磨而破碎，达到合格粒度后从筛条缝隙中排出。

反击式破碎机的基本结构如图 5-15 所示。岩石从进料口沿导料板进入，受到锤头冲击破碎后，有两种不同情况：小块物料受到锤头冲击后，将按切线方

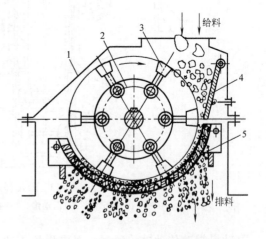

图 5-14　锤式破碎机的基本结构

1—机架　2—转子　3—锤头　4—破碎板　5—筛条

向抛出，此时，料块所受的冲击力可近似地认为通过料块的重心；大块物料则由于偏心冲击而使料块于切线方向偏斜抛出。物料被高速抛向反击板，再次受到冲击破碎，然后又从反击板弹回到锤头打击区来，继续重复上述破碎过程。岩石在锤头和反击板间的往返途中，还有相互碰撞的作用。由于岩石受到锤头、反击板的多次冲击和相互间的碰撞，使其不断地沿本身的解理界面产生裂缝、松散而破碎。当破碎后的岩石粒度小于锤头与反击板之间的缝隙时，就从机内下部排出，即为破碎后的产品。

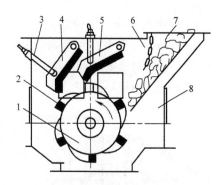

图 5-15 反击式破碎机的基本结构
1—转子 2—锤头 3—拉杆
4—第二级反击板 5—第一级反击板
6—链条 7—进料口
8—机体

反击式破碎机的工作原理与锤式破碎机基本相同，但结构与破碎过程却各有差异。反击式破碎机的锤头是固定地安装在转子上，有反击装置和较大的破碎空间，破碎时能充分利用整个转子的能量，破碎比较大，可作为岩石的粗、中、细破碎设备。锤式破碎机的锤头是以铰接的方式固定在转子上的，当破碎过大的岩石时，会发生锤头后倒——失速现象，转子的能量得不到充分利用，因此不能击碎大块岩石。岩石的反击和相互碰撞次数也较少。当岩石没有被破碎到要求的粒度时，还要依靠锤头对卡在机器下部筛条上的岩石进行附加冲击和研磨破碎。由于反击式破碎机下部没有筛条，所以锤式破碎机的产品粒度较反击式破碎机均匀。通常，锤式破碎机用作岩石的中、细破碎设备。

冲击式破碎机与其他形式的破碎机相比，具有下列优点：

1）利用冲击原理进行破碎。使岩石沿解理、层理等脆弱面破碎，破碎效率高，能量消耗少，产量大，产品粒度均匀，过粉碎现象少。

2）破碎比大。锤式破碎机一般 $i=10\sim15$，最高可达 40 左右。反击式破碎机的破碎比更大，可达 150 以上，因而破碎段数可以减少，简化生产流程，减少了基建投资。

3）机器的构造简单，加工量少，因而便于制造，成本低，操作维修也较简便。

4）具有选择性破碎的特点，即密度大的岩石破碎后粒度小，密度小的岩石破碎后粒度大。

5）设备自重轻，工作时没有明显的不平衡振动，不需笨重的基础。

冲击式破碎机的最大缺点是：锤头的磨损较大，被破碎的岩石越硬，则磨损就越快，造成更换锤头的工作频繁，因此不适于破碎坚硬岩石。当岩石中的水分大于9%或含有黏性物料时，锤式破碎机的筛条易堵塞，而反击式破碎机的反击表面易黏结，减小破碎空间，从而降低生产率，有时也会造成设备事故。

目前，冲击式破碎机已在水泥、化学、电力和冶金等工业部门广泛用来破碎各种物料，如石灰石、炉渣、焦炭、煤及其他中等硬度的岩石。

最常用的锤式破碎机是单转子的、不可逆的、多排的、带铰接锤头的，最常用的反击式破碎机则是单转子的、不可逆的、带刚性固定锤头的。有些部门为了简化流程，也采用双转子反击式破碎机。

冲击式破碎机的规格是以转子直径 D 和转子长度 L 来表示。D 是指锤头端部所绘出的圆周直径，L 是指沿轴向排列的锤头有效工作长度。

2. 冲击式破碎机的构造

图 5-16 所示为我国生产的 $\phi1600mm \times 1600mm$ 单转子、不可逆、多排、铰接锤头的锤式破碎机。它适用于破碎石灰石、煤、石膏或其他中等硬度的岩石，待破碎物料的表面水分不得超过 2%。这种机器是由传动装置、转子、格筛和机架等几个部分组成的。

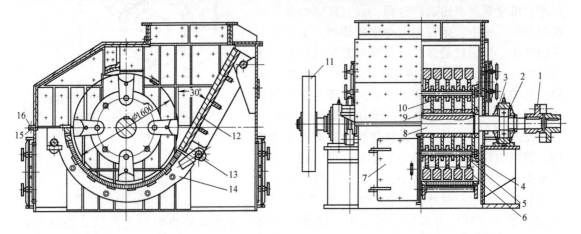

图 5-16　我国生产的 $\phi1600mm \times 1600mm$ 单转子、不可逆、多排、铰接锤头的锤式破碎机

1—弹性联轴器　2—球面调心滚柱轴承　3—轴承座　4—销轴　5—销轴套　6—锤头　7—检查门　8—主轴
9—间隔套　10—圆盘　11—飞轮　12—破碎板　13—横轴　14—格筛　15—下机架　16—上机架

电动机通过弹性联轴器 1 直接带动主轴 8 旋转。主轴转速为 600r/min。主轴通过球面调心滚柱轴承 2 安装在机架两侧的轴承座 3 中。轴承采用干油润滑。

为了避免破碎大块物料时锤头的速度损失不致过大和减小电动机的尖峰负荷，在主轴 8 的一端装有飞轮 11。

转子是由主轴 8、圆盘 10 和锤头 6 等组成的。主轴上装有 11 个圆盘，并用键与轴刚性地联接在一起。圆盘间装有间隔套 9。为了防止圆盘的轴向窜动，两端用圆螺母固定。锤头位于两个圆盘的间隔内，铰接地悬挂在销轴上。销轴贯穿了所有圆盘，两端用螺母拧紧。在每根销轴 4 上装有 10 个锤头。圆盘上配置了 4 根销轴，所以锤头的总数是 40 个。为了防止锤头的轴向移动，销轴上装有销轴套 5。圆盘上还配有第二组销轴孔，当锤头磨损 20mm 后，为了更充分利用锤头材料，可将锤头及销轴移到第二组孔内安装，继续进行破碎工作。

格筛 14 设在转子的下方，它由弧形筛架和筛板组成。筛架分左右两部分。筛架上的筛板由数块拼成。筛板利用自重和相互挤压的方式固定在筛架上。筛板上铸有筛孔，筛孔略呈锥形，内小外大，以利排料。弧形筛架的两端都悬挂在横轴上，横轴通过吊环螺栓悬挂在机架外侧的凸台上。调节吊环螺栓的上下位置，可以改变锤头端部与筛板表面的间隙大小。格筛左端与机架内壁有一间隔空腔，便于非破碎物从此空腔排出机外，防止非破碎物在机器内损坏其他零件。格筛的右上方装有平面形破碎板。

锤式破碎机的机架是用钢板焊成箱形结构。机架沿转子中心线分成上、下两部分，彼此用螺栓固定在一起。上机架 16 的上方有给料口。在机架的内壁（与岩石可能接触的地方）装有高锰钢衬板。为了便于维修，在上、下机架的两侧均设有检查门。

单转子锤式破碎机除了上述的不可逆式以外，还有一种可逆式的，这种机器的特点是转子可以逆转，目的是减少机器因更换锤头所造成的停车时间。当锤头的一侧磨损后，可将转子反转，利用锤头未磨损的一侧继续工作。因此，机器的零部件需制成对称形，给料口必须设在机器的上方中部。这种机器多用于煤的破碎，其他物料的破碎则多用不可逆式锤式破碎机。

图 5-17 所示为我国生产的 ϕ500mm×400mm 单转子反击式破碎机的构造图。

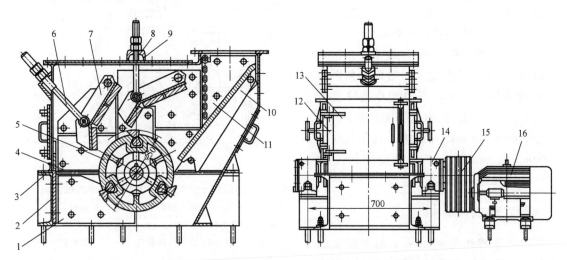

图 5-17　我国生产的 ϕ500mm×400mm 单转子反击式破碎机的构造图

1—防护衬板　2—下机架　3—上机架　4—锤头　5—转子　6—羊眼螺栓　7—反击板　8—球面垫圈　9—锥面垫圈　10—给矿溜板　11—链幕　12—侧门　13—后门　14—滚动轴承座　15—带轮　16—电动机

这种破碎机主要由上下机架、转子和反击板等部分组成。由电动机 16 经 V 带传动而使转子 5 高速回转，迎着岩石下落方向进行冲击而使岩石不断破碎至小颗粒后由机体下部排出。

转子 5 上固定着三块锤头 4。锤头用比较耐磨损的高锰钢材料铸造而成。转子本身用键固定在主轴上。主轴的两端借助滚动轴承支承在下机架 2 上。

反击板 7 的一端通过悬挂轴铰接于机架上部，另一端由羊眼螺栓 6 利用球面垫圈 8 支承在机架上的锥面垫圈 9 上。反击板呈自由悬挂状态置于机体内部。调节羊眼螺栓上的螺母位置，可以改变反击板和转子间的间隙。当机器中进入不能破碎的铁块时，反击板受到较大的压力而使羊眼螺栓向上及向后移开，使铁块等物体排出，反击板在自身的重力作用下，又恢复到原来的位置，以此作为机器的保险装置，从而保证了机器不受破坏。

机架沿转子轴心线分成上、下机架两部分。下机架承受整个机器的重量，并借地脚螺栓固定于地基上。上、下机架在破碎区的内壁上装有高锰钢衬板。上机架 3 上装有便于观察和检修用的侧门 12 及后门 13，门上镶有橡胶防尘装置。机器的进料处置有链幕，用以防止物料破碎时飞出机外。

我国还产生了 ϕ1250mm×1250mm 双转子反击式破碎机，其结构如图 5-18 所示。这种破碎机相当于两个单转子反击式破碎机串联使用。第一个转子相当于粗碎，第二个转子相当于细碎，所以可同时作为粗、中、细破碎设备使用。这种设备的破碎比大，产量高，产品粒度均匀，但功率消耗大。

这种破碎机主要由平行排列、有一定高度差（两转子中心连线与水平线的夹角约为12°）的两个转子和上、下机体及第一级、第二级破碎腔的反击等部分组成。两个转子分别由两台电动机经过弹性联轴器、液力联轴器、V带组成的传动装置带动,按同向高速回转。第一级转子将岩石从850mm破碎至100mm左右排入第二级破碎腔,第二级转子继续将岩石破碎至20mm,并从机体均整栅板处排出。

反击式破碎机用PF来表示,P代表破碎机,F则代表反击式,后面的数据如1007代表转子尺寸。不同型号破碎机转子尺寸差异较大,例如PF-1007转子尺寸为1000mm×700mm、PF-1010转子尺寸为1000mm×1050mm,PF-1210转子尺寸为1250mm×1050mm。

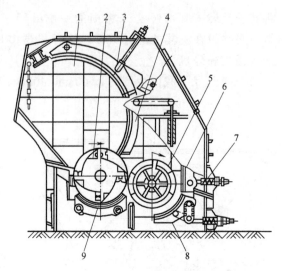

图5-18 φ1250mm×1250mm双转子反击式破碎机
1—机体 2—第一级转子 3—第一反击板
4—分腔反击板 5—第二级转子 6—第二反击板
7—调节弹簧 8—第二均整栅板 9—第一均整栅板

四、辊式破碎机

辊式破碎机是利用两个相向转动的圆辊来破碎物料的机器(图5-2c)。当辊子转动时,物料因摩擦力和重力作用被咬入破碎腔内,受到挤压和磨削作用而破碎。一般情况下,当破碎机遇到不能破碎的物料时,其中一个辊子可以克服弹簧的阻力而水平移动,使物料通过破碎腔。

辊式破碎机有齿辊式、光辊式和槽辊式三种。齿辊式适用于软质物料(抗压强度为80MPa)的破碎,光辊式和槽辊式适用于中等坚硬物料(抗压强度为150MPa)的破碎。

辊式破碎机结构简单,工作可靠,成本低,广泛用于中、小型厂矿对中硬和软矿石进行中、细破碎作业。

双辊式破碎机的组成如图5-19所示。其工作原理是:需破碎的石料经进料口进入两辊子之间,在摩擦力的作用下石料被带入两辊子的间隙之间,在两辊子的挤压下逐渐被压碎,

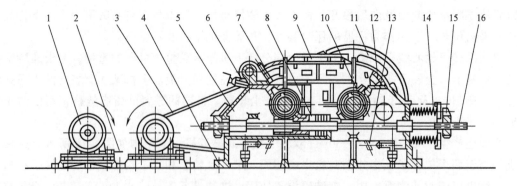

图5-19 双辊式破碎机的组成
1—电动机 2—张紧装置 3—V带 4—机架 5—滑动轴承 6—切削刀架 7—活动辊子 8—调整垫片 9—罩子
10—固定轴承 11—带轮 12—固定辊子 13—刮板 14—弹簧 15—调整螺母 16—拉杆

并由下部排料口排出。当遇有过硬物料时，由于液压和弹簧系统的作用，辊子可自动增大间隙，从而使机器受到保护。两辊子之间的间隙可调整，按需要控制产品最大粒度。

第三节　筛 分 机 械

一、筛分作业

根据筛分作业在碎石生产中的作用不同，可分为以下两种工作类型：

1. 辅助筛分

辅助筛分在整个生产中起到辅助破碎作业的作用。通常有两种形式：第一种是预先筛分形式，在石料进入破碎机之前，把细小的颗粒分离出来，使其不经过这一段的破碎，而直接进入下一个加工工序，这样做既可以提高破碎机的生产率，又可以减少碎石料的过粉碎现象；第二种是检查筛分形式，这种形式通常设在破碎作业之后，对破碎产品进行筛分检查，把合格的产品及时分离出来，把不合格的产品再进行破碎加工或将其废弃。检查筛分有时也用于粗破碎之前，阻止太大的石块进入破碎机，以保证破碎生产的顺利进行。

2. 选择筛分

碎石生产中选择筛分主要用于对产品按粒度进行分级。选择筛分一般设置在破碎作业之后，也可用于除去杂质的作业，如石料的脱泥、脱水等。

二、筛分机的构造

1. 筛面

（1）筛面的构造　筛面是筛分机械的基本组成部分，其上有许多形状和尺寸一定的筛孔。在一个筛面上筛分石料时，穿过筛孔的石料称为筛下产品，留在筛面上的石料称为筛上产品。

按筛面的结构形式，筛面可以分为棒条筛面、板状筛面、编织筛面和波浪形筛面等。

1）棒条筛面。棒条筛面是由平行排列的异形断面的钢棒组成的。各种棒条的断面形状如图 5-20 所示。这种筛面多用在固定筛或重型振动筛上，适用于对粒度大于 50mm 的粗粒级石料的筛分。

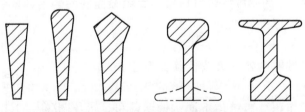

图 5-20　各种棒条的断面形状

2）板状筛面。板状筛面通常由厚度为 5~8mm 的钢板组成，钢板的厚度一般不超过 12mm。筛孔的形状有圆形、方形和长方形如图 5-21 所示，图中 a 和 l 为筛孔尺寸，t 和 t_1 为两相连筛孔间距。

孔径或边长应不小于 0.75mm，孔与孔之间的间隙应大于或等于孔径或边长的 0.9 倍。

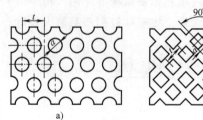
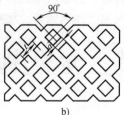
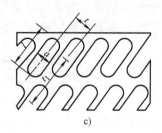

图 5-21 板状筛面

a) 圆形筛孔 b) 方形筛孔 c) 长条筛孔

板状筛面的优点是磨损较均匀，使用期限较长，筛孔不易堵塞。其缺点是有效面积小。

3）编织筛面。编织筛面用直径 3~16mm 的钢筋编成或焊成，筛孔的形状呈方形、矩形或长方形。方形筛孔的编织筛面如图 5-22 所示。

编织筛面的优点是开孔率高、重量轻、制造方便，缺点是使用寿命较短。为了延长编织筛面的使用寿命，钢丝的材料应采用弹簧钢或不锈钢。编织筛面适用于中细级石料的筛分。

4）波浪形筛面。波浪形筛面由压制成波浪形的筛条组成，如图 5-23 所示，其相邻的筛条构成筛孔。波浪形筛面的筛孔尺寸大小由波浪波幅的大小决定。为使石料下落方便，筛条的横断面制成倒梯形。工作中，每一根筛条都产生一定的振动，这样一方面可减少物料堵塞现象，另一方面则可加剧筛面上物料的振动，提高物料的透筛率。

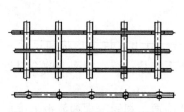

图 5-22 方形筛孔的编织筛面

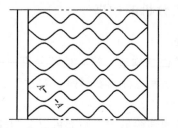

图 5-23 波浪形筛面

（2）筛面的固定 板状筛面的紧固可在筛框两侧用木楔压紧，木楔遇水后膨胀，可把筛面压得很紧。筛面的中间用方头螺钉压紧。编织筛面的两侧用钩紧装置钩紧（图 5-24），筛面的中间部分用 U 形螺栓压紧。

2. 振动筛

振动筛是依靠机械或电磁的方法使筛面发生振动的振动式筛分机械。

按照振动筛的工作原理和结构不同，振动筛可分为偏心振动筛、惯性振动筛和电磁振动筛三种。

（1）偏心振动筛 偏心振动筛又称为半振动筛。它是靠偏心轴的转动使筛箱产生振动的。偏心振动筛的工作原理如图 5-25 所示。偏心振动筛的电动机

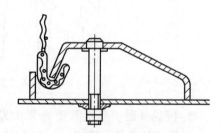

图 5-24 编织筛面的钩紧装置

通过 V 带驱动偏心轴转动，偏心轴的旋转使筛箱 5 中部做圆周运动。由于筛箱两端的弹性

支承，这个惯性力会通过偏心轴传递到筛架 2 上，引起筛架乃至机架的强烈振动，这是十分有害的。因此，偏心振动筛在偏心轴的两端安装了两个平衡轮 6，利用平衡轮上设置的配重 7，抵消了偏心轴上的惯性力。

（2）惯性振动筛　惯性振动筛是靠固定在其中部带偏心块的惯性振动器驱动而使筛箱产生振动的。

按照筛子结构的不同，惯性振动筛可分为纯振动筛、自定中心振动筛和双轴振动筛。

1）纯振动筛。纯振动筛由给料槽 1、筛箱 2、筛架 4、振动器 5 组成（图 5-26）。筛箱中装有 1~2 层筛面，筛箱用板弹簧 3 固定在筛架 4 上。筛箱的上方装有弹性偏心振动器 5。电动机安装在筛架上，并通过 V 带将动力传递给振动器。

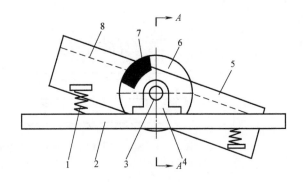

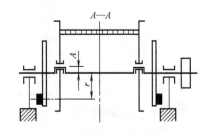

图 5-25　偏心振动筛的工作原理图
1—弹簧　2—筛架　3—主轴　4—轴承座　5—筛箱
6—平衡轮　7—配重　8—筛面

纯振动筛的工作原理如图 5-27 所示。当电动机带动偏心振动器高速旋转时，振动器上的偏心块产生了很大的惯性力，从而使筛箱振动。

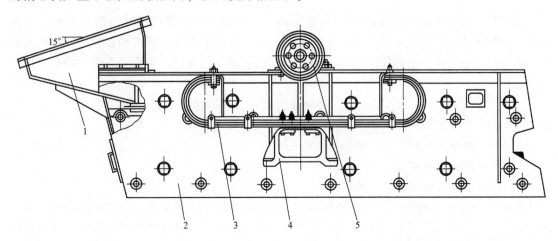

图 5-26　纯振动筛
1—给料槽　2—筛箱　3—弹簧　4—筛架　5—振动器

2）自定中心振动筛。自定中心振动筛由电动机 1、筛箱 2 和振动器 3 等组成（图 5-28）。单轴振动器固定在筛箱的上方，筛箱用弹簧 5、吊杆 4 固定在机架上。电动机安装在机架上，其动力通过 V 带传到振动器上。

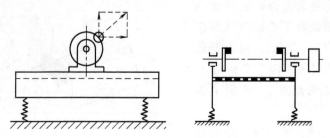

图 5-27 纯振动筛的工作原理图

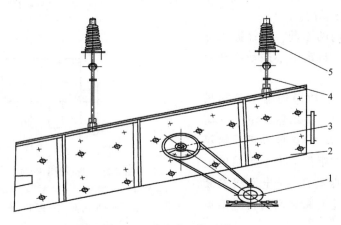

图 5-28 自定中心振动筛
1—电动机 2—筛箱 3—振动器 4—吊杆 5—弹簧

自定中心振动筛的工作原理如图 5-29 所示。自定中心振动筛的振动器的主轴是一个偏心轴，其轴承中心与带轮中心不在一条直线上，带轮上装平衡重。当主轴旋转时，筛箱与带轮上偏心块都绕带轮中心做圆周运动，因此，只要满足下述条件，带轮中心将保持在一定的位置上。

$$mA = m_1 r$$

式中 m——筛箱和物料的总质量；

A——筛箱的振幅，偏心轴的偏心距；

m_1——配重块的质量；

r——配重块到带轮中心的距离。

因此，当这种振动筛工作时，带轮的中心线就不随筛箱一起振动，只做回转运动，带轮的中心在空间的位置几乎保持不变。由于自定中心振动筛能克服带轮的振动现象，因而可以增大筛子的振幅。

3）双轴振动筛。双轴振动筛由筛箱 1、双轴激振器 3、隔振弹簧 5、筛架及动力装置等组成（图 5-30）。双轴振动筛是一种直线振动筛，筛箱的振动是由双轴激振器来实现的。双轴激振器有两根主轴，两轴上都有偏心距和质量相同的偏心重块。两轴之间用一对速比为 1 的齿轮连接。因两轴的旋向相反、转速相等，所以两偏心重块所产生的离心惯性力在一个方向上互相抵消，而在垂直方向上离心惯性的合力使筛箱产生振动。由于振动方向与筛面有一定倾角，石料在被激振力抛起下落中相对筛面运动，并同时被筛面分级。

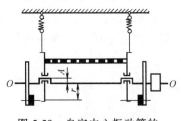

图 5-29 自定中心振动筛的
工作原理图

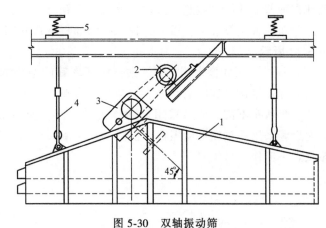

图 5-30 双轴振动筛
1—筛箱 2—电动机 3—双轴激振器 4—吊杆 5—隔振弹簧

（3）电磁振动筛 电磁振动筛是一种振动系统，它的振动源是电磁激振器或振动电动机。电磁振动筛按驱动筛子的部位不同可分为筛箱振动式和筛网振动式两种。

1）筛箱振动式电磁振动筛。筛箱振动式电磁振动筛的工作原理如图 5-31 所示。

筛箱和筛内物料的总质量为 m_1，辅助重物和激振器的质量为 m_2。两个质量系统用弹簧连接为一个系统，整个系统用弹性吊杆 5 固定在机架上。当电磁激振器 4 通电时，电磁激振器产生周期性的作用力而使整个系统振动，其振动力的作用方向为

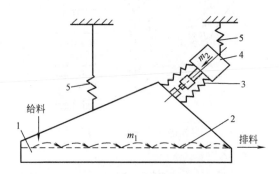

图 5-31 筛箱振动式电磁振动筛的工作原理图
1—筛箱 2—筛面 3—弹簧
4—电磁激振器 5—弹性吊杆

直线方向。这种筛子结构简单，激振器无须传动元件，体积小，易于布置，耗电省，筛分效率高。但其振幅较小，只能筛分较细粒级物料。

2）筛网振动式电磁振动筛。筛网振动式电磁振动筛的激振器直接带动筛网振动，而筛箱不参与振动。这种筛子简称为振网筛。筛网振动式电磁振动筛的激振器是振动电动机。由于筛箱不振动，筛子的动负荷小，故耗电低。其缺点是筛网振幅不一致，中间部分振幅大，边缘部分振幅小，物料的筛分不均匀。

三、多层筛面振动筛

1. 概率筛

概率筛是一种利用概率筛分原理的振动筛分机，其筛面是通过激振装置产生直线振动。概率筛的结构特点是采用多层、大倾角和大筛孔的筛面，具有处理量大、能耗小、筛孔不易堵塞、筛面拆卸与更换容易、筛机安装简单和生产费用低等优点。

（1）自同步式概率筛 自同步式概率筛由一个箱形框架和 5 层（一般为 3 ~ 6 层）坡度自上而下递增、筛孔尺寸自上而下递减的筛面所组成。安装在筛箱上的带偏心块的激振器

使悬挂在弹簧上的筛箱做直线振动。物料从筛箱上部入料口进入后迅速松散，并按不同粒度均匀地分布在各层筛面上，然后各种粒级的物料分成六路从筛面下端及下方排出。工作原理如图 5-32 所示。

（2）惯性共振式概率筛　惯性共振式概率筛的结构如图 5-33 所示。该种筛机多用于炼铁厂焦炭和烧结矿等碎料的筛分。它与自同步概率筛的主要区别是激振器的形式及主振动系统的动力学状态不同。前者采用自同步式激振器，振动系统在远超共振的非共振状态下工作，而后者采用单轴惯性激振器，由筛箱、平衡质体与剪切橡胶弹簧所组成的主振系统处在共振状态下工作。

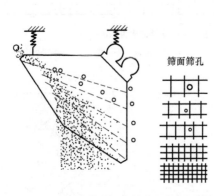

图 5-32　自同步式概率筛的工作原理图

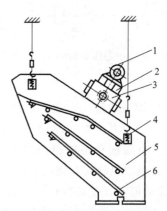

图 5-33　惯性共振式概率筛的结构
1—传动部分　2—平衡质体　3—剪切橡胶弹簧
4—隔振弹簧　5—筛箱　6—筛面

2. 等厚筛

等厚筛是一种采用大厚度筛分法的筛机，料层厚度一般为筛孔尺寸的 6~10 倍。等厚筛可以将几台倾角不同的筛机串联起来使用，串联后的每一台筛机的结构与普通振动筛相同，但要根据等厚筛实际工作的需要来选取它们的运动学与动力学参数。

等厚筛具有产量大、筛分效率高的优点，但缺点是机器庞大、笨重，为此出现了与分层筛面结合的等厚筛。

图 5-34 所示为概率分层等厚筛的结构，由筛框、两段筛面、两台激振电动机和隔振器等组成。筛框由钢板和型钢焊接成箱体结构。筛框内第一段筛面倾角较大，层数为 2~4 层，基本上采用概率筛的筛分原理；第二段筛面倾角较小，层数一般为 1~2 层，采用等厚筛的筛分原理。两种筛面的组合形式使筛机同时具有概率筛和等厚筛的优点，并缩短了自然分层等厚筛的长度，减少了设备占地。

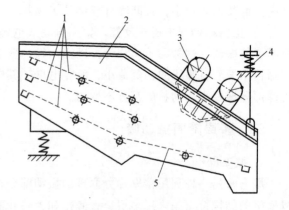

图 5-34　概率分层等厚筛的结构
1—第一段筛面　2—筛框　3—激振器
4—隔振器　5—第二段筛面

第四节　联合破碎筛分设备

一、概述

在石料加工量较大的破碎作业中，为了提高生产率和节约劳动力，将石料的供给、破碎、中间传送和筛分等各个环节联合起来，组装成为石料的联合破碎筛分设备，以利于实现石料破碎和筛分的机械化和自动化。

联合破碎筛分设备用于对大量岩石料连续完成破碎、传递、筛分及堆料等一系列生产工艺过程，是大型采石场的主要生产设备，有固定式和移动式两种。固定式联合破碎筛分设备适用于石料用量比较分散，并且经常需要转移场地的工程施工。在修筑公路、铁路的工程中，施工现场不断延伸，选用移动式联合破碎筛分设备将会产生明显的经济效益。

按照对石料破碎与筛分工艺流程形式的不同，这种设备可分为单级破碎筛分和双级破碎筛分两种。

单级破碎筛分设备又可分为开式流程和闭式流程两种。前一种的工艺流程是：给料器→破碎机→斗式升运机或带式输送机→筛分机→不同规格的碎石与石屑成品；后一种的工艺流程是：在前一种流程基础上，增加了将筛分后的不合规格石料重新送回破碎机的给料口，进行再次破碎，这一过程连续循环进行。单级破碎筛分设备由一台颚式破碎机、一台斗式升运机和筛子组成，可由使用单位自行装配。

两级破碎筛分设备是闭式循环的，其流程如下：

石料→给料器→一级破碎机→带式输送机或斗式升运机→筛分机→大块碎石→二级破碎机→中、小碎石成品→出料输送机。

这种破碎筛分设备可以提高破碎比，一次就可生产多种规格的碎石成品，目前国内外均有专门的厂家生产。

二、YPS-60M 型移动式两级联合破碎筛分设备

图 5-35 为 YPS-60M 型移动式两级联合破碎筛分设备的工作流程图。

YPS-60M 型联合破碎筛分设备有两台主机。一台主机为振动给料器、一级破碎机，它们装在一辆平板挂车上；另一台主机为振动筛、二级破碎机，它们装在另外一辆平板挂车上。两台主机与一台带宽为 650mm 的主带式输送机、四台带宽为 400mm 的带式输送机共同组成联合机组进行生产。

当联合设备工作时，大的石块由装载机卸入给料斗 1 中，并经给料斗流入振动给料器 2 的给料槽内。在振动给料器上的振动电动机激振力作用下，石料沿料槽斜面下滑，碎石块由格筛筛下并流入漏斗中，大的石块滑入溜槽后进入一级颚式破碎机 10 进行粗碎。为防止大石块的下冲力砸坏设备部件，位于溜槽一侧的支架上悬挂有一排铁链，以对石块起缓冲作用。破碎后的石块由破碎机的卸料口流出，与漏斗出口处碎石一起流入带宽为 650mm 的主带式输送机输入端并被送入惯性振动筛 4 进行筛分。石料经振动筛筛分后，可分成 0～15mm、15～25mm、25～50mm 三种规格，并由各自的带式输送机送回到石料堆上。大于50mm 的石料经溜槽滑入二级颚式破碎机 8 进行细碎后，由漏斗流出，并由一台带式输送机

送回到主带式输送机的输入端，以形成封闭的自动循环。

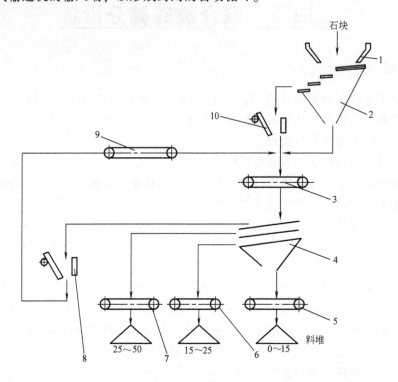

图 5-35　YPS-60M 型移动式两级联合破碎筛分设备的工作流程图

1—给料斗　2—振动给料器　3、5、6、7、9—带式输送机　4—惯性振动筛

8—二级颚式破碎机　10——级颚式破碎机

　　该联合设备的两辆平板挂车上都装有前后四只螺旋千斤顶，作为工作时撑起车架使轮胎不受力的支承。

　　这种联合设备的各工作部分都由电动机来驱动。电动机的控制设备和仪表装在两个电器操纵柜中，操纵柜又由支架固定在两辆平板挂车上。

思　考　题

1. 简述常用破碎机的类型、破碎原理及特点。

2. 简述颚式破碎机的类型与工作原理。

3. 圆锥式破碎机和冲击式破碎机有什么优点？

4. 简述筛分机的作用和分类。

5. 试举例说明联合筛分设备的主要组成部分及工艺类型。

第六章

隧道掘进机械

第一节 概 述

一、用途

隧道掘进技术是随着现代交通运输、地下工程、矿山开采、水利工程、市政建设以及电气通信设施的发展而发展起来的一种工程建设技术。由于隧道的类型不同，使用的施工机械也不同，有的用一般的土石方机械即可施工，有的则需专用机械。

二、分类

目前，隧道掘进有三种方法：钻爆法、掘进机法和盾构法。隧道掘进方法不同，所采用的设备也不同。

1. 钻爆法和凿岩机械

钻爆法首先需要在工作面上钻出炮眼，在炮眼内装入炸药进行爆破，然后用装载机械把爆碎下来的岩块运走。钻爆法是隧道掘进的传统技术，它不受岩块物理力学特性的限制，以其灵活性和适应性较强、机械设备成本低等优势与机械掘进竞争。但由于爆破掘进工序多，而且都要集中在开挖面附近逐项单独进行，掘进速度较慢。

凿岩机用来在岩层上钻凿出炮眼，以便放入炸药去炸开岩石。凿岩机的种类很多，按所用动力的不同可分为气动、电动、内燃和液压四类。气动凿岩机工作较可靠，但需要辅助压气设备。电动凿岩机应用普遍，但工作可靠性有待再提高。内燃凿岩机需要解决废气净化等问题。液压凿岩机的效率较高，是最有发展前途的凿岩机械。

凿岩台车将一台或数台高效能的凿岩机连同推进装置一起安装在钻臂导轨上，并配以行走机构，使凿岩作业实现机械化。和凿岩机相比，工作效率可以提高 2~4 倍，且能改善劳动条件，减轻工人的劳动强度。凿岩台车按钻臂数量可分为双臂、三臂和多臂式，按行走机构分为轨轮式、轮胎式和履带式。凿岩台车的控制有液压控制、气压控制和液压与气压联合控制等形式。

2. 掘进机法和岩石隧道掘进机

掘进机法没有钻眼爆破工序，直接用掘进机上的刀具破落工作面上的岩石，形成所需形状的隧道，并同时将破落下来的岩块运走，实现落、装、运一体化。掘进机法掘进工序简单，也可连续作业，用一套联合掘进机即可完成全部工序。当隧道长度与隧道断面直径比超过 600 时，采用这种机器开凿隧道是十分合算的。

采用掘进机法开挖比钻爆法掘进速度快，施工安全，开挖面平整造价低，但机体庞大，运输不便，只能适用长洞的开挖。

岩石隧道掘进机开挖的岩石一般比较坚硬，掘进速率、施工进度和滚刀刀具的磨损是制约施工进度与造价的主要因素。坚硬岩石地层中的岩体一般具有自稳能力，开挖过程不需要进行特殊处理来保证岩体稳定。若碰到特殊岩体地层，如软弱岩体、大断层通过的地层等，则需要采用护盾来保证掘进机的正常和安全运行。

根据岩石隧道掘进机护盾设备的安装情况，大体又分为无护盾式、护盾式和复合护盾式三类。

3. 盾构法和盾构机

盾构机是一种在软土、软岩和破碎含水的地层中修建隧道时进行开挖和衬砌的专用机械设备。采用盾构机施工的方法，称为盾构法。其施工程序是：在盾构前部壳下挖土，在挖土的同时，用千斤顶向前顶进盾体，顶到一定长度后，再在盾尾拼装预制好的衬砌块，并以此作为下次顶进的基础，继续挖土顶进。

盾构机施工需考虑地质构造、地貌沉降量、施工自动化程度和掘进快捷程度及隧道内衬砌筑的可靠性等因素。现代盾构机集成了如机电液一体化、测控、材料等多种先进技术，属技术密集型产品，从设备结构角度提高了施工层面的稳定性和安全性。

为适应不同工程的需要，盾构机的种类也越来越多，目前已有多种断面形式的盾构机，如圆形、矩形及异形截面等。

第二节　凿岩机及凿岩台车

一、凿岩机的工作原理

当钻爆法掘进巷道时，首先在工作面岩壁上钻凿出许多直径为 $34\sim42mm$、深度为 $1.5\sim2.5m$ 的炮眼，然后在炮眼内装入炸药进行爆破。凿岩机就是一种在岩壁上钻凿炮眼用的钻眼机械，或称为钻眼机具。凿岩机是按冲击破碎岩石的原理进行工作的，如图 6-1 所示。

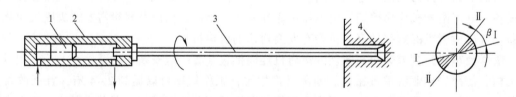

图 6-1　凿岩机的工作原理图
1—活塞（冲击锤）　2—缸体　3—钎杆　4—钎头

凿岩机本身由冲击机构、转钎机构和除粉机构等组成。冲击机构是一个在缸体 2 内做往复运动的活塞（冲击锤）1，在气压力或液压力的作用下，使活塞不断冲击钎杆 3 的尾端；每冲击一次，使钎头 4 的钎刃凿入岩石一定深度，形成一道凹痕 Ⅰ-Ⅰ，凹痕处岩石被粉碎。当活塞返回行程时，在凿岩机的转钎机构（图中未表示）作用下，使钎子回转一定角度 β，然后活塞再次冲击钎尾，又使钎刃在岩石上形成第二道凹痕 Ⅱ-Ⅱ。同时，相邻凹痕间的两块扇形面积的岩石被剪切下来。凿岩机以很高的频率（1800 次/min 以上）使活塞不断冲击钎尾，并使钎子不断回转，这样就在岩石上形成直径等于钎刃长度的钻孔。

随着钎子不断向前钻进，岩孔内的岩粉必须不断地及时清除，以防止钎头被卡住，导致凿岩机不能正常工作。为此，凿岩机设有除粉机构，一般靠压力水经钎子中心孔进入孔底，将岩粉变成泥浆从岩孔排出，这样既能排除岩粉，又能冷却钎头。

二、液压凿岩机

1. 概述

液压凿岩机是在气动凿岩机的基础上发展而来的一种凿岩机。它以高压液体为动力，推动活塞在缸体内往复运动，冲击钎杆。与气动凿岩机相比，液压凿岩机具有以下优点：

1）动力消耗少，能量利用率高。高压油工作压力可达 10MPa，是气动凿岩机气压的 20 倍以上，其能量利用率可达 30%～40%，而气动凿岩机的能量利用率只有 10%。

2）凿岩速度快。液压凿岩机冲击功、转矩和推进力大，钎子转速高，钻孔速度约为气动凿岩机的 2.5～3 倍。

3）作业条件好。液压凿岩机没有排气噪声和油雾造成的空气污染，改善了作业环境。

4）液压凿岩机的运动件都在油液中工作，润滑条件好。

5）操作方便，适应性强。液压凿岩机调速换向方便，易于实现自动化，对不同的岩石都具有良好的破碎性能。

由于液压凿岩机制造和维护技术要求较高，目前还不能完全代替气动凿岩机。

2. 液压凿岩机的结构和工作原理

现以国产 YYG-80 型液压凿岩机为例，说明液压凿岩机的基本结构和工作原理。

YYG-80 型液压凿岩机的冲击机构属于前后腔交替进、回油式，采用滑阀配油，其结构如图 6-2 所示。冲击机构由缸体 4、活塞 5 和滑阀 12 等组成。缸体做成一个整体，滑阀与活塞的轴线互相平行。在缸孔中，前后各有一个铜套 3、6 支承活塞运动，并导入液压油。滑阀的作用是自动改变油液流入活塞前、后腔的方向，使活塞往复运动，打击冲击杆 8 的尾部，从而将冲击能量传给钎子。

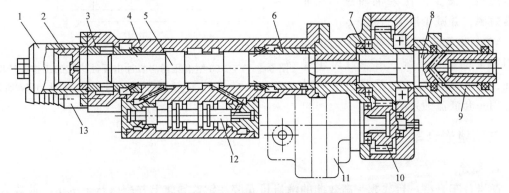

图 6-2　YYG-80 型液压凿岩机的结构

1—回程蓄能器壳体　2、5—活塞　3、6—铜套　4—缸体
7、10—齿轮　8—冲击杆　9—水套　11—液压马达　12—滑阀　13—进油管

YYG-80 型液压凿岩机的转钎机构由摆线转子液压马达 11、减速齿轮 7、10 及冲击杆 8 等组成。齿轮 7 中压装有花键套，与冲击杆 8 上的花键相配合，钎尾插入冲击杆前端的六方

孔内。因此，当液压马达带动齿轮7转动时，冲击杆和钎子都将跟着一起转动。在液压马达的液压回路中装有节流阀，可以调节液压马达的转速。排粉机构采用旁侧进水方式。压力水经过水套9进入钎子中心孔内。

YYG-80型液压凿岩机冲击配油机构的工作原理如图6-3所示。

图6-3a所示为活塞行程开始时的油液经孔 e、滑阀 K 腔、Q 腔流入回油管 O 回油箱。此时两端 E 腔、F 腔均通油箱，阀芯保持不动。当活塞运动到一定位置时，A 腔与 b 口接通，部分高压油经 b 孔到阀芯左端 E 腔，而阀芯右端 F 腔经孔 d、缸体 B 腔和 c 孔回油箱，在压力差的作用下，阀芯右移，同时活塞冲击钎尾，完成冲击行程，开始返回行程。

图6-3b所示为活塞返回行程开始时的情况。此时液压油经滑阀 H 腔、e 孔进入活塞右端 M 腔，活塞左端 A 腔经 a 孔、滑阀 N 腔回油箱，活塞被推动左移。当活塞移动到打开 d 孔时，M 腔部分液压油经孔 d 作用在阀芯右端，推动阀芯左移，油流换向，返回行程结束并开始下一个循环的行程。在活塞左移的过程中，当活塞左端关闭 f 孔后，D 腔内油液被压缩，使回程蓄能器3储存能量，同时还可对活塞起缓冲作用。当行程开始时，该蓄能器就释放能量，以加快活塞向前运动的速度，提高冲击力。

在YYG-80型液压凿岩机上还装有一个主油路蓄能器5，其作用是积蓄和补偿液流，减少液压泵供油量，从而提高效率，并减少液流的冲击。

YYG-80型液压凿岩机的冲击机构采用独立的液压系统，由一台齿轮泵供油，而转钎机构则与配套的液压钻车合用一套液流的系统。

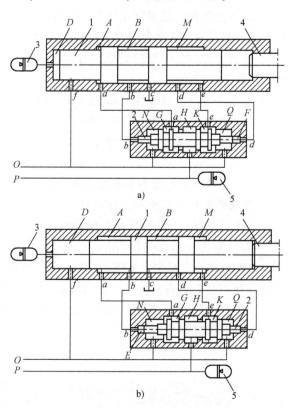

图6-3 YYG-80型液压凿岩机冲击配油机构的工作原理图
1—活塞 2—滑阀 3—回程蓄能器 4—钎尾 5—主油路蓄能器

三、凿岩台车

1. 概述

凿岩台车是将一台或数台高效能的凿岩机安装在钻臂导轨上并配以行走机构，使凿岩作业实现机械化的一种钻孔设备，主要由凿岩机、钻臂（凿岩机的承托、定位和推进机构）、钢结构的车架、行走机构以及其他必要的附属设备组成。当应用钻爆法开挖隧道时，凿岩台车和装渣设备组合可加快施工速度，提高劳动生产率，并改善劳动条件。

现以CTJ-3型凿岩台车为例，说明凿岩台车的结构。

CTJ-3型凿岩台车的结构如图6-4所示，其主要由推进器1、两侧相同的两个侧支臂2、

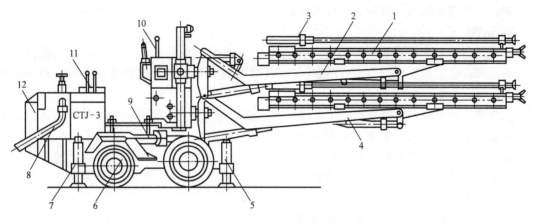

图 6-4　CTJ-3 型凿岩台车的结构

1—推进器　2—侧支臂　3—YGZ-70 型外回转凿岩机　4—中间支臂
5—前支承液压缸　6—轮胎行走机构　7—后支承液压缸　8—进风管
9—摆动机构　10—操纵台　11—驾驶人座　12—配重

一个中间支臂 4、凿岩机 3、轮胎行走机构 6 以及气压、液压和供水系统组成。

2. 推进器

推进器是导轨式凿岩机的轨道，并给凿岩机以工作所需的轴向推进力。CTJ-3 型凿岩台车采用气动马达-丝杠推进器，其结构如图 6-5 所示。

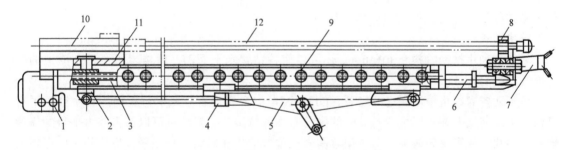

图 6-5　CTJ-3 型凿岩台车的推进器

1—气动马达　2—螺母　3—丝杠　4—补偿液压缸　5—托盘　6—扶钎液压缸
7—顶尖　8—扶钎器　9—导轨　10—凿岩机底座　11—YGZ-70 型外回转凿岩机　12—钎子

YGZ-70 型外回转凿岩机 11 用螺栓固定在底座 10 上，装在底座下的螺母 2 与推进器丝杠 3 相结合。当气动马达 1 驱动丝杠转动时，凿岩机就在导轨 9 上向前或向后移动。气动马达的功率为 0.75kW，推进器的推进力为 0.75kN，推进行程为 2.5m。调节气动马达进气量，可使凿岩机获得不同的推进速度。

推进器导轨 9 下面设有补偿液压缸 4，其缸体与导轨托盘 5 铰接，活塞杆与导轨铰接。伸缩补偿液压缸就可以调节推进器导轨在导轨托盘上的位置，使导轨前端的顶尖 7 顶紧岩壁，以减少凿岩机工作过程中钻臂的振动，提高推进器的工作稳定性。凿岩机底座与导轨间、导轨与导轨托盘间均有尼龙 1010 滑垫，以减少移动阻力的磨损。在导轨前端还装有剪式扶钎器 8，当凿岩机开始钻孔时，用扶钎器夹持钎子 12 的前端，以免钎子在岩面上滑动；钎子钻进一定深度后，松开扶钎器，以减少阻力。扶钎器的两块卡爪平时由弹簧张开，扶钎时由扶钎液压缸 6 将其活塞杆上的锥形头插入两块卡爪之间，使其剪刀口合拢。

3. 钻臂

钻臂是凿岩台车的主要部件，它的作用是支承推进器和凿岩机，并可调整推进器的方位，使之可在全工作面范围内进行凿岩。CTJ-3 型凿岩台车的两个侧钻臂和中间钻臂结构基本相同，其工作原理如图 6-6 所示。

钻臂架 3 的前端与推进器托盘 1 铰接，利用俯仰角液压缸 2 可以调整导轨的倾角，故凿岩机钻出的炮眼倾角可以调整。利用钻臂液压缸 4 可以调整钻臂架的位置，也即调整凿岩机位置的高低，钻凿不同高度的炮眼。钻臂架 3 的后端与钻臂座 6 铰接，钻臂座安装在回转机构 7 的水平轴上，此轴为一齿轮轴，在回转机构中的齿条液压缸带动下，可使钻臂座连同钻臂架一起绕此轴线在 360° 范围内回转。因此，由回转机构改变凿岩机的回转角度，钻臂液压缸改变凿岩机的回转半径，就可以确定炮眼位置，使凿岩机能在一定圆周范围内钻凿不同位置的炮眼。钻臂的此种调位方式称为极坐标调位方式，其主要优点是在炮眼定位时操作程序少，定位所用时间短，但对操作技术要求较高。

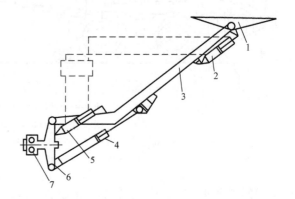

图 6-6　CTJ-3 型凿岩台车钻臂
1—推进器托盘　2—俯仰角液压缸　3—钻臂架
4—钻臂液压缸　5—引导液压缸
6—钻臂座　7—回转机构

另外，利用摆动机构 9（图 6-4）还可以使各钻臂水平摆动，使凿岩机可以在隧道的转弯处进行凿岩作业。

为了适应直线掏槽法掘进的需要，CTJ-3 型凿岩台车设有液压平行机构。利用液压平行机构，可以使钻臂在不同位置时导轨的倾角基本保持不变，凿岩机可以钻出基本平行的掏槽炮眼，并利于提高爆破效果和节省调整凿岩机位置的作业时间。液压平行机构的工作原理如图 6-6 所示。引导液压缸 5 与俯仰角液压缸 2 的缸径相同，它们的两腔对应相通，当钻臂液压缸 4 带动钻臂向上摆动时，迫使引导液压缸 5 也一起动作，引导液压缸活塞杆腔的油液被迫压入俯仰角液压缸的活塞杆腔，而俯仰角液压缸活塞腔的油液排入引导液压缸的活塞腔。因此当钻臂向上摆动一个 α 角时，推进器托盘在俯仰角液压缸的作用下向下摆动一个 α 角，从而使推进器实现平行运动。同理，当钻臂向下摆动时，仍可使推进器实现平行运动。

当单独开动俯仰角液压缸调整推进器托盘和凿岩机的倾角时，因为钻臂液压缸未开动，钻臂液压缸被双向液压锁固定在原位不动，引导液压缸的长度不会变化，保证了钻臂位置不会发生变化。

三个钻臂的回转机构通过摆动机构 9（图 6-4）与行走车架相连，凿岩台车利用四个充气胶轮行走，前轮是主动轮，后轮是转向轮。前轮通过活塞式气动马达经三级齿轮减速器驱动。凿岩台车后部设有配重 12，以保持稳定。当凿岩台车工作时，利用支承液压缸 5、7 撑在底板上，使车轮离开底板，以提高机器工作的稳定性。

凿岩台车的动力采用压缩空气，一台活塞式气动马达带动一台单级叶片泵为所有液压缸提供液压油。

第三节　掘　进　机

一、概述

岩石隧道掘进机具有掘进、出渣、导向和支护四大基本功能。掘进、出渣和导向这三个功能始终贯穿于掘进全过程中，支护功能只在必要时才使用，大部分设备还配备有超前地质预测设备。掘进功能主要由刀盘旋转带动滚刀在掌子面破岩和推进掘进机前进的推进系统完成。出渣功能一般分为导渣、铲渣、溜渣和运渣四个部分。导向功能主要用于确定和调整方向。支护功能用于掘进前未开挖地质的预处理、开挖后洞壁的局部支护以及全部洞壁的衬砌。超前地质预测系统一般由超前钻机及自带物探系统组成。

掘进机法使破落岩石、装载运输以及喷雾灭尘等工序同时进行。与钻爆法相比，掘进机法掘进隧道有以下优点：

1）速度快、成本低。可以使掘进速度提高 1~1.5 倍，工作效率平均提高 1~2 倍，进尺成本降低 30%~50%。

2）安全性好。由于不需打眼放炮，围岩不易破坏，既有利于隧道支护，又可减少冒顶等突发危险，大大提高了工作面的安全性。

3）工程量小。钻爆法隧道的超挖量可达 20%，掘进机法隧道的超挖量可小到 5%，从而大大减少了支护作业的充填量，减少了工程量，降低了成本，提高了速度。

4）劳动条件好。减少笨重的体力劳动，改善了劳动条件。

按照工作机构切割工作面的方式，掘进机可分为部分断面隧道掘进机和全断面隧道掘进机两大类。部分断面隧道掘进机主要用于软岩和中硬岩隧道的掘进，其工作机构一般是由一悬臂及安装在悬臂上的截割头所组成。工作时，经过工作机构上下左右摆动，逐步完成全断面岩石的破碎。全断面隧道掘进机主要用于掘进坚硬岩石隧道，其工作机构沿整个工作面同时进行破碎岩石并连续推进。

二、部分断面隧道掘进机

由于部分断面隧道掘进机具有掘进速度快，生产率高，适应性强，操作方便等优点，故目前在隧道掘进工作中得到了广泛的应用。下面以 ELMB 型隧道掘进机为例，说明部分断面隧道掘进机的结构和工作方式。

ELMB 型掘进机的结构如图 6-7 所示，它主要由截割头 1、悬臂 2、装运机构 3、行走机构 4、液压泵站 5、胶带转载机 10 和若干液压缸等组成。

当机器工作时，开动行走机构使机器移近工作面，截割头 1 接触岩壁时停止前进；开动截割头并摆动到工作面左下角，在操纵箱 7 操纵伸缩液压缸的作用下钻入岩壁，当截割头轴向推进 500mm（伸缩液压缸的最大行程）时，使截割头水平摆动到隧道右端，这时在底部开出一深 500mm 的底槽，然后再使截割头向上摆动一截割头直径的距离后向左水平摆动。如此循环工作，最后形成所需断面，如图 6-8 所示。这种掘进机能掘出任意形状的隧道断面。这里截割头的左右上下摆动是形成连续破碎的必不可少的重要条件。截割头破碎下来的岩块，由蟹爪式装载机的两个蟹爪扒入刮板输送机，再经连在后部的胶带转载机 10 卸入矿车或其他运输设备中。

1. 工作机构

ELMB 隧道掘进机的工作机构采用悬臂式工作机构，其优点是：悬臂可以沿工作面的水平或垂直方向做左右或上下摆动，对复杂的地质条件适应性较好，能掘出各种形状的断面，结构简单，便于维修和更换截齿，也可及时支护隧道。但由于悬臂较长，影响了机器的稳定性。

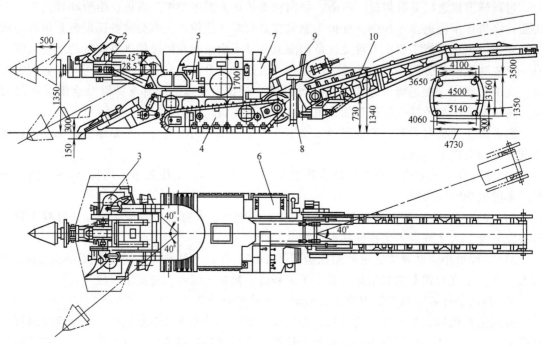

图 6-7　ELMB 型掘进机的结构

1—截割头　2—悬臂　3—装运机构　4—行走机构
5—液压泵站　6—电气箱　7—操纵箱　8—支承液压缸　9—驾驶人座　10—胶带转载机

截割头为一圆锥形钻削式，如图 6-9 所示。它主要由中心钻 1、截齿 2、齿座 4 和锥体 5

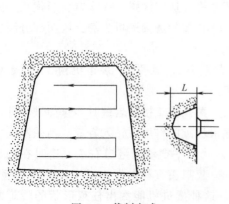

图 6-8　截割方式

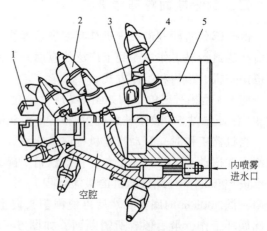

图 6-9　ELMB 型掘进机截割头

1—中心钻　2—截齿　3—喷嘴　4—齿座　5—锥体

等组成。齿座 4 呈螺旋线状焊在锥体 5 上，共装 30 个截齿。中心钻 1 用以超前钻孔，为镐形截齿开出自由面，以利截割。截割头上还布置有 19 个内喷雾灭尘的喷嘴 3。

上述截割头采用纵轴式布置方式，即沿悬臂的中心轴纵向安装截割头，这种布置方式能截割出平整的断面，而且可以用截割头挖支架的柱窝和水沟。但在摆动截割时，机器受的侧向力较重。为了提高机器的稳定性，机器重量比较重。为了消除侧向力，有的隧道掘进机截割头采用横轴式布置方式（如 AM50 型掘进机）。横轴式布置的截割头多采用两个对称的半球形滚筒，截割时截割头的受力较好，截割阻力易被机体自重吸收，因此掘进机的重量可以做得较轻，但在使用时不如纵轴式布置方便。

截割头上的截齿有径向扁截齿和镐形截齿两种。在煤巷中，一般可采用镐形截齿或径向扁截齿；在中硬岩隧道中，一般采用径向扁截齿。

2. 装载与转运机构

ELMB 型隧道掘进机蟹爪式装载机构与中间刮板输送机组成掘进机的装运机构。截割头破碎下来的碎岩由装载机铲板上的两个蟹爪扒入中间刮板输送机。蟹爪工作机构如图 6-10 所示，它由蟹爪 1、曲柄圆盘 3、连杆 4 和摇杆 5 等组成。蟹爪 1 装在连杆 4 的前端，磨损后可以更换。曲柄圆盘和摇杆都装在铲板 2 上，连杆与曲柄圆盘和摇杆铰接。当两个曲柄圆盘做圆周运动时，驱动两个连杆带动两个蟹爪在铲板上做平面复合运动，将碎岩扒入刮板输送机 6 上。两个蟹爪的运动相位差为 180°，当一个蟹爪扒取碎岩时，另一个蟹爪处于返回行程。因此，两个蟹爪交替扒取碎岩，使装载工作连续进行。装运机构采用装-运联动，由刮板输送机的尾轴作为蟹爪减速器的输入轴，减速器输出轴驱动偏心圆盘，从而驱动蟹爪运动。升降液压缸可以使铲板升降。刮板输送机由布置在刮板输送机后部的两台低速摆线液压马达直接驱动。

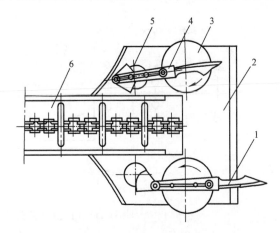

图 6-10　蟹爪工作机构
1—蟹爪　2—铲板　3—曲柄圆盘
4—连杆　5—摇杆　6—刮板输送机

胶带转载机 10（图 6-7）的作用是将装运机构运出的碎岩装入汽车或其他运输设备。胶带转载机通过转座连接在掘进机主机架的后部。设在胶带机一侧的液压缸，可使胶带机在水平方向上相对机组中心左右摆动各 20°。升降液压缸可支承和调整胶带机的高度。胶带由一台摆线液压马达驱动。

3. 行走机构

ELMB 型隧道掘进机采用履带行走机构，左右履带分别由一台内曲线大转矩液压马达驱动。在行走机构后部设有一组支承液压缸 8（图 6-7），当机器因底板松软而发生下沉时，可通过它将机器后部抬起，在履带下面垫木块，让机器通过。

4. 液压系统

ELMB 型隧道掘进机除截割头为电动机单独驱动外，其余部分均为液压传动，整个液压系统由一台 45kW 双出轴电动机分别驱动两台双联齿轮泵，为各液压马达和液压缸提供液压油。

ELMB 型隧道掘进机液压系统共设四个回路，即装运回路、行走回路、工作机构及铲板回路和转载及起重回路。在装运回路中，工作时，为了防止两个液压马达倒转，换向阀采用了定位装置；在行走回路中，采用了分流阀，以保证两条履带的同步运行；在工作机构及铲板回路中，通过调速阀来调节工作机构三组液压缸的工作速度。

为了提高机器空载调动时的行走速度，在机器空载调动时，通过一个二位三通转阀，将工作机构及铲板液压缸回路中的液压油合并到行走回路中，以提高机器的行走速度。

5. 除尘装置

为了降低工作面的粉尘，目前，部分断面隧道掘进机均设置有外喷雾或内、外喷雾结合的喷雾灭尘系统。ELMB 型隧道掘进机的喷雾灭尘系统如图 6-11 所示，设有内喷雾、外喷雾和冷却-引射喷雾三部分。

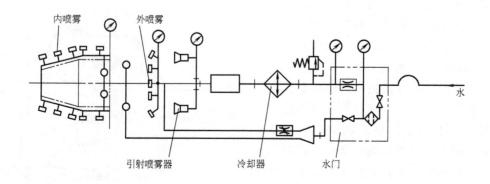

图 6-11　ELMB 型隧道掘进机的喷雾灭尘系统

1）水→水门→三通→工作臂→内喷雾装置。
2）水→水门→三通→节流阀→外喷雾装置。
3）水→水门→液压系统冷却器→水冷电动机→引射喷雾器。

三、全断面隧道掘进机

全断面隧道掘进机是一种全断面岩石掘进机械，主要用于水利工程、铁路隧道、城市地下交通和矿山等部门。

1. 全断面隧道掘进机的工作原理

全断面隧道掘进机主要用于岩石坚硬度系数在 12 以上的条件下破碎岩石，岩石的抗压强度高达 200MPa。掘进机一般采用盘形滚刀破岩。在驱动刀盘运动时，安装在刀盘心轴上的盘形滚刀沿岩壁表面滚动，液压缸将刀盘压向岩壁，从而使滚刀刃面将岩石压碎而切入岩体中。刀盘上的滚刀在岩壁表面挤压出同心凹槽，当凹槽达到一定深度时，相邻两凹槽间的岩石被滚刀剪切成片状碎片剥落下来。在岩渣中，片状碎片占 80% ~ 90%，而岩粉的含量较少。

2. 全断面隧道掘进机的结构

国产全断面隧道掘进机主要有 TBM32 型和 JEA 型等，其主要技术特征见表 6-1。

表 6-1　TBM32 型和 JEA 型全断面隧道掘进机技术特征

技 术 参 数 ＼ 型 号		TBM32	JEA
刀盘直径/m		3.2	5
刀盘形式		球面	
刀盘转速/(r/min)		7.8	5
适应的岩石抗压强度/MPa		50~140	5~140
盘形滚刀数	中心刀	4	2
	正刀	19	26
	边刀	8	6
	共计	31	34
刀盘驱动功率/kW		2×125	6×100
水平支承力/kN		7840	9600×2
总推进力/kN		3040	1650×4
推进行程/m		1	0.9~1.1
最小转弯曲率半径/m		100	150
方向控制方法		激光导向,浮动支承	激光导向,浮动支承
转载	带宽/mm	500	650
	功率/kW	4	2×7.5
装机功率/kW		364	750
外形尺寸/m		φ3.2×42.7	φ5×73.5
质量/t		77.4	280.7

TBM32 型全断面隧道掘进机的总体结构如图 6-12 所示。

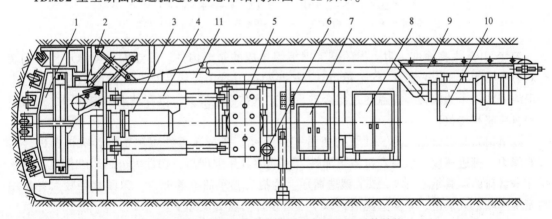

图 6-12　TBM32 型全断面隧道掘进机的总体结构
1—刀盘　2—机头架　3—传动装置　4—推进液压缸　5—水平支承机构　6—液压传动装置
7—电气设备　8—操纵室　9—胶带转载机　10—除尘风机　11—大梁

　　刀盘 1 在传动装置 3 的驱动下低速转动，刀盘支承在机头架 2 的大型组合轴承上。当掘进机工作时，水平支承机构 5 撑紧在隧道的两帮，铰接在机头架和水平支承机构间的推进液压缸 4 以水平支承为支承推动机头架，使刀盘迈步式推进。被滚刀剥落下来的岩渣由装在刀盘上的铲斗铲起装到胶带转载机 9 上。岩渣在运出工作面后，卸入矿车或其他转载设备。滚刀破碎岩石时生成的粉尘则由除尘风机 10 抽出。

1）刀盘。刀盘工作机构的结构如图 6-13 所示。

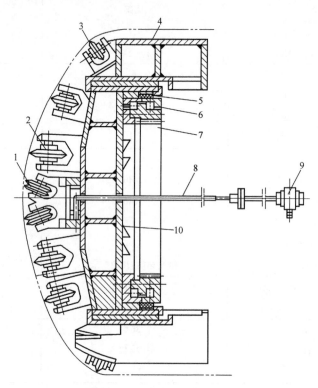

图 6-13　刀盘工作机构的结构

1—中心滚刀　2—正滚刀　3—边滚刀　4—铲斗　5—密封圈
6—组合轴承　7—内齿圈　8—中心供水管　9—水泵　10—刀盘

刀盘 10 是由高强度、耐磨损的高锰钢板焊接成的箱形构件。刀盘前盘呈球形，分别装有双刃中心滚刀 1、正滚刀 2、边滚刀 3。铲斗装在刀盘的外缘，铲斗的侧壁上分别装有一个正滚刀和一个边滚刀。刀盘通过组合轴承 6 支承在机头架上，组合轴承的内外圈分别与刀盘和机头架相连接。

盘形滚刀是破岩的工具，其结构如图 6-14 所示。盘形滚刀的质量直接影响机器破碎岩石的能力、掘进速度、效益和机器可靠性，因此刀具用强度高、韧性大、耐磨性能高并能承受冲击载荷的模具钢 6Cr4W2MoV 锻造而成。为提高轴承的承载能力，刀圈直径较大并采用端面密封和永久润滑，刀圈磨钝后，取下卡环 9 即可将刀圈卸下。

盘形滚刀的刀座一般按螺旋线方向布置在刀盘上，相邻两滚刀在径向方向的间距称为截距。截距是刀盘的一个重要参数，直接影响破岩能力和单位能耗，在一定条件下，与刀盘的压力恰当配合，可以得到最佳的破岩效果。

2）刀盘的传动系统。TBM32 型全断面隧道掘进机刀盘的传动系统如图 6-15 所示。

机头架两侧的两台电动机，经两级行星轮减速器和一级内齿轮传动驱动刀盘转动，两台

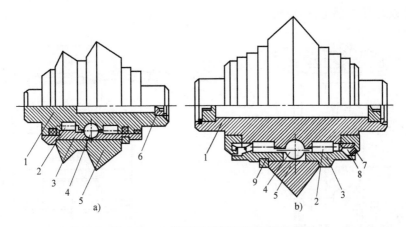

图 6-14　全断面隧道掘进机的盘形滚刀

a）中心双刃滚刀　b）正滚刀

1—心轴　2—滚子　3—刀体　4—钢球　5—刀圈　6—堵头　7、8—金属密封环　9—卡环

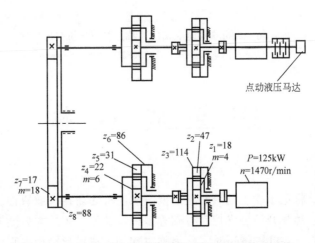

图 6-15　TBM32 型全断面隧道掘进机刀盘的传动系统

电动机中有一台电动机是两端出轴的，右端出轴经摩擦离合器和液压马达相连，点动液压马达可实现刀盘的微动，以调整刀盘入口处的位置，使操作者由入口进入刀盘前端检查和更换刀具。

3）行走机构。掘进机的行走机构由水平支承和推进液压缸两部分组成，以实现岩石掘进机的迈步行走并使刀盘获得足够大的推进力。TBM32 型全断面隧道掘进机行走机构的结构如图 6-16 所示。

推进缸 1 的缸体与机头架相连接，活塞杆则与水平支承板 3 相连接，利用水平支承缸 7 将支承板撑紧在隧道的侧帮上，当推进缸活塞腔进油时，便可推动刀盘前进；当刀盘推进一段距离后，利用支承缸松开支承板，向推进液压缸活塞杆腔供油，即可将水平支承机构拖向刀盘，这样，通过推进缸和水平支承缸的交替动作，便可实现掘进机的迈步行走。

斜缸 2 的缸体和活塞杆端分别与鞍座 4 和水平支承缸铰接，起着浮动支承的作用，掘进机大梁的导轨和鞍座的导槽相配合，使水平支承推进机构以大梁为导向推进。掘进机采用激光导向装置，以确保按预定方向推进。

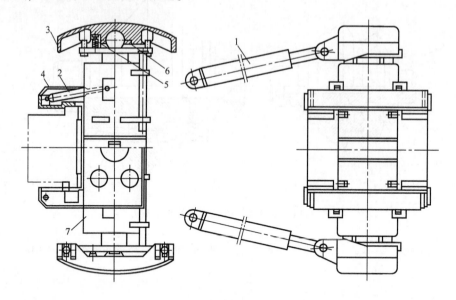

图 6-16　TBM32 型全断面隧道掘进机行走机构的结构

1—推进缸　2—斜缸　3—水平支承板　4—鞍座　5—复位弹簧　6—球头压盖　7—水平支承缸

第四节　盾　构　机

一、概述

在我国，习惯上将用于软土地层的隧道掘进机简称为盾构机或盾构，其全名叫作盾构隧道掘进机。盾构是一种集开挖、支护、衬砌等多种作业于一体的大型隧道施工机械，即用钢板做成圆筒形的结构，在开挖隧道时，作为临时支护，在筒形结构内则安装开挖、运渣、拼装隧道衬砌的机械及动力站等装置。使用盾构机械来建筑隧道的方法称为盾构施工法。

当采用盾构施工时，应考虑如下几方面因素：

1）盾构可适用于除岩石以外的各种土质，无论有无地下水。

2）覆盖土层要有 1~1.5 倍盾构直径深，要避免与其他建筑物基础干扰。

3）盾构内部设备多，断面尺寸过小则操作不便，因此，一般断面直径多在 4m 以上。

4）无论是电驱动还是液压驱动，均需大量的电能。

5）当盾构施工时，如果灌浆不良，可能发生地表沉陷，因此，要远离重要建筑物。

6）泥水加压式盾构需要在一定的水压下掘进，故要有可靠的水源。

7）盾构安装一次非常麻烦，从经济角度考虑，一般施工隧道的长度在 1~2km 以上才合算。

二、机械化盾构的主要结构

隧道盾构的主体部分是一个可移动的钢套壳。该套壳插入土内，位于永久衬砌之前，用以支承隧道洞孔四周的地层，以保证永久衬砌的施工而免去临时支承。此套壳即为盾壳，由高强度钢制成。盾构外壳断面一般为圆筒形，也有按隧道使用要求而做成矩形、马蹄形或半圆形等。圆形是最好的承载形状，制造成本相对较低，且可使不同位置的衬砌管片标准化与互换，并可方便地使用螺栓联接。因此，圆形截面盾构占盾构的绝大多数。

当盾构掘进时，土体较软，易于开挖，开挖掘进速度不是盾构面临的主要问题，保证开挖面的稳定和减小开挖引起的土体沉降是盾构开挖的关键。盾构中一般采用护盾和开挖面的土压平衡、泥水平衡或者气压平衡等方式来保证开挖土体的稳定与安全。

机械化盾构有多种形式。按切削机构划分有切削轮式、挖掘式和铣削臂式等，按切削方式区分有旋转切削式和网格切削式等。不论是何种形式，都由以下几部分组成，即切削机构、盾壳、动力装置、拼装机、推进装置、出料装置和控制设备等。

1. 切削部分

（1）切削刀　切削刀有三角形、螺旋形、片式、楔形和水力切割等几种形式。螺旋形刀适用于切削较硬的土壤，片式刀用于切削较软的土壤，楔形刀用于切削砂砾或较硬的黏土，水力切割适用于切削硬土或土层稳定性较好的土质。切削刃工作条件恶劣，承受载荷复杂，要求其具有高强度、高韧性、高耐磨性，多用工具钢、合金钢制造。

（2）切削面的形式　软地层中掌子面土壤不能直立，刀盘面各切削刃之间的空档要安装挡土板，以防土砂流入；当硬地层切削时，一般前面无须挡板，只用带刀臂的切削轮；切削面应向下适度倾斜，这样盾壳后的切口环上部向外伸出，使掌子面稳定，减少塌方。

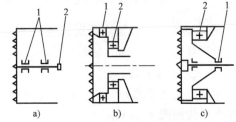

图 6-17　切削轮的支承形式
a）中心支承式　b）圆周分散支承式
c）混合支承式
1—径向轴承　2—推力轴承

（3）切削轮支承机构和顶进机构　切削轮的支承形式如图 6-17 所示，有中心支承式、圆周分散支承式和混合支承式。切削轮一面切削，另一面需要顶进。顶进方式有两种：随盾构的推进而前进，独立的顶进机构。

（4）切削轮的驱动机构　切削轮的驱动方式有中心轴驱动式、切削轮驱动式、行星驱动式和液压缸直接驱动式等。一般来说，刀盘直径大，驱动轮的转速就低；反之，刀盘直径小，转速就高。刀盘的线速度要低于 20m/min。

2. 盾壳

盾壳即盾构的外壳或叫作盾体，是盾构各机构的骨架和基础，用来承受地层压力，起临时支护作用，同时承受千斤顶水平推力，使盾构在土层中顶进。盾壳由切口环、支承环及钢板束铆接或螺栓联接而成，如图 6-18 所示。

（1）切口环结构　盾构最前面的一个具有足够刚度和强度的铸钢或焊接的环叫作切口环。切口环前端做成锐角，便于切入地层，减少顶进阻力。在切口环上，对应于每一个千斤顶的中心线处有三角形肋板，通过这些三角形肋板，将千斤顶水平推力传至在它上面的钢壳上。

（2）支承环结构　与切口环相似，但有环形肋板和纵向加强肋。环形肋板上开有安装千斤顶的圆孔，是有一定厚度的铸钢件，它与切口环之间采用螺栓联接。

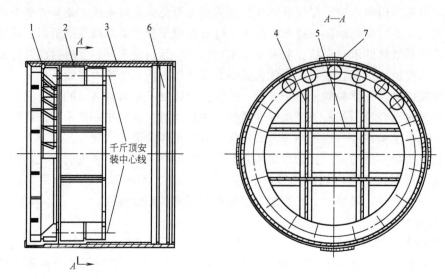

图 6-18　盾壳结构简图

1—切口环　2—支承环　3—钢板束　4—立柱　5—横梁　6—盾尾密封　7—盖板

（3）钢板束　钢板束是用两层 Q345（16Mn）钢板铆接而成，依盾构直径大小分块，包在支承环与切口环外面，它与支承环、切口环间用铆钉连接。

（4）立柱与横梁　在支承环内设两根宽度等于支承环长度的工字形断面垂直立柱，它的作用主要是支承盾体结构。横梁则是与立柱垂直相交的两根直梁，与立柱相交处断开，用来提高盾构的强度。

（5）盾头与盾尾　盾壳前部上顶做成 100~300mm 前突状，即盾头，其作用是用来防止塌方。钢板束较支承环长，它的伸出部分叫作盾尾。除环状外壳，还应有安装在内侧的密封装置，其作用是用来防止泥水和水泥砂浆流入盾构内，同时也能阻止盾构内的气压向地层中泄漏。

3. 动力装置

盾构机械的动力主要是电力和液压动力。随着液压技术的发展，采用全液压为动力的盾构会越来越多。

4. 拼装机构

随着盾构的向前推进，隧道的永久支护需要同时进行拼装。即将地面上预制好的钢筋混凝土管片，运输到盾构尾部，然后用拼装机构逐片拼装。隧道的永久支护多为圆形，如图 6-19 所示。

拼装机构是由若干个弧形片组成的。相应的拼装机则需提升管片、沿盾构轴向平行移动和绕盾构轴线回转三个动作，也就是要有提升装置、平移装置和回转装置。

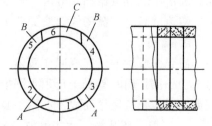

图 6-19　拱片拼装图

1、2、3、4、5、6—拼装顺序

A—标准块　B—邻接块　C—封顶块

5. 推进和调向装置

盾构在土层中是靠设在支承环内的若干个千斤顶以衬砌环为支座将其向前推进的。它要求液压千斤顶结构简单、体积小、重量轻、便于安装,千斤顶的行程略大于一个衬砌环宽度,千斤顶需有必要的防护装置,各千斤顶之间的同步性能要好。千斤顶的布置要与盾构中心线平行,等距分布且左右对称。

盾构推进装置如图 6-20 所示。在盾壳支承环内部装有四组八个推进液压缸,若同时工作则盾构将直线前进。

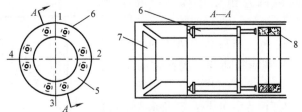

图 6-20 盾构推进装置
1~4—推进液压缸组 5—盾壳
6—推进液压缸 7—切削轮 8—衬砌环

6. 出料装置

盾构掘进的同时,需要将挖下来的土及时输送出去,无论哪种形式的盾构,都要有出渣装置。目前多数采用胶带输送机,也有用刮板输送机的。若是泥水加压式盾构,则必须采用真空管道输送出渣。

7. 控制装置

盾构在掘进中,由于地层阻力、刀盘切削反作用力以及推进千斤顶作用力等的不均,使盾构随时有可能偏离既定的中心,这是不允许的。为了保证盾构按预定的线路中心线顶进,盾构的导向和调向是很重要的因素。盾构导向装置的作用是及时测量盾构的偏斜及偏转情况,并把测量的分析结果及各项命令传给操作人员,以便纠正顶进方向。常用的导向装置是激光导向装置,分为激光发射装置、检查和转换装置及控制装置三部分。盾构的调向包括纠偏和曲线段施工,主要有两种方法:一种是分组开动千斤顶,另一种是改变在盾构推进时切口环周边的阻力。

三、盾构施工方法及适用范围

1. 盾构施工方法

盾构施工方法由以下几个步骤组成:

1)在置放盾构的地方打一个垂直井,再用混泥土墙进行加固。

2)将盾构安装到井底,并装配相应的千斤顶。

3)用千斤顶之力驱动井底部的盾构往水平方向前进,形成隧道。

4)将开挖好的隧道边墙用事先制作好的混泥土衬砌加固,地压较高时可以采用浇注的钢制衬砌加固来代替混泥土衬砌。

2. 几种盾构法的适用范围

(1)切削轮式盾构 用主轴旋转驱动切削轮挖土,随切削轮旋转的周边铲斗将挖下的土屑倾落于胶带输送机上,运输机将土运到盾构后部的运土斗车里,再由牵引车运往洞外。同时,推进千斤顶将盾构不断推进,当推进到一个衬砌管片宽度后,立即进行管片的拼装,整圈衬砌拼装完后,再开始继续挖土和盾构顶进,如图 6-21 所示。

(2)气压式盾构 气压式盾构适用于在地下水位以下易于坍塌的土壤中施工,如图 6-22所示。为了防止掌子面坍塌,将工作面密封在具有一定气压下,阻止地下水外流,以利于挖土。这时挖土可能是人工,也可以用机械开挖。由于注入的压缩空气可能会从掌子面渗漏到地层中,这样既不能保证工作面上气压的稳定,还要消耗大量的压缩空气,因此,使用气压盾构的土壤的渗透系数应适当（一般为 $K = 4 \sim 10 \mathrm{cm/s}$），在较大的砂砾层地质中使用气压是无效的。

局部气压盾构是在盾构内有隔板，只在隔板前与开挖面之间加压，工人则在常压下工作，工作条件改善。但不足之处是：已拼装好的衬砌缝隙仍易渗水；盾构密封不易；因压缩空气部分容量小，遇透气系数大的地层，漏气量大，气压难保持。

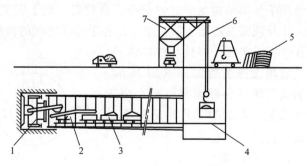

图 6-21　盾构施工法示意图

1—盾构　2—管片台车　3—土斗车　4—轨道

5—材料场　6—起重机　7—弃土仓

（3）泥水加压式盾构　在盾构前部设置一个密封区，注入一定压力的泥浆水，以平衡地下水压力，阻止地下水流出，防止塌方，如图 6-23 所示。密封区里有切削轮或者其他切削机具、泥浆搅拌器和泥浆泵吸头。由切削轮旋转切碎进入盾构内的土壤，切削下的泥土与灌入的压力泥水，由搅拌器搅成泥浆，经排泥管运至地面。盾构的顶进、衬砌管片的安装与上述一样。

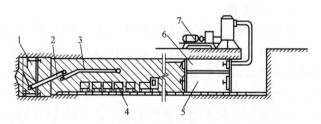

图 6-22　气压式盾构施工

1—盾构卸土器　2、3—胶带输送机　4—运土车

5—气压工作区　6—气闸　7—空气压缩机

泥水加压式盾构适用于软弱的地层或地下水位高、带水砂层、亚黏土、砂质亚黏土及流动性高的土质，冲击层、洪积层使用该种施工法效果尤为显著。

（4）土压平衡式盾构　图 6-24 为土压平衡式盾构施工示意图。在螺旋输送机 4 和切削

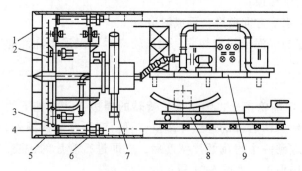

图 6-23　泥水加压式盾构

1—网格　2—切削轮　3—搅拌器　4—泥水腔

5—盾壳　6—盾构千斤顶　7—拼装器

8—管片台车　9—后工作平台

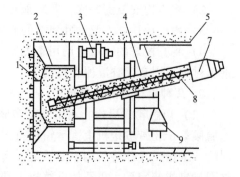

图 6-24　土压平衡式盾构施工示意图

1—切削轮　2—切削轮机架　3—驱动电动机

4—螺旋输送机　5—盾尾密封　6—衬砌管片

7—输送机电动机　8—土屑出口　9—拼装器

轮机架 2 内充满着土砂，利用螺旋的回转力压缩土壤，形成具有一定压力的连续防水壁，抵抗地下水压力，阻止流水和塌方。这种方法适用于亚黏土和黏性土地层。如果出现透水性大的砂土、砂砾土层，可在螺旋输送机卸料口处加装一个具有分离砾石的卸土调整槽，向槽内注入压力水，以平衡地层水压，这就扩大了该方法的适用范围。

四、插刀盾构

上述各种盾构在构造和使用上有以下共同点：①都有一个厚钢板制的圆筒作为盾壳；②推进方式都是用均布在后端圆周的盾构千斤顶顶在后面衬砌端部，使盾构向前推进；③当盾构整体推进一段距离后，在盾尾的掩护下进行衬砌和回填注浆。

当盾构推进时，由于要克服盾壳与土层间的摩擦力，后部衬砌要承受相当大的纵向力，特别是在盾构调向时，衬砌将受到很大的局部载荷，这样常常会使衬砌管片引起一定程度的损坏，并使现场浇筑混凝土衬砌的应用受工期限制。同时，当盾构推进后，在衬砌块与土层间将留下一个环状空间，必须及时回填注浆，否则将引起地表沉陷。回填注浆同时需要有可靠的盾尾密封。

与前述盾构不一样，插刀盾构的外壳是分成多块厚板式的插刀。插刀在支承架内沿长度方向移动。推进方式与具有刚性外壳的常规盾构有着本质的区别。图 6-25 所示为插刀盾构组成。前部是插刀盾构，中间是衬砌模架、衬砌模架台车及泥土输送带，后部是液压泵站及混凝土拌和站。

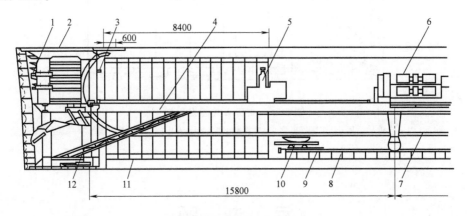

图 6-25　插刀盾构组成图
1—支承面千斤顶　2—顶部插刀　3—辅助千斤顶　4—输送桥　5—衬砌台车　6—液压站
7—混凝土输送管　8—垫块　9—拖轨千斤顶　10—垫块运送车　11—衬砌模架　12—输送带

插刀盾构的工作原理：每把插刀带有一个液压缸，其活塞杆端同插刀相连，另一端安装在支承架上，液压缸以较大的推力向前推插刀。如果逐个或分组将所有插刀向前推进后所有油缸同步收回，由于钢与钢之间的摩擦力较小，而插刀组成的外壳与土壤相接触，摩擦力较大，就将支承架向前拉，而不会向后拉插刀组成的外壳。

插刀盾构的结构特点如下：

1）插刀断面为梯形的箱形结构，支承于前后支承环上，并与固定于后支承梁上的千斤顶相连。插刀前部为切削部分，中部为加强段，后部起盾尾作用，可进行现场衬砌。

2）切口环和支承环由碾钢或铸钢制成，它都是由一些钢螺栓联接的弓形体组成的，便于制造与组装。

3）在支承环内部设有水平平台和竖向隔板，由厚18~20mm的钢板制成，水平隔板也用作盾构的支承体系，竖向隔板除用于安装支承面千斤顶外，主要起增强盾构刚度的作用。

4）水平隔板下可设液压挖掘装置，对于大直径插刀盾构，可用于挖掘机械。

插刀盾构的结构特点决定了许多组件，如插刀、千斤顶和泵站等都可以重新组合利用。图6-26所示为前后盾式插刀盾构。它用于德国法兰克福地铁工程，其衬砌采用混凝土泵连续压注含钢纤维的混凝土，厚约250mm，整体性与防水渗漏性能均佳。盾尾置于后盾2之后。后盾2经液压缸5与沿前盾滑移的箱形插刀相连。钢模板6推紧装置7铰接在后盾上，既可推紧模板，又可前移后盾。插刀、前盾支承架、后盾三者可以互不相关地前移，前者保证掘进，后盾保证衬砌，确保了盾构的连续作业。

插刀盾构不能用于有地下水的地带，这是它致命的缺陷。

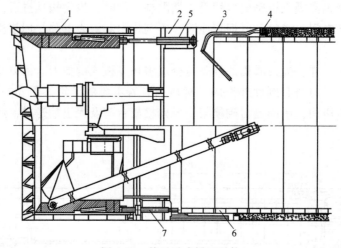

图6-26 前后盾式插刀盾构

1—前盾 2—后盾与盾尾 3—混凝土管 4—盖檐 5—推进液压缸 6—钢模板 7—模板推紧装置

思 考 题

1. 简述凿岩机的破岩原理及液压凿岩机的工作原理。
2. 简述凿岩台车的组成和作业特点。
3. 使用掘进机掘进巷道有哪些优点？简述 ELMB 型掘进机液压系统的工作原理。
4. 简述全断面隧道掘进机的组成及工作原理。
5. 简述盾构的施工特点及主要结构和功能。

7

第七章

桩工机械

第一节 概 述

一、桩基础的类型

在土木建筑中，桩基础是最常用的基础形式。桩基础由桩身和承台组成，桩身全部或部分埋入土中，顶部由承台连成一体，在承台上修筑上部建筑。桩基础具有承载力高，沉降量小而均匀，沉降速度缓慢，能承担竖向力、水平力、上拔力和振动力等特点，因此在工业建筑、高层民用建筑和构筑物以及地震设防建筑中应用广泛。

随着现代建筑业的飞速发展，桩基础已从木桩逐渐发展为钢筋混凝土桩或钢桩，桩基础的施工方法与施工机械也有了巨大的发展。桩基础可按其作用、构造和材料、传力性质及施工方法进行分类。

1. 按桩的作用分

按桩的作用不同分为承载桩与防护桩两大类。承载桩主要用以增强土壤的支承能力，如建筑物基础、桥梁或桥墩等荷载集中处；防护桩是将打入的桩排列成桩墙，如给排水工程中开挖大型沟槽时，为防止塌方，两侧可以用木桩或钢板桩防护；当建筑物基坑开挖时，基坑周围采用钢筋混凝土桩防护，以保证顺利地进行施工。

2. 按桩的构造和材料分

按桩的构造和材料不同分为土桩、钢桩和钢筋混凝土桩等多种形式。其中钢筋混凝土桩因节省钢材、造价低又耐腐蚀，在基础工程中应用较多。

3. 按桩的受力情况分

按桩的受力情况不同可分为端承桩和摩擦桩两种，如图 7-1 所示。端承桩是穿过软弱土层而达到坚硬土层或岩层上的桩，上部结构荷载主要由岩层阻力承受；施工时以控制贯入度为主，桩尖进入持力层深度或桩尖标高可作为参考。

摩擦桩完全设置在软弱土层中，将软弱土层挤密实，以提高土的密实度和承载能力，上部结构的荷载由桩尖阻力和桩身侧面与地基土之间的摩擦阻力共同承受，施工时以控制桩尖设计标高为主，贯入度可作为参考。

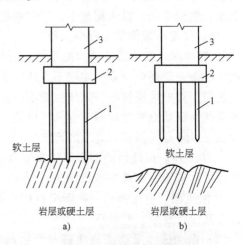

图 7-1 端承桩与摩擦桩
a）端承桩 b）摩擦桩
1—桩 2—承台 3—上部结构

4. 按桩的施工方法分

按桩的施工方法不同可分为预制桩和灌注桩两种。预制桩施工是将预制好的桩沉入设计要求的深度；灌注桩施工是先在地基上按设计要求的位置、尺寸成孔，然后在孔内置筋、灌注混凝土而成桩。

二、桩工机械的用途及类型

在各种桩基础施工中，用来完成钻孔、打桩和沉桩等施工作业的机械统称为桩工机械。桩工机械广泛用于各种桩基础、地基改良加固、地下连续墙及其他特殊地基基础等工程施工中。在建筑、铁路、公路、桥梁工程建设中通过打桩、成孔完成工程的基础建设，在沿海地区通过打桩对软弱地基进行加固处理，可有效降低基础的沉降速度。

桩工机械是针对上述各种桩的施工要求而出现的工程施工机械，一般分为预制桩施工机械和灌注桩施工机械两大类。

预制桩沉桩采用打入法、振动法和压入法三种方法施工。所用的施工机械分别为：打入法主要用落锤、柴油锤和液压锤等，振动法用振动锤。各种桩锤和桩架合起来称为打桩机（静压法则用静力压桩机）。

灌注桩的成孔方法主要有挤土成孔和取土成孔两种。挤土成孔可用打入法或振动法将一端封闭的钢管沉入土层中，然后拔出钢管，即可成孔，主要适用于直径不大的灌注桩。取土成孔可以用螺旋钻孔机、回转斗钻孔机、全套管钻机、潜水钻孔机等成孔机械。

1. 预制桩施工机械

预制桩施工方法主要有三种：打入法、振动法和压入法。

（1）打入法 打入法使用桩锤冲击桩头，在冲击瞬间桩头受到较大的冲击力，使桩贯入土中。打入法使用的设备主要有以下四种：

① 落锤。落锤是一种靠卷扬机提升，在自重作用下落下施打。其特点是构造简单，费用低廉，生产率低，贯入能量小，对桩的损伤大。一般锤重为 1~30kN，每分钟锤击次数少于 12 次，仅在小规模的工程中采用。

② 气动锤。气动锤按动力源不同可分为蒸汽机驱动和压缩空气驱动两种形式。蒸汽机驱动需配备一套锅炉设备，使用不方便，且效率低。仅在大型桩基及打 45°斜桩甚至打水平桩中使用，对桩的损伤小，工作性能不受土层软硬和工作时间长短的影响，无废气污染。以压缩空气为驱动力的气动锤对空气污染较小，但其工作噪声较大，目前气动锤主要向大型方向发展，以满足大型基础施工的要求。

③ 柴油锤。柴油锤的工作原理类似柴油发动机，是常用的打桩设备，但公害（噪声和空气污染）较重，不易在城市施工。

④ 液压锤。液压锤是一种新型打桩机械，具有冲击频率高，冲击能量大，公害少等优点，但其构造复杂、造价高。

（2）振动法 振动法是使桩身产生高频振动，使桩尖处和桩身周围的阻力大大减小，桩在自重或稍加压力的作用下贯入土中。振动打桩的设备简单，工作效率高，不一定要设置导向桩架，起重机吊起即可工作，而且振动锤作业时不伤桩头、不排出有害气体，用于打桩和拔桩，但振动锤依靠电力驱动，必须要有电源，而且工作时拖有电缆。

（3）压入法 压入法是给桩头施加强大的静压力，把桩压入土中。这种施工方法噪声极小，桩头不受损坏。但压入法使用的压桩机本身非常笨重，组装与迁移都较困难。

2. 灌注桩施工机械

（1）挤土成孔法　挤土成孔法所用的成孔设备与施工预制桩的设备相同，该方法是把一根钢管打入土中，至设计深度后将钢管拔出，即可成孔。这种施工方法中常采用振动锤，挤土成孔法一般适用于直径小于500mm的灌注桩，对于大直径桩应采用取土成孔法。

（2）取土成孔法　取土成孔法可以采用多种成孔机械，主要包括以下种类：

① 冲抓式成孔机。冲抓式成孔机是利用一个悬挂在钻架上的冲抓斗，对土石进行冲击后直接抓取、提卸于孔外，适用于土夹石、砂夹石和硬土层的桩基成孔。

② 回转斗钻孔机。回转斗钻孔机的挖土、取土装置是一个钻斗。钻斗下有切土刀，斗内可以装土。

③ 反循环钻机。反循环钻机的钻头只进行切土作业，其构造很简单。取土的方法是把土制成泥浆，用空气提升法或喷水提升法将泥浆取出。

④ 螺旋钻孔机。螺旋钻孔机的工作原理类似麻花钻，边钻边排屑，是目前我国施工小直径桩孔的主要设备。螺旋钻孔机又分为长螺旋和短螺旋两种。

⑤ 钻扩机。钻扩机是一种成型带扩大头桩孔的钻孔机械。

三、桩工机械发展概况与趋势

1. 国外发展概况

国外工业化发展较早，由于大型水电站和桥梁以及工业建筑的需要，桩工机械得到了重视和发展，并形成了一整套的施工方法，桩工机械比较发达的国家主要是德国、日本和意大利，其次美国、英国、俄罗斯、法国、荷兰等国的桩工机械也比较发达。俄罗斯早期生产的振动桩锤其频率覆盖范围为5~29Hz，其激振力范围可达到70~3000kN。柴油桩锤生产批量较大的国家有美国、日本、德国、俄罗斯和英国，主要代表厂家为美国的Link-Belt公司、日本的神钢、三菱重工、德国的Delmag公司、英国的BSP公司等。

随着科学技术的不断进步，旋挖钻机的性能得到了进一步提高，并逐渐取代传统桩工机械，主导了桩工机械市场。从欧美国家和日本的钻机发展能看出，在长达几十年的发展中，旋挖钻机在国外的技术领域已趋于成熟，目前常用的以独立式旋挖钻机为主，以日本等国家的附着式旋挖钻机为辅。其发展主要向多用途模块化设计、电液比例伺服控制、机电一体智能化控制、人机安全保护方面、独特的调节控制、创新节能控制等方面发展。

2. 国内发展概况

我国桩工机械起步于20世纪50年代，初期主要以仿制国外蒸汽式打桩机以及振动桩锤为主，经过进一步发展，全国有桩工机械及相关制造企业10余家，能生产4大类、30多个品种，年产量400余台。

20世纪80年代，我国开始逐步引进国外先进的液压旋挖钻机，钻孔灌注桩施工技术得到了广泛应用，国内部分工程机械生产厂纷纷加大对桩工机械产品的研发力度。在青藏铁路工程以及北京奥运工程等大型土木工程的带动下，旋挖钻机市场认知度迅速提高，市场容量急剧扩大，吸引了国内大型工程机械企业的进入，三一、徐工、中联重科、山河智能、北京南车时代、宇通重工等纷纷涉足，并迅速扩大了市场份额。国产旋挖钻机整机的主要性能已接近或达到国际先进水平，根据数据显示，2004年国产旋挖钻机已经占领了国内90%以上的市场。2010年，国内旋挖钻机制造企业多达30家，推出近200个型号产品，市场保有量达到近4000台。一些大的国内品牌（如徐工）仍然依托技术优势和雄厚的研发实力在不断完善产品结构的同时，实现产品总量的大幅增长。2015年，旋挖钻机的市场保有量已高达14484台。

但目前国内各家企业的桩工机械产品过于相似，创新不足，缺乏自己的特点，产品差异化程度较低，行业发展和竞争基本上处于无序状态。同时国产桩工机械在液压系统配置和控制系统以及关键工作部件的性能要求还需要进一步改善，在整机的安全装置可靠性及仪器检测系统上需要进一步提高。

四、桩工机械新技术、新结构及发展趋势

近几年来随着工程机械新技术的发展应用，桩工机械也有较大的发展，出现了许多新技术和新结构，主要表现在以下几个方面：

1）可锁定的伸缩式主动钻杆。在短螺旋钻进和钻斗钻进时，为了使钻具摆脱拆卸和拧接的麻烦而采用可锁定的伸缩式主动钻杆。目前国外新型钻机一般均采用内锁定式伸缩钻杆，从而保证了较大轴向力的传递，以适应负载加大的要求，如美国英格索兰、意大利土力和德国宝峨等公司的桩机大多采用了这种结构。

2）钻杆原材料的选择方面。钻杆的原材料及管材等一般都由钢铁厂按钻杆所需的材质和规格等定做。如日本桩机上的方钻杆是由高强度钢轧制而成的，具有强度高、尺寸配套合理、表面光滑的优点，工作性能稳定，一般不易出现钻杆断裂、内外层钻杆抱死等故障。

3）动力头给进系统的特殊结构。考虑大口径工程施工时钻机要求的钻进力很大，一般在 120~350kN 范围内，而起拔力更大，在 200~400kN 范围内。传统的油缸-绳轮或马达-链条传动容易增加附加质量，使桅架受力复杂，所以国外某些系列钻机的钻进系统设计了新结构。如日本车辆 ED 系列和意大利土力公司 R 系列桩机，采用油缸直接作为给进机构。德国宝峨 BG 系列钻机除了采用油缸直接钻进外，还采用液压绞车钢绳作为钻进机构。美国英格索兰公司 GH 系列钻机上则采用液压马达驱动的链轮-齿条导轨钻进系统，双排导轨沿桅架正面平面全长排布固定，这样可充分利用桅架的整体高度，较好地解决长行程的钻进问题，同时又不减小结构尺寸和降低钻进系统的质量。

4）双动力头结构。双动力头系统分别驱动外套管和内钻杆，从而实现跟管钻进。英格索兰公司的 HDK 系列双动力头钻机系统可以同时以相反的转动方向驱动套管和内部的钻杆实现跟管钻进。宝峨公司 BG 系列钻机也配有双回转器系统。双动力头结构钻进工效极高，特别是对卵砾石、砾层、软弱土夹层等地层钻进效果更好。

5）桅杆采用分段式结构。由于桩孔施工工艺的特殊要求以及运输条件的限制，在满足设计要求的情况下，桅架采用分段拆卸式。如土力公司的 R15 在顶段、底段拆放后桅架倒时的总长度减至 15.9m。

6）发动机采用自动控制系统。当钻机处于非作业工况时，自动降低发动机转速，减少燃料消耗及减小发动机噪声。可根据外载荷的大小有效地控制发动机的功率与转速，从而降低燃油消耗及尾气排放，减小噪声。加装计算机控制系统能监控钻机的整个作业过程，在最大范围内尽量提高发动机的输出功率。

7）应用微电子技术与信息技术，完善计算机辅助驾驶系统、信息管理系统及故障诊断系统；采用吸声材料、噪声抑制方法等消除或减小机器噪声；通过不断改进电喷装置，进一步降低柴油发动机的尾气排放量；研制无污染、经济型、环保型的动力装置；提高液压元件、传感元件和控制元件的可靠性与灵敏性，提高整机的机-电-信一体化水平。

8）结合新的基础工程施工工法及工艺，结合不同的地质条件和不同的工程要求，通过产品的个性化、差异化不断发展开发新产品，以满足特殊工程及特殊应用领域的需求。

第二节 预制桩施工机械构造

预制桩施工机械的沉桩方法有打入法、振动法和压入法三种，其结构主要由用于冲击桩头的锤头与承载整机自重和固定辅助设备的桩架组成。预制桩施工机械根据打桩过程中桩锤驱动方式的不同，可分为蒸汽、柴油和液压打桩机三种类型。

一、柴油打桩机

柴油打桩机由柴油桩锤和桩架组成，靠桩锤冲击桩头，使桩在冲击力的作用下沉入地下。柴油桩锤是柴油打桩机的主要装置，按其构造不同分为导杆式和筒式两种。导杆式桩锤构造简单，与单缸柴油机相似，其冲击部分是气缸沿导杆上下移动，可以通过给油量的变化来进行调节，冲击能量小，安装精度要求高，沉桩效率较低；筒式柴油桩锤冲击能量大，施工效率高，是目前广泛采用的打桩设备。世界上最大型的柴油锤冲击部分重达 15t，打下去的单桩承载力可达千吨以上。

1. 筒式柴油桩锤的结构

筒式柴油桩锤的构造如图 7-2 所示。其结构主要由锤体、燃油供给系统、润滑系统、冷却系统及起落架等部分组成。

（1）锤体 锤体主要由上活塞 1、下活塞 14、上气缸 16、导向缸 17、下气缸 21 和缓冲垫 5 等组成。导向缸 17 在打斜桩时为上活塞引导方向，还可以防止上活塞跳出锤体。上气缸 16 是上活塞 1 的导向装置。下气缸 21 是工作气缸，并与上、下活塞一起组成燃烧室，是柴油锤爆发冲击的工作场所，由于工作中要承受高温、高压及冲击荷载，下气缸的壁厚要大于上气缸。上气缸、下气缸用高强度螺栓联接，在上气缸外部附有燃油箱及润滑油箱，通过附在缸壁上的油管将燃油与润滑油送至下气缸上的燃油泵与润滑油泵。上活塞 1 和下活塞 14 都是工作活塞，上活塞又称为自由活塞，不工作时位于下气缸的下部，工作时可以在上气缸、下气缸内跳动，上活塞、下活塞都靠活塞环密封，并承受很大的冲击力和高温高压作用。

在下气缸底部外端环与下活塞冲头之间装有一个缓冲垫 5（橡胶圈），用以缓冲打桩时下活塞对下气缸的冲击。在下气缸四周，分布着斜向布置的进、排气气管，供进气和排气用。

（2）燃油供给系统 燃油供给系统由燃油箱、滤清器、输油管和燃油泵组成。上活塞在气缸内落下时，打击燃油泵的曲臂，使燃油泵将油喷入下活塞表面。随着活塞上下运动，油泵有规律地喷油，在上活塞对下活塞冲击作用下而雾化，使柴油连续爆燃，并驱动柴油锤连续运动。

（3）润滑系统 润滑系统由润滑油箱、输油管及润滑油泵组成。润滑油箱也设置在上气缸外侧。两个润滑油泵分别安置在柴油喷油泵的两侧，当曲臂下压时，带动推杆使润滑油泵将润滑油泵出。泵出的润滑油通过两个出口与数根油管将油分别送至上气缸与下气缸的各个运动部位。

（4）冷却系统 冷却系统有风冷和水冷两种。水冷式筒式柴油锤下气缸外部设置冷却水套，用以降低爆燃产生的温升，冷却效果比风冷好。风冷构造比水冷简单，使用较方便。

2. 筒式柴油桩锤的工作原理

筒式柴油桩锤利用活塞往复运动作用于锤头打击桩，起动时需借助外力使其开始工作。其工作过程主要分为以下几个步骤：①提升活塞；②喷油和压缩；③冲击与雾化；④燃烧与排气；⑤吸气与扫气；⑥降落。上述几个步骤重复循环进行，构成了桩锤完整的工作过程。

当桩锤起动时，卷扬机将上活塞提起，在提升的同时完成吸气和燃油泵的吸油，如图

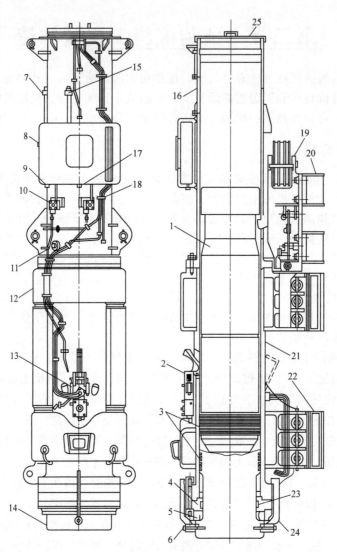

图 7-2 筒式柴油桩锤的构造

1—上活塞 2—燃油泵 3—活塞环 4—外端环 5—缓冲垫 6—导向橡胶环 7—燃油进口 8—燃油箱 9—燃油排放旋塞
10—燃油阀 11—上活塞保险螺栓 12—冷却水箱 13—燃油和润滑油泵 14—下活塞 15—燃油进口 16—上气缸 17—导向缸
18—润滑油阀 19—起落架 20—导向卡 21—下气缸 22—下气缸导向卡爪 23—铜套 24—下活塞保险卡 25—顶盖

7-3a 所示。上活塞下落时一部分动能用于对缸内空气进行压缩，使其达到高温高压状态，
如图 7-3b 所示。另一部分动能则转化成冲击的机械能，对下活塞进行冲击，使桩下沉，与
此同时，下活塞顶部的燃油受到冲击而雾化，如图 7-3c 所示。上活塞、下活塞撞击产生强
大的冲击力，大约有 50% 的冲击机械能传递给下活塞，通过桩帽，使桩下沉，被称为"第
一次打击"。如图 7-3d 所示，雾化后的混合气体，由于受高温和高压的作用，立刻燃烧、爆
发膨胀，一方面下活塞再次受到冲击二次打桩，另一方面推动上活塞上升，增加其势能。如
图 7-3e 所示，当上活塞继续上升越过进、排气口时，进、排气口打开，排出缸内废气，当
上活塞上升越过燃油泵压油曲臂后，曲臂在弹簧的作用下，回复到原位；同时吸入一定量的
燃油，以供下一工作循环向缸内喷油。如图 7-3f 所示，上活塞继续上行，气缸内容积增大，

压力下降，新鲜空气被吸入缸内。如图 7-3g 所示，上活塞上升到一定高度，失去动能，又靠自重自由下落，下落至进气口、排气口前，将缸内空气扫出一部分至缸外，然后继续下落，开始下一个工作循环。

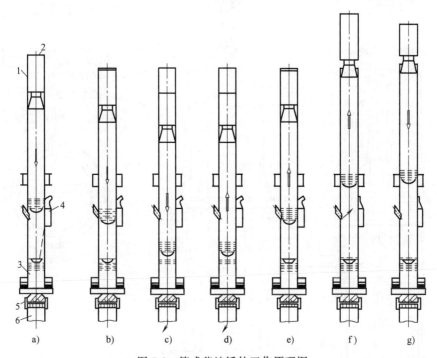

图 7-3　筒式柴油锤的工作原理图

a）扫气　b）压缩　c）冲击　d）燃爆　e）排气　f）吸气　g）降落

1—气缸　2—上活塞　3—下活塞　4—燃油泵　5—桩帽　6—桩

3. 筒式柴油桩锤的工作参数

柴油桩锤的主要工作参数是：柴油锤总质量——不含燃油的柴油锤质量；最大冲程——气缸相对活塞体移动的最大距离；最小冲程——当气缸稳定工作时，气缸相对活塞体移动的最小距离；最大能量——气缸最大冲程时的爆炸能量；频率——气缸在某一冲程时的每分钟往复次数；柴油锤全高——柴油锤工作状态下外形的最大高度。

二、液压打桩机

液压打桩机是利用液压能将锤体提升到一定高度，锤体依靠自重或自重加液压能下降，进行锤击。液压打桩机可以根据土质情况及桩材质的强度，合理选择冲击力，以保证冲击能量的充分发挥而不损害桩身。在打桩过程中，同时可获得冲击力和贯入度指标，并能直观地知道桩的允许承载力。液压打桩锤适合打斜桩作业及水下桩施工，液压打桩锤不存在软土起动困难的问题，而且能适应各种气候下的施工作业。沉桩力作用时间长，有效贯入能量大；液压打桩锤的公害小，基本上无废气污染，冲击时的噪声要比其他桩锤低 20dB 左右，因而能适应城市桩基础的施工作业，但由于其结构复杂，造价较高。

1. 液压打桩机的结构

图 7-4 为液压打桩机的结构简图，其主要由起吊装置、导向装置、锤体、桩帽及缓冲垫等组成。

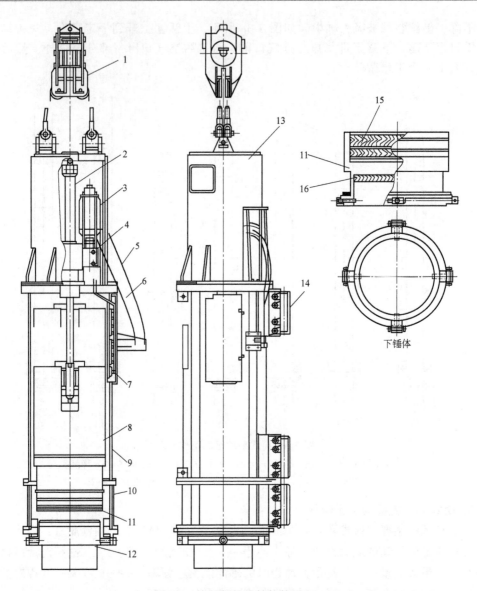

图 7-4 液压打桩机结构简图

1—起吊装置 2—液压油缸 3—蓄能器 4—液压控制装置 5—油管 6—控制电缆 7—无触点开关 8—锤体
9—壳体 10—下壳体 11—下锤体 12—桩帽 13—上壳体 14—导向装置 15、16—缓冲垫

（1）起吊装置 起吊装置1主要由滑轮架、滑轮组与钢丝绳组成，通过桩架顶部的滑轮组与卷扬机相连。利用卷扬机的动力，液压桩锤可在桩架的导向轨上进行上下滑动。

（2）导向装置 导向装置14与柴油桩锤的导向卡相似。用螺栓将导向装置与壳体相连，使其与桩架导轨的滑道相配合，锤体可沿导轨上下滑动。

（3）上壳体 上壳体13用来保护液压桩锤上部的液压元件、液压油管和电气元件，同时连接起吊装置1和壳体9。上壳体还用作配重使用，可以缓解和减少工作时锤体不规则的抖动或反弹，提高工作性能。

（4）锤体 液压桩锤通过锤体8下降打击桩帽12，将能量传给桩，实现桩的下沉。锤体的上部与液压油缸活塞杆头部通过法兰连接。

（5）壳体 壳体9把上壳体13和下壳体10连在一起，在它外侧安装着导向装置14、无触点开关、液压油管和控制电缆的夹板等。液压油缸的缸筒与壳体相连，锤体上下运动锤击沉桩的全过程均在壳体内完成。

（6）下壳体 下壳体10将桩帽罩在其中，上部与壳体的下部相连，下部支在桩帽上。

（7）下锤体 下锤体11上部有两层缓冲垫，与柴油桩锤下活塞的缓冲垫作用一样，防止过大的冲击力打击桩头。

（8）桩帽及缓冲垫 打桩时桩帽12套在钢板桩或混凝土预制桩的顶部，除起导向作用外，与缓冲垫一起既可保护桩头不受损坏，还能使锤体及液压缸受到的冲击载荷大为减小。

2. 液压桩锤液压系统

液压桩锤可分为单作用式和双作用式两种。单作用式液压桩锤即自由下落式，冲击能量较小，但结构比较简单。双作用式液压桩锤在锤体被举起的同时，向蓄能器内注入高压油，当锤体下落时，液压泵和蓄能器内的高压油同时给液压桩锤提供动力，使锤体下落的加速度超过自由落体加速度，冲击能量大，结构紧凑复杂。图7-5所示为双作用式液压桩锤液压系统。

当液压桩锤开始工作时，电磁阀5、10、8断电，三个电磁阀右位工作，插装阀4开启；插装阀13和插装阀9关闭。液压泵1输出的液压油进入液压锤油缸3的下腔，并通过插装阀4进入液压缸的上腔，形成差动油路。锤体下落至行程终点。高压油进入高压蓄能器7蓄能，当超过溢流阀2压力调定值后，阀溢流，油流回油箱。

当电磁阀5和电磁阀10通电，电磁阀8断电时，插装阀4和插装阀9关闭，插装阀13开启。泵输出的液压油进入液压缸下腔，锤体上升，液压缸上腔的油通过插装阀13回油箱。同时，给高压蓄能器7蓄能。单向节流阀12控制主阀开启的速度，避免液压冲击。低压蓄能器14能缓和冲击，吸收压力脉动。

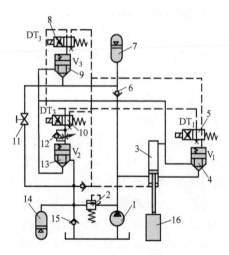

图 7-5 双作用式液压桩锤液压系统

1—液压泵 2—溢流阀 3—液压锤油缸 4、9、13—插装阀
5、8、10—电磁阀 6—单向阀 7—高压蓄能器 11—开关
12—单向节流阀 14—低压蓄能器 15—背压阀 16—锤体

当锤体提升到所需的高度时，使电磁阀5和电磁阀10断电，电磁阀8通电，插装阀4和插装阀9开启，插装阀13关闭，液压缸上下腔油路连通，下腔油液送到上腔。在液压力和锤体重力作用之下，推动锤体加速下打。同时，高压蓄能器7快速释放液压油，通过插装阀9进入液压缸上腔，给锤体施加更大的作用力用以打桩。

三、振动沉拔桩机

振动沉拔桩机是一种兼沉桩及拔桩于一体的预制桩施工机械。广泛应用于各类钢桩和混凝土预制桩的沉拔作业。具有贯入力强，沉桩质量好；不仅可以用于沉桩，还可用于拔桩；使用方便，施工速度快，成本低；结构简单，维修保养方便等特点，其工作噪声小，无大气污染。

振动桩锤是利用机械振动法使桩沉入或拔出。按动力源可分为电动式和液压式两种，按工作原理可分为振动式和振动冲击式两种，按动力装置与振动器的连接方式可分为刚性式和柔性式两种，按振动频率可分为低（15~20Hz）、中（20~60Hz）、高（100~150Hz）和超高（150Hz以上）频四种形式。

1. 振动桩锤的构造

振动桩锤主要由电动机、振动器、夹桩器和吸振器等部分组成，其结构如图7-6所示。振动锤一般要采用耐振性强的电动机，并应具有较大的超载能力和很高的起动能力。振动锤常采用二轴振动器，也有采用四轴或六轴的振动器，每对轴上都安装有做同步反向旋转而数量相同的偏心块。夹桩器用来与桩刚性连接，使桩与振动锤连成一体，夹桩器适用于夹持型钢和板桩。当桩的形状改变时，夹桩器就应相应地变换。在灌注桩施工时，桩管用螺栓与振动锤联接，而不用夹桩器。

2. 振动器的工作原理及结构

振动器都采用机械式，其工作原理如图7-7所示。其由两根装有相同偏心块的轴组成。两根轴同步反向转动，两根轴上的偏心块所产生的离心力，在水平方向上的分力互相抵消，而其垂直方向上的分力叠加起来形成合力。就是在这一激振力的作用下，桩身产生沿其纵向轴线的强迫振动。

图7-8所示为双轴振动激振器，振动激振器由耐振电动机通过三角胶带将动力传给振动箱内用一对圆柱齿轮相互啮合的两根传动轴，轴上装有可调节静偏心力矩的四组偏心块，偏心块旋转即产生激振力。每组偏心块均由一个固定偏心块与一个活动偏心块组成，并用定位销轴来固定它们的相互位置。

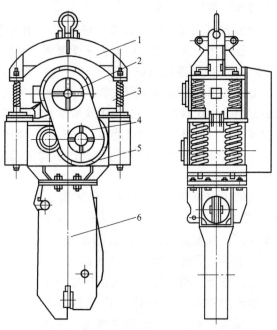

图7-6 振动桩锤的构造
1—悬挂装置 2—电动机 3—减振装置
4—传动机构 5—振动器 6—夹桩器

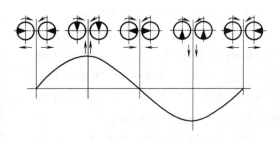

图7-7 定向振动器的工作原理图

为了防止松动，活动偏心块上装有止动臂，用以锁紧定位销。改变两偏心块的重合角度，即可达到调整偏心力矩的目的。

3. 电动式振动沉拔桩机

电动式振动沉拔桩机的振动桩锤主要由振动器、夹桩器和电动机等组成。电动机与振动器是刚性连接的，称为刚性振动桩锤，如图7-9a所示；电动机与振动器之间装有螺旋弹簧，则称为柔性振动桩锤，如图 7-9b 所示。

振动器的偏心块通过电动机与 V 带驱动，振动频率可调节，以适应在不同土壤中打不同桩对激振力的不同要求。

夹桩器用来连接桩锤和桩，分为液压式、气压式、手动式和直接（销接或圆锥）式等。

图 7-9c 所示为振动冲击桩锤，沉桩时既靠振动又靠冲击。振动器和桩帽经由弹簧相连；两个偏心块在电动机带动下，同步反向旋转时，在振动器 10 做垂直方向振动的同时，对冲击凸块 12 以快速地打击，使桩迅速下沉。

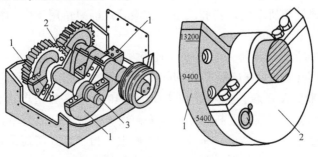

图 7-8 双轴振动激振器

1—固定偏心体 2—可动偏心体 3—起振轴

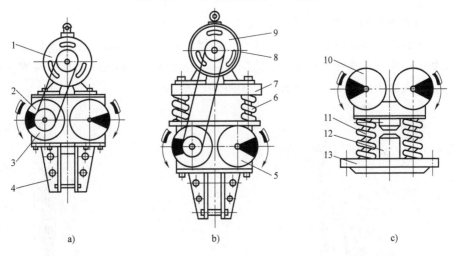

a)   b)   c)

图 7-9 电动式振动桩锤的形式

a) 刚性振动桩锤 b) 柔性振动桩锤 c) 振动冲击桩锤

1、9—电动机 2、8—传动机构 3、5、10—振动器 4—夹桩器

6、11—弹簧 7—电动机底座 12—冲击凸块 13—桩帽

这种振动冲击桩锤具有很大的振幅和冲击力，其功率消耗也较少，适用于在黏性土壤或坚硬的土层中打桩。其缺点是冲击时噪声大，电动机受到频繁的冲击作用易损坏。

四、桩架

桩架是打桩机械的重要组成部分，其作用是用来悬挂桩锤、吊桩就位，同时可支持桩身和桩锤，并在打入过程中引导桩的方向，保证桩锤沿着所要求方向冲击打桩设备。桩架还可用来安装各种成孔装置，为成孔装置导向。桩架种类很多，主要分为以下几类：

按桩架的用途可分为：通用型桩架和专用型桩架。

按桩架移动方式可分为：履带式、轮胎式、轨道式、步履式和滚管式等。

按桩架结构形式可分为：悬挂式、三点支承式等。

通用型桩架有两种基本形式：一种是沿轨道行驶的万能桩架，另一种是装在履带底盘上的打桩架。因万能桩架需要轨道支承，占用空间大，组装和搬运工作量大，近年来已很少使用。履带式桩架使用最方便，应用最广，发展最快。轨道式桩架造价较低，但使用时需要铺设轨道，已被步履式桩架所取代。步履式桩架和滚管式桩架适用于中小桩基的施工。

1. 履带式桩架

履带式桩架以履带为行进装置，机动性好，使用方便，有悬挂式桩架、三支点式桩架和多功能桩架三种。目前国内外生产的液压履带式主机既可以作为起重机使用，也可以作为打桩架使用。

（1）悬挂式履带桩架　悬挂式履带桩架如图7-10所示，其是以履带式起重机为底盘，将吊臂7顶端与桩架立柱4连接，桩架立柱4底部由支承杆5与回转平台连接。为了增加桩架作业时整体的稳定性，通常需要在机体上附加配重。为了能方便地调整立柱的垂直度，立柱下端与车体支承连接一般都是采用丝杠和液压式等伸缩可调的机构。

悬挂式打桩架的横向稳定性较差，立柱的悬挂不能很好地保持垂直，因此悬挂式桩架不能用于打斜桩。

（2）三支点式履带桩架　三支点式履带打桩机也同样是以履带式起重机为底盘，桩架的立柱4上部由两个斜撑杆8与机体7连接，斜撑杆8下端用球铰支承在液压支腿横梁的球座上，使两个斜撑的下端在横向保持较大间距，立柱下部与机体托架连接，构成稳定的三点支承结构，因而称为三支点式履带桩架，如图7-11所示。

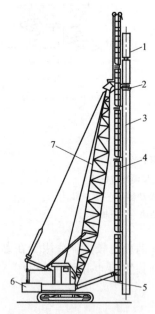

图7-10　悬挂式履带桩架

1—打桩锤　2—桩帽　3—桩　4—桩架立柱

5—支承杆　6—车体　7—吊臂

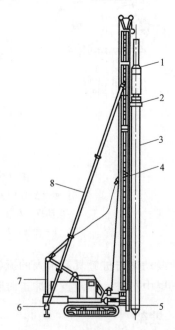

图7-11　三支点式履带桩架

1—打桩锤　2—桩帽　3—桩　4—立柱

5—立柱支承　6—液压支腿　7—机体　8—斜撑杆

三支点式履带桩架在性能上是比较理想的，工作幅度小，具有良好的稳定性，还可通过斜撑的伸缩使立柱倾斜，以适应打斜桩的需要。

（3）多功能履带桩架　多功能履带桩架可在平面内做360°回转，立柱可水平伸缩和前后倾斜，整机可在轨道上行驶，而行驶方法可因其不同的底盘构造分为辅轨式和步履式两种。这种多功能履带桩架可以安装回转斗、短螺旋钻孔机、长螺旋钻孔机、柴油锤、液压锤、振动锤和冲抓斗等多种工作装置，还可以配上全液压套管摆动装置，进行全套管施工作业。配上不同的工作装置可以适用于砂土、泥土、砂砾、卵石和岩石等的成孔作业。

图7-12为多功能履带桩架总体构造图，其主要由金属结构部分、机械传动部分和电气系统组成。金属结构部分包括立柱3、上平台6、下平台7、横梁13、斜撑18和水平伸缩小车5等。机械传动部分包括工作装置和综合机械传动机构。电气系统包括电动机、控制器、动力线、照明系统和发电机组等。

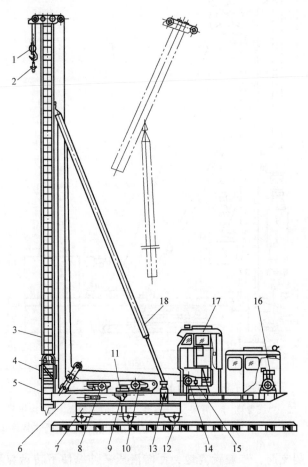

图7-12　多功能履带桩架总体构造图

1—主钩　2—副钩　3—立柱　4—升降梯　5—水平伸缩小车　6—上平台　7—下平台

8—升降梯卷扬机　9—水平伸缩机构　10—副吊桩卷扬机　11—双蜗轮变速器　12—行走机构

13—横梁　14—吊锤卷扬机　15—主吊桩卷扬机　16—电气设备　17—操纵室　18—斜撑

2. 步履式桩架

步履式桩架是国内应用较为普通的桩架。在步履式桩架上可以配用长、短螺旋钻孔机、柴油锤，液压锤和振动桩锤等设备进行钻孔和打桩作业。

图 7-13 为液压步履式钻孔机组成示意图，它由短螺旋钻孔机和步履式桩架组成。步履式桩架包括平台 9、下转盘 12、步履靴 11、前支腿 14、后支腿 10、卷扬机 7、操作室 6、电缆卷筒 2、电气系统和液压系统 8 组成。下转盘上有回转滚道，上转盘的滚轮可在上面滚动，回转中心轴一端与下转盘中心相连，另一端与平台下部上转盘中心相连。臂架 3 的起落由起架液压缸 5 完成。在施工现场整机移动对位时，不用落下钻架。当转移施工场地时，可以将钻架放下，安上行走轮胎。

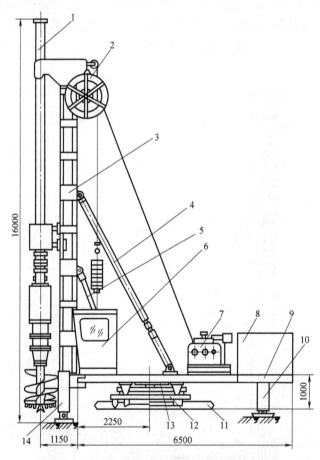

图 7-13　液压步履式钻孔机组成示意图

1—钻机部分　2—电缆卷筒　3—臂架　4—斜撑　5—起架液压缸　6—操作室　7—卷扬机
8—液压系统　9—平台　10—后支腿　11—步履靴　12—下转盘　13—上转盘　14—前支腿

回转时，前后支腿支起，步履靴离地，回转液压缸伸缩使下转盘与步履靴顺时针或逆时针旋转。如果前后支腿回缩，支腿离地，步履靴支承整机，回转液压缸伸缩带动平台整体顺时针或逆时针旋转。

下转盘底面安装有行走滚轮，滚轮与步履靴相连接。滚轮能在步履靴内滚动。移位时靠液压缸伸缩使步履靴前后移动。行走时，前后支腿液压缸收缩，支腿离地，步履靴支承整机，钻架整个工作重量落在步履靴上，行走液压缸伸缩使整机向前或后行走一步。然后让支腿液压缸伸出，步履靴离地，行走液压缸伸缩使步履靴回复到原来位置。重复上述动作可使整个钻机行走到指定位置。

第三节　灌注桩施工机械构造

灌注桩施工是近年来广泛采用的一种桩基础施工形式。其施工工艺是：先利用成孔机械在预定桩位上成孔，然后在桩孔中放置钢筋，接着浇灌混凝土，成为钢筋混凝土桩。如不放钢筋就浇筑混凝土，就是素混凝土桩。灌注桩成孔的优点是施工中钢筋用量少，成本低；不用截桩和接桩；没有噪声和振动；不受地质条件限制等。

灌注桩施工的关键工序是成孔，成孔的方法有取土成孔和挤土成孔两种。取土成孔的主要机械有长螺旋钻孔机、短螺旋钻孔机、套管式钻孔机、回转式钻孔机、潜水钻孔机、冲击式钻孔机等。挤土成孔的机械有打桩锤和振动锤。其施工方法是将带有活瓣管尖的钢管沉入土中，然后边灌注混凝土边拔钢管，使其成为就地灌注的混凝土桩。这种挤土成孔法只适用于直径在500mm以下的桩。

一、螺旋钻孔机

螺旋钻孔机用于干作业钻孔桩的施工，工作原理与麻花钻相似，长螺旋钻孔机的钻杆全部被连续的螺旋叶片所覆盖，钻头下部有切削刃，当切削土层时，被切土屑或是沿叶片斜面向上滑行，或是沿叶片斜面成球状向上滚动，逐渐从螺旋钻孔机出土槽中排至地面上。螺旋钻孔机具有不受地质条件限制、成孔效率高、振动小、噪声小和污染小等优点，是我国桩工机械发展较快的一类机种。螺旋钻孔机的钻孔直径范围为150~2000mm，一次钻孔深度可达15~20m。

螺旋钻孔机的种类按钻杆结构可分为长螺旋钻孔机和短螺旋钻孔机，按底盘行走方式可分为履带式、步履式和汽车式，按驱动方式可分为电力传动（步履式桩架）和液压传动（履带桩架）式。螺旋钻孔机根据应用场合的不同其工作装置及施工过程有所区别，有振动螺旋钻孔机、加压螺旋钻孔机、多轴螺旋钻孔机、凿岩螺旋钻孔机、套管螺旋钻孔机、锚杆螺旋钻孔机等。下面主要介绍长螺旋钻孔机与短螺旋钻孔机两种机型：

1. 长螺旋钻孔机

（1）长螺旋钻孔机结构　长螺旋钻孔机的结构如图7-14所示，其主要由底盘、桩架、钻杆和钻头等构成。钻杆3的作用是传递转矩并向上输土，钻杆的中心是一根无缝钢管，全长上都有螺旋叶片。钻机上部的减速器2大都采用立式行星减速器。在减速器朝向桩架的一侧装有导向装置，使钻具能沿钻架上的导轨上下滑动。螺旋叶片的外径D等于桩孔的直径，螺旋叶片的螺距一般取为（0.6~0.7）D。钻杆的长度应略大于桩孔的深度。当钻杆较长时，可以分段制作，各段钢管之间用法兰相连，螺旋叶片采用搭接形式。

当用长螺旋钻孔机钻孔时，钻具的中空轴允许加注水、膨润土或其他液体进入孔中，以减小钻孔阻力，并可防止提升螺旋时由于真空作用而塌孔和防止泥浆附在螺旋上。

（2）螺旋钻孔机的驱动装置　动力头是螺旋钻孔机的驱动装置，有机械驱动和液压驱动两种方式，其由电动机（或液压马达）和减速器组成。螺旋钻孔机应用较多的为单动单

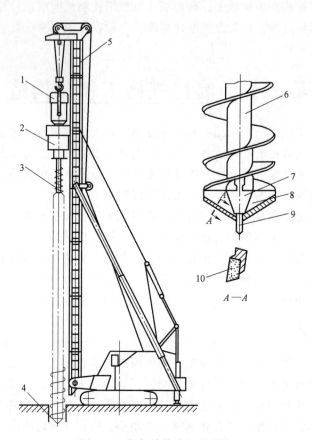

图 7-14　长螺旋钻孔机的结构

1—电动机　2—减速器　3—钻杆　4—钻头　5—钻架
6—无缝钢管　7—钻头接头　8—刀板　9—定心尖　10—切削刃

轴式，由液压马达通过行星减速器（或电动机通过减速器）传递动力。单动单轴式钻孔机动力头具有传动效率高，传动平稳的特点。

图 7-15 为动力头传动简图，整个动力装置为一体结构，由电动机输出轴驱动一级行星机构中心轮，通过一级行星轮轮架带动二级行星轮的中心轮，最后二级行星轮架输出轴和螺旋钻杆相连。

（3）钻头　钻头用于切削土层，钻头的直径与设计的桩孔直径一致。为提高钻孔的效率，适应不同的钻孔需要，长螺旋钻孔机应配备各种不同的钻头。

图 7-16a 所示为双翼尖底钻头，双翼尖底钻头是最常用的钻头形式，其翼边上焊有硬质合金刀片，可以用来钻硬黏土或冻土。图 7-16b 所示为平底钻头，其特点是在双螺旋切削刃带上有耙齿式切削片，耙齿上焊有硬质合金刀片。平底钻头适用于松散土层的钻孔。图 7-16c 所示为耙齿钻头，在钻头上焊了六个耙齿，耙齿露出刃口 5cm 左右，适用于有砖块瓦块的杂填

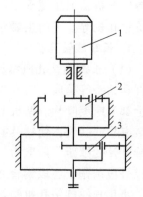

图 7-15　动力头传动简图

1—电动机　2——级行星减速器
3—二级行星减速器

土层的钻孔。图 7-16d 所示为筒式钻头，在筒裙下部刃口处镶有八角针状硬质合金刀头，合金刀头外露 2mm 左右，每次钻取厚度小于自身高度，钻进时应加水冷却，适用于钻混凝土块、条石等障碍物。

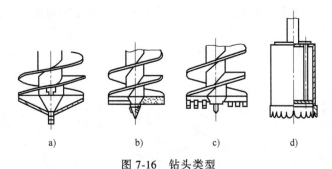

图 7-16　钻头类型

a）双翼尖底钻头　b）平底钻头　c）耙齿钻头　d）筒式钻头

2. 短螺旋钻孔机

短螺旋钻孔机的钻杆与长螺旋钻孔机钻杆的结构相似，主要不同点在于前者的螺旋叶片较短，即钻杆下部的钻头只有 3～5 个螺旋叶片，但螺旋叶片的直径较大，叶片直径为 1.5～3m。钻头叶片的直径要比长螺旋大得多，图 7-17 所示为履带式液压短螺旋钻孔机。短螺旋钻架的传动机构放在下端，这是为了降低重心，提高整机的作业稳定性。短螺旋钻孔机也可分为汽车式底盘和履带式底盘两种。

短螺旋钻孔机在作业方式上与长螺旋钻孔机有很大的差别。短螺旋钻孔机的工作过程是将钻头放下进行切削钻进，切下来的土堆积在螺旋叶片之间，当土堆满后把钻杆连同所堆的土提起卸掉。短螺旋钻孔机不能像长螺旋钻孔机那样直接把土输送到地面上来，而是采用断续的工作方式，即钻进一段，提出钻具卸土，然后再钻进。

短螺旋钻孔机由于一次取土量少，因此在工作时整机稳定性好。但进钻时由于钻具重量轻，进钻较困难。短螺旋钻孔机的钻杆有整体式和伸缩式两种，前者钻深可达 20m，后者钻深可达 30～40m。

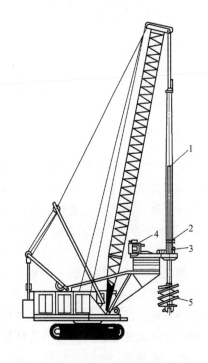

图 7-17　履带式液压短螺旋钻孔机

1—钻杆　2—加压液压缸　3—变速器
4—发动机　5—钻头

短螺旋钻孔机有两种转速：钻进转速和卸土转速，转速一般在 40r/min 以下。由于短螺旋钻孔机不需依靠离心力输土，所以，短螺旋钻孔机的钻进转速不需超过临界转速。当土堆满螺旋叶片后拔起钻杆，并把钻杆移到卸土地点，通过旋转钻杆把螺旋叶片中的土甩开，此时的速度称为卸土速度。

由于短螺旋钻杆自身的质量较小，在钻进时需要加压；而在提钻时，因为携带着大量的土而形成土塞，所以，需要有较大的提升力。短螺旋钻孔机提钻和下钻频繁，每次下钻都需准确定位，所以，为提高钻孔效率和质量，应有高效精确的定位装置。短螺旋钻孔机有三种卸土方式。第一种方式是高速甩土（图 7-18a），土块在离心力的作用下被甩掉，但甩土范围大。第二种方式为刮土器卸土（图 7-18b），当钻具提升至地面后，将刮土器的刮土板插入顶部螺旋叶片中间，螺旋一边旋转，一边定速提升，使刮土板沿螺旋刮土。第三种方式为开裂式螺旋卸土（图 7-18c），在钻杆底端设有铰销，当螺旋被提升至底盘定位板处时，开裂式螺旋上端的顶推杆与定位板相碰，开裂式螺旋即被压开，使土从中部卸出。

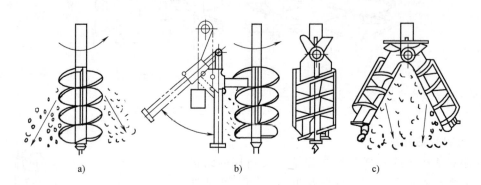

图 7-18 短螺旋钻孔机卸土原理
a）高速甩土 b）刮土器卸土 c）开裂式螺旋卸土

二、全套管钻孔机

全套管钻孔机主要用于桥梁等大型建筑基础灌注桩的施工。施工时先将钢制套管压入土中，再用锤式抓斗将套管内的黏土或砂石取出，压套管和取土交替循环进行，直至套管下沉至设计深度，成孔后放置钢筋并灌注混凝土，同时逐步将套管拔出，以便重复使用。

1. 全套管钻孔机的分类及总体结构

全套管钻孔机按结构形式的不同可分为两大类，即整机式和分体式。

整机式全套管钻孔机采用履带式或步履式底盘，其上装有动力系统和钻机作业系统等，其结构如图 7-19 所示，履带主机 5 主要由驱动全套管钻孔机短距离移动的底盘、动力系统和卷扬系统等组成。钻孔机 4 主要由压拔管、晃管和夹管机构组成，包括压拔管、晃管、夹管液压缸和液压系统及相应的管路控制系统等。套管 3 是一种标准的钢质套管，套管采用螺栓联接，要求有严格的互换性。锤式抓斗 2 由单绳控制，靠自由落体冲击落入孔内取土，再提上地面卸土。钻架 1 主要用于锤式抓斗取土，设置有卸土外摆机构和配合锤式抓斗卸土的开启锤式抓斗机构。

分体式全套管钻孔机是以压拔管机构作为一个独立系统，其结构如图 7-20 所示，主要由通用履带式起重机 1、锤式抓斗 2、套管 4、摆动机构 6、沉拔管液压缸 7 等组成。其钻孔机由导向及纠偏机构、晃管装置、压拔管液压缸、摆动臂和底架等组成，各部分的动作都是靠液压缸完成，按要求的精度沉、拔套管，完成施工作业。导向及纠偏机构的作用是调整第一节套管的垂直度，以保证成孔精度。摆动机构由夹管液压缸、夹管装置、摆动液压缸及摆动臂组成。套管放入夹管装置后，靠夹管液压缸施力夹紧，然后利用摆动液压缸的伸缩推动摆动臂，使夹管装置与套管一起往复摆动，摆动角度一般为 25°～30°。摆动套管的目的在于减小沉、拔阻力。沉拔管液压缸的缸体和活塞杆分别与底架和夹管装置连接，利用活塞杆的外伸和回缩来拔、沉套管。

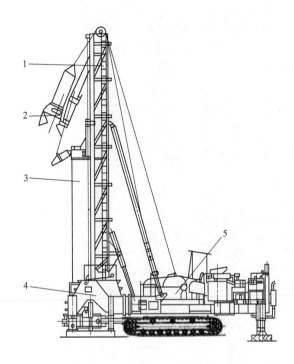

图 7-19 整机式全套管钻孔机
1—钻架 2—锤式抓斗 3—套管 4—钻孔机 5—履带主机

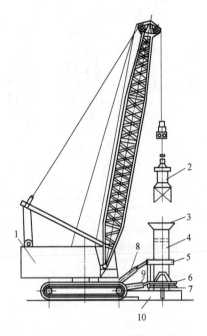

图 7-20 分体式全套管钻孔机
1—起重机 2—锤式抓斗 3—导向口 4—套管
5—导向及纠偏架 6—摆动机构 7—沉拔管液压缸
8—纠偏液压缸 9—摆动液压缸 10—托板

2. 全套管钻孔机的工作原理

全套管钻孔机一般均装有液压驱动的抱管、晃管和压拔管机构。其作业过程如图 7-21 所示，成孔初始将套管边晃边压，使其进入土壤之中，并使用锤式抓斗在套管中取土。抓斗利用自重插入土中，用钢丝绳收拢抓瓣。这一特殊的单索抓斗可在提升过程中完成向外摆动、开瓣卸土、复位、开瓣下落等过程。成孔后，在灌注混凝土的同时逐节拔出并拆除套管，最后将套管全部取出。

三、回转斗钻孔机

回转斗钻孔机的主要工作装置是一个直径与桩径相同的特制的回转斗，斗底装有切土片，依靠自重切削土壤，斗内可容纳一定量的土。用液压马达驱动钻斗上面方形截面的钻杆，以大于 10r/min 的转速旋转。钻孔的直径可达 3m，钻孔深度因受伸缩钻杆的限制，一般只能达 50m 左右，适用于碎石、砂土和黏性土等地层施工。

回转斗钻孔机如图 7-22 所示，回转斗 6 与伸缩钻杆 4 连接，由液压马达驱动。工作时，落下钻杆，使回转斗旋转并与土壤接触，回转斗依靠自重（包括钻杆的重量）利用斗底切削刃切削土壤，并将土装入斗内，装满回转斗后，停止旋转并提出孔外，打开回转斗弃土，

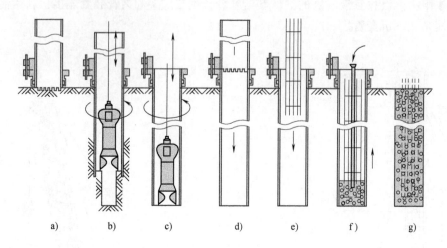

图 7-21　全套管钻孔机的作业过程

a）插入套管　b）开始挖掘、晃动　c）加压套管　d）连接套管

e）插入钢筋笼　f）灌注混凝土　g）灌注同时拔出套管

再次进入孔内旋转切土，重复前述步骤直至成孔。

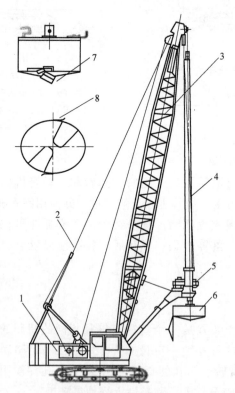

图 7-22　回转斗钻孔机

1—履带桩架　2—斜拉索　3—支承架　4—伸缩钻杆

5—回转斗驱动装置　6—回转斗　7—切削刃　8—边刃

为了防止坍孔，也可以用全套管成孔机作业。这时可以将套管摆动装置与桩架底盘固定。利用套管摆动装置将套管边摆动边压入，回转斗则在套管内作业。灌注桩完成后把套管拔出，套管可以重复使用。

回转斗成孔法的缺点是钻进速度慢，功效不高，因为要频繁地进行提起、落下、切土和卸土等动作，且每次钻出的土量又不大。尤其在孔深较大时，钻进效率更低。但回转斗钻孔机可以适用于碎石土、砂土和黏性土等土层的施工，地下水位较高的地区也能使用。

第四节 旋挖钻机

旋挖钻机在国际上发展已经有几十年的历史了，在国内虽然起步较晚，但已成为近年来发展最快的一种新型桩孔施工机械。旋挖钻机（简称为旋挖钻）是指用回转斗、短螺旋钻头或其他作业装置进行干、湿钻进，逐次取土，反复循环作业成孔的机械设备。

旋挖钻孔灌注桩技术被誉为"绿色施工工艺"，其特点是工作效率高、施工质量好、尘土泥浆污染少。旋挖钻机是一种多功能、高效率的灌注桩桩孔的成孔设备，可以实现桅杆垂直度的自动调节和钻孔深度的计算。旋挖钻机自动化程度和钻进效率高，钻头可快速穿过各种复杂地层，在灌注桩、连续墙和基础加固等基础工程中得到了广泛的应用，已逐渐成为基础工程中成孔作业较理想的施工机械。

旋挖钻孔施工是利用钻杆和钻斗的旋转，以钻斗自重并加液压作为钻进压力，使土屑装满钻斗后提升钻斗出土。通过钻斗的旋转、挖土、提升、卸土和泥浆置换护壁，反复循环而成孔。其成桩工艺中的吊放钢筋笼、灌注混凝土、后压浆等与其他水下钻孔灌注桩工艺相同。旋挖钻机一般适用黏土、粉土、砂土、淤泥质土、人工回填土及含有部分卵石、碎石的地层。旋挖钻机通过配合不同钻具，适应于干式（短螺旋）、湿式（回转斗）及岩层（岩心钻）的成孔作业。根据不同的地质条件选用不同的钻杆钻头及合理的斗齿刃角。对于具有大转矩动力头和自动内锁式伸缩钻杆的钻机，可以适应微风化岩层的施工。目前，旋挖钻机的最大钻孔直径为3m，最大钻孔深度达120m，最大钻孔转矩为620kN·m。一般情况下，在土层、砂层的钻进速度可达10m/h，在黏土层可达4.6m/h，是普通回转钻进的3~5倍。

一、旋挖钻机的分类

根据旋挖钻机的主要结构形式及工作参数，可将旋挖钻机分为以下几种类型：

按驱动方式可分为：电动式旋挖钻机和内燃式旋挖钻机。

按行走方式可分为：履带式旋挖钻机、轮式旋挖钻机、步履式旋挖钻机。

按输出转矩及发动机功率以及钻孔直径的大小可分为：

（1）小型机 小型机转矩小于100kN·m，发动机功率小于170kW，钻孔直径为0.5~1m，钻孔深度为40m左右，钻机整机质量为40t左右。

（2）中型机 中型机转矩为100~240kN·m，发动机功率为170~300kW，钻孔直径为0.8~1.8m，钻孔深度为40~80m，钻机整机质量为65t左右。

（3）大型机 大型机转矩大于240kN·m，发动机功率在300kW，钻孔直径为1~2.5m，钻孔深度为80m以上，钻机质量为100t以上。

二、旋挖钻机的用途

小型旋挖钻机主要应用于：①各种楼房基础的护坡桩；②楼房基础的部分承重结构桩；③城市改造市政项目的各种钻孔直径小于 1m 的桩。中型旋挖钻机主要应用于：①各种高速公路、铁路等交通设施桥梁的桥桩；②大型建筑、港口码头承重结构桩；③城市高架桥桥桩；④其他适用桩。大型旋挖钻机主要应用于：①各种高速公路、铁路桥梁的特大桥桩；②其他大型建筑的特殊结构承重基础桩。

三、旋挖钻机的工作原理及结构

图 7-23 为旋挖钻机机械结构图，旋挖钻机主要部件由底盘（行走机构、底架、上车回转）和工作装置（变幅机构、桅杆总成、主卷扬、副卷扬、动力头、随动架、提引器等）组成。在旋挖钻机进入工作状态时，通过变幅机构和桅杆调平控制系统调整桅杆角度，使钻头能够垂直钻进。动力头给钻杆和钻头提供转矩，使钻头做旋转切削；与此同时，加压油缸通过动力头传递加压力给钻杆和钻头，实现钻头的加压钻进。当钻头内装满渣土之后，主卷扬提升钻头离开钻孔，回转主机到一定角度，打开钻头底门，钻斗内的土依靠自重作用自动排出，合上斗门，转回钻进地点，下放钻杆，再次把钻头放入孔内钻进，进行下一斗的挖掘。

1. 底盘

旋挖钻机的底盘可分为专用底盘、履带液压挖掘机底盘、履带起重机底盘、步履式底盘和汽车底盘等。履带专用底盘具有结构布置合理、运输方便等优点；履带起重机底盘由于具有多用性，因此设备投资低；步履式底盘一般采用三支点液压步履式行走支架，因此稳定性好，但由于其运输不方便，虽然造价低但使用厂家较少。

2. 动力头

动力头是旋挖钻机最重要的工作部件，动力头的主要作用是驱动钻杆带动钻头回转，并提供

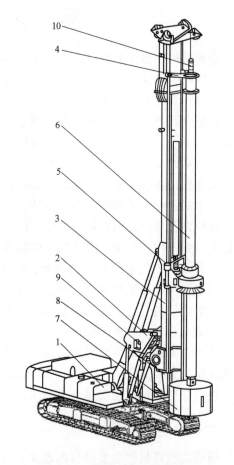

图 7-23　旋挖钻机机械结构图
1—底盘　2—变幅机构　3—桅杆总成　4—随动架
5—动力头　6—钻杆　7—钻具　8—主卷扬
9—副卷扬　10—提引器

钻孔所需的钻进压力、辅助提升力。动力头能根据不同的土层硬度自动调整转速与转矩，以满足不同的工况高效率钻进。

图 7-24 所示为旋挖钻机动力头结构，动力箱 1 是动力头的主要支承件。减速机构主要由行星减速器 6、小齿轮轴 8 和回转支承 2 组成。为了减小动力头径向尺寸和质量，采用高速液压马达和大传动比的行星减速器传动方案，使动力头结构更加紧凑。动力头上、下端盖

采用旋转密封圈进行密封，过渡连接盘 3 与上密封盖之间采用迷宫式密封，以防止在恶劣工作环境下尘土进入动力箱内部。为了保证回转支承 2 与小齿轮轴 8 内润滑充分，动力箱 1 采用油浴式润滑，使回转支承 2 与小齿轮轴 8 润滑充分，以减少磨损。驱动套 5 与动力头箱体通过过渡连接盘 3 连接，当驱动套 5 损坏时可以单独地更换而不必拆装动力箱 1。动力通过液压马达经行星减速器 6 传递到小齿轮轴 8，通过回转支承 2 的外齿圈将转矩传递到驱动套 5。

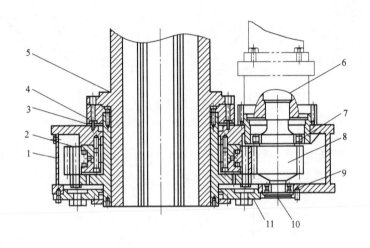

图 7-24　旋挖钻机动力头结构

1—动力箱　2—回转支承　3—过渡连接盘　4—密封圈　5—驱动套　6—行星减速器　7—轴承
8—小齿轮轴　9—轴承　10—轴承盖　11—下密封圈

3. 卷扬机构

卷扬机构的主要功能是钻孔作业时提拉钻具，控制钻具下降速度和提升速度。钻孔效率的高低、钻孔事故发生的概率、钢丝绳寿命的长短都与卷扬机构有密切的关系。图 7-25 所示为旋挖钻机卷扬机构，其主要由支承架 1 和动力驱动装置构成。卷扬支承架采用焊接结构，滚筒为铸造件。驱动装置的工作特性要求卷扬滚筒的转速不随外载荷的变化而改变，即匀速提钻和下钻，由液压控制系统实现。驱动装置主要由内藏式减速器和插装式马达组成。减速器内置制动器，具有结构紧凑、传递转矩大和制动迅速等特点。

4. 钻头

旋挖钻机所使用的钻头有多种形式，包括螺旋钻头、旋挖钻斗、筒式取芯钻头、扩底钻头和冲击钻头。

螺旋钻头有单头螺旋钻头和双头螺旋钻头之分，如图 7-26 所示，单头螺旋钻头主要用于岩石层和水位上土，双头螺旋钻头适合大口径和岩石钻孔。

旋挖钻斗按所装齿的不同可分为斗齿钻斗和截齿钻斗，如图 7-27 所示；按底板数量可分为双层底钻斗和单层底钻斗，如图 7-27 所示；按开门数量可分为双开门钻斗和单开门钻斗，如图 7-27 所示；按筒的锥度可分为锥筒钻斗和直筒钻斗。以上结构形式相互组合，再加上是否带通气孔及开门机构的变化，可以组合成多种旋挖钻斗。一般来说，双层底钻斗适

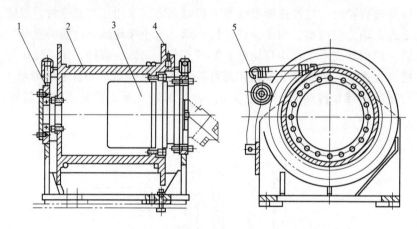

图 7-25 旋挖钻机卷扬机构
1—支承架 2—滚筒 3—减速机 4—锁绳器 5—压绳器

用地层范围较广，而单层底钻斗只适用于黏性较强的土层；双开门钻斗适用地层范围较广，而单开门钻斗只用于大直径卵石及硬胶泥层。

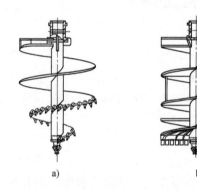

图 7-26 螺旋钻头示意图
a) 单头螺旋钻头 b) 双头螺旋钻头

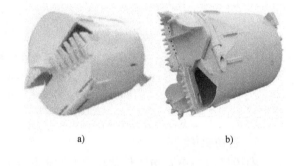

图 7-27 筒式旋挖钻斗
a) 单层底斗齿钻斗 b) 双层底截齿钻斗

筒式取芯钻头目前常见的有两种：适用于中硬基岩和卵砾石的截齿筒钻和适用于坚硬基岩和大漂石的牙轮筒钻。扩底钻头目前常用的以机械式为主，张开机构一般为四连杆，安装截齿可用于土层、强风化、中风化地层，安装牙轮及滚刀可用于坚硬基岩，如图 7-28 所示。

5. 旋挖钻孔的工作过程

旋挖钻机成孔工艺与其他成孔钻机不同，旋挖钻机的钻进工艺为采用静态泥浆护壁钻斗取土的工艺（当然也有干土直接取土工艺，视工地现场地层条件而定），是一种无冲洗介质循环的钻进

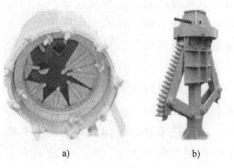

图 7-28 旋挖钻头
a) 筒式取芯钻头 b) 扩底钻头

方法，但钻进时为保护孔壁稳定，孔内要注满优质泥浆（稳定液）。旋挖钻机的泥浆是事先

造浆再钻孔，循环使用，越用越少。旋转钻机一边钻孔一边造泥浆，废浆越来越多，对环境污染较大。

旋挖钻机其成桩工艺为：定桩位→埋护筒→注泥浆→钻进取土→一次清孔→放钢筋笼→插入导管→二次清孔→混凝土浇筑→拔出护筒。

四、旋挖钻机的优点

从机械结构和成桩工艺上，相对于传统成孔机械，旋挖钻机具有如下优点：

1）一机多用，实现多种钻进方式。

2）设备性能先进，自动化程度高，劳动强度低。

3）钻进效率高，回转转矩可根据地层情况自动调整。钻压大，并易于控制。

4）准确性高，采用全计算机控制，钻机可根据地层的软硬自动调整作业参数。

5）环境污染小，采用干式或无循环泥浆钻进，钻进振动小、噪声小。

6）成桩质量好，由于其成孔不易产生缩颈，形状规则，灌注桩质量高。

五、旋挖钻机发展趋势

1. 旋挖钻机主机发展趋势

（1）智能化　旋挖钻机是机电液一体化技术集成度较高的设备，以智能化为核心的发展方向是高质量施工的重要保证。通过旋挖钻机的调平控制系统控制所成孔的垂直度，并通过操作界面进行实时显示，同时实现对桅杆的自动起桅及自动调平，以满足实际施工需要。

（2）模块化　根据旋挖钻机的功能要求，按照模块化的设计原则，对旋挖钻机的底盘系统、动力系统、液压传动系统、控制系统和工作装置等系统进行模块集成，主控制器和各模块系统进行数据传输和交换，以完成旋挖钻机的结构多功能化和快速组装和控制的需要。

（3）环保、节能化　随着社会环保、节能意识的加强，旋挖钻机通过发动机功率极限控制系统匹配发动机与旋挖钻机的工作工况实现动力多元化，节能减排。利用大转矩直接将土或砂砾等钻渣旋转挖掘，然后快速提出孔外，在不需要泥浆支护的情况下可实现干法施工，不采用泥浆循环方式，减少环境污染。

（4）高可靠性　卸土后自动回到原孔位，减少对孔时间，通过测深控制系统显示钻杆下放深度及实时显示二次钻进深度，提高施工过程的可靠性、稳定性和安全性，进而保证成孔质量。

（5）高效性　对旋挖钻机的整机状态参数进行自动检测及故障诊断，提高旋挖钻机的人机交互能力，提高施工过程的高效性和施工质量的可控性。

2. 旋挖钻机工作装置发展趋势

旋挖钻机工作装置的作用已从传统的完成作业要求，发展为根据地质适应性和施工方法，在一定机型上如何达到最佳的钻进效率，同时减少工作装置自身在工作时的损耗，以降低施工成本和保证施工过程的连续性。

1）向大型或超大型机方向发展，使钻机具备超大功率和转矩的输出优点，加大钻机的成孔深度和成孔口径，并配备多种不同工法用的工作装置，实现一机多用。

2）向小型机方向发展，使钻机具备小功率、低成本和机动性强等优点。

3）工作装置逐步实现复合化和一体化，如工作装置集成泥浆制备与处理、渣土输送与处理等复合性功能于一体，同时工作装置具备快换、多样和多功能等特点。

3. 旋挖钻机施工工法发展趋势

随着高、大、重建筑工程越来越多，灌注桩施工机械已成为桩基础施工的主要工程设备，其施工往往受到机械噪声控制、泥浆污染和成桩质量等各方面因素的制约，旋挖钻机施工工法同时也需要进一步发展。其中超大孔径、孔深的桥梁桩施工与小孔径桩施工将成为未来重要的施工方法，与此同时桩基础施工中提高效率、降低施工成本和提高成桩质量将是人们重点解决的问题。

思 考 题

1. 简述桩基础的类型及其作用，桩工机械的用途及类型。
2. 简述预制桩施工机械的沉桩方法及其施工机械设备的构造。
3. 简述振动桩锤的构造及工作原理，电动式振动器的结构形式。
4. 简述灌注桩施工机械的类型构造及其施工特点。
5. 简述旋挖钻机的组成及其各部分的功用。

第二篇

筑路与建筑施工机械

第八章　压实机械

第九章　沥青混合料搅拌设备

第十章　混凝土摊铺机械

第十一章　水泥混凝土搅拌设备

第十二章　水泥混凝土输送设备

第十三章　起重机械

第十四章　高空作业车

第八章

压 实 机 械

第一节　压实机械的用途及分类

一、压路机的用途

压路机（或称为压实机械）是一种利用设备自重或通过激振装置产生的激振力，在垂直或水平方向对地面施以持续重复的加载作用，排除土体内部的空气和水分，使材料颗粒之间发生位移、相互楔紧密实并处于稳定状态的作业机械。广泛用于公路、城市道路、铁路路基、机场跑道和广场、堤坝及建筑物基础等各种建设工程的压实作业。

通过压实作业可以增强构筑基础的密实度，提高其抗压强度和承受永久性负载的能力，还可以增强基层的稳定性和防渗透性，消除建筑基础的沉陷、路面裂纹和松散等隐患。

二、压路机的分类

按土壤被压实的原理压路机可分为静力式、振动式和冲击（夯实）式三种类型，按行走方式压路机又可分为拖式、自行式和手扶式三类，按压实轮形状压路机又分为光轮、凸块和充气轮胎等形式。

1. 静力式压路机

静力式压路机根据工作轮的结构分为光轮式和轮胎式。

（1）光轮式压路机　静作用光轮式压路机是借助自身重量对被压材料实现压实的。它可以对路基、路面、广场和其他各类工程的地面进行压实。其工作过程是沿工作面前进与后退进行反复的滚动，使被压实材料达到足够的承载力和获得平整的表面。

按照 JB/T 10472—2005 标准，光轮式压路机按滚轮数目可分为两轮式和三轮式两种，如图 8-1 所示。

根据整机质量光轮式压路机又可分为轻型、中型和重型等几种。轻型的质量为 5 ~ 8t，多为两轮式，多用于压实路面、人行道等。中型的质量为 8 ~ 10t，包括两轮和三轮式两种。质量在 10 ~ 15t 的为重型，18t 以上的属于超重型，重型和超重型静作用光轮式压路机可用于最终压实与压平各类路面与

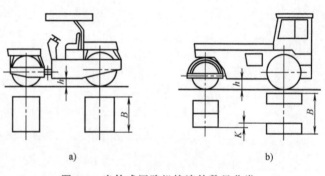

图 8-1　光轮式压路机按滚轮数目分类
a）两轮式　b）三轮式

路基，尤其适合于压实与压平沥青混凝土路面。

光轮式压路机的基本参数与尺寸应符合 JB/T 10472—2005 标准的相关规定。

光轮式压路机具有结构简单、维修方便、制造容易、可靠性好等优点，目前还在生产并使用，但由于振动压路机不开振动装置时就可以代替中型以下的光轮式压路机，所以现在使用的光轮式压路机多为重型和超重型三轮形式。

通过改进技术可提高光轮式压路机的压实质量和操纵性能，如采用大直径的滚轮和全轮驱动形式，避免出现如压实的过程中从动钢轮前易产生弓形土坡而其后易出现尾坡的现象，可提高压实表面的平整度。缩小前后压实轮的直径差，使质量分配大致相等，可提高其爬坡能力、通过性和稳定性。

采用液力机械传动、静液压传动和液压伺服铰接式转向等技术，不但能提高压路机的压实效果，减小转弯半径，还能做到在弯道压实中不留空隙部，以适宜沥青铺层的压实。

（2）轮胎式压路机 轮胎式压路机也是利用自重对被压材料实施压实的，但其工作轮是专用的橡胶充气轮胎。它不但具有垂直压实力，还有沿行驶方向及沿机械横向的水平压实力。轮胎变形的柔曲表面产生垂直及水平压实力的作用加上橡胶轮胎弹性所产生的"揉搓作用"可获得极好的压实效果。橡胶轮胎的轮廓与地面贴附性较好的，能够产生很好的压实表面和较好的密实性，尤其利于沥青混合料的压实。

根据 JB/T 10473—2005《轮胎式压路机》标准，轮胎式压路机产品型号组成如图 8-2 所示。

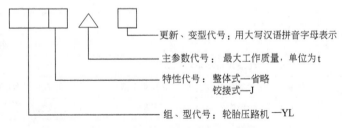

图 8-2 轮胎式压路机产品型号组成

为了均匀压路机上每个轮胎的负荷，同时在不平整的地面上碾压时能保持机架的水平和负荷的均匀性，轮胎上一般多采用液压悬架。前部轮胎悬挂在互相连通的液压缸上，每个轮胎均可独立上下移动；后轮分为几个轮组，可分别绕各组的铰点摆动。

大型轮胎式压路机采用液力机械式或液压式传动。液力机械式传动效率较高，液压传动的速度调节范围较大。

轮胎式压路机有整体式和铰接式两种机架形式，采用铰接式机架配合折腰转向，既保证了机械的机动灵活，又减少了对压实层的横向剪力，提高了压实质量。

前后轮采用垂直升降机构可以避免假象压实现象，当在凹凸不平或松软地段工作时，可以使轮胎负荷在压实时始终保持一致，从而保证压实质量。

转向机构允许各个转向轮在转向时有不同的转向角度，从而避免了机械转向时因转向轮的滑移而影响滚压路面的质量。

轮胎前后轮轴上的布置广泛采用交错布置方案，采用宽幅轮胎，使重叠度（指前后轮胎面宽度的重叠度）较大，接地压力分布均匀，压实表面不会产生裂纹现象，碾压深度大，能够有效地对路边进行压实。

2. 振动压路机

振动压路机是利用自重和工作轮上激振器产生的激振力共同压实各种土壤（多为非黏性）、碎石料和各种沥青混凝土等，是工程施工不可缺少的压实设备。

振动压路机可以按照结构质量、结构形式、行驶方式、振动轮数量、振动激励方式等进行分类，其具体分类如下：

1）按机器结构质量可分为：轻型、小型、中型、重型和超重型。

2）按振动轮数量可分为：单轮振动和双轮振动。

3）按驱动轮数量可分为：单轮驱动、双轮驱动和全轮驱动。

4）按行驶方式可分为：自行式、拖式和手扶式。

5）按压实轮外部结构可分为：光轮、凸块（羊脚碾）和橡胶滚轮。

6）按振动轮内部结构可分为：振动、振荡和垂直振动。其中振动又可分为：单频单幅、单频双幅、单频多幅、多频多幅和无级调频调幅等。

7）按振动激励方式可分为：垂直振动激励、水平振动激励和复合激励等。垂直振动激励又可分为定向激励和非定向激励。

振动压路机结构形式的分类及产品型号见表8-1。

参照 GB/T 8511—2005《振动压路机》标准，振动压路机产品型号编制规定如图8-3所示。

表 8-1 振动压路机结构形式的分类及产品型号

组		型		特 性	产 品		主参数代号		
名称	代号	名称	代号	代号	名 称	代号	名称	单位	表示法
振动压路机	YZ	自行式		轮胎光轮 —	—	轮胎光轮双驱动振动压路机	YZ	工作质量/钢轮分配质量	t/t	主参数
				—	K（块）	轮胎凸块（轮）双驱动振动压路机	YZK			
				—	D（单）	轮胎光轮单驱动振动压路机	YZD			
				光轮 —	C（串）	两轮串联振动压路机	YZC	工作质量	t	
				—	J（铰）	两轮铰接振动压路机	YZJ			
				—	4（四）	四轮振动压路机	4YZ			
		拖式	T（拖）	—	拖式振动压路机	YZT			
				K（块）	拖式凸块振动压路机	YZTK			
		手扶式	S（手）	—	手扶振动压路机	YZS			
				K（块）	手扶凸块振动压路机	YZSK			
				Z（转）	手扶带转向机构振动压路机	YZSZ			

各种类型的振动压路机规格系列应符合相关标准规定。

新型振动压路机，例如振荡压路机（特性代号为 YD）和垂直振动压路机，其结构形式与自行式振动压路机相同。

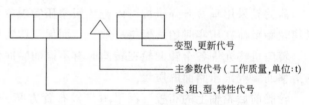

图 8-3 振动压路机产品型号编制规定

振动压路机按结构质量分类情况及其特点和适用范围见表8-2。

表 8-2　振动压路机结构质量分类表

类　别 ＼ 项　目	结构质量/t	发动机功率/kW	适　用　范　围
轻　型	<1	<10	狭窄地带和小型工程
小　型	1~4	12~34	用于修补工作、内槽填土等
中　型	5~8	40~65	基层、底基层和面层
重　型	10~14	78~110	用于街道、公路、机场等
超重型	16~25	120~188	筑堤。用于公路、土坝等

3. 夯实机械

夯实机械是一种适用于对黏性土壤和非黏性土壤进行夯实作业的冲击式机械，夯实厚度可达1~1.5m，在公路、铁路、建筑和水利等工程施工中应用广泛，如夯实桥背涵侧路基、振实路面坑槽以及夯实、平整路面养护维修等，也是筑路工程中不可缺少的设备之一。

夯实机械可按冲击能量、结构和工作原理进行分类：

1）按夯实冲击能量分为轻型 0.8~1kJ、中型 1~10kJ 和重型 10~50kJ 三种。

2）按结构和工作原理分为自由落锤式夯实机、振动平板夯实机、振动冲击夯实机和蛙式夯实机。

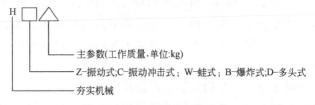

图 8-4　夯实机械的型号编制

夯实机械的型号编制如图 8-4 所示。夯实机械按冲击能量分类情况及适用范围见表 8-3。

表 8-3　夯实机械按冲击能量分类情况及适用范围

类　别 ＼ 项　目	冲击能量/kJ	适　用　范　围
轻　型	0.8~1	适用于沟槽、基坑回填土以及小面积的上方夯实工作
中　型	1~10	适用于颗粒性土壤（砂性土壤等）的夯实
重　型	10~50	夯击土壤时动负荷大，故使用受限。适用于最终压实

3）冲击式压路机。冲击式压路机是一种不同于传统的静碾压实、振动压实和打夯机压实原理的新型压实设备，是一种20世纪90年代才实际投入使用的新型压实机械。

冲击式压路机综合了传统的夯实机和振动压路机的优点，克服了夯实机动作连续性差和振动压路机行走速度慢，压实层薄的缺陷，特别适用于湿陷性黄土压实和大面积深填土石方的压实工作。

三、国内外发展概况与趋势

德国于20世纪30年代最早利用振动原理压实土壤。罗申豪森（LOSE—AUSEN）公司率先研制了一台安装有振动平板压实机的 25t 履带式拖拉机，随后生产出拖式振动压路机。20 世纪 50 年代欧洲各国开发了串联式整体车架振动压路机，20 世纪 60 年代开发出铰接式轮胎驱动振动压路机和双钢轮驱动振动压路机。由于振动压路机压实效果好，影响深度大，生产率高，适用于各种类型土壤的压实，因此，振动压路机得到了迅速发展。

20 世纪 80 年代初，瑞典的乔戴纳米克（Geodynamik）研究并提出新的压实理论，即利用土力学交变剪应变原理使土壤等压实材料的颗粒重新排列而变得更加密实。德国悍马（HAMM）公司的振荡压路机就是根据这种理论开发的。20 世纪 80 年代末日本酒井公司推出的 SD450 型垂直振动压路机，其振动轮内部采用双轴交叉振动法，振动轮产生垂直方向作用力，有利于压实较厚土层，压实土壤时密实度高。20 世纪末，世界各国每年生产各类型压路机已超过六万台。主要制造商有德国宝马格（BOMAG）、瑞典戴纳派克（DYNAPAC）、美国英格索兰（Ingersoll-Rand）和卡特彼勒（Caterpillar）等主要公司。

从 20 世纪 80 年代到现在，国外压路机产品综合技术水平跃上了一个新的台阶。现代化的电子技术、微型计算机技术、传感器技术以及电液伺服与控制系统的集成化技术在传统压路机产品上得到应用，使压路机的工作效率、作业质量、操作性能以及自动化等方面均有了显著的提高，并向智能化、机器人化方向发展。

瑞典 DYNAPAC 和德国 BOMAG、HAMM 等公司的压路机产品上已广泛应用智能控制技术，如工作系统的监控、驱动系统的防滑转装置、整机的故障自动检测系统等。其基本原理是预先将整机各工作系统的有关工况信息编制成软件，在整机工作过程中，安装在各工作装置上的传感器不断向微处理器发送出设备运行的有关信号或数据，经计算机处理后在 LCD 显示屏上显示相应的文字、图像或声光信息（报警）。在非报警时，操作人员还可以随时通过该系统查询所关心的整机工作信息，如温度、转速和油量等。

如德国宝马（BOMAG）在双钢轮压路机上加装了压实检测系统-ECONOMIZER，可减少不必要的压实遍数而节省施工时间，同时还能避免过压现象发生。BOMAG 公司还将网络传输和卫星定位系统（GPS）应用于相应的产品上。通过此系统，压路机的位置可以被非常精确地记录，通过安装在压路机上的 GPS 脉冲装置，将整机的工作情况如工作区域、工作轨迹、碾压密实度等 GPS 信号传输到空间卫星上，空间卫星将汇集到的信息形成图像或数据信息重新发送到安装在压路机上的 GPS 接收装置上并在 PC 上显示。也可通过地面的 GPS 信号装置向压路机发出指令，启动自动调幅机构调节工作激振力的大小，以达到路面规定的密实度要求。也可以在机身周围布置转向传感器和超声波发射接收装置，压路机在行驶时若遇到障碍，接收装置就会接收到障碍物的反射波，触发警报器提醒驾驶人注意。如果和操作人员的手持式传感遥控器相连接，就能通过信息的远距离传递实现整机的无人驾驶。

维特根集团推出的悍马（HAMM）HD 系列铰接式双钢轮压路机 HD128 和 HD138，得益于其智能设计的机架结构、箱体和驾驶室，使设备具有良好的操控性、优美的外观设计、简单的维护性和使用的高效性。驾驶人座椅均可灵活地向两侧旋转，使操作人员对钢轮边缘和设备整体具有理想的视野；驾驶室使用明确的标识进行自解释性操作，显示屏不使用任何文字并清晰地显示所有重要施工数据，操作人员也无须掌握其他语言技巧。悍马（HAMM）HDO128V 和 HDO138V 双钢轮压路机均配有一个振荡钢轮和一个振动钢轮。振荡压实不会产生明显的垂直冲击运动，振荡钢轮将剪应力传递至地面时始终与地面保持接触，更平缓、更安静，甚至可以贴近对振动敏感的建筑或设施进行动态压实作业，如在桥面上、地下建筑上方和历史建筑周边等。

戴纳派克针对中国施工特点开发的轮胎式压路机 CP275，集合了多项创新性能，提升了效率、可用性、安全性和操作的舒适度。该机压实宽度可达 2370mm，轮胎比框架宽可出色地完成边缘压实工作；宽敞舒适的操作台及两个操作员座椅提供全方位视野利于高效的操作；配有双回路制动系统和防侧翻保护装置（ROPS）的驾驶室提高设备安全性；日常维护点少且布置合理，日常维护保养效率高；轮胎可以独立更换；通过选配的自动充气装置，用户可在施工过程中调整胎压。

我国自行开发设计振动压实机械的起步标志是 1961 年西安筑路机械厂与西安公路学院共同开发了 3t 自行式振动压路机。1964 年洛阳建筑机械厂研制出 4.5t 振动压路机，1974 年洛阳建筑机械厂与长沙建筑机械研究所合作开发了 10t 轮胎驱动振动压路机和 14t 拖式振动压路机。从 20 世纪 80 年代中期开始，我国开始引进国外先进的压路机制造技术。1984 年徐州工程机械厂引进瑞典戴纳派克（DYNAPAC）公司的 CA25 轮胎驱动振动压路机和 CC21 型串联式振动压路机技术。1985 年温州冶金机械厂研制了 19t 振动压路机。1987 年洛阳建筑机械厂引进了德国宝马（BOMAG）公司 BW217D 和 BW217AD 振动压路机技术。江麓机械厂引进德国凯斯伟博麦士（CASE-VIBROMAX）公司的 W1102 系列振动压路机技术。以后，各生产厂家在引进国外先进压路机技术的基础上不断开发出新的产品，使振动压路机产品形成了多品种并系列化。20 世纪 80 年代后期，随着基础工业元件的发展，特别是液压泵、马达、振动轮用轴承、橡胶减振器的引进生产，使国产振动压路机总体水平和可靠性有了很大的提高。

经过几十年的发展，现国内已形成如徐工集团、国机重工（洛阳）建筑机械公司、厦门三明、常林股份、江阴柳工等一批压路机制造企业。国内企业在压路机的先进制造和设计方面开展了积极的探索，如徐工集团、三一重工股份公司等开展的防打滑液压系统和控制的研究，国机重工（洛阳）建筑机械公司开启智能化压路机产品探讨等，利用计算机、微电子技术、传感、测试技术在压路机上的应用，实现对压路机工作状态和参数的检测和处理；通过压实密实度自动检测实现对压实质量的实时监控；智能压路机可通过自动调节自身状态，实现燃油经济性、最佳振动参数选择与周围环境及压实材料相适应的优化压实过程等。现生产的压路机系列产品已基本满足了国内的施工需要，并具有了很强的出口竞争能力。

随着科学技术的发展，压实技术也在不断进步，压路机的发展趋势有如下几个方面：

1）创新的设计理念和采用先进的生产制造技术。绿色环保是实现人机与环境和谐的现代压路机新设计理念，探讨新的压实方法和创新设计压路机的新结构，在减振降噪和提升压实效果等方面找到最佳结合点，提高压路机的环境适应能力使驾驶人连续工作不疲劳，对周边环境的影响降到最低；驾驶室和操作系统以舒适、方便、安全为最大化目标，最大程度减少操纵失误和减轻劳动强度。先进的智能化的生产制造技术以保证压路机的质量，降低成本，延长使用寿命。

2）基于物联网的压实机械远程监控系统。传统的压实机械依靠人工管理效率低下，对此，基于物联网的压实机械远程监控系统必然应运而生。系统将嵌入式技术、计算机技术、GPS 卫星定位技术和 GPRS 通信技术等融合在一起，构建了车载控制终端与后台管理系统。车载控制终端对压实机械的关键参数进行实时采集、计算，并发送至后台管理系统。后台管理系统将数据的处理结果直观地显示在互联网上。用户根据权限进行 Web 访问，掌握压实机械工作状态的实时信息，并根据机器的工作情况，反向地向机器下达不同的指令，实现远程控制。

基于物联网的压实机械远程监控系统主要由两部分组成：车载控制终端和后台管理系统，如图 8-5 所示。车载控制终端又包括数据采集模块、电源模块、微处理器和无线通信模块。电源模块与车载蓄电池连接，为整个车载控制终端提供电能；数据采集模块与压实机械的信号控制单元连接，采集压实机械的关键参数信号，并将信号数据传送到微处理器进行初步处理；无线通信模块把处理后的数据通过无线网络上传至后台管理系统的服务器。后台管理系统主要包括 WEB 服务器和数据服务器，采用 B/S 构架。后台管理系统对数据进行储存、整理和显示。管理人员根据不同的权限进行客户端或网页访问，通过客户机查看机器的工作状态和运行轨迹，实时监测压实机械的信息，可以给操作人员发送相关指令，实现远程指挥。当操作人员违规操作时后台会发出报警，管理人员将根据报警内容给现场人员发送信息提示其修改操作；对多次违反规定的机器，可以远程锁机使操作人员必须改正处理，管理人员才会解除锁车状态，使机器恢复正常工作。

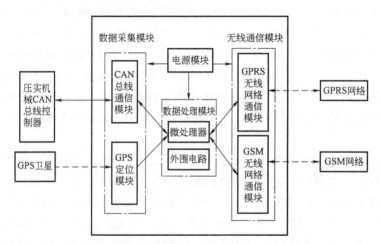

图 8-5 基于物联网的压实机械远程监控系统

3）摊铺与压实的智能化。高级的智能压实是指使压实进程能类似人的大脑那样对压实作业的环境（被压材料的性能、现场条件等）进行一定的分析，自动提供最佳控制的对策，在实施的过程中判断压实效果并进行必要的修正，从而使压实作业始终处在最佳状况下。机器将具有一定的自学习、自适应的能力，当对某一材料进行压实时，通过一段时间的实践自动对压实作业的各项参数（频率、振幅、碾压速度和遍数）进行调节，并判断其压实效果。智能压实的另一个目标是使机器施加给被压材料的能量都能最大限度地被压材料吸收转化为压实功，从而实现压实过程的最佳控制。

第二节　静作用压路机结构

一、光轮式压路机

1. 总体构造

静作用压路机一般由发动机、传动系统、操纵系统和行驶系统组成。在构造上应保证压路机在滚压时速度缓慢，在短途转移时能较快行驶，在滚压终点时能迅速掉头，以防造成局部凹陷和使压实层产生波纹等。所以，在所有静作用压路机的传动系统中，除有一定档位的变速器外，都具有换向机构。

三轮式压路机有两个装在同一根后轴上的宽度较窄而直径较大的后驱动轮，同时驱动轴上要装设带差速锁的差速器。差速器的作用是在压路机因两后轮的制造和装配误差所造成滚动半径不同，或当路面不平和在弯道上行驶时起差速作用。差速锁是使两后驱动轮连锁，以便当一侧驱动轮因地面打滑时，另一侧驱动轮仍能使压路机行驶。

三轮式压路机的机械传动系统如图 8-6 所示。换向机构在变速机构的前部，它与变速机构装在同一个箱体内，换向离合器片是湿式的。这种结构具有零部件尺寸小、质量小、结构紧凑、润滑冷却性能好、寿命长等优点，但变速器各轮轴因其正反转而受交变载荷，调整维修换向机构较困难。

不同型号的三轮式压路机操纵系统的布置形式及某些总成的结构也略有不同。上海产 3Y12/15A 型压路机，其转向轮的操纵采用摆线转子泵液压操纵随动系统，制动器采用盘式结构，布置在变速器输出横轴的端部。盘式制动器虽然较带式制动器结构复杂，成本也较高，但具有制动平稳，磨损均匀，无摩擦助势作用，热稳定性好，制动性能好及维修方便等诸多优点。

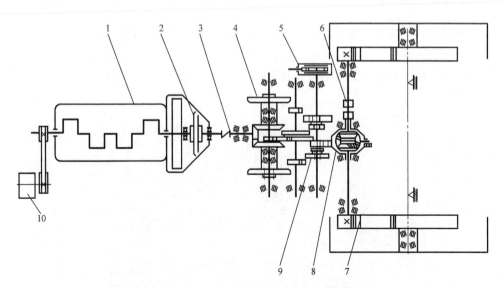

图 8-6 三轮式压路机的机械传动系统
1—发动机 2—主离合器 3—挠性联轴器 4—换向机构 5—盘式制动器
6—差速锁 7—最终传动机构 8—差速器 9—变速机构 10—液压泵

摆线转子泵液压操纵随动系统（图 8-7）由转阀式转向器、转向液压缸、齿轮液压泵和油箱等组成。该系统的转向盘与转向轮之间无机械连接，为液压内反馈系统。当转动转向盘时，液压泵来的液压油进入转向器，并通过液压马达再进入液压缸的左腔或向右腔，使车轮向左或向右偏转。当压路机直线行驶时，来自液压泵的液压油通过转向器直接回油箱。当发动机熄火或液压系统出现故障时，转动转向盘即可驱动转向器，此时液压马达成为液压泵，将液压油输入液压缸的左腔或右腔，完成所需转向。但此时已不再是液压转向，而是人力转向，转动转向盘要费力得多。该种转向系统与其他转向系统比较，具有操纵轻便灵活、安装容易、布置方便、结构紧凑、尺寸小、保养简单和安全可靠的特点。

2. 主要部件的构造

采用铰接式车架的三轮式压路机结构如图8-8所示。全液压铰接式转向使得压路机较整体式结构机动性能好，爬坡能力强，可以适用于各种恶劣工况。

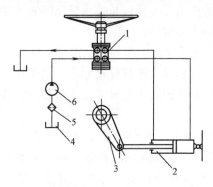

图 8-7　摆线转子泵液压操纵随动系统

1—转向器　2—转向液压缸　3—转向臂

4—油箱　5—过滤器　6—液压泵

图 8-8　采用铰接式车架的三轮式压路机结构

（1）换向机构　换向机构由主动部分、从动部分和操纵机构等组成，如图8-9所示。其中主动部分由大锥齿轮、离合器壳和主动片等组成。两个大锥齿轮1通过滚子轴承支承在横轴3上，它与变速器输出轴上的小锥齿轮常啮合。离合器外壳7用花键装在大锥齿轮的轮毂

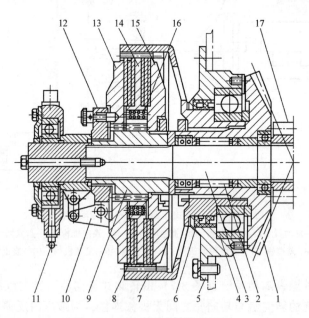

图 8-9　三轮式压路机换向机构

1—大锥齿轮　2—滚子轴承　3—横轴　4—滚珠轴承　5—端盖　6—油封　7—离合器外壳　8—离合器主动片

9—离合器轴套　10—压抓　11—离合器分离轴承　12—压抓架　13—活动后压盘　14—中间压盘

15—固定压盘　16—分离弹簧　17—驱动小齿轮

上，并通过滚珠轴承支承在变速器壳体两侧的端盖 5 上。两面铆有摩擦衬片的主动片，以外齿与离合器壳的内齿相啮合，同时还可轴向移动。从动部分由驱动小齿轮、轴套、固定压盘、中间压盘和后压盘等组成。驱动小齿轮 17 装在横轴 3 上，离合器轴套 9 装在横轴 3 外端的花键上，固定压盘 15 以螺纹形式与轴套连接，中间压盘 14 与后压盘 13 以花键形式与轴套 9 相连接，也可沿轴向移动。操纵机构由压抓 10、可调节的压抓架 12 和离合器分离轴承 11 等组成。

换向操纵机构的左右两个分离轴承由同一个操纵杆来操纵。当操纵杆处于中立位置时，则左、右两离合器在分离弹簧 16 的作用下处于分离状态，此时主动件部分在横轴上空转。当操纵杆处于任一结合位置时（左或右），使一边离合器结合，而另一边离合器分离。结合的一边大锥齿轮则通过主、从动离合器片所产生的摩擦力带动横轴连同驱动小齿轮一起向某一个方向旋转，使动力输出。反之，横轴又按反方向旋转，输出动力。

有些换向离合器的操纵是利用轴端移动套 1 的轴向移动来实现的，如图 8-10 所示。当一端移动套向内移结合时，另一端则向外移动而分离。向内移动的一端，其斜槽压着双臂杠杆 2 的外端，使之转动，而双臂杠杆的另一端就使离合器压紧而结合。另一端移动套向外移动后，其离合器借三根分离弹簧 5 的弹力而分离，反之亦然。

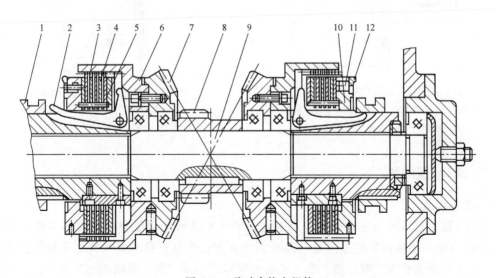

图 8-10　移动套换向机构

1—移动套　2—双臂杠杆　3—主动摩擦片　4—从动摩擦片　5—分离弹簧
6—离合器外壳　7—锥齿轮　8—驱动小齿轮　9—横轴　10—可调整的外压盘
11—定位销　12—定位销楔块

（2）转向轮与悬架　当三轮式压路机采用整体车架时，目前转向轮与悬架的结构形式采用框架式结构，如图 8-11 所示。一套轴承 3 焊接在机架上并支承着转向立轴 4 的上端与机架铰接，立轴 4 的下端通过横销固定着叉脚 2，叉脚的前后两端通过轴承 6 铰接在框架 1 的中部，框架的左、右两侧固装在转向轮轴 7 上。当压路机转向时，转向臂 5 在转向液压缸的活塞杆推动下转动立轴和叉脚，带动框架使转向轮按照转向的需要向左（或右）转动一定的角度。转向轮可以绕轴承 6 横向摆动，以适应地面的不平。

当铰接式三轮式压路机转向时，由转向液压缸直接推动转向轮的连接框架实现压路机转向。

（3）驱动轮 三轮式压路机的驱动轮如图8-12所示，它由轮圈、轮辐、轮毂及齿轮等组成。轮圈7和内外轮辐1、5由钢板焊成，后轮轴的两端支承在两个驱动轮的轮毂2上。在轮毂的内端装着从动大齿圈4，为了便于吊运，在轮圈内还焊有三个吊环6。轮内可以装砂子，用来调节压路机的质量。在轮辐上有两个装砂孔，用盖板封着。

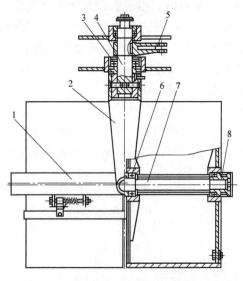

图 8-11 框架式转向轮与悬架

1—框架 2—叉脚 3、6—轴承 4—转向立轴

5—转向臂 7—轮轴 8—轴座

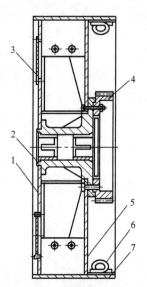

图 8-12 三轮式压路机的驱动轮

1、5—轮辐 2—轮毂 3—盖板

4—大齿圈 6—吊环 7—轮圈

二、轮胎压路机

1. 总体构造

轮胎压路机是一种由发动机、传动系统、操纵系统和行走部分等组成的多轮胎特种车辆。YL9/16型轮胎压路机的总体构造如图8-13所示。该型压路机基本属于多轮胎整体受载式。轮胎采用交错布置方案：前、后车轮分别并列成一排，前、后轮迹相互错开，由后轮压实前轮的漏压部分。在压路机的前部装有四个转向轮（从动轮），后部装有五个驱动轮。轮胎为耐热、耐油橡胶制成的无花纹光面轮胎（也有胎面为细花纹的），保证了被压实路面的平整度。

该机机架为钢板焊接而成的箱形结构，其前后分别支承在轮轴上，上部分别固装有发动机、驾驶室、配重铁和水箱等。YL9/16型轮胎压路机传动系采用机械式传动，发动机输出动力经由离合器、变速器、换向机构、差速器、左右半轴、左右链轮，最后驱动后轮。变速器为带直接档的三轴式四档变速器，其操纵采用手动换档式。压路机在1档时的最低速度为3.1km/h，4档时最高速度为23.55km/h，使压路机既能保证滚压时的慢速要求，又能满足压路机转移时的高速行驶。终传动为链传动，链传动既可保证平均传动比，又可实现较远距离传动。但因其运动的不均匀性，其动载荷、噪声以及由冲击导致链和链轮齿间的磨损都

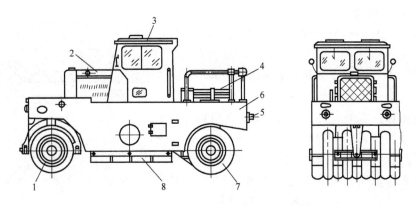

图 8-13 YL9/16 型轮胎压路机的总体构造

1—转向轮 2—发动机 3—驾驶室 4—钢丝簧橡胶水管

5—拖挂装置 6—机架 7—驱动轮 8—配重铁

较大。

YL9/16 型压路机的操纵系统分为转向操纵部分和制动操纵部分。转向操纵部分采用摆线转子泵液压转向形式。驻车制动采用双端带式制动器，供压路机停车制动用；制动踏板为气助力油压外涨蹄式，适用于行车制动。

采用全液压传动系统的轮胎压路机的总体结构如图 8-14 所示。YL30A 型全液压驱动轮胎压路机采用静液压驱动及行星减速机终传动。其主要由前摆动机构、机架、动力系统、液压系统、控制系统、后驱动机构、洒水系统和集中充气系统等部分组成。YL30A 采用三点支承的液压浮动式轮胎悬挂装置，实现压实、转向及浮动。由变量柱塞马达带行星减速机直接驱动，减速机固定壳体与后轮架刚性连接。

采用液力传动变速器的轮胎压路机如图 8-15 所示。为提高路面压实质量，配备动力换档电子手柄操纵，操纵轻便灵敏。其动力换档机构参照轮胎式装载机传动系统结构。全浮动结构的前轮、后轮和传动部件等采用模块化设计，保证压实均匀且便于维护保养。

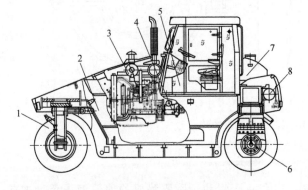

图 8-14 采用全液压传动系统的轮胎压路机的总体结构

1—前摆动机构 2—机架 3—动力系统

4—液压系统 5—控制系统 6—后驱动机构

7—洒水系统 8—集中充气系统

图 8-15 采用液力传动变速器的轮胎压路机

2. 主要部件的构造

（1）换向机构　机械式轮胎压路机的换向机构一般为齿轮换向机构，其结构如图 8-16 所示。小主动锥齿轮 1 装在变速器输出轴的后端，与横轴 5 上的两个大从动锥齿轮 2 常啮合。当小主动锥齿轮 1 旋转时，两个大从动锥齿轮 2 可在横轴 5 上自由相互反向旋转。在横轴的中央，通过花键装着一个可用拨叉拨移的圆柱齿轮 3，当圆柱齿轮向左或向右移动时，可分别与从动锥齿轮 2 小端面的内齿相啮合。当圆柱齿轮被拨到与左或右锥齿轮内齿啮合位置时，就可使动力正向或反向向后传递，从而实现换向。这种换向机构体积小、结构紧凑，但换向时冲击较大。

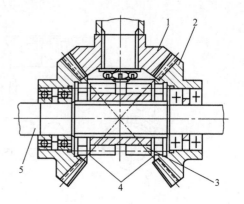

图 8-16　换向机构

1—主动锥齿轮　2—从动锥齿轮
3—圆柱齿轮　4—内齿　5—横轴

（2）转向轮　YL9/16 型轮胎压路机的转向轮如图 8-17 所示，前四个转向轮为从动轮，可以分成上下摇摆的两组，通过摆动轴 8 铰装在前后框架 9 上，再通过转向立轴 4、叉脚 5、轴承 3 和转向立轴壳 2 与机架连接。在转向立轴 4 的上端固装着转向臂 1，转向臂的另一端铰接转向液压缸的活塞杆端。两组轮胎可绕各自的摆动轴 8 上下摆动。

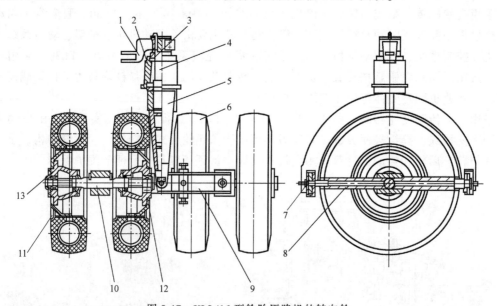

图 8-17　YL9/16 型轮胎压路机的转向轮

1—转向臂　2—转向立轴壳　3、12—轴承　4—转向立轴　5—叉脚　6—轮胎
7—固定螺母　8—摆动轴　9—框架　10—轮轴　11—轮辋　13—轮毂

（3）液压浮动式轮胎悬挂装置　YL30A 型全液压驱动轮胎压路机的前轮液压浮动式轮胎悬挂装置如图 8-18 所示。每两个轮胎一组，由一个浮动液压缸支承，两浮动液压缸相互连通，这样每组轮胎可独自上下移动，同时每个轮胎又能各自绕浮动液压缸上的铰点 O_2 摆动，保证了压路机的三点支承性。

（4）驱动轮　YL 9/16 型轮胎压路机的驱动轮如图 8-19 所示，后驱动轮由两部分组成，左边一组由三个车轮组成，右边一组由两个车轮组成。每个后轮都用平键装在轮轴上。左边三个车轮的轮轴是由两根短轴组成的，其间靠联轴器 8 联接在一起。右边两个车轮共用一根短轴。左、右轮轴分别通过滚子轴承装在各自的"Ⅱ"形轮架 7 上，此轮架又通过轴承和螺钉安装在机架的后下部。

全液压驱动的轮胎压路机行驶采用驱动轮左右分开驱动的形式，如图 8-20 所示。将高速液压变量柱塞马达与减速机集成一体后直接装入轮胎的轮辋内，两个驱动轮构成一组，轮胎的轮辐与减速机相连接，减速机壳体与后轮架连接。

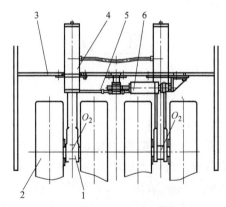

图 8-18　液压浮动式轮胎悬挂装置
1—轮胎摆动架　2—轮胎　3—机架　4—液压浮动缸
5—栅格转向架　6—转向液压缸

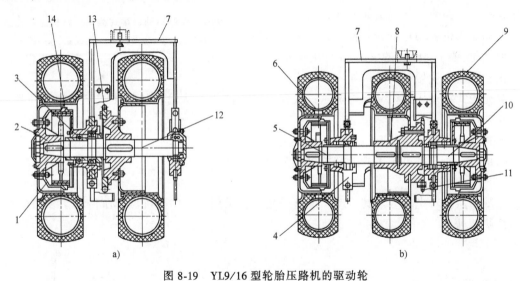

a)　　　　　　　　　　　　b)

图 8-19　YL9/16 型轮胎压路机的驱动轮
a）右驱动轮　b）左驱动轮
1—制动鼓　2—轮毂　3—轴承　4—挡板　5—左后轮的左半轴　6—轮辋　7—"Ⅱ"形轮架
8—联轴器　9—轮胎　10—左后轮的右半轴　11、13—链轮　12—右后轮轴　14—制动器

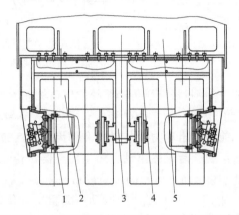

图 8-20　全液压驱动轮胎压路机驱动装置示意图
1—马达与减速机　2—轮胎　3—辅助支承　4—后轮架　5—机架

第三节　振动与冲击压实机械结构

一、振动压路机

1. 总体构造

振动压路机随机型的不同，其总体结构存在一定差异。自行式振动压路机一般由发动机、传动系统、操纵系统、行走装置（振动轮和驱动轮）以及车架（整体式和铰接式）等组成。其中应用最广泛的自行式振动压路机为轮胎-光轮（钢轮）式、双光轮（钢轮）式两种。轮胎驱动铰接式振动压路机总体构造如图 8-21 所示。

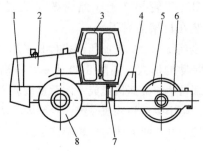

图 8-21　轮胎驱动铰接式振动压路机总体构造
1—后机架　2—发动机　3—驾驶室　4—挡板
5—振动轮　6—前机架　7—铰接轴　8—驱动轮胎

振动压路机振动轮分为光轮和凸块等结构形式。振动轮为凸块形式的又称为凸块振动压路机。轮胎驱动凸块振动压路机如图 8-22 所示。

双光轮式振动压路机又分为两轮铰接式振动压路机和两轮串联整体式车架振动压路机，如图 8-23 所示。

拖式振动压路机主要有凸块式振动压路机、羊足振动压路机、光轮振动压路机、格栅振动压路机等。作业时由推土机或拖拉机作为牵引车拖行作业。

2. 传动系统

振动压路机种类较多，其传动系统差异较大，采用最多的是机械液压传动系统和全液压传动系统两种。

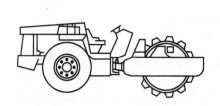

图 8-22　轮胎驱动凸块振动压路机

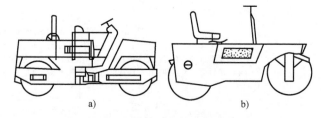

图 8-23　双光轮式振动压路机
a）铰接车架　b）整体车架

（1）机械液压传动系统　采用机械液压传动系统的压路机一般为液压振动、铰接式液压转向、机械式驱动的单钢轮振动压路机，如 YZ10B 型振动压路机，其传动系统如图 8-24 所示。

发动机两端输出动力，前端输出动力经传动轴和副齿轮箱 8 带动双联液压泵 9，分别驱动振动液压马达和液压转向系统；后端输出动力经主离合器 2 传至变速器 3，经减速后将动力传到左、右末级减速主动小齿轮 6，再经侧传动齿轮 5 驱动轮胎行走。

（2）全液压传动系统　采用全液压传动的振动压路机，其传动系统具有液压振动、液压转向和液压行走功能。YZ10D 型振动压路机传动系统如图 8-25 所示。

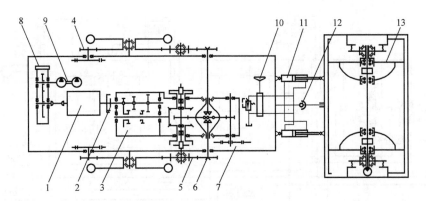

图 8-24　YZ10B 型振动压路机传动系统

1—发动机　2—主离合器　3—变速器　4—制动器　5—侧传动齿轮　6—末级减速主动小齿轮

7—驻车制动　8—副齿轮箱　9—双联液压泵　10—转向器和转向阀

11—转向液压缸　12—铰接转向节　13—振动轮

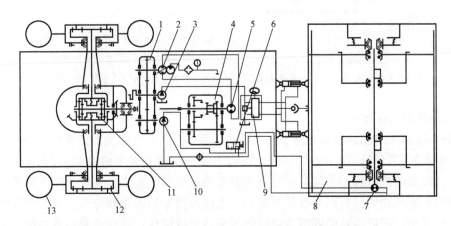

图 8-25　YZ10D 型振动压路机传动系统

1—分动箱　2—行走驱动液压泵　3—转向液压泵　4—变速器　5—行走液压马达　6—起振阀

7—振动液压马达　8—振动轮　9—液压转向器　10—起振液压泵　11—驱动桥　12—轮边减速机构　13—轮胎

　　发动机动力通过分动箱 1 带动行走驱动液压泵 2、转向液压泵 3 和起振液压泵 10，并经相应液压马达将动力传给振动轮、转向和行走系统，该机型的振动轮为从动轮。

　　YZ18 型振动压路机为全液压双驱、双频双幅、铰接式振动压路机，其液压系统主要由三部分组成：液压驱动系统、液压振动系统、液压转向系统。驱动与振动为闭式系统，转向为开式系统，其液压传动系统如图 8-26 所示。

　　液压驱动系统主要由驱动液压泵、前驱动液压马达，各类阀和油管等元件组成。驱动液压泵与发动机飞轮连接，两行走液压马达通过管路并联分置，由驱动液压泵驱动。前驱动液压马达直接驱动钢轮，后驱动液压马达通过传动轴、后桥主传动、轮边减速驱动后轮。

　　液压振动系统主要由起振液压泵、振动液压马达和冷却器等元件组成。转向系统主要由齿轮转向液压泵、转向器和转向液压缸等元件组成。转向液压泵与起振液压泵串接，泵输出的液压油通过转向器控制转向液压缸动作实现左、右转向。

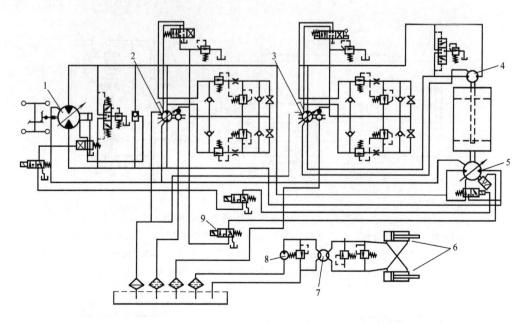

图 8-26　YZ18 型振动压路机液压传动系统

1—后行走液压马达　2—行走驱动液压泵　3—振动液压泵　4—振动液压马达
5—钢轮行走液压马达　6—转向液压缸　7—液压转向器　8—转向液压泵　9—制动阀

3. 振动机构与振动轮

振动轮是振动压路机的重要部件，它的作用是通过振动轮内激振器的变频变幅来完成对土壤、碎石和沥青混合料等不同材料的压实。不同结构的振动轮会使压路机的功能也有所变化。

振动轮按其轮内激振器的结构不同分为偏心轴式和偏心块式。振动压路机为适应对不同被压实材料的密实作用，可以通过调整偏心轴上偏心质量的大小和分布，来改变振幅和振动轮激振力的大小。而振动轮的调频是通过液压马达或机械式传动改变激振器的转速来实现。

振动压路机常见的振动机构有圆周振动机构和扭转振动机构等。大多数振动压路机的振动机构多采用圆周振动，如图 8-27 所示。在振动轮内装有带偏心块的振动轴，振动轴旋转产生离心力，从而产生振动。由于离心力（也称为激振力）绕圆周旋转，故称为圆周振动。振动轴每秒钟的转动次数为振动频率。这种机构结构简单，工作可靠，激振力影响深度大，压实效果好，所以得到广泛应用。

振荡压路机的振动轮内有两个振动轴，它们的转速、转向相同，但其上的振动块偏心质量的位置则相差 180°，产生的离心力形成一对力矩，形成扭转振动，如图 8-28 所示。扭转

图 8-27　圆周振动　　　　　　　　　　　　　图 8-28　扭转振动

振动不会产生冲击，振荡轮也不会离开地面，从而改善了压路机行驶时对地面的附着力。振荡压路机工作时对周围环境影响较小，较适合在桥梁上进行路面压实作业，但其主要缺点是激振力产生的压实影响深度较小。

（1）振动轮结构 振动压路机振动轮是由钢轮、振动轴（带偏心质量块）、中间轴、减振器和连接板等组成的。因振动轴在轮上布置的结构不同，会使振动轮产生不同的振动效果。振动压路机也可以通过选择不同的振动轮组成不同功能的压路机。

1）单轴振动式振动轮。最基本的单轴振动机构中的振动轮有碟形板式振动轮（图8-29）和筒式振动轮（图8-30），均采用圆周振动机构。钢轮辐板和碟形板组成两个独立的振动室，偏心振动轴通过振动轴承支承在辐板和碟形板上的轴承座里。

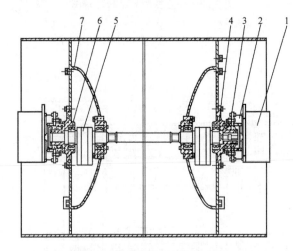

图8-29 碟形板式振动轮结构

1—连接板 2—减振器 3—支座 4—轴
承座 5—振动轴 6—振动轴承 7—碟形板

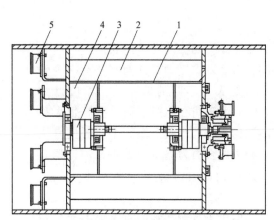

图8-30 筒式振动轮结构

1—振动室壳 2—肋板
3—偏心块 4—振动室 5—减振器

有一种可垂直振动的双钢轮振动压路机，其振动结构简图如图8-31所示，前后钢轮的偏心块是呈相反的方向旋转，可使前后钢轮水平方向的分力相互抵消，振动基本在垂直方向，有利于提高路面密实度和操作舒适性，提高了压实效果。

2）双轴振动式振动轮。双轴振动式振动轮的振动机构有两根偏心轴，偏离振动轮轴心一定距离沿轴向水平方向呈对称配置，如图8-32所示。两振动轴同步反向旋转，使水平方向上的激振力相互抵消，振动轮对地面及机体仅产生垂直方向的作用力。垂直振动轮对水泥混凝土的压实效果非常显著，隔振效果也比普通的单轴振动方式好，但结构较复杂，生产成本较高。

振荡压路机的振荡轮结构如图8-33所示，其也由两根偏心轴、中心轴、振荡滚筒和减振器等组成，偏心轴上偏心块的位置则相差180°。动力通过中心轴、同步齿轮传动，驱动两根偏心轴同步旋转产生相互平行的偏心力，形成交变力矩使滚筒产生振荡。

3）复式振动机构振动轮。复式振动机构中的振动轮既有水平方向的振动（扭转振动），又有沿振动轮轴向的往复振动，是两种振动的复合，也称为章动（Nutation）。

复式振动机构较复杂，有两个与一般振动轴不同的振动轴，其轴线与振动轮的轴心线互相垂直，如图8-34所示。两垂直振动轴用一对同步齿轮啮合，并通过液压马达和一对圆锥

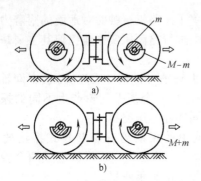

图 8-31 双钢轮振动结构简图

a) 低振幅 b) 高振幅

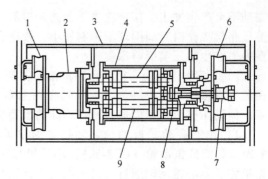

图 8-32 垂直振动轮结构原理图

1、6—减振橡胶 2—行走马达 3—滚筒 4—起振器壳体
5—偏心轴 7—振动马达 8—同步齿轮 9—偏心轴

齿轮驱动。两振动轴转向相反、转速相同，每个垂直振动轴的两端各有一个偏心力矩大小不同的偏心块，相位差为 180°。由于偏心力矩不同，故产生大小不同的离心力，其上端两个不同偏心块离心力的合力为 F_1，下端两个不同偏心块离心力的合力为 F_2，如图 8-34a、b 所示。

两个垂直振动轴的布置也不完全相同，一个轴的小偏心块在上端，大偏心块在下端；另一个轴则相反，大偏心块在上端，小偏心块在下端。每个振动轴上的偏心块间存在 180°的相位差。两轴大偏心块间和两轴小偏心块间相位差都是 180°。于是两垂直轴上的大小偏心块

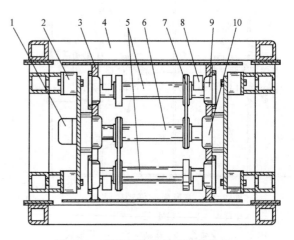

图 8-33 振荡压路机的振荡轮结构

1—起振马达 2—减振器 3—振荡滚筒 4—机架 5—偏心轴
6—中心轴 7—同步齿形带 8—偏心块 9、10—轴承座

各形成一对力偶，经两对力偶的叠加，形成对振动轮的扭转振动。一对大偏心块产生的离心力和一对小偏心块产生的离心力的差值形成沿振动轮轴向的往复振动，如图 8-34c、d 所示。

复式振动压路机的另一个振动轮仍采用常规振动，该机种对多孔性沥青混凝土及沥青玛蹄脂碎石混凝土（SMA）的压实效果较好。

手扶式振动压路机振动轮结构与自行式振动压路机和拖式振动压路机振动轮结构大致相似，振动轮的激振器结构多采用偏心块式。

振动轮钢轮随不同使用功能其结构形式也多种多样，有光面钢轮的，也有凸块面钢轮、羊足面钢轮、格栅面钢轮和多棱面钢轮等。

（2）调幅机构

1）偏心块式调幅机构。当振动轮工作时，通过改变振动轴的旋转方向，使固定偏心块与活动偏心块方向一致叠加或方向相反来改变振动轴的偏心质量分布（偏心距），从而实现高振幅或低振幅，达到调幅的目的。图 8-35 为普通偏心块式双幅调节机构示意图。通过改

变振动轴即振动液压马达的旋转方向来改变活动偏心块与固定偏心块的相对位置，从而改变偏心质量分布和偏心矩，获得两种不同的振幅。但这种调幅机构在改变振动轴旋向时，活动块撞击挡销会产生较大的冲击力。

水银式调幅机构可以很好解决冲击力的问题，如图 8-36 所示。它是由振动轴、水银槽和偏心块等组成的。水银槽、偏心块与振动轴组装成一体，水银槽内装入定量的水银后封死。由于偏心块是固定的，当振动轴正反两个方向旋转时，水银槽内的水银在离心力的作用下会分别集中在槽的两端，起到调整偏心质量分布的作用，从而达到变幅的目的，水银在改变离心力方向时不会产生很大的冲击力。

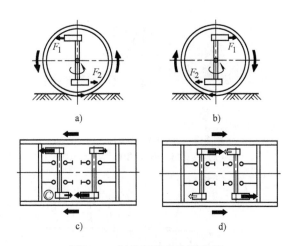

图 8-34 复式振动机构原理图

a）偏心块位置 1　b）偏心块位置 2
c）偏心块位置 3　d）偏心块位置 4

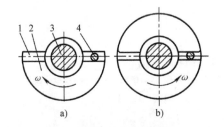

图 8-35 普通偏心块式双幅调节机构示意图
a）高振幅　b）低振幅
1—固定偏心块　2—活动偏心块　3—振动轴　4—挡销

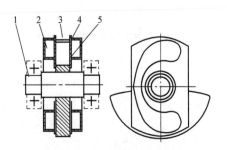

图 8-36 水银式调幅机构
1—振动轴　2—水银槽　3—加强柱　4—偏心块　5—固定板

正反转钢球调幅机构与普通的活动偏心块双频调幅机构原理相同，钢球相当于活动偏心块，依靠挡板的作用，当振动轴正反转时使钢球处于与固定偏心块相叠加或相抵消的位置，因而产生高低两个振幅，如图 8-37 所示。当需要改变压路机的高低振幅的匹配时，只需增加或减少钢球的数量即可。这种调幅机构可以避免因水银槽损坏而出现水银泄漏发生污染的可能性。

偏心块的形状也很重要，它直接涉及激振轴的转动惯量，在相同静偏心距情况下激振轴的转动惯量越小越好，涉及振动系统起、停振时的载荷。图 8-38 显示了偏心块的优化过程，其中 c 为最优化结果，可以减小整个轴系的转动惯量，从而缩短起、停振时间，进而为改善压实质量奠定基础。

2）偏心轴式调幅机构。偏心轴式振动轮可实现多级变幅，其偏心质量分布在偏心轴的全长度上，通过调整转动偏心轴与固定偏心轴（或偏心块）的不同转角，可得到不同的偏心力矩，从而实现调幅功能。图 8-39 为套轴调幅机构振动轮的结构示意图。

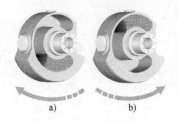

图 8-37　钢球调幅机构

a) 高振幅　b) 低振幅

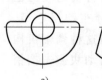

图 8-38　偏心块形状的优化

a) 一般形状　b) 简单优化　c) 最优化

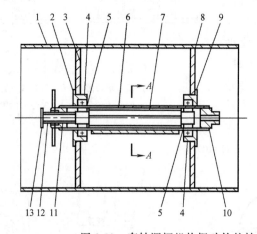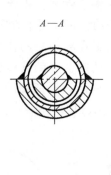

图 8-39　套轴调辐机构振动轮的结构示意图

1—轮圈　2、9—左、右轴承座　3、8—左、右辐板　4—振动轴承　5—铜套　6—外振动偏心轴
7—内振动偏心轴　10—花键　11—花键套　12—弹簧　13—挡板

这种机构由外振动偏心轴 6、内振动偏心轴 7、辐板、花键和挡板等构成。外振动偏心轴 6 通过铜套 5 或轴承支承在内振动偏心轴 7 上。外振动偏心轴 6 通过振动轴承 4 安装在左、右辐板上。外振动偏心轴 6 轴端内花键和内振动偏心轴 7 轴端外花键，通过一个带有内外花键的花键套 11 连接起来。振动马达通过花键 10 驱动外振动偏心轴 6、花键套 11 和内振动偏心轴 7 旋转产生激振力。

当调节工作振幅时，握住花键套 11 上的手柄向左拉出，压缩弹簧 12 直至花键套 11 的外花键与外振动偏心轴 6 的内花键脱开，此时，花键套 11 的内花键始终与内振动偏心轴 7 的外花键啮合，旋转手柄带动内振动偏心轴 7 相对外振动偏心轴 6 偏转一个角度，改变内外振动偏心轴上偏心块相对夹角（位置），则会改变振动轮振幅。调节偏转角结束后，通过手柄推花键套 11 使之与外振动偏心轴 6 的内花键恢复啮合状态。调幅的档次取决于花键套 11 的外花键的齿数，一般取齿数的一半。

图 8-40 所示为一种利用转换花键套实现振动、振荡转换的调幅机构。其优点在于短轴和长轴上的固定偏心块和活动偏心块结构完全一样，便于制造，通过转换花键套实现工作轮振动和振荡状态的转换。

图 8-41 所示为另一种振动、振荡转换的调幅机构。它的优点在于整体结构更为简单，只是短轴和长轴上的固定偏心块和活动偏心块略有差异，短轴上的固定偏心块 I 为大偏心力

矩，而长轴上的活动偏心块 Ⅱ 为大偏心力矩。当长、短轴旋转方向改变时，就顺利实现了两轴各自的偏心块相位差为 180°的变化，从而实现从振动到振荡的自由转换；而且活动偏心块为大偏心力矩这种激振轴设计，对一般的振动压路机而言具有特别的意义，即由大振幅向小振幅转换时，合偏心力矩即离心力的方向也由固定偏心块一侧转向对侧，从而改善振动轴承内圈滚道的偏磨现象，可以有效缓解振动轴承内圈滚道因离心力作用偏磨而产生振动轴承异响的问题。

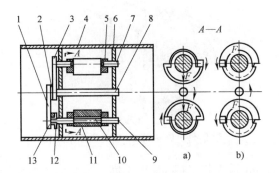

图 8-40　一种利用转换花键套实
现振动、振荡转换的调幅机构
a）振荡状态　b）振动状态
1—同步带　2—中间带轮　3—边带轮　4—轮体
5—活动偏心块　6—支架　7—短轴　8—中间轴
9—长轴　10—平键　11—固定偏心块
12—转换花键套　13—转换边带轮

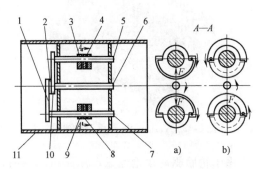

图 8-41　另一种振动、振荡转换的调幅机构
a）振荡状态　b）振动状态
1—同步带　2—中间带轮　3—固定偏心块 Ⅰ
4—活动偏心块 Ⅰ　5—短轴　6—中间轴　7—长轴
8—活动偏心块 Ⅱ　9—固定偏心块 Ⅱ
10—边带轮　11—轮体

3）自动调幅压实系统。自动调幅压实系统可根据作业状态变化自动调节压实工作参数，宝马格的自动调幅压实系统有 Variomatic 和 Variocontrol 两种结构形式。前者用于串联式双钢轮振动压路机，后者用于轮胎驱动的单钢轮振动压路机，此种被称为智能系统的机构能根据被碾压物料密实度的变化自动选择适宜的振幅，以优化激振力的输出。与常规振动压路机相比，自动调幅压实系统可进行更多样化的压实作业，从而提高了压路机的作业效率和压实质量。

早期配置 Variomatic 系统的双钢轮振动压路机前轮使用了两根平行且旋向相反的偏心轴，由一对同步齿轮传动，两轴做相反方向的转动，转速相同，如图 8-42 所示。两振动轴上的偏心块的相对位置，可根据压实作业的需要自动地将其中一个振动轴的偏心块旋转一个角度进行调节，而另一个振动轴的偏心块不转动，使两偏心块产生相位差，两偏心块的相位差可从 0°到 180°进行连续调节。通过两个偏心块相位角不同的叠加，实现无级调节垂直振幅的大小。

后期的 Variomatic 系统则采用了独立的激振室，室内激振机构原理类似于垂直振动系统，激振方向与激振室的相对位置始终不发生变化，故振动轮在碾压过程中激振室的转动决定了振动轮的振动方向，通过转动激振室可实现对垂直振幅的调节，如图 8-43 所示。

图 8-44 所示为 Variomatic 系统是供沥青压实用的定向系统。在振动压实过程中，依靠安装在振动轴承支架上的加速度传感器收集地面反馈的压实材料刚度数据信号，并将其传输到数据储存处理系统，而后将信号输送到控制装置。由于振幅的垂直分量（有效振幅）对压实比较重要，应

在机器由于被压材料刚度过高或有效振幅太大而产生弹跳之前自动降低。随着被碾压铺层物料由松软变得坚硬，激振力的方向会自动地由垂直变化到水平。这样不仅能优化所需压实能量，而且能够保持材料稳定，得到均匀的压实。除自动模式以外，在系统自控模式中也可预选某一振动方向，可以在水平与垂直方向之间，从六个备选振动方向中选用其中的一种。

图 8-42　Variomatic 双偏心轴结构

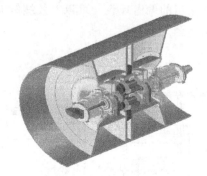

图 8-43　Variomatic 独立激振室结构

用于轮胎驱动单钢轮振动压路机的 Variocontrol 系统与 Variomatic 不同，采用的是偏心块式调幅机构。在一根偏心轴上装有两个大小相同的偏心块和位于这两块之间的第三个偏心块，中间偏心块相对于两侧偏心块做转速相同的反向同步旋转，如图 8-45 所示。这样布置使水平方向的偏心力矩相抵消，重合的激振力只在垂直方向上产生。偏心块之间的相对位置可进行从 0°到 180°的连续调节，振动可以由垂直转为水平方向。

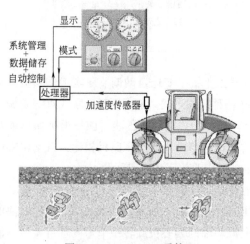

图 8-44　Variomatic 系统

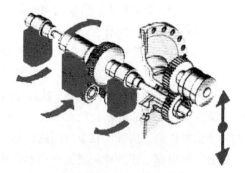

图 8-45　Variocontrol 结构

Variocontrol 系统主要适用于土石填方压实施工的大型压路机，图 8-46 所示为装备 Variocontrol 系统的轮胎驱动单轮振动压路机。振动支架上安装两个加速度传感器，控制单元（处理器）根据传感器的反馈信号控制偏心块之间相对位置的自动调整。振动方向可以根据需要在垂直和水平之间自动调整到最佳状态。从管理系统输入数据到调整完成时间很短。在碾压低密实度铺层材料时三个偏心块的偏心矩在垂直方向重合，发出最大的垂直激振力；当材料密实度增大后系统自动调整中间偏心块的方向，使振动方向相对于垂直方向有一定倾角，此时在垂直方向上的激振力减小；碾压高密实度材料时系统将振动方向调整到水平,其垂直激振力为零;由垂直定向振动而产生的超高振幅能提高压实深度和生产率,同时对振幅和压实能量快捷而持续的调整减小了表层材料疏松及骨料破碎现象。

4. 液压控制系统

由于液压传动具有无级变速,工作平稳可靠,操作简单,便于实现自动控制等优点,因此目前的自行式轮胎驱动振动压路机、两轮串联振动压路机及大型振动压路机全部采用了液压传动技术。

振动压路机的液压系统包括液压

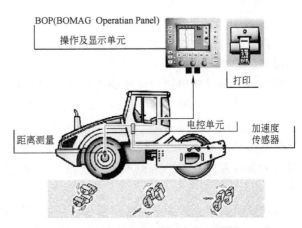

图 8-46　装备 Variocontrol 系统的
轮胎驱动单轮振动压路机

行走、液压振动和液压转向三部分,如 YZ18 型振动压路机的液压系统(图 8-26)。

(1)振动压路机液压行走系统　轮胎驱动振动压路机的液压行走系统常采用液压-机械传动,其原理如图 8-47a 所示。动力由发动机经分动箱传给液压泵和液压马达组成的闭式液压传动系统,再经变速器、驱动桥传给行走轮胎。

两轮串联振动压路机液压行走系统的原理如图 8-47b 所示。由于此种振动压路机为双钢轮驱动行走,所以液压系统是由双向变量泵和两个液压马达组成的闭式液压油路。

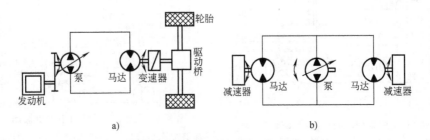

图 8-47　振动压路机液压行走系统
a)轮胎驱动振动压路机　b)两轮串联振动压路机

SP-60D 振动压路机的液压行走回路如图 8-48所示,由一个变量轴向柱塞泵带一个辅助泵及两个并联的定量轴向柱塞马达形成闭式调速回路,可以实现前进、后退、停车及作业速度的无级调整。驱动泵安装在分动箱左侧,由发动机经分动箱驱动。压实轮驱动马达和后桥驱动马达并联,由一个控制阀组控制。后桥驱动马达经二级变速器、差速机构和轮边减速器驱动轮胎。压实轮驱动马达经行星减速器驱动压实轮。二位二通电磁换向阀实现驱动轮的制动。

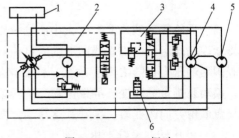

图 8-48　SP-60D 振动
压路机的液压行走回路
1—油箱　2—行走泵总成　3—控制阀组
4—后桥驱动马达　5—压实轮
驱动马达　6—制动阀

（2）振动压路机液压振动系统   振动压路机液压振动系统的主要作用是完成振动轮的起振功能。它有两种组合形式，即定量泵与定量马达组成的开式液压油路与变量泵与定量马达组成的闭式液压回路。

YZ10B 型振动压路机的液压振动系统如图 8-49 所示。柴油发动机动力经齿轮箱传给双联齿轮泵，油液由泵输送到控制阀 2 传给齿轮马达 1 驱动振动轮工作。当振动轮不工作时，液压油经控制阀 2 返回油箱。

很多型号的振动压路机采用双频双幅振动系统配合偏心块式调幅机构，通过改变振动液压马达的旋转方向来获得两种不同的振幅。振动频率则是通过控制振动液压马达的转速来改变。

振动液压回路也常为双向柱塞变量泵与双向柱塞液压马达组成的闭式回路。高振幅时，马达为较低转速（低振频）；低振幅时，马达为较高转速（高振频）。

YZC12 型振动压路机为双钢轮串联，前、后轮均为振动轮。振动液压回路如图 8-50 所示。前、后轮振动泵为双联形式，振动回路相互独立对称，可根据工况选择前、后振动轮同时振动或单独振动。

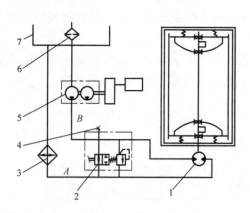

图 8-49   YZ10B 型振动压路机的液压振动系统
1—齿轮马达   2—控制阀   3—冷却器   4—压力计接口
5—双联齿轮泵   6—过滤器   7—油箱

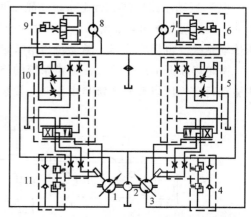

图 8-50   YZC12 型振动压路机振动液压回路
1—前钢轮振动液压泵   2—辅助液压泵   3—后钢轮振动液压泵
4、11—过载补油阀组   5、10—振动泵排量控制阀组
6、9—液控背压阀组   7—后钢轮振动液压马达
8—前钢轮振动液压马达

前、后轮振动液压泵排量大小由电液比例控制，控制液压油由辅助液压泵供给。当振动泵排量控制阀组的电磁铁线圈的输入电信号发生变化时，振动泵排量控制阀组中的三位四通伺服阀两端压力也随之发生改变，伺服阀芯产生位移，从而改变振动液压泵的变量斜盘倾角。振动泵排量的改变，导致振动马达转速改变，并由此获得不同的振动频率。当振动泵变量斜盘倾角方向改变时，振动马达转动方向改变，可得两个不同的振幅。

（3）液压转向系统   由于液压转向具有轻便、灵活、可靠和转向转矩大等特点，因此广泛应用于中、大型振动压路机上，而且结构形式多为全液压伺服型。液压油路主要由液压泵、全液压转向器、溢流阀、阀块和转向液压缸等组成。

徐工产 XD121 全液压双钢轮串联式压路机的转向系统如图 8-51 所示。前后两个振动轮独立控制，采用两个转向液压缸，分别驱动前后两个振动轮，经电磁换向阀的组合控制，具有灵活的转向方式，可实现蟹行功能（即前后轮轨迹错开一定距离），从而提高道路连接处的压实质量，扩大压路机的适用范围。

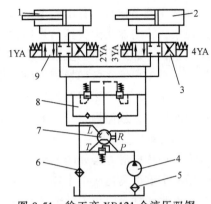

电磁铁 1YA、4YA 或 3YA、2YA 同时通电工作，在转向器操纵下，转向液压缸 1 和 2 的无杆腔（或有杆腔）同时进油，推动前后转向轮同向、等速转向，两轮因轴向错位而同步蟹行，前后轮的轴心始终平行，如图 8-52a 所示。对电磁换向阀 9 的任一电磁铁单独通电，在转向器操纵下，转向液压缸 1 推动一个转向轮转动；切换电磁换向阀，只对电磁换向阀 3 的任一电磁铁单独通电，转向液压缸 2 推动另一个转向轮转动，前后操作使两轮转向相同，实现两轮异步蟹行，如图 8-52b 所示。

图 8-51　徐工产 XD121 全液压双钢轮串联式压路机的转向系统

1、2—转向液压缸　3、9—电磁换向阀　4—齿轮泵　5—过滤器　6—散热器　7—转向器　8—阀块

当电磁铁 1YA 和 3YA（或 2YA 和 4YA）同时通电工作时，在转向器操纵下，转向液压缸 1 和 2 的工作腔同时进油，推动前、后轮反方向转动，两工作轮轴向夹角较大，从而实现整机大转向。当对电磁换向阀 9（或 3）的任一电磁铁单独通电时，液压缸 1（或 2）推动相应的一个转向轮转动，即实现单轮小转向。

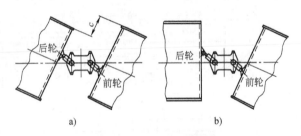

图 8-52　转向轮蟹行状况

a）两轮同步蟹行　b）两轮异步蟹行

（4）防打滑液压系统　压路机行走多数采用并联液压驱动系统，行驶过程中当一个轮子出现打滑现象时，打滑轮上的负载很小，此时驱动打滑轮马达两端的压差也很小，根据并联系统的特性，驱动非打滑轮马达两端的压差也会很小，因此造成驱动马达的流量很小，这样就会导致整机的驱动力严重下降以至于无法行驶，尤其在坡道上行驶或作业时。所以在压路机使用工况比较恶劣、容易出现打滑机型的液压回路中必须采取防打滑措施。

第一种防打滑方案如图 8-53 所示，由两个变量马达并联构成闭式液压系统。在该系统

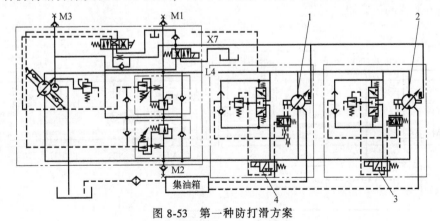

图 8-53　第一种防打滑方案

1—前马达　2—后马达　3、4—排量切换阀

中，电液比例马达是防打滑效果最理想的选择，通过采集马达的转速信号判断轮子是否出现失速现象，控制器接到失速信号后便自动调节马达的排量，从而达到防打滑的效果。但在实际应用中，考虑到系统的复杂程度和成本因素，大多采用的是电控两点的马达，当轮子出现打滑时，人工控制排量切换阀得电，把打滑轮的驱动马达切换到小排量，这样可减少通过该马达的流量，防止它无限制地失速，同时分流到非打滑轮马达的流量会增加，保证系统建立起正常的压差，从而提供一定的驱动力，有效阻止整车的打滑现象。该方案适用于采用两个变量马达的系统。

第二种防打滑方案如图8-54所示。在并联液压系统中采用防打滑阀（分流阀），系统通常使用两个定量马达或单个定量马达和单个变量马达。当压路机钢轮出现打滑时，定量马达不能通过改变排量阻止钢轮继续打滑，这时分流阀可以强制分给非打滑马达原有的流量，保证非打滑马达不受打滑马达降压和流量分配的影响，为整车提供原有的转矩而阻止整车的打滑现象。分流阀的分配比是一个重要的设计参数，需要根据前后轮马达所需流量来设定，前后轮马达所需流量与马达的排量、前后传动件的减速比和前后轮的直径有关。

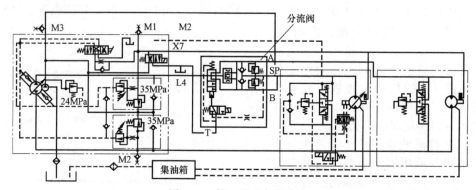

图8-54 第二种防打滑方案

第三种防打滑方案如图8-55所示。该方案采用双泵双马达回路，双泵双马达系统使前后轮的驱动相互独立，两个马达分别驱动前后轮。当一个轮子出现打滑现象其马达两端压差下降时，另外一个轮子的驱动马达仍然可以按照系统设定的压力发挥其驱动能力。该系统可做成电比例控制系统，更容易实现自动防打滑功能。该方案成本较高，但防打滑效果最好，适用于高附加值的压路机产品。

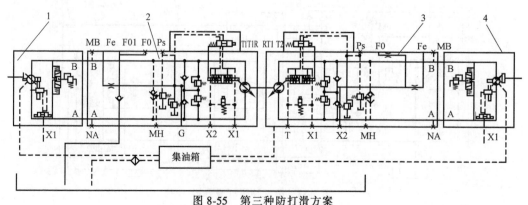

图8-55 第三种防打滑方案

1—前驱动马达 2—前驱动泵 3—后驱动泵 4—后驱动马达

二、夯实机械

1. 振动平板夯实机

振动平板夯实机是利用激振器产生的振动能量进行压实作业的，主要用于工程量不大的狭窄场地。振动平板夯实机的结构如图 8-56 所示，其由发动机、夯板、激振器和弹簧悬架系统等组成。

振动平板夯实机分为非定向和定向两种形式。动力通过发动机经 V 带传递给偏心块式激振器。由激振器产生的偏心力矩带动夯板以一定的振幅和激振力振实被压材料。非定向振动平板夯实机是利用激振器产生的水平分力自动前移；而定向振动平板夯实机是利用两个激振器壳体中心（两激振器中心）所处位置的不同，使振动平板原地垂直振动或在总离心力的水平分力作用下水平移动。振动平板夯实机的隔振元件是弹簧减振器。

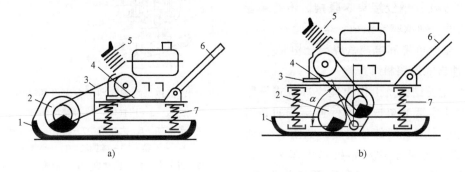

图 8-56 振动平板夯实机的结构

a）非定向振动式 b）定向振动式

1—夯板 2—激振器 3—V 带 4—发动机底架 5—操纵手柄 6—扶手 7—弹簧悬架系统

2. 振动冲击夯实机

振动冲击夯实机包括内燃式振动冲击夯实机和电动式振动冲击夯实机两种。动力分别是内燃发动机和电动机。结构都是由动力源（发动机、电动机）、激振装置、缸筒和夯板等组成的。振动冲击夯实机的工作原理是由发动机（电动机）带动曲柄连杆机构运动，产生上下往复作用力使夯实机跳离地面。在曲柄连杆机构作用力和夯实机重力的作用下，夯板往复冲击被压实材料，达到夯实的目的。

振动冲击夯实机的冲击频率为 $7 \sim 11\mathrm{Hz}$，跳起高度为 $45 \sim 65\mathrm{mm}$。夯板在对被夯实材料进行快速冲击的同时，还对被夯实材料产生振动作用，在冲击和振动共同作用下，获得很好的夯实效果。

内燃式冲击夯实机的结构如图 8-57 所示，它主要由发动机、离合器、减速机构、内外缸体、曲柄连杆机构、活塞、弹簧、夯板和操纵机构等组成。发动机动力经离合器 12、小齿轮 11 传给大齿轮 6，使安装在大齿轮偏心轴上的连杆 16、活塞头 17 和活塞杆 19 做上下往复运动，在弹簧力（压缩和伸张）作用下，使机器和夯板跳动，对被压材料产生高频冲击振动作用。

电动式冲击夯实机的结构如图 8-58 所示，其结构与内燃式冲击夯实机基本相类似，仅动力装置为电动机。

3. 蛙式打夯机

蛙式打夯机是利用偏心块旋转产生离心力的冲击作用进行夯实作业的一种小型夯实机械，它具有结构简单、工作可靠和操作容易的优点，因而在公路、建筑和水利等施工工程中被广泛采用。

蛙式打夯机夯实部分由夯板 8、立柱 9、斜撑 11、轴销铰接头 3、动臂 5 和前轴 7 焊接而成，如图 8-59 所示。拖盘 2 采用钢板冲压而成，上面焊接有电动机支架、传动轴支承座、手把铰接支承座等。夯实部分与拖盘通过动臂 5 及轴销铰接头 3 联接。传动装置 4 由传动轴、轴承座等组成。电气设备 12 由电动机、输电电缆和电控盒等部分构成。

4. 冲击式压路机

（1）主要结构及工作原理　冲击式压路机由通过十字缓冲架连接组件连接着的牵引车和冲击压实装置两部分组成，如图 8-60 所示。5YCT18 型冲击式压路机牵引车采用铰接式车架、液压转向。牵引车配有发动机、液力变矩器、变速器、驱动桥及驾驶室等部件。

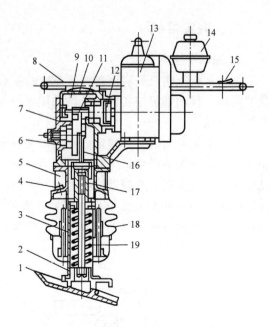

图 8-57　内燃式冲击夯实机的结构
1—夯板　2—内缸体　3—弹簧　4—加油塞
5—外缸体　6—大齿轮　7—箱盖　8—手把
9—曲轴箱　10—减振块　11—小齿轮
12—离合器　13—发动机　14—油箱　15—加
速踏板控制器　16—连杆　17—活塞头
18—防尘罩　19—活塞杆

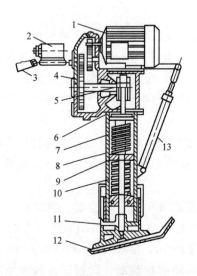

图 8-58　电动式冲击夯实机的结构
1—电动机　2—电气开关　3—操纵手柄　4—减速器
5—曲柄　6—连杆　7—内套筒　8—机体　9—滑套活塞
10—弹簧组　11—底座　12—夯板　13—减振器支承器

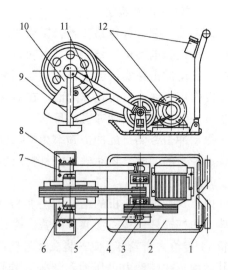

图 8-59　蛙式打夯机的结构
1—操纵后把　2—拖盘　3—轴销铰接头　4—传动装置
5—动臂　6—前轴装置　7—前轴　8—夯板　9—立柱
10—大带轮　11—斜撑　12—电气设备

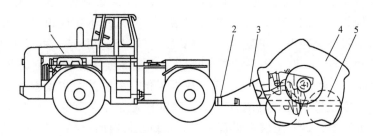

图 8-60　5YCT18 型冲击式压路机的结构

1—牵引车　2—十字缓冲架连接组件　3—压路机机架　4—五边压实轮　5—机架行走车轮

冲击压实装置主要由压实轮组件 7、机架 2、连杆架 8、行走车轮 5、连接头 1、防转器 9 和提升液压缸 6 等组成，如图 8-61 所示。为了防止和减少冲击轮对机架的冲击，配有由连杆、限位橡胶块和缓冲液压缸等组成的缓冲机构。冲击轮（压实轮）为两个由几段曲线组成的非圆柱形滚轮，由厚钢板焊接而成，分置于机架两侧，中间通过轮轴相连。由提升液压缸、防转器、连杆架和行走车轮等组成的提升机构和行走机构，主要是用来短途转移和更换施工场地。当提升液压缸伸长时，两个冲击轮离开地面，此时冲击压实装置的全部重量由四个行走车轮承担，在牵引车的拖动下实现场地转移。防转器 9 用于防止在工地短途转移时冲击轮自由转动。

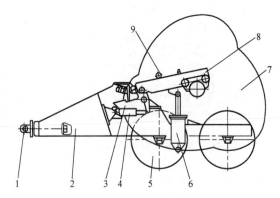

图 8-61　3YCT25 型冲击压路机压实装置

1—连接头　2—机架　3—摆杆　4—液压缸　5—行走车轮
6—提升液压缸　7—压实轮组件　8—连杆架　9—防转器

压实装置与牵引车通过十字连接装置相连接。连接装置由牵引板、十字接头、销轴、牵引轴、法兰盘和缓冲橡胶套组成，可缓冲冲击轮对牵引车的冲击，并在牵引过程中改善其受力状况，保证牵引车与压实装置之间具有足够的自由度。当牵引车拖动压实轮向前滚动时，压实轮重心离地面的高度上下交替变化，产生的势能和动能集中向前、向下碾压，形成巨大的冲击波，通过多边弧形滚轮连续均匀地冲击地面，使土体均匀致密。

（2）主要技术参数　冲击式压路机的主要参数有冲击轮尺寸、冲击轮质量、最大冲击力、工作速度、冲击频率、压实影响深度、冲击能量等。压实能量与冲击面的宽度、铺层厚度、工作速度等有关。

滚动冲击压实技术突破了传统的压实方式，将往复夯击与滚动压实技术相结合，具有压实能量高、影响深度大的特点，对高填方路段、松沙土源地基的土质压实和石质挤密非常有效。对于原地基土质不好的工程，可直接压实而无须换土和分层填方与压实；对于含水量范围的要求较宽，可大大减少干性土的加水量并能将湿的地基排干，加速软土地基的稳定；对于填方层的压实，每次填方厚度可达 0.5m，压实速度高达 12km/h。冲击式压路机还可以用于破碎旧水泥路面或沥青路面，包括去除再生前的破碎、毛石破碎和深层破碎等。

（3）冲击压路机的工作轮　冲击压路机工作轮的廓形有三边形（图 8-61）、四边形和五边形（图 8-60）等几种，BOMAG 公司在传统多边冲击理论基础上推出一款八边形冲击振动工作轮，外形结构如图 8-62 所示。工作轮由同轴的三段八边形钢轮组成，相邻的每段交错布置，具有重型平板夯大冲击力与滚动钢轮的高压实效率双重特点，可以压实厚度 2.5m 以上的混合土铺层和厚度 1m 以上高黏性黏土层，工作状况如图 8-63 所示。压实遍数可减少50%，铺层厚度提高 100%，压实效率提高，成本降低。两轮边可以使整机在硬路面上行驶而不损坏地面，方便了整机迁移场地及运输。该机种适合于基础层、次基础层及填方的砾石、碎石、砂石混合料，砂性土壤和岩石填方等非黏性材料的压实，是建设高等级公路、铁路、机场、港口、堤坝及大型工业场地理想的压实设备。

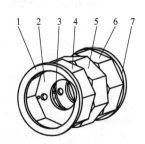

图 8-62　八边形冲击振动轮的结构

1—左轮边　2—左辐板　3—左定位板　4—左
八边轮　5—中间八边轮　6—右八边轮　7—右轮边

图 8-63　八边形冲击振动轮压实效果

5. 高速液压夯实机

根据锤体下落方式的不同，高速液压夯实机作业方式可分为自由落锤式和强制落锤式。

自由落锤式（单作用）是液压缸将锤体提升至设定高度后释放，锤体自由下落；锤体落下后通过锤垫击打下锤体与夯板的组件，驱动夯板压实地面。强制落锤式（双作用）是液压缸将锤体提升至设定高度后快速反向加力，锤体在重力和液压缸推力的共同作用下加速下落；锤体落下后通过锤垫击打下锤体与夯板的组件，驱动夯板压实地面。锤体夯击的是锤垫及下锤体与夯板的组件，并未直接夯击地面。这种夯实机的夯板始终压在地面上，对地面施加的是下压力，本身没有砸的运动特征。按其对地面的作用形式，高速液压夯实机属动力压实机械。

高速液压夯实机在实施压实时也具有冲击，但是从静态加速，冲击力的峰值小且持续时间长，用于路基补强时是在不破坏原有土体结构的前提下适度提高土体强度和密实度。

思　考　题

1. 静作用光轮式压路机为何要采用全轮驱动？轮胎式压路机压实被压材料有什么特点？
2. 压路机为什么在压实终点要迅速掉头？由传动系统中何种机构来保证？
3. 振动压路机的压实原理、主要技术参数及其结构组成与静力式压路机有何区别？
4. 振动压路机为什么要进行调频调幅？如何实现调频调幅？简述自动调幅压实系统的优点。
5. 简述冲击压路机的压实原理和主要技术参数。

第九章

沥青混合料搅拌设备

第一节 概　述

一、用途

沥青混合料搅拌设备是将不同粒级的碎石、天然砂或破碎砂等砂石矿料，按比例配合与适当比例的加热沥青及石粉在规定温度下拌和成符合标准的沥青混合料的成套机械设备，又称为沥青混合料搅拌站。

砂石料是混凝土中的骨架，又称为集料。砂子用来增加集料与沥青的黏结面积。石粉作为填充料与沥青共同形成糊状黏结物填充于集料之间，这样既可使沥青不致从碎石表面流失，又可防止水分浸入，以增加集料之间的黏结力，提高混凝土的强度。由于石粉的性质稳定，它与沥青混合而成的糊状物受温度变化的影响较小，故可提高沥青混合料的稳定性，利于摊铺。

沥青混合料摊铺到路面基层上经过整形、压实即成为沥青路面面层，有很高的强度和密实度，在常温下有一定的塑性，且透水性小，水稳性好，有较大的抵抗自然因素和交通载荷的能力，使用寿命长，耐久性好，是高等级公路、城市道路、机场、停车场、码头货场等理想的面层铺筑材料。

二、分类与适用范围

沥青混合料搅拌设备是沥青路面施工的关键设备之一，其性能直接影响到所铺筑的沥青路面的质量。其分类、特点及适用范围见表 9-1。

表 9-1　沥青混合料搅拌设备的分类、特点及适用范围

分类形式	类　型	特　点	适　用　范　围
工艺流程	间歇强制式	分批出料,强制搅拌	我国目前规范要求,高等级公路建设应使用间歇强制式搅拌设备,连续滚筒式搅拌设备用于普通公路建设
	连续滚筒式	连续出料,自落式搅拌	
生产能力	小型	30t/h 以下	
	中型	30～350t/h	
	大型	400t/h 以上	
搬运方式	移动式	设备的组成部分安装在一辆或数辆挂车上随施工地点转移	公路建设和养护施工
	固定式	一般固定在某处不搬迁	大中城市道路工程和高等级公路施工

三、搅拌工艺与设备组成

表9-2中列出了沥青混凝土混合料的拌制工艺及搅拌设备中所对应的装置，由于机型不同，其工艺流程也有所区别。目前国内外最常用的机型是间歇强制式和连续滚筒式。

表9-2　沥青混凝土混合料的拌制工艺及搅拌设备中所对应的装置

拌 制 工 艺	各工序所对应的装置
冷集料的配料给料	冷集料的配料供给和输送装置
冷集料的烘干及加热	冷集料的烘干、加热与热集料输送装置
热集料的称量和供给	热集料筛分装置、热集料储料斗及称量装置
沥青的熔化、加热及储存	沥青保温罐和沥青加热脱桶装置
矿粉料的定量供给	矿粉储仓、石粉输送及定量供给装置
沥青的定量供给	沥青计量供给装置
各种配料的搅拌	搅拌器
沥青混凝土混合料成品储存	沥青混凝土混合料成品料储仓

第二节　沥青混合料搅拌设备构造

一、间歇强制式沥青混合料搅拌工艺及设备构造

1. 间歇强制式沥青混合料拌制工艺流程及特点

图9-1所示为间歇强制式沥青混合料搅拌设备的总体结构，其工艺流程如图9-2所示。

间歇强制式沥青混合料搅拌方法是传统的成熟工艺，其特点是：初级配的冷集料在干燥滚筒内采用逆流加热方式烘干，热能的利用好。二次称量使集料的级配和石料与沥青的比例

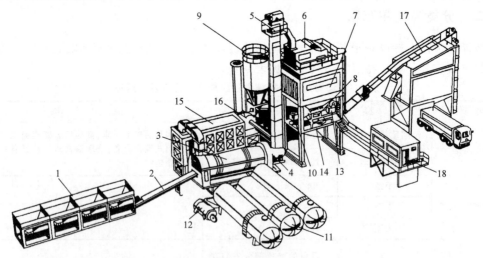

图9-1　间歇强制式沥青混合料搅拌设备的总体结构

1—冷集料配料装置　2—带式输送机　3—干燥滚筒　4—燃烧器　5—热集料提升机　6—热集料筛分机
7—热集料储料仓　8—热集料计量斗　9—粉料筒仓　10—粉料计量斗　11—沥青保温罐　12—导热油加热装置
13—沥青称量筒　14—搅拌机　15—除尘装置　16—鼓风机　17—成品料仓　18—控制室

能达到相当精确的程度，也易于根据需要随时变更石料级配和油石比，所拌制出的沥青混合料质量好，可满足各种施工要求。缺点是工艺流程长，设备庞杂，建设投资大，搬迁较困难，对除尘装置要求较高，使除尘装置的投资占设备总造价的比例高（约为 30%~40%）。

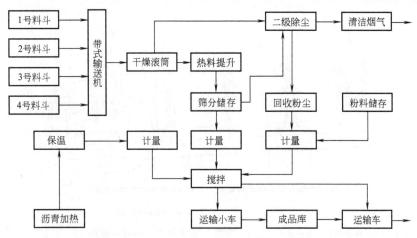

图 9-2　间歇强制式沥青混合料搅拌工艺流程

2. 间歇强制式沥青混合料搅拌设备构造

（1）冷集料供给系统　冷集料供给系统由冷集料料斗、给料器和冷集料输送机等组成，如图 9-3 所示。冷集料料斗一般为 2~4 个方口形漏斗容器，用于集存不同粒径的砂、石料。给料器（又称为配料器）位于冷集料料斗的下方，对冷集料进行计量，并按照施工的要求进行级配。带式输送机将级配后的冷集料集聚并输送至干燥滚筒。

冷集料给料器有往复式、电磁振动式、带式和板式等多种结构形式。带式给料器结构简单，易于调整速度，在沥青混合料搅拌设备中应用较多。带式给料器位于冷集料料斗下方，其工作原理如图 9-4 所示，通过改变调速电动机的转速或料斗闸门的开度调节给料量。

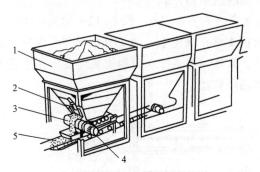

图 9-3　冷集料供给系统的结构
1—料斗　2—闸门　3—配料带
4—电动机　5—输送带

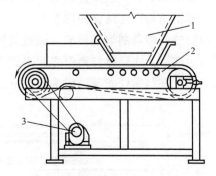

图 9-4　带式给料器的工作原理图
1—料斗　2—带式输送机　3—调速电动机

冷集料输送机是将各给料器输送出的集料加以收集，并送至干燥滚筒。它有带式输送机和多斗提升机两种形式。由于带式输送机工作可靠，不易产生卡阻现象，工作噪声小，安装方便，根据需要可以架设成倾斜和水平等形式，因此在场地允许的情况下应优先选用。

（2）冷集料烘干加热系统　冷集料烘干加热系统包括干燥滚筒和加热装置两部分，其外形结构如图 9-5 所示。工作时，干燥滚筒连续转动，筒内的提升叶片将进入筒内的冷集料不断地升起、抛下，同时燃烧器向筒内喷入火焰，冷湿集料逐渐被烘干并加热到所需温度。

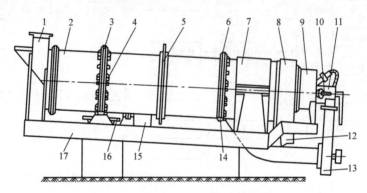

图 9-5　冷集料烘干加热系统外形结构
1—加料排烟箱　2—滚筒　3、6—筒箍　4—胀缩件　5—传动齿圈　7—冷却罩
8—卸料箱　9—火箱　10—点火喷头　11—燃烧器　12—卸料槽
13—鼓风机　14—支承滚轮　15—驱动装置　16—挡滑滚轮　17—机架

1）干燥滚筒。干燥滚筒用来加热烘干冷湿集料。为使冷湿集料在较短的时间内用较少的燃料充分脱水升温，要求干燥滚筒能使集料在滚筒内均匀分散，有足够的停留时间，能尽可能多地与热气直接接触。干燥滚筒还应有足够的空间容纳热气和水蒸气，以免气压过高使粉尘逸散。

间歇强制式搅拌设备的干燥滚筒均采用逆料流加热方式。火焰自滚筒的出料口端喷入，热气流逆着料流方向穿过滚筒时被集料吸走热量，废气从烟囱排出。逆料流加热时的烟气温度为 350~400℃，该加热方式的热量利用效果比顺料流加热方式好。

干燥滚筒的内部结构如图 9-6 所示，其筒体是直径为 1.5~3m、长 6~12m 的旋转式圆柱体，由耐热钢板卷制焊接而成。通过前后两道筒箍支承在滚轮上。为了补偿筒体和筒箍因温差而发生变形，在筒体与筒箍之间安置有胀缩件。筒体一般按 3°~6° 的安装角支承在滚轮上旋转工作，在筒箍处安装挡滑滚轮，以防止滚筒轴向移动。

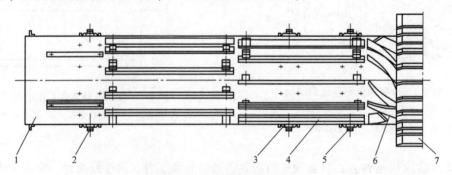

图 9-6　干燥滚筒的内部结构
1—筒体　2、5—筒箍　3—传动齿圈　4—升料槽板（叶片）　6—螺旋叶片　7—进料箱

为使冷集料在干燥滚筒内均匀、分散地前进，沿滚筒内壁不同区段安装有不同形状的叶片（图9-6），滚筒旋转时叶片将集料刮起、提升并于不同的位置跌落，使集料与热气流充分接触。滚筒的倾斜度、旋转速度、长度和直径、叶片的排列和数量决定了集料在滚筒内停留的时间。改变叶片结构和滚筒安装角，可改变冷集料在筒内的移动速度，调整搅拌设备的生产率。

根据叶片的结构和作用，将干燥滚筒内腔分为三个区域：受料区、提升-抛撒区和卸料区。受料区大多采用螺旋叶片，相对于滚筒轴线的升角为45°～60°，可使集料自滚筒进料端较快地向里移动。提升-抛撒区内的冷集料向前移动是依靠筒体的倾斜，不同的叶片形状，提升集料的数量、集料抛撒的开始时间与方向也不同，应用较多的是槽钢形和弯脚形叶片。为使热气更好地传给集料，相邻排的叶片在圆周方向上错开安装，如图9-7所示。

图9-7　干燥滚筒内叶片安装

干燥滚筒的旋转有三种驱动形式：齿轮驱动、链条驱动和摩擦轮驱动。多采用摩擦轮驱动形式，由四个支承滚轮同时也是主动轮支承在滚筒两端，利用主动轮与筒箍之间的摩擦力使滚筒转动。

干燥滚筒进料端壁上设有加料装置和烟箱，用于进料和排烟。图9-8为使用最广泛的倒料槽式加料装置和烟箱示意图。倒料槽穿过烟箱伸入干燥滚筒进料端，与水平面呈60°～70°的斜角，以免湿料阻滞。工作时带式输送机送来的集料经倒料槽进入干燥滚筒，通过进料端处的旋转式提升器或螺旋叶片将集料抛撒至滚筒内。

烘干加热后的集料由卸料箱内的卸料槽卸出（图9-5）。小直径的干燥滚筒多使用自流卸料方式，即热集料顺自流式集料槽流入热集料提升机的受料斗中。大直径干燥滚筒多采用旋转提升器卸料装置，热

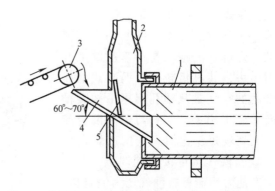

图9-8　使用最广泛的倒料槽式加料装置和烟箱示意图
1—干燥滚筒　2—烟箱　3—带式输送机
4—倒料槽　5—挡板

集料由旋转式提升器提升到滚筒轴线平面以上被抛入漏斗内，再沿集料槽落入热集料提升机的受料斗中。加料箱和卸料箱的料槽内表面都衬垫一层耐磨钢板。旋转的筒体和固定的烟箱罩壳、火箱之间装有由耐磨与耐热橡胶制作的密封件，以防止粉尘的逸出。

2）加热装置。加热装置的功用是将集料烘干并加热到工作温度。目前国内外沥青混合料搅拌设备的加热装置几乎都使用液体燃料，以重油和柴油为主。液体燃料热值较高，燃烧的热效率高，灰分少，可使燃烧室容积减小，操作与控制方便，易于满足对不同温度的要求。国外也有用天然气作为燃料的，它有更优良的燃烧特性，但价格昂贵，仅适合获得天然

气方便的场合。国内也有个别搅拌设备仍然用烧煤加热。煤的热值低，火焰不稳定，温度不易控制，并且劳动强度大，但价格便宜。

加热装置由燃油箱、油泵、输送管道、燃烧器和鼓风机等组成。若以重油为燃料，则燃油箱内设有加热管，并在燃油供给系统中设有重油预热器。

燃烧器的作用是将燃料雾化成尽可能多的细小油粒，并均匀地分布在燃烧区的空气流中与空气充分混合，以利于完全燃烧。燃烧器的核心是燃烧喷嘴。喷嘴按照液体燃料雾化的方法不同，将燃烧器分为机械式、低压式和高压式三种。

机械式燃烧器依靠燃油本身的高压（一般为1~2.5MPa）将燃油从喷嘴喷出并雾化，助燃空气通过鼓风机进入火箱。其特点是：不需要另外的压缩空气作为雾化剂，工作噪声小，助燃空气可预热到较高的温度，燃烧器结构简单紧凑。但由于燃油雾化单靠本身的油压，雾化质量和与空气混合质量受影响，喷油能力的调节范围也有限，且喷嘴的喷孔很小，易堵塞。机械式燃烧器仅适用于小型沥青混合料搅拌设备。

低压式燃烧器中燃油以0.05~0.08MPa的低压经喷嘴喷出，同时，0.3~0.8kPa的低压空气从喷嘴喷孔周围的缝隙中喷出使燃油雾化并助燃。其优点是：因空气参与雾化，燃油雾化质量高。低压供气噪声较小，喷嘴不易堵塞，维护较简单。由于有80%~100%的空气作为助燃用，燃烧过程的调节范围宽，易调节。但其燃烧器体积较大，生产能力较小，通常用于中、小型搅拌设备中。

低压式燃烧器的喷嘴分为直流式、涡流式和比例式三种（图9-9）。直流式低压燃烧器的空气是沿喷嘴的喷孔直射出去，其火炬较长。涡流式低压燃烧器的空气是从油孔周围沿螺旋槽旋转着喷射出去，空气与燃油混合较好，火炬较短。比例式低压燃烧器的供油量和供气量可按比例调节，不同的生产能力均能保持油气比为恒定值，燃烧效果较佳，自动控制的沥青混合料搅拌设备上多采用这种喷嘴。

高压式燃烧器喷嘴利用0.3~1.2MPa的高压蒸汽或0.3~0.7MPa的压缩空气对燃油进行冲击和摩擦，使油液雾化并助燃。其特点是：维护简单，调节范围宽，不易堵塞，火炬长但噪声大。适用于中、大型沥青搅拌设备。

火箱（燃烧室）位于燃烧器前端，是燃料燃烧的区域。一般采用薄钢板

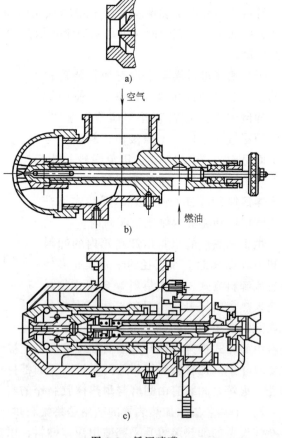

图9-9 低压喷嘴

a) 直流式低压喷嘴 b) 涡流式低压喷嘴

c) 比例式低压喷嘴

制成，里面衬砌耐火砖，也可采用没有衬砌的耐热钢板制成。火箱与干燥滚筒之间衬有石棉板，以补偿二者工作中产生的膨胀差。

高压空气由鼓风机提供，进入燃烧器在喷头处与喷嘴喷出的雾状燃油混合并燃烧。通过控制机构改变风门的开度，实现进气量的调整。

（3）热集料的称量供给系统　间歇式沥青搅拌设备中热集料的称量供给系统包括热集料提升、热集料二次筛分储存和称量三部分。

1）热集料提升机。干燥滚筒卸出的热集料由提升机提升到一定的高度并送入筛分装置。通常采用链斗提升机，它由主动和从动链轮、装于链条上的多个运料斗及安装在提升机顶部的驱动装置和链轮张紧机构等组成。在大型搅拌设备上多采用导槽料斗、重力卸料方式的斗式提升机（图9-10），即主动链轮带动链条上的料斗在提升机底部盛满热集料后被送至提升机顶部，转过主动链轮后，热集料靠重力落入溜料槽并沿着料槽滑入振动筛内。重力卸料方式的链条运动速度慢，可减少磨损及减小噪声。

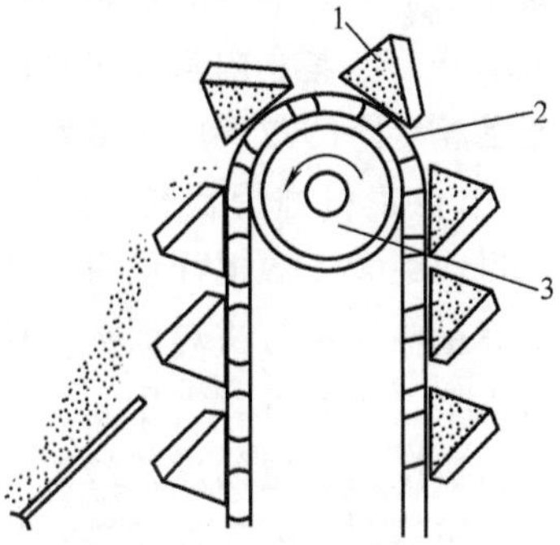

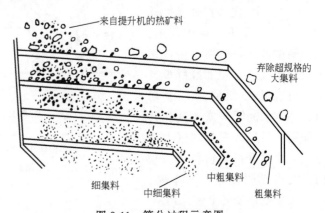

图9-10　斗式提升机
1—料斗　2—牵引链　3—主动链轮

在热集料提升机的驱动装置中附设止逆机构，是为了防止提升机运转中途停止时，链条有载一侧在集料的重力作用下使提升机发生倒转。

2）热集料的筛分与储存装置。间歇式沥青搅拌设备中的筛分装置是用于将热集料按粒径大小重新分级，以便在搅拌之前进行精确的计量与级配。

筛分装置多采用振动筛。按其结构和作用原理可分为单轴振动筛、双轴振动筛和共振筛几种形式。因共振筛结构复杂，使用维修不便，故搅拌设备中多用单、双轴振动筛。

振动筛内有几个不同规格的筛网（图9-11）。第一道筛网为粗筛网，将超规格的集料弃除掉，其他筛网孔径由上至下逐层减小，最底层为砂筛网。筛网用快换盖式压板装于筛箱内，易更换。

单轴式振动筛通过单轴偏心轴的旋转，使倾斜放置的筛网产生圆振动而筛分骨料。振幅通常为 4～6mm，振动频率为 20～25Hz。双轴式振动筛通过两根倾斜布置的偏心轴同步旋转，使水平放置的筛网产

图9-11　筛分过程示意图

（图中标注：来自提升机的热矿料；弃除超规格的大集料；细集料；中细集料；中粗集料；粗集料）

生定向振动而筛分物料，振幅通常为9～11mm，振动频率为18～19Hz。振动器的布置有上置式和下置式两种。为了便于维修，目前的搅拌设备电动机与振动器均置于筛箱上部。有的直接采用振动电动机，使结构更为简化。筛箱的布置方式有斜置和水平布置两种。水平布置式的筛箱更换筛网及维修较为方便。筛箱与除尘装置用通气管相接，以便将灰尘收集起来，提

高环境净化程度。

振动筛通过减振弹簧对搅拌楼起隔振作用。为了避免振动筛停车时引起搅拌楼的共振，驱动电动机设有反向制动装置，使电动机在振动筛停机时的转向与工作时的转向相反。

振动筛下方设置一排热集料储仓，分别用来储存砂子和不同粒径的碎石。储仓对应于每种集料独立或用隔板将一个大的储仓隔开，并分别设对应的集料称量系统。每个料仓上部装有溢料管，当仓内集料堆积超过一定高度时排出，防止过量的集料落入其他料仓内，或集料塞满振动筛下方的空间而损坏筛子。热集料仓内一般都设置上、下料位传感器，或一个下料位指示器，当储仓内料位过低时发出信号，通知操作人员调整冷矿料的初配。各储仓下方设有能迅速启闭的放料门，通常由电磁换向阀控制气缸来实现放料门的启闭。

3）热集料称量装置。热集料称量采用质量累加计算方式。它包括称量斗和计量秤两部分。目前绝大多数搅拌设备采用电子计量秤。

称量斗用钢板拼焊而成，位于热储料仓的下方，并通过四个拉力式称量传感器悬吊在楼体的机架上。运输时需用联接螺栓将其位置固定，以防止其摇摆受力。称量时，不同规格的热集料按预先设定的质量级配比先后落入称量斗中，拉力式传感器将检测到的信号通过屏蔽电缆送至控制台的程控器进行累加计量，操作人员可从控制台的显示器上读出计量值。达到设定值后，热集料仓的放料门自动关闭，称量斗门开启，称量好的热集料被卸入搅拌机。

（4）粉料的储存供给和计量装置

1）粉料的储存供给系统。粉料储存和输送装置是用于储存散装石粉，并在搅拌设备工作期间将石粉送至粉料计量装置内的储存输送装置，有漏斗式与筒仓式两种形式（图9-12）。漏斗式结构简单，上料高度低，一般用于生产率低或使用袋装石粉的搅拌设备上。筒仓式必须使用散装粉料，并与水泥罐车或斗式提升机配用，通过罐车上的气力输送或斗式提升机将粉料送入仓内，其劳动强度小，成本高，中、大型搅拌设备上多采用。

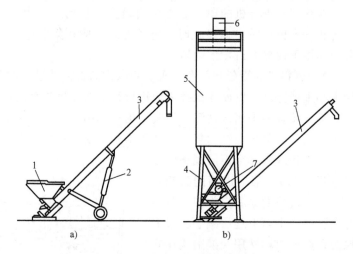

图9-12 粉料储存和输送装置

a）漏斗式 b）筒仓式

1—漏料斗 2—支腿 3—螺旋输送机 4—支架
5—储料仓 6—空气过滤器 7—转阀

粉料被卸入或吹入筒仓式储料仓，靠自重沉积在仓内，带有粉尘的空气经空气过滤器过滤后排入大气。仓顶上设有料位器，以探测粉料的高度。为防止粉料结拱下料不畅，仓内底部安装有粉料疏松器。安装在筒仓下部的转阀通过叶片的转动均匀地为螺旋输送机喂料，将粉料由输送机送到单独的粉料称量斗内进行称量。螺旋输送机由调速电动机驱动并控制粉料的流量。

2）粉料称量系统。在沥青混合料拌和工艺中，粉料必须单独计量，不允许与砂石料累加计量。因此，搅拌设备中设置了专门的粉料计量装置，由称量斗和电子计量秤组成。

粉料称量斗通过拉力传感器悬吊在楼体机架上，运输时需要将其位置固定。称量斗的斗门由粉料计量秤的控制系统来操纵，计量达到设定值后供料螺旋输送机停止转动，称量斗斗门开启，石粉被卸入搅拌器内。计量值可以从控制台的显示器上读出。粉料称量斗的容量通常为搅拌机容量的 20%。

（5）沥青加热供给系统　沥青加热供给系统包括沥青加热炉、沥青保温罐、沥青泵、计量装置、喷射装置以及连接管路和阀门等。它用于储存、保温熔化后的液体沥青，并且适时定量地供给搅拌缸。

常温下的沥青呈固体状态。搅拌设备使用沥青必须经熔化、脱水并加热至一定温度。沥青加热装置的作用是将沥青储罐中的固体沥青熔化、脱水，并达到工作温度要求。通常熔化沥青是在专门的储油库内进行，熔化后的液体沥青用油罐车运送至搅拌设备的保温罐内储存。有些固定式沥青搅拌设备本身设置有沥青熔化装置，可以通过沥青泵和连接管路直接将热沥青输送至保温罐内。

储罐内沥青的加热方式可分为火力加热、电加热、导热油加热和远红外线加热等。在非永久性沥青搅拌设备，国内外广泛使用导热油加热系统加热沥青，整个系统结构紧凑，便于拆装。如果使用桶装固态沥青，还可以采用导热油脱桶装置作为辅助设备进行沥青熔化。

1）导热油加热装置。在导热油加热炉中，加热到 300℃ 的导热油由热油泵送入沥青储罐的蛇形管中，导热油以自身的热量加热沥青，降温后的导热油又流回到加热炉中的蛇形管再次被加热，并以循环方式工作。

图 9-13 所示为常用的卧式可移动的导热油加热炉结构，配置在沥青混合料设备中，可用于加热沥青储罐和输送管道中的沥青、燃油箱中的燃油等，也可根据需要对搅拌机及成品料仓起保温作用。

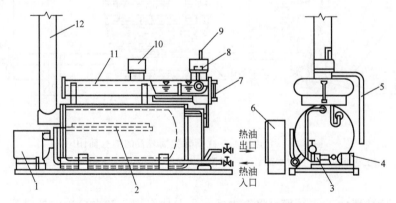

图 9-13　常用的卧式可移动的导热油加热炉结构

1—燃烧器　2—加热管　3—热油泵　4—电动机　5—溢流管　6—控制柜
7—油面指示器　8—检测仪　9—通气管　10—供油口　11—调节罐　12—排烟管

导热油加热炉主要由内装蛇形加热管的火箱、带鼓风机的燃烧器、热油泵、调节油罐、进出油阀门和控制柜等组成。

火箱用优质钢板制造，外面包有约 50mm 厚的保温料层，保温层外包罩一层薄钢皮。用无缝钢管盘绕成的加热管沿火箱内壁水平布置，伸出箱外的加热管分别通过进、出油手动阀门及进、出油管与导热油储罐和被加热的设备连接。火箱的顶部设置有膨胀调节罐，用来调节系统中导热油的膨胀。加热箱体的一端有油泵、手阀门、压力开关和电动机等，用以驱动导热油在储油罐或被加热设备中循环流动。

在燃烧室的另一端设置有燃烧器和助燃鼓风机。燃烧器主要燃烧轻柴油，也可附设预热器烧重油甚至渣油。燃烧器产生的火焰使加热管内的导热油加热升温。目前加热炉中的燃烧器多采用全自动调压喷嘴，自带鼓风机、燃油泵和燃油过滤器，通过自动控制系统进行操作，工作中可自动熄火和再点燃，安全可靠。

加热炉的控制柜内设置有低油位断流开关、高低油压开关、火焰光电监视装置、循环油泵与燃烧器联锁装置、工作温度控制开关、导热油温度超限时燃烧器熄火开关和其他各种指示器，可对加热炉进行手动或自动控制。

2）导热油加热式沥青脱桶装置。当沥青搅拌设备本身设置了沥青熔化装置时，可以采用能将沥青的脱桶、脱水、加热和保温四种功能融为一体的沥青脱桶装置，完成将固态桶装沥青从桶中脱出并加热至泵送温度。

图9-14为导热油加热式沥青脱桶装置的结构简图。该设备主要由上桶机构、沥青脱桶室、沥青加热室、导热油加热管、沥青脱水器、沥青泵、沥青管路和阀门等组成，可完成对桶装沥青的脱桶、脱水、加热和保温作业。

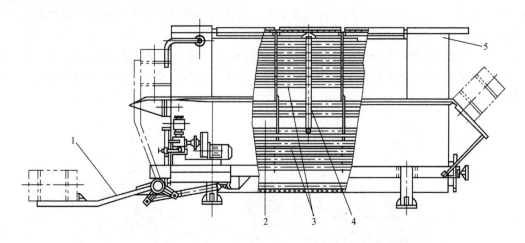

图9-14　导热油加热式沥青脱桶装置的结构简图
1—上桶机构　2—沥青加热室　3—导热油加热管　4—沥青脱水器　5—沥青脱桶室

该沥青脱桶装置的工作过程：将沥青桶装入上桶机构，卸去口盖的桶口朝下。液压缸起升臂架将沥青桶推入脱桶室，直至室内将桶装满。导热油被泵入脱桶装置后，先进入沥青加热室的加热管，后进入脱桶室的加热管。当脱桶室里的温度达到沥青熔化流动温度时，沥青从桶内流入加热室。待沥青充满加热室后，将三通阀接通内循环管道，沥青泵将含水的温度为95℃以上的沥青泵送至脱桶室顶部的平板上，沥青以薄层状态在流动中将水分迅速蒸发，水蒸气由顶部的孔口排出。当沥青中的水分排除干净，并被继续加热到所需的工作温度130~160℃以后，便可泵入保温罐中，或根据拌和工艺要求，通过输送管道直接送入沥青称量系统。

3）沥青称量喷射装置。沥青的称量方法有按重量计量和按容积计量两种。

容积式沥青称量装置（图 9-15）由沥青称量桶、浮子、沥青注入阀与排放阀、钢绳、标尺、重块和传感器等组成。当沥青注入阀开启时，由输送系统送来的沥青注入称量桶，随着沥青的注入浮子上移，通过软钢绳与浮子相连的重块下移；当重块触及传感器的触点时给电子仪表发出信号，并通过执行机构使沥青注入阀关闭，称量过程完成。随后沥青排出阀开启，称量好的一份沥青经输送系统送至搅拌机内的喷管喷出。通过调整夹头带动传感器上下移动，改变传感器的高低位置，即可调整称量桶的计量值。工作期间导热油被通入保温套中进行保温。

重力式沥青称量装置的称量桶通过传感器悬挂在机架上（图 9-16）。称量前气缸使锥形底阀关闭，三通阀使沥青经注入管进入称量桶。当注入量达到设定值时，电子仪表给执行机构发出信号，通过气缸使三通阀换

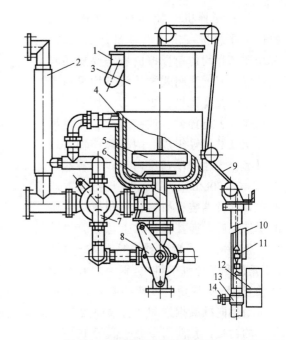

图 9-15 容积式沥青称量装置

1—溢流管 2—沥青注入管 3—称量桶 4—保温套
5—浮子 6—挡板 7—沥青注入阀
8—沥青排放阀 9—软钢绳 10—标尺 11—重块
12—传感器 13—夹头 14—调整螺钉

向，切断进入称量桶内的沥青通路，沥青与回流管路相通。随后锥形底阀开启，称量好的沥青流入搅拌器或由喷射泵输送至沥青喷管喷入搅拌器。沥青罐外设有保温套，工作期间注入导热油进行保温。

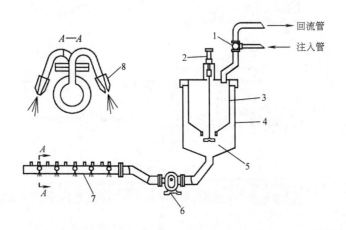

图 9-16 重力式沥青称量和喷射装置示意图

1—三通阀 2—拉力传感器 3—沥青称量桶 4—沥青罐
5—锥形底阀 6—沥青喷射泵 7—喷管 8—喷嘴

（6）搅拌机 搅拌机（又称为搅拌缸）是将按一定比例称量好的集料、石粉和沥青均匀地搅拌成所需要成品料的装置。间歇强制式搅拌设备均采用卧式双轴叶桨搅拌机，如图 9-17 所示，其由搅拌轴、搅拌臂、搅拌桨叶、卸料闸门和驱动装置等组成。两根搅拌轴通过一对啮合齿轮带动而反向旋转，转速一般为 40～80r/min。每根轴上装有数对搅拌臂，臂端装有耐磨材料制成可更换的搅拌桨叶。搅拌臂在轴上呈螺旋线排列，相邻的搅拌臂相错 90°或 45°角度（小角度利于拌细矿料），臂上桨叶与搅拌轴呈 45°安装角，可使物料在搅拌中

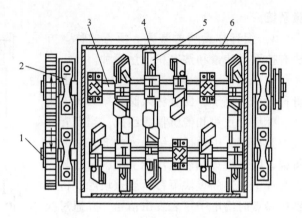

图 9-17 卧式双轴叶桨搅拌机
1—传动齿轮 2—轴承 3—搅拌轴 4—搅拌桨叶
5—搅拌臂 6—衬板

产生沿轴向螺旋推进和垂直轴向的交叉运动。搅拌机壳体内侧通过卡簧或螺栓装有耐磨材料制成的衬板，其使用寿命不低于 10^5 批次。

搅拌机的驱动装置由电动机、带传动、减速器和液力偶合器等组成。当搅拌机出现超载或卡料时，液力偶合器在起过载保护作用的同时，利用油液从偶合器内的螺塞孔内喷出使电动机卸载，同时向控制台报警。

搅拌机的卸料口设在搅拌机底部中间位置。卸料闸门有可抽动的闸板式、可转动的扇形门式和活瓣式等形式。活瓣式又分为抓斗式和开闭片瓣式（图 9-18）。闸门的启闭有电动、气动或液压等不同的操作方法。

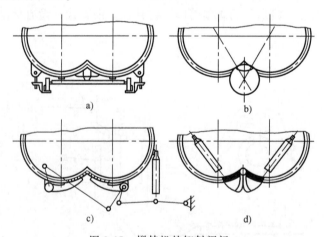

图 9-18 搅拌机的卸料闸门
a）闸板式 b）扇形门式 c）抓斗式 d）开闭片瓣式

（7）成品料储仓装置 成品料储仓主要用来调节搅拌设备与运输车辆之间的生产不协调，减少频繁开停机，提高搅拌设备的生产率。对于滚筒式沥青搅拌设备，由于成品出口高度低，必须通过储料仓来解决成品的装车问题。在保温与防氧化措施好的条件下，大型储仓也可用于成品料的较长时间（最多可达半个月）的储备。

成品料储仓大多采用竖立的筒仓，1~4 个筒仓并列支承在支架上（图 9-19），上部圆筒形下部锥形利于卸料。储存期少于 24h 的储仓，一般只在仓体外侧附设保温层。若用于较长时间储存成品料时，除了设保温层外，还应采用导热油加热，并向仓内通入惰性气体，以防止沥青氧化变质。

储仓的卸料口装有卸料闸门。为了防止成品料进入储仓时产生离析现象，即防止混合料自空中落下时大粒径石料流到仓的边缘，细小砂料堆积在中间的现象，在仓顶附设带有闸门的受料斗，待积聚一定数量的成品料后再一起卸入

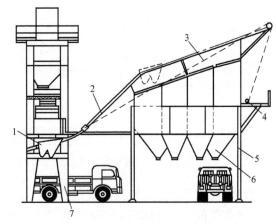

图 9-19　成品料储仓示意图
1—运料车　2—轨道　3—钢索　4—驱动机构
5—支架　6—成品料储仓　7—搅拌楼

仓内，或在仓内设置圆锥台，以减少成品料下落中的离析现象。储仓内设有高位指示料位器，当储仓满仓时及时给控制室发出信号禁止进料。

间歇式沥青搅拌设备常采用沿导轨提升的滑车运料，运料车装满成品料后，电动机经驱动机构带动钢绳牵引运料车沿轨道上行至成品料仓上方，开启斗门将成品料卸入储仓内。卸料完毕，驱动电动机反转，运料车靠自重滑落回搅拌器放料闸门下方。驱动电动机和减速机之间设有制动器，既可使运料车在运行中迅速停车，又可防止运料车停车后在自重作用下沿轨道下滑。

二、连续滚筒式沥青混合料搅拌工艺及设备构造

1. 连续滚筒式沥青混合料拌制工艺流程及特点

连续式沥青混合料搅拌设备总体结构如图 9-20 所示，这种搅拌设备的工艺流程如图 9-21 所示。

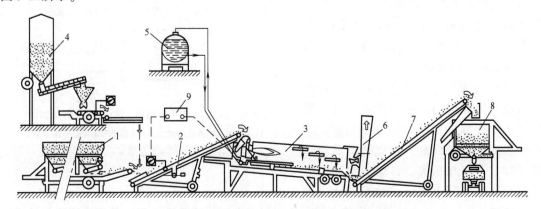

图 9-20　连续式沥青混合料搅拌设备总体结构
1—冷集料储存和配料装置　2—冷集料带式输送机　3—干燥搅拌筒　4—石粉供给系统　5—沥青供给系统
6—除尘装置　7—成品料输送机　8—成品料储仓　9—控制系统

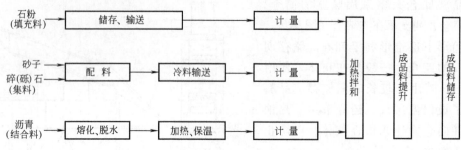

图 9-21　连续式沥青混合料搅拌设备工艺流程

连续滚筒式沥青混合料搅拌工艺的特点是：动态计量、级配的冷集料和石粉连续地从搅拌滚筒的前部进入，采用顺流加热方式烘干、加热，在滚筒的后部与动态计量、连续喷洒的热态沥青混合，采用跌落搅拌方式连续搅拌出沥青混合料。

与间歇强制式沥青混合料搅拌设备相比较，连续滚筒式的冷集料烘干加热以及与粉料、沥青搅拌等在同一搅拌滚筒内完成，生产过程连续进行，工艺流程简化，搅拌设备简单，能耗低，制造成本和使用费用低。冷集料在滚筒内烘干加热后即被液态沥青裹覆，粉尘发散量大为减少，容易达到环保标准的要求，降低了除尘设备的投入。但由于集料的加热采用热气顺着料流的方向进行，故热利用率较低，拌制好的成品料含水量较大，且温度相对也较低（110～140℃）。

2．连续滚筒式沥青混合料搅拌设备构造

（1）冷集料供给计量装置　由于连续滚筒式搅拌设备的各种物料是连续供给和排出的，没有集料的二次筛分和计量装置，成品料的级配精度取决于冷集料配料装置的精度。为了保证冷集料的级配比精度，在给料器后面的集料带和集料输送机之间设置一计量装置，一般采用电子传动带秤。各种规格的冷集料经配料装置配料后，由称重传动带机运送至烘干搅拌筒。在称重传动带输送机的进料端还可以设置振动筛，用于防止过大的石料进入烘干搅拌筒。称重传动带输送机同时完成输送冷集料和各种级配料的称重。

图 9-22 所示为带有电子传动带秤的给料输送装置简图。电子传动带秤由重量和速度传感器及控制装置等组成。重量和速度传感器将集料带所承受的料重及瞬时带速信息采集后，输出给控制装置放大并与设定值比较后改变调速电动

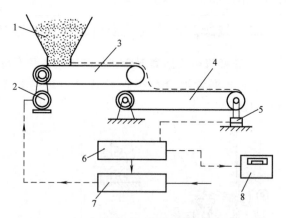

图 9-22　带有电子传动带秤的给料输送装置简图
1—料斗　2—调速电动机　3—给料器　4—称重传动带机
5—重量传感器　6—速度传感器　7—流量控制器
8—流量指示器

机的转速，使给料器的给料量保持在要求的范围之内。传感器检测到的重量和速度信号输入控制室的计算机，操作台的面板上可显示冷集料的瞬时生产量和累计生产量等信息。

（2）干燥搅拌筒　连续滚筒式沥青混合料搅拌设备利用干燥搅拌筒对冷集料进行烘干、

加热，并完成与沥青的混合搅拌，其外观形状和内部的结构、配套的燃烧器、滚筒的驱动装置等许多地方与间歇强制式烘干滚筒相似。不同的是加热装置设在滚筒的进料端，集尘装置设在滚筒的出料端，物料与热气流同向流动，即集料烘干采用顺流加热方式。整个滚筒分成四个工艺区，沿筒长安装不同的叶片，如图9-23所示。

湿冷集料和石粉由进料口入筒后在冷拌区先行冷拌，进入烘干加热区后在火焰的辐射热和筒体的传导热作用下，集料被烘干并加热到最大限度。在料帘区设置有一圈带格栅底的料斗形叶片，滚筒旋转时集料被叶片带上去并沿筒的横截面陆续漏撒和抛散下来形成料帘（图9-24）。被抛散成料帘的集料颗粒充分暴露在炽热的火焰之中很快被烘干，温度急剧升高，同时料帘阻挡住火焰防止搅拌区的沥青老化。在搅拌区内，沥青经管路从滚筒的出料端进入搅拌区前部，从喷管喷出裹覆热集料，由提升抛撒叶片完成混合料的搅拌工作。

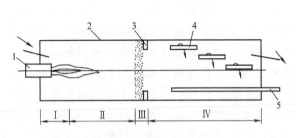

图9-23　干燥搅拌筒示意图

1—燃烧器　2—筒体　3—漏斗形叶片　4—提升抛撒叶片　5—沥青喷管

Ⅰ—冷拌区　Ⅱ—烘干加热区　Ⅲ—料帘区　Ⅳ—搅拌区

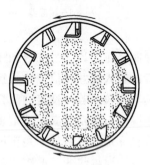

图9-24　干燥滚筒内壁
上的叶片

（3）燃烧器及自动调节装置　连续滚筒式搅拌设备中的燃烧器多用油压式，采用低压空气助燃电火花点火，不设专用的火箱。其火焰短，噪声小（因采用低速电动机），可自动调节油气比率，有效改变供热量，节约燃料。电火花点火无须其他燃油引燃，可远距离控制。

为适应集料含水量及级配的变化，控制系统利用计算机通过"前馈"和"反馈"的检测信号自动调节燃烧器的油气比，其工作原理图如图9-25所示。两只含水量探头和测温计分别插在冷集料给料器内和热集料出料处，测取的结果输入控制器或微型计算机。冷集料处测得的数据称为"前馈"，热集料出料处和烟囱处测得的数据属于"反馈"，经过控制器的运算及时做出调整燃烧器供油量和空气量的指令，从而保证混合料的拌和质量。

（4）粉料供给系统　连续滚筒式搅拌设备中石粉也是连续计量的，一般是将粉料仓底部的叶轮给料器与称重计量装置连接，连续采集的信号输入控制室的微型计算机进行比较，若与设定值有偏差，系统将改变给料器的转速调整供料量。

石粉加入干燥搅拌筒的方法有两种：一是用螺旋输送机将粉料送至冷集料的称重传动带输送机上，随冷集料一起进入干燥搅拌筒，该方法简单易实现，但如果滚筒内风速过大，容易使粉料流失；二是采用气力输送的方法，经管道从出料端进入滚筒，其出口设在沥青管路的出口之下，由于粉料从管内排出后即被上面喷洒的沥青黏附，故不易被吹走，但极易结团，不易拌和均匀。

（5）沥青供给系统　连续的沥青供给系统由调速电动机驱动的沥青泵、沥青流量计、

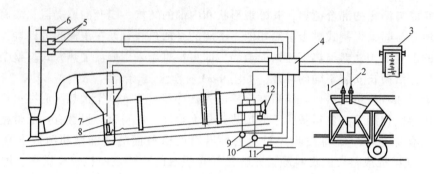

图 9-25　燃烧器温度控制系统示意图

1、7—含水量探头　2、8—测温计　3—记录显示器　4—控制器或微型计算机　5—烟气分析仪
6—烟气测湿器　9—燃油压力计　10—回油压力计　11—燃油泵　12—空气流量传感器

三通阀、压力计、过滤器和连接管路等组成，与集料带式输送机联锁。工作时，流量计检测沥青的喷入量并将信号输入控制室的微型计算机，与同时输入的冷集料和石粉的称重信号加以运算比较，若与设定的配合比有偏差则发出指令，自动改变沥青泵驱动电动机的转速，调整供应量。通常以集料的重量作为参照系。与集料和粉料供给装置不同的是，该装置中微型计算机标定的给料量不是定值，而是与集料重量比例对应的变量，其运行控制过程也相对复杂一些。通过改变三通阀的通流方向，可以满足系统的调试、流量计标定、沥青回送、沥青计量供给等不同工况的需求。

三、除尘装置

1. 除尘装置的类型

沥青混合料搅拌设备在烘干、筛分和搅拌等各工序中会有大量粉尘逸出和燃料燃烧产生的废气排出。除尘装置的作用是减少粉尘排放浓度，保护大气环境。

沥青混合料搅拌设备的除尘装置有一级除尘和二级除尘。前者只是滤除粗粉尘，后者经两级除尘可以清除含尘烟气中的微粉尘。

常用除尘装置按其工艺形式有干式和湿式两种。按其工作原理和结构可分为重力式、旋风式（离心式）、布袋式和水浴式等。前三种属于干式，后一种属于湿式。一般小型搅拌设备只配一级除尘器，大型搅拌设备为达到环保要求，采用两级除尘。一级除尘常采用重力式或旋风式干式除尘器，二级除尘则常采用湿式或袋式除尘器。经袋式除尘后的排尘量 ≤ 50mg/m³，湿式除尘后的排尘量 ≤ 400g/m³。

2. 典型除尘器的结构与原理

（1）旋风式除尘器　旋风式除尘器由旋风集尘筒、抽风机、吸风小筒、风管和烟囱等组成（图 9-26）。旋风集尘筒上部呈圆筒形，从侧壁的进气口引进干燥滚筒及热集料提升机和筛分机来的含尘废气。圆筒内装有吸风小筒，吸风小筒与抽风管相连。

旋风式除尘器的工作原理：在抽风机的吸力作用下，含尘烟气经风管进入旋风集尘筒，在旋风集尘筒内自上而下旋转运动产生离心力，使气体中的粗粉尘被甩出撞在筒壁上并落至旋风集尘筒下方。旋风集尘筒下部的圆锥形既作为收集尘粒之用，又使旋风圈缩小，加大含尘气体的流速并便于向上折返进入吸风小筒。旋风集尘筒中的尘粒被回收到热集料提升机或石粉输送机作为粉料而被利用。

旋风式除尘器能收集粒径 $5\mu m$ 以上的灰尘，除尘效率最高为85%。

（2）湿式除尘器 湿式除尘器利用水雾降尘，可以消除细小颗粒的尘土和粉尘。将雾状的水喷洒到湿式除尘器内，水雾吸附气体中的尘粒，下落到除尘器的底部，净化后的空气从烟囱排入大气。湿式除尘器一般与旋风式除尘器串联使用。

湿式除尘器有喷淋式和文丘里式等结构形式。由于文丘里式除尘器除尘效果好，可去除 $0.5\mu m$ 以上的粉尘，除尘效率可达95%以上，故目前沥青混合料搅拌设备中较多采用。

文丘里式除尘器（图9-27）主要由扩压管、

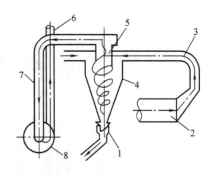

图9-26 旋风式除尘器示意图
1—卸尘闸门 2—干燥滚筒 3—风管
4—旋风集尘筒 5—吸风小筒 6—烟囱
7—抽风管 8—抽风机

气液分离罐、沉淀池和加压水泵等组成。含尘烟气进入收缩管后，气流速度随管截面的缩小而剧增，高速气流冲击从喷水口喷出的水使之泡沫化。气、液、固三相混合流进入喉管流速达到最大值，当进入扩散管后流速逐渐降低，静压逐渐恢复，并以烟尘为核心开始逐渐凝聚。同时由于截面面积的变化，引起气流速度重新分布。气、液、固三相体由于惯性的不同存在着相对运动，产生固体粉尘的大小颗粒间、液体和固体间、液体不同直径水珠间的相互碰撞，出现小颗粒粉尘黏附大颗粒粉尘的聚集现象。烟气进入气液分离罐后，由于剧烈的旋转运动，在离心力的作用下，将粉尘和水滴抛向分离罐内壁，被内壁上的水膜黏附，粉尘

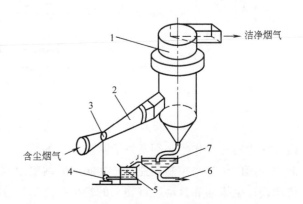

图9-27 文丘里式除尘器示意图
1—气液分离罐 2—扩压管 3—文丘里喷嘴
4—加压水泵 5—清水池 6—排水管 7—沉淀池

随水流入沉淀池，净化后的烟气从烟囱排出。沉淀池上部清水流入清水池，被水泵抽出并送回喷嘴可以再使用。

文丘里式除尘器的缺点是含尘废水易引起污染转移，而且水在使用过程中会酸化，对钢铁件有腐蚀作用，因此水中需添加中和剂并定期更换。

（3）袋式除尘器 袋式除尘器的箱体内装有数百个由耐热合成纤维制成的布袋，其网眼极小，在过滤中可捕集 $0.3\mu m$ 以上的粉尘，除尘效率可达95%~99%，使含尘气体净化到 $50mg/m^3$ 的程度。

袋式除尘器的工作原理如图9-28所示。含尘气体进入箱体在折流板的截流下被分散流动，从每个滤袋外侧进入滤袋内，在滤袋的筛分、拦截、冲击和静电吸引等作用下，微尘黏附于滤布缝隙间，将粉尘从烟气中分离出来，清洁的气体由烟囱排入大气。

随着粉尘在滤袋上的积聚形成一定厚度的粉尘层，滤布的过滤透气性大大降低。因此，

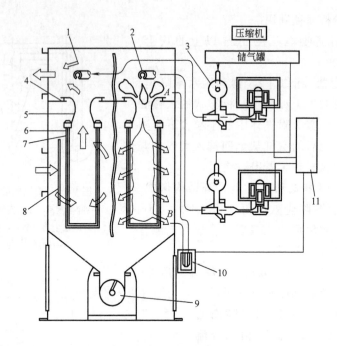

图 9-28　袋式除尘器的工作原理图

1—净气　2—喷吹管　3—脉冲阀　4—管座板　5—喉管
6—滤袋　7—袋骨架　8—折流板　9—螺旋输送机
10—压差计　11—控制器

袋式除尘器在工作中必须及时清除滤袋上的积尘。目前常采用脉动压缩空气法吹落黏附于过滤袋外面的粉尘。控制器控制脉冲阀定时间隔地从滤袋上方与烟气反向喷入小量压缩空气，使滤袋产生振动和抖动，将袋上的粉尘抖落到箱体的下部，由螺旋输送器送至粉料仓或热集料提升机。

袋式除尘器上装有压差计，若箱体内压差过大，表明滤袋积尘过多，过滤阻力太大；压差过小，表明滤袋已有损坏，应及时更换。

四、干燥搅拌筒的改进结构

1. 双层筛网式干燥滚筒

德国 LINTEC 公司生产的双层筛网式干燥滚筒的结构如图 9-29 所示，它将冷集料的干燥和筛分两道工序集合在一个装置中。

滚筒顶置于热料仓及搅拌器之上，倾斜安装。其左端装有自动遥控燃烧器，火焰从左端喷入滚筒。冷集料从滚筒右端进料口逆流进入烘干滚筒。滚筒内壁设有集料提升叶片，滚筒转动时集料在自重及提升叶片的作用下，一边逆流前移，一边不断地被提起、抛撒充分进行热交换。集料在运动中温度不断提高，直至从滚筒的出口落入滚筒外壳与筛网之间的空间。通过滚筒的转动及空间内螺旋叶片的推进，使热集料穿过筛网筛分后落入各个热料仓。由于滚筒外设置有双层筛网，热集料经双重筛分大大减少了因堆挤而混仓的现象，保证集料级配精确及稳定性。双层筛网筛分面积大、筛分效率高，可有效延长筛网的使用寿命，据统计，双层筛网比振动筛网寿命长 1 倍。

双层筛网式干燥滚筒也可以设有再生料添加装置。沥青回收料经破碎后，从滚筒燃烧器端的旧料入口送入，与逆向加入的集料混合同时加热，然后再进行筛分进入热料仓。经试验，再生料的添加量可达 20%~30%，混合料的质量仍符合设计规定的要求。在冷湿料入口的上端装有除尘设备，含尘烟气经初级粉尘分离器后进入袋式除尘器，不需要空气压缩机，使其外形尺寸较同类除尘设备小很多。

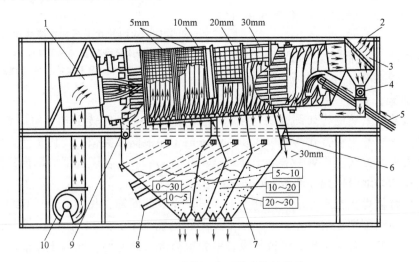

图 9-29　双层筛网式干燥滚筒的结构

1—燃烧器　2—除尘装置　3—粉尘分离器　4—螺旋输送器　5—冷料输送带
6—溢料口　7—热料仓　8—排水口　9—旁通口　10—鼓风机

在沥青搅拌设备中采用双层筛网式干燥滚筒有很多优点：

1）没有热集料提升机构，降低了设备的制造和使用维护成本。

2）筛网转动而不振动，轴承受力好，搅拌设备没有垂直方向的整体振动，改善了搅拌楼的作业环境。

3）缩短了干燥滚筒和热料仓之间热料的流动路程，热量损失可减少 10%~15%。

4）双层筛网式干燥滚筒形成独特的筛分工艺，大粒径集料通过滚筒外壳的时间更长一些，充分利用了滚筒外壳的辐射余热，可以达到与砂料相同的温度，确保了集料的加热效果。

图 9-30 所示为采用双层筛网式干燥滚筒的沥青混合料搅拌主楼结构。

2. 双滚筒式干燥搅拌筒

为了克服连续滚筒式搅拌工艺中顺流

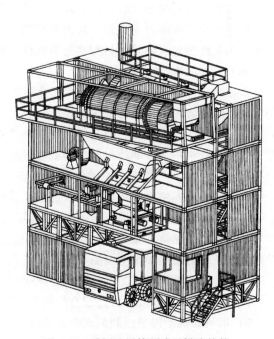

图 9-30　采用双层筛网式干燥滚筒的
沥青混合料搅拌主楼结构

加热烘干集料和自落式搅拌的缺陷，出现了双滚筒式干燥搅拌筒。它采用双套管的复合结构，集中了间歇强制式和连续滚筒式两类搅拌设备的优点，既能连续生产，又是强制搅拌，设备结构简单，制造和运行成本都低，使沥青搅拌工艺和设备产生了关键性的进步。其结构原理如图 9-31 所示。

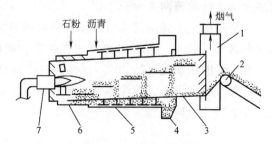

图 9-31　双滚筒式干燥搅拌筒结构原理图
1—烟箱　2—冷集料输送机　3—干燥滚筒　4—排料斗
5—搅拌筒　6—导料滚筒　7—燃烧器

所谓双滚筒，即干燥搅拌滚筒采用双层结构，由干燥滚筒、导料滚筒和搅拌筒组合成复合形式，具有集料烘干、加热和沥青混合料搅拌双重功能，如图 9-31 所示。干燥滚筒是一个旋转主轴，向进料方向倾斜，其内部结构、支承和驱动方式与间歇式搅拌设备的干燥滚筒相类似。筒内是冷集料的加热空间，采用逆流加热方式。冷集料被烘干加热至 130~160℃ 后，从燃烧器一端内筒筒壁上开设的若干排料孔均匀地流入到导料滚筒中。

导料滚筒整体焊接在干燥滚筒的外壳上，与干燥滚筒同轴，长度较短。其端部的周围开有多个方孔，粉料等添加剂由此进入，在桨叶的强制搅动下，可以均匀地分散在热集料中。由于避开了热气流，解决了单滚筒搅拌设备中粉料易散失的问题。在与干燥滚筒形成的夹套空间中，反向焊接有多头螺旋叶片，叶片均匀地将加热后的集料及粉料导入搅拌筒。

干燥滚筒的外壁上装有许多可更换的搅拌桨叶，旋向与干燥滚筒的转向相反。当筒体旋转时，桨叶拨动搅拌筒内腔中的混合料做螺旋推进运动，变自落式搅拌为强制式搅拌。混合料沿搅拌筒的入料端至排料口经历较长的运动路线，得到充分的搅拌。

搅拌筒与机架固定不旋转，其内腔提供了一个大的混合料拌和空间。筒壁内侧装有耐磨衬板，筒壁外侧包有绝热材料和密封薄铁板，筒的端部开有一圆孔，沥青由此喷入，筒尾端的底部开设成品料排出孔。

双滚筒式干燥搅拌筒也可以使用再生材料。回收材料添加口设在搅拌筒靠近燃烧器的一端，进入的回收料首先与已加热的新鲜集料混合，吸收它们所携带的热量，使旧沥青软化、升温。再生料中的水蒸气和轻油气透过集料的缝隙被吸入燃烧器焚化，其中的轻油气燃烧得越充分，混合料中加入回收料的比例就可以越高。最后，在搅拌筒适合的位置喷入新鲜的沥青裹覆各种集料，沥青避开了燃烧器的烈焰，防止了可能出现的老化，其分裂出来的轻质油，同样被吸入燃烧火焰中而焚化。优质成品料从搅拌筒远离燃烧器的一端卸出，充分燃烧后不再有烟雾的气体从干燥滚筒的进料端经除尘装置排入大气。由于回收料和新鲜沥青中的轻质油已被充分燃烧，减少了油污对袋式除尘器滤袋的侵蚀，延长了滤袋的使用寿命。搅拌筒的底侧还开有液压操纵的检测口，供操作人员进入筒体检查、维修之用。

双滚筒式干燥搅拌筒的设计，使连续式沥青搅拌设备较成功地实现了如下的目标：

1）集料与沥青的搅拌由连续自行跌落式改变为连续强制式。

2）集料的烘干加热由顺流式改变为逆流式。

3）沥青的喷洒不再直接暴露在高温的燃气流中，防止了沥青产生老化。同时由于集料可以被加热到较高的温度，利于与再生材料的热交换，可提高再生料的利用率。

第三节　沥青混合料搅拌设备的控制系统

一、控制系统的作用及类型

沥青混合料的拌和过程复杂，设备组成庞杂，工作环境恶劣，灰尘和干扰源较多。现代高等级公路施工对沥青混合料的质量要求较高，因此控制系统是沥青混合料搅拌设备的重要组成部分，它用于控制整个设备的生产过程，并保证沥青混合料成品料的质量符合要求。

沥青混合料搅拌设备的控制系统有三种类型，即手动系统、程序控制系统和计算机控制系统。但不论何种系统，都必须根据生产的工艺要求具有下列程序内容：①准备程序：预设有关参数；②起动程序：按顺序起动设备，使各装置进入正常运转状态；③主程序：处理生产过程中检测的数据并实施调节；④子程序（管理程序）：处理与生产有关的其他工作。

二、控制系统的组成及原理

在沥青混合料生产工艺中，自动控制的内容主要是集料的级配和计算、集料的加热温度、石粉的含量以及油石比等，所以控制系统主要由冷集料配料控制、干燥滚筒燃烧器及温度控制、称量控制、拌和控制和成品料仓控制等系统组成。

1. 冷集料配料控制系统

冷集料配料控制的关键是控制供料量，通常采用带式给料机或电磁振动给料机来进行调节。

带式给料机的供料为线性给料方式。多采用直流电动机调速，通过调节速度给定电位器来改变电动机的电枢电压，从而改变电动机的转速（即带的运行速度）。当主回路输出一个稳定的直流电压，驱动带式给料机的电动机以恒定的速度运转。若电位器使主回路输出不同的电压，则电动机将以不同的速度运转而改变带的运行速度，实现控制给料量。其特点是供料线性好，控制平稳。

电磁振动给料机的供料为非线性给料方式。一般采用电磁振动器作为振动源，通过调节给定电位器改变电磁线圈的电压，改变振动器的振幅，达到控制给料量的目的。若调节振幅给定电位器使主回路输出不同的电压，振动器将以不同的振幅振动，就可获得不同的给料量。它的特点是控制简单，价格低廉。

电磁振动给料机通常只用于含水率相对变化不大的集料供给，而相对含水率变化较大的集料则选用带式给料机供料。

2. 干燥滚筒燃烧器的控制系统

燃烧器的控制系统是指挥设备各装置按照预定的程序，实现开机、点火、调节火焰大小及稳定燃烧、关机等工序。在各项性能满足要求的前提下，操作应尽量简单。该控制系统的关键是燃烧器的点火程序控制及燃烧过程中的温度控制。

燃烧器控制系统分为自动工作方式和手动工作方式。不同的沥青混合料搅拌设备对燃烧器控制系统的工作方式有不同的要求，控制系统按照工作方式及用户要求来选择控制方式。目前控制方式大致可分为继电接触控制、PLC（可编程序控制器）控制和计算机控制三类。继电接触控制操作简单、可靠，且制作成本低，但自动化程度低，控制精度较差。PLC控制可实现时序控制，其标准化、通用化及可靠性都较好，控制精度较高。计算机控制精度高，信息处理量大且快，可实现自动控制及生产过程的管理自动化，但系统复杂，成本高，适用于生产吨位大且出料温度控制精度要求高的搅拌设备。

燃烧器控制系统的计算机控制硬件主要由CPU、接口电路以及外部设备组成。市场上已有各种功能的控制板供选择，将这些功能板用标准总线连接起来即可构成工业控制计算机，它主要包括CPU、数据采集及放大部分、A-D转换、模拟放大、通信、I/O开关量及总线等。图9-32为沥青混合料搅拌设备燃烧器计算机控制系统示意图。控制的主要目标是集料温度及其稳定性，控制信号输出主要有点火和温度升、降，信号输入状态主要有火焰状态、排风机和滚筒状态及加速踏板上、下限，CPU采用8098单片机，温度采集选用红外温度传感器。

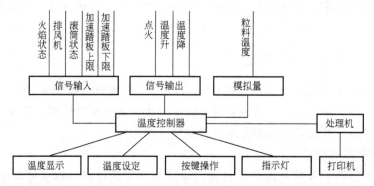

图9-32　沥青混合料搅拌设备燃烧器计算机控制系统示意图

控制系统的工作过程：先开动干燥滚筒、排风机、鼓风机，再点火和起动油泵，并以小火预热滚筒3~5min后开始上料。然后慢慢升温，待料温升至设定温度值±10℃并稳定一段时间后，开始启动自动控温，温度控制器将自动调整加速踏板大小，使料温控制在设定温度值±5℃的范围内。计算机控制系统可以设定集料温度、监视火焰状态、控制过程及故障报警，并与打印机配合随时打印温度值和其他参数。

燃烧器的点火程序控制由步进式程序控制器来完成，主要由输入和输出继电器、输入和输出矩阵、联锁矩阵以及步进器等组成。工作按预先设定的动作顺序一步一步进行，每一步程序完成后，将动作完成的现场检测信号反馈回来，使燃烧器进入下一步程序的动作状态。当某程序出现错误时，程序控制器能显示出错误所在的位置并发出报警信号，且使程序自动返回到"待命"的初始状态。

燃烧过程中燃烧器火焰的大小受温度控制。通常采用非接触式红外测温仪检测集料的温度，并将信号传给温度控制器。温度控制器将实际温度与设定温度进行比较，并根据温度偏差值自动调节火焰大小。目前，温度控制器多采用线性数字式，其输入为标准信号，与其配套使用的红外测温仪多采用两线制线性标准信号输出。也有采用其他形式的，如非线性的红外测温仪，但必须配套使用非线性的温度控制器。

3. 称量控制系统

沥青搅拌设备中的集料、粉料和沥青的称量多采用电子秤称量系统，它是由重力传感器、电子秤处理单元和称量显示仪表组成的。传感器将信号调整放大并输送到显示仪表及控制系统中，其零点、线性均可调，并要求线性好、稳定性高。传感器的灵敏度有 1mV/V、1.5mV/V、3mV/V 等，可根据设备的具体精度要求进行选择。电子秤处理单元上使用高精度运算放大器，要求线性稳定、温度漂移（俗称为温漂）小，尤其是线性放大部分元件的温漂越小越好，以保证电子秤的计量精度。

间歇式沥青搅拌工艺中常用称量拌和控制系统来进行搅拌工序的过程控制，它包括配方输入、称量、拌和和放料等步骤，通常采用可编程序控制器、工业控制机等控制方式。将采集到的信号如开关量、模拟信号和温度信号等送到控制器中，按照称量、拌和的顺序控制其输出。一般来讲，系统均有给料补偿功能，有些设备还设有沥青二次称量功能，即沥青第一次称到设定值的 80%，待集料、粉料称完后，根据集料和粉料的实际称量值，按照配比再进行沥青的第二次称量，直到符合配比要求。

4. 成品料仓控制系统

成品料仓控制系统主要控制小车电动机及小车运行位置，有分立元件控制和可编程序控制等形式。小车电动机的控制有直接起动运行和调速起动运行等方式。因调速起动运行较为平稳，因而目前搅拌设备大多采用该运行方式。调速的形式有串调电阻调速和变频调速等多种。

小车运行位置的控制有行程开关定位法、接近开关定位法和转速定位法等。其中转速定位法即根据电动机的转速，通过光栅、读码器确定小车的位置。为防止小车出现失控现象，在上、下极限位置设置保护开关。图 9-33 所示为沥青搅拌设备成品料提升机 PLC 控制示例。系统的动作是：提升斗车起始位置在底端装载位 A，当 PLC 检测到搅拌缸为开状态时，斗车延时 10s 后开始提升，提升至高端卸料位 B，延时 10s 卸料后，卷扬机换相通电，斗车下降，在下降至底端接近开关 C 时，卷扬机延时 1s 断电，斗车下滑至底端装载位 A 待命。当检测到搅拌缸为开状态时，下一循环重新开始。

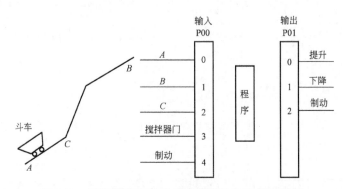

图 9-33　沥青搅拌设备成品料提升机 PLC 控制示例

5. 计算机控制系统

目前，很多大型沥青搅拌设备已采用计算机控制系统来控制沥青混合料的整个生产过程。系统有自动控制、手动控制或半自动控制等多套方案供选择。

计算机控制系统自动化程度高，信息处理量大，可根据工程需要选择沥青混合料的配方。在调整好各种参数，输入必要的数据与指令后，即可自动按配方与产量生产，过程控制准确。系统自动决定每个工序的动作，实行交叉作业，将全部流程的周期缩到最短，生产率高。在整个生产过程中，系统通过采样、运算，随时根据配方调整和修正误差，成品料质量有保证。

计算机控制系统可对设备的运行状况进行动态监控，设备的各个总成和运行状况均可在显示器屏幕上模拟显示。系统具有自检测故障的功能，可在屏幕上显示故障情况并处理，操作直观方便。系统还有远程控制和通信功能，可与设备供货商进行远程咨询服务。

计算机控制系统有很强的管理能力，可对生产过程中各种相关资料进行积累、统计分析，如产量、原材料消耗量和车辆运送量等，并根据需要打印出报表。

思 考 题

1. 简述沥青混合料搅拌设备的用途、类型及其优缺点。

2. 简述间歇强制式沥青混合料搅拌设备的组成、构造特点及作用。

3. 简述连续滚筒式沥青混合料搅拌设备的组成、构造特点及作用，并简析与间歇强制式沥青混合料搅拌设备的不同点。

4. 简述干燥搅拌筒的作用和结构特点，并简析与烘干筒的区别。

5. 简述除尘装置的作用和分类方法，简述沥青混合料搅拌设备中除尘装置的组合形式及常用除尘器的结构和工作原理。

10

第十章

混凝土摊铺机械

第一节 概 述

修建高等级公路路面必须配用先进的路面混凝土摊铺机械。在沥青路面施工中，采用沥青摊铺机摊铺沥青路面。它是将拌和好的沥青混合料按照一定的技术要求（截面形状和厚度）均匀地摊铺在已修整好的路基上，并给以初步捣实和整平，既可以大大增加铺筑路面的速度和节省成本，又能保证路面的质量。水泥混凝土路面以其具有较高的抗压、抗弯、抗磨耗能力，较好的水稳定性、热稳定性，较强的抗侵蚀性等优点，也广泛地应用于高等级公路。修筑水泥混凝土路面则采用水泥混凝土摊铺机。

一、用途

1. 沥青混合料摊铺机

沥青混合料摊铺机可以用来摊铺各种沥青混合料、稳定土材料、级配集料，如砂、石、道渣等筑路材料，广泛应用于高速公路、汽车专用路、等级公路、机场、城市道路、铁路路基和水利工程等的沥青面层施工。按照沥青混合料摊铺机的施工工艺，混合料由自卸车卸入摊铺机料斗，经刮板输送机输送至摊铺室，螺旋布料器将混合料横向均匀摊开，最后由熨平装置将混合料摊铺并进行初步的压实。自动调平系统保证使摊铺的路面按照预定的形状和厚度成形。

2. 水泥混凝土摊铺机

水泥混凝土摊铺机是用来将水泥混凝土均匀地摊铺在已修整好的基层上，经振实、抹平等连续作业程序，铺筑成符合要求的水泥混凝土面层的设备，广泛应用于公路、城市道路、机场、港口、广场以及水库坝面等水泥混凝土面层的铺筑施工中。

二、分类

1. 沥青混合料摊铺机

沥青混合料摊铺机主要按行走装置分类。此外，传动系统传动方式、熨平装置的加宽方式和振捣梁的形式不同，也可作为沥青混合料摊铺机的分类依据。

1）按行走装置不同可分为轮胎式沥青混合料摊铺机和履带式沥青混合料摊铺机。小型摊铺机多采用轮胎式行走装置。轮胎式摊铺机由于其结构形式的特殊性，一般应用于铺筑宽度较小的施工中。履带式摊铺机的接地比压小，可以防止对非坚硬地基或下垫沙层的损坏，应用较为广泛。

2）按传动系统传动形式的不同可分为机械传动、液压机械传动和液压传动。机械传动具有传动可靠、制造简单、传动效率高和维修方便等优点，但操作费力，传动装置对载荷的适应性较差，容易引起发动机熄火，所以一般应用于小型的轮胎式沥青混合料摊铺机。

液压传动具有无级变速、操作简便的优点，是大部分现代沥青混合料摊铺机采用的传动形式，但液压传动制造精度较高。

液压机械传动是由液压泵、液压马达以及变速器构成的，具有液压和机械传动的优点，实现液压调速，可以提高沥青混合料摊铺机的自行转场速度。

3）按熨平板的加宽形式不同可分为液压无级伸缩式沥青混合料摊铺机和机械有级加宽式沥青混合料摊铺机。

液压无级伸缩式熨平板的摊铺宽度在一定范围内可任意调节，在工作状态和运输状态之间转换比较方便。缺点是调整范围小，结构复杂。适用于铺筑高速公路匝道和宽度经常变化的场合，特别适合于市区街道和复杂地形的摊铺作业。

机械有级加宽式摊铺机铺筑精度较高，但熨平板宽度不能连续变化，适合在新道路修筑的大规模施工中使用。

4）按振捣装置的不同分为单振捣梁式和双振捣梁式。单振捣梁式结构简单，预压实效果较差；双振捣梁式有很好的预压实效果。

5）按照拥有摊铺工作装置套数分为单层沥青混合料摊铺机和双层沥青混合料摊铺机。单层沥青混合料摊铺机只配备一套摊铺工作装置，摊铺施工时只能铺设一层沥青路面，是常用的设备和施工形式。双层沥青混合料摊铺机配备有两套摊铺工作装置，摊铺施工时可以一次性同时铺设出两层不同沥青混合料的路面。

2. 水泥混凝土摊铺机

水泥混凝土摊铺机的分类方法较多，按行走方式不同，可分为两大类，一类是轨道式摊铺机，另一类是履带式摊铺机。轨道式摊铺机采用固定轨道和固定模板进行摊铺作业，因此又叫作定模式摊铺机。履带式摊铺机采用随机滑动模板进行摊铺作业，因此又叫作滑模式摊铺机。

水泥混凝土滑模式摊铺机可按路面滑模摊铺的工序、自动调平系统的形式、行走系统履带的数量、振动系统采用的振动器的形式来进行分类。

按路面滑模摊铺工序的不同，水泥混凝土摊铺机主要有两种类型：一种是内部振动器在布料器之前，以美国 COMACO 公司的 GP 系列为代表，它把内部振捣器置于整机前方螺旋布料器的下方，然后通过外部振动器振捣和成形盘成形，最后由抹光板抹光；另一种是内部振动器在布料器之后，以美国 CMI 公司的 SF 系列为代表，它首先用螺旋布料器分料，由虚方控制板控制摊铺宽度上的水泥混凝土高度，然后通过内部振捣器振捣，再进入成形模板，之后再通过浮动抹光板抹光。这两种类型中，前者可使水泥混凝土提早振实且水分上升，但对纵向上的密实度会带来影响，其优点是机械的纵向尺寸小，易于布置；后者的纵向尺寸大，但能使水泥混凝土路面的摊铺质量得到保证。另外，按照第一种滑模摊铺工序施工，要有两台机器才能完成路面的摊铺作业，因此，第一种形式主要用于对工作速度要求较高、摊铺厚度大于 0.5m 的特殊水泥混凝土施工工程，否则是不经济的。

按自动调平系统的形式不同滑模式摊铺机可分为两大类，一种是电液自动调平系统，另一种是机液自动调平系统。电液自动调平系统的基本结构是把电路元件装在一个长方体盒子内，一根转轴从盒子里面伸出来，在转轴上装有探测杆，工作时该探测杆与基准线相接触。这种自动调平系统结构简单，便于安装，对电气元件的保护可靠，但对环境的湿度反应比较敏感。而机液自动调平系统的基本结构是在其转轴上装有一个偏心轮，偏心轮推动一个高精度的滑阀阀芯，工作时利用滑阀阀芯的位移直接改变系统液压油的流量和方向。这种自动调平系统的特点是由全液压传感器从基准线上得到的信号直接反馈，控制液压缸升降实现自动调平。第二种形式的控制系统结构简单，工作可靠，成本较低，对环境的要求不高，但对系统中液压油的品质和过滤的精度要求较高。

按行走履带的数目不同，滑模式摊铺机可分为四履带、三履带和两履带式。与两履带相比，四履带式摊铺机具有调平能力强，行走直线性能好等优点。在履带数的选择上，主要依据路面摊铺的宽度与厚度。一般摊铺宽度在 7.5m 以下，多选择两履带滑模式摊铺机；摊铺宽度在 7.5m 以上，宜选择四履带滑模式摊铺机。三履带滑模式摊铺机主要用来铺筑边沟、防撞墙、路肩等车道以外的水泥混凝土构造物。

按振动系统采用的振动器的形式不同，滑模式摊铺机分为电动振动式和液压振动式。

第二节　沥青混合料摊铺机

沥青混合料摊铺机的总体构造包括动力传动系统、底盘和工作装置三部分。用于高等级路面施工的沥青混合料摊铺机一般还配备自动调平系统。图 10-1 为履带式沥青混合料摊铺机的基本结构图。

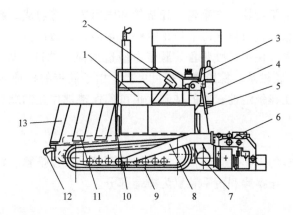

图 10-1　履带式沥青混合料摊铺机的基本结构图

1—动力传动系统　2—驾驶控制台　3—座椅　4—加热气罐　5—大臂液压缸　6—熨平装置

7—螺旋摊铺器　8—大臂　9—行走机构　10—调平系统液压缸　11—刮板输送器　12—顶推辊　13—料斗

一、动力传动系统

沥青混合料摊铺机发动机的动力经传动系统分别驱动摊铺机行走和工作装置，如布料器、振捣梁、刮板输送机、熨平板和料斗的液压泵和液压缸。液压泵装有压力切断装置，防止系统超载和过热。

二、底盘

沥青混合料摊铺机底盘由机架、传动系统和行走装置等组成。在机架上装有发动机、传动系统、工作装置、转向机构、供料装置及电液控制系统等。

履带式沥青混合料摊铺机行走装置的
传动方案如图10-2所示。其由两个变量液
压泵、两个变量液压马达和轮边减速器组
成。变量泵和变量液压马达组成闭式液压
回路，分别驱动两侧的履带，在负载改变
的条件下可产生与之相适应的牵引力。计
算机同步控制系统能精确保持预选速度和
转弯半径，准确的直线行走和恒速平滑的
弯道转向。传感器测定每侧履带的行驶速
度，将被测值与控制电位器中的预选值进
行比较，通过电控系统纠正预选值与实际
值之间的偏差。即使在遇到极大冲击的情
况下，也能保证按预定的速度和转角行
驶。两侧履带反向旋转实现就地转向，极

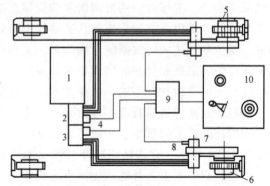

图 10-2　履带式沥青混合料摊铺机行走装置的传动方案
1—发动机　2—右行走泵　3—左行走泵
4—比例调节装置　5—右行走马达　6—左行走马达
7—制动器　8—转速传感器　9—电子控制装置
10—控制台

大地减小了摊铺机的转弯半径。变量泵上装有压力切断装置，防止牵引系统超载和过热。全
液压驱动系统可无级变速，调速范围宽。

履带式行走装置由驱动轮、支重轮、托链轮和张紧装置等组成。履带的张紧采用液压缸
张紧，履带的缩回依靠弹簧力使液压油压出放松张紧装置。液压缸中装有蓄能器，行驶过程
中可以吸收地面的冲击，保护行驶装置。履带由锻造加淬火的链轨以及密封铰接销轴制成，
"免润滑"的履带承重轮轴承、橡胶履带板可更换。由于履带的接地面积大，橡胶履带板有
较大的静摩擦力，即使在稳定性较差的基础上也可确保摊铺作业的顺利进行。

三、工作装置

沥青混合料摊铺机的工作装置包括供料和摊铺两部分：顶推辊、料斗、刮板输送机为供
料部分，螺旋布料器、振捣梁和熨平装置为摊铺部分。

1. 顶推辊

顶推辊置于摊铺机最前端料斗下方的凸出部分，两个顶推辊在料斗前左右对称布置。其
作用是配合自卸车倒车卸料。如图10-3所示，当装
满混合材料的自卸车倒退至摊铺机的正前方时，汽
车后轮顶住摊铺机的两个顶推辊，自卸车的变速杆
置于空档位置，让自卸车在摊铺机的推动下前进，
升起自卸车车厢向摊铺机料斗卸料。摊铺机一边推
着自卸车前进，另一边完成摊铺作业，直至自卸车
车厢的混合料卸完为止。空载自卸车驶离，下一台
自卸车重复同样的作业配合。

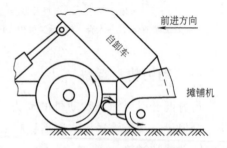

图 10-3　顶推辊工作示意图

2. 料斗

料斗位于摊铺机的前端，用来接收自卸车卸下的混合料。料斗由左右两扇活动的斗壁组
成，斗壁的下端铰接在机体上，用两个液压缸控制其翻转。两扇活动斗壁放下时可以接收自

卸车卸下的物料，上翻时可以将料斗内的混合料全部卸至刮板输送机上。料斗靠近发动机侧有两个手动的销子，当料斗收起时，可以将料斗固定在收起位置。摊铺机运输过程中，需收起料斗并固定，可以减小摊铺机的运输宽度，保证安全。

3. 刮板输送机

刮板输送机装在料斗底部，在料斗的底板上滑移，将自卸车倒入摊铺机料斗的混合料输送至尾部摊铺室。刮板输送机有单个和两个之分，较大型的摊铺机都并排设两个。刮板输送机有左右两根同步运转的传动链，每隔数个链节用一条刮料板将左右链条连接，链条运转带动刮板就将料斗中混合料运向摊铺室。采用液压传动系统的摊铺机，左右刮板输送链分别由两个变量液压马达和减速装置驱动，可以实现刮板输送机的无级调速，调整混合料进入螺旋布料器的数量。在刮板输送机末端上方的机架上装有两个控制开关，常态下控制开关闭合，当混合料输送量较大时，顶起控制开关摇臂，控制开关断开，刮板输送机停止工作，达到控制供料量的目的。在许多摊铺机上，料斗的后方安装有供料闸门，一般用液压缸控制。改变闸门的开度，可以调节刮板输送机上料带的厚度，从而改变刮板输送机的生产率。

4. 螺旋布料器

安装在摊铺室的螺旋布料器也是左右两个，其作用是将刮板输送机送来的混合料横向均匀摊铺开。左右叶片螺旋的旋向相反，左侧螺旋布料器为左旋，右侧螺旋布料器为右旋，如图 10-4 所示。工作时，两个螺旋布料器的转向相同，使混合料向摊铺机的两侧输送。在左右螺旋布料器内侧的

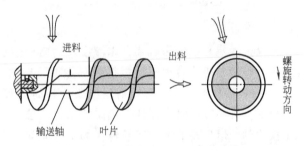

图 10-4　左螺旋布料器工作示意图

端头，装有中间反向叶片，用以向中间填料，保证摊铺机后部中间具有同样均匀的混合料。沥青混合料摊铺机的左右螺旋布料器分别由两个定量液压马达和链传动机构驱动。采用超声波料位自动控制技术，根据所铺筑的混合料种类和铺筑厚度的不同，分别对螺旋布料器的高度进行调节。

熨平板宽度不同时选用的螺旋布料器长度见表 10-1。

表 10-1　熨平板宽度不同时选用的螺旋布料器长度

熨平板宽度/m		2.5	5.5	6	7.5	9	12
选用的螺旋布料器	基本件尺寸/m×数量	1.25×2	1.25×2	2.7×2	2.7×2	2.7×2	2.7×2
	加长件尺寸/m×数量		1.1×2	0.3×2	0.8×2	1.1×2	1.1×2　0.3×2　1.5 带连接×2

5. 振捣装置

振捣装置布置在螺旋布料器之后、熨平板之前，由偏心轴和铰接在偏心轴上的振捣梁组成。通常将整套振捣装置简称为振捣梁，在机上并排布置左右结构相同。振捣梁的作用是将横向铺开的料带进行初步捣实，将大集料压入铺层内部。振捣装置有单振捣梁式和双振捣梁式，如图 10-5 和图 10-6 所示。

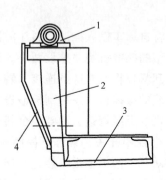

图 10-5　单振捣梁

1—偏心轴轴承座　2—振捣梁
3—熨平板　4—护板

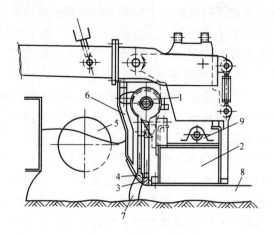

图 10-6　双振捣梁

1—偏心轴　2—振动熨平板　3—主振梁　4—预振捣梁
5—螺旋布料器　6—挡料板　7—被捣实的混凝土
8—已熨平成形的路面　9—振动器

振捣梁以熨平装置为机架，以液压马达驱动偏心轴，振捣梁被夹在熨平板前端板和挡料板之间。当偏心机构转动时，振捣梁只做上下往复运动。振捣梁的底部前沿切有斜面（图 10-6），当机器作业时，振捣梁对松散混合料的击实作用逐渐增强。为了保证铺层顺利进入熨平板下，机构设计时应保证振捣梁的下止点位置低于熨平板底面约 3~4mm。单振捣梁结构比较简单，但振捣的密实度较低。为了提高铺层密实度，有的摊铺机配备双振捣梁。双振捣梁前后有两套振捣装置，前面的是预振捣梁，后面为主振捣梁。两根振捣梁的偏心相位配置相差 180°。振捣梁的偏心轴由一台液压变量马达驱动，振捣梁的振捣频率可以在其范围内任意调节，根据铺筑路面的材料和厚度，选择振捣频率。振捣梁的往复行程，可进行无级调整，视摊铺厚度、摊铺温度和密实度来选择行程的大小。通常薄层小粒径宜选用短行程。反之，摊铺层厚度大、集料粒径大、摊铺温度低时宜选用长行程。摊铺面层时只能选用短行程。

6. 熨平装置

熨平装置布置在振捣装置之后，主要是对振捣后的铺层按照一定的宽度、拱度和厚度进行整形。同时，熨平装置对铺层也有预压实作用。熨平装置构造如图 10-7 所示，其主要由熨平板、拱度调节机构和加热装置组成。它通过两侧牵引臂前端

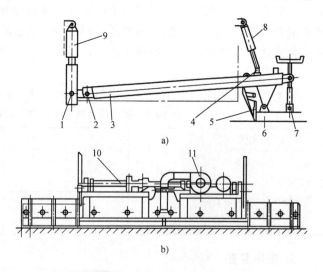

a)

b)

图 10-7　熨平装置构造

a) 侧视图　b) 后视图

1、2—销子　3—牵引臂　4—固定架　5—振捣器　6—熨平板
7—拱度调节机构　8—液压缸　9—液压执行机构　10—偏心轴
11—加热装置

的连接销与机架铰接。熨平板的升降由机架后端的两个液压缸控制。

沥青混合料摊铺机有多个不同长度的熨平板，工作时根据路基的宽度需要，选择不同的熨平板进行组装。其中有一节主机熨平板，宽度为 2.5m，其他附加熨平板均分左右，宽度分别为 0.25m、0.5m、1m 和 1.5m。由这些熨平板可以组成间隔为 0.25m 长的 2.5~12m 之间的任意长度的熨平板。熨平板常用宽度的组装方式见表 10-2。

表 10-2　熨平板常用宽度的组装方式

熨平板宽度/m	5.5	6	7	7.5	9	11
附加熨平板×数量	1.5×2	1.5×2 0.25×2	1.5×2　0.5×2 0.25×2	1.5×2 1×2	1.5×4 0.25×2	1.5×4　1×2 0.25×2

熨平板宽度是依据施工现场的路面摊铺层宽度、作业方式（单机作业还是多机作业、预定通过次数等）进行调整的，同时还要考虑有无路拱和两机作业以及两次通过的重叠量的大小等因素。尽量减少拆装熨平板的次数。当摊铺层有路拱时，应在第一次通过时将路拱铺出，然后根据两侧的剩余宽度来调整熨平板的组合宽度。如果摊铺层外侧有路缘石或者其他构筑物，且又无法一次组合宽度铺完时，应将最外侧先行摊铺好，然后调整熨平板宽度，将最后一次通过放在接近中心处，否则机械无法通过。无论是液压无级调整还是机械分段接长调整，熨平板必须左右对称，否则，由于牵引负荷不平衡，影响摊铺机的直线行驶（特别是在有横坡时）和转向操作，加剧行走机构的磨损，降低摊铺层的平整度。在不得已的情况下允许不对称时，宽度应不大于该机器的一个最小接件宽度尺寸。

四、液压控制系统

为了获得更好的路面摊铺质量，沥青混合料摊铺机上广泛运用了液压及电子技术，电液控制系统已成为衡量沥青混合料摊铺机水平的一个重要标志。对全液压驱动的摊铺机，其传动、供料及工作装置的动力传动基本上都采用液压传动。下面简要介绍沥青混合料摊铺机供料装置的液压控制系统。

1. 刮板输送器和螺旋摊铺器的驱动系统

刮板输送器和螺旋摊铺器的驱动系统由变量泵-定量马达液压系统组成。变量泵的输出流量是由两组相互独立的定向滑阀组控制，用以驱动左、右输料马达。每个阀组设有压力补偿器，以确保左、右刮板输送器和两侧螺旋摊铺器负载可单独控制。

2. 供料自控系统

供料自控系统根据摊铺机的行驶速度、路面凹凸等情况自动控制刮板输送器的速度或调节闸门开度，以调节其供料量。由于供料、摊铺和行驶三种速度的不均匀以及路基原表面的凹凸相差过大，都会引起摊铺室内材料高度发生变化。当摊铺室内混合料增多、密实度增加并使熨平板被抬升时，铺层便增厚，反之，铺层会变薄。所以应根据路基凹凸情况，即需料数量来调整刮板输送器的供料量，以使摊铺室内料堆高度基本保持恒定。

供料自控系统有两种类型：开关式控制系统和比例式控制系统。前者是利用开关简单地执行开停工作，开时以一定常速运转，关时即完全停转。后者是以快慢速度按比例配合料量的变化。二者的布置基本相似，只是采用的执行元件有所不同，如图 10-8、图 10-9 所示。

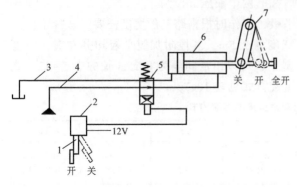
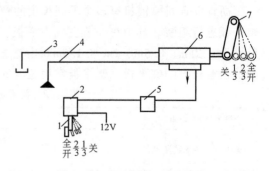

图 10-8　开关式供料自控系统
1—监测片　2—传感器　3—回油油路　4—压力油路
5—电磁阀　6—执行液压缸　7—液压泵操纵臂

图 10-9　比例式供料自控系统
1—监测片　2—传感器　3—回油油路　4—压力油路
5—速度选择器　6—比例控制阀　7—液压泵操纵臂

（1）开关式供料自控系统　开关式供料自控系统由两套带监测片的传感器、电磁阀、执行液压缸、液压泵操纵臂和管路等组成。它可分别控制左、右两边混合料的供给和输送量，并使它维持在调定范围之内。

摊铺室内的料堆高度以平齐螺旋轴线为最佳，两套传感器元件分别安置在左、右螺旋外端，传感器 2 的安置应略低于螺旋轴线水平面，并令监测片自由下垂。转臂式的监测片悬浮在螺旋摊铺器两外端处的料堆上，随着料堆高度的变化和摊铺机的行进，由料堆拨动监测片对供料进行开、关操作。

如果摊铺宽度与厚度、机械行驶阻力与速度等条件都不变，混合料的需求量恒定，两个系统在调定的速度下恒速运转，保持恒定供料与摊铺，摊铺室内料堆高度也就不增减。

只要上述条件之一有变化，就会引起料堆高度发生变化，则左、右两边传感器的监测片 1 就会随之浮起或下垂，指令电磁阀 5（图 10-8）将压力油路 4 和回油油路 3 按需要接通执行液压缸 6 的其中一端，从而使液压泵操纵臂推向开或关的位置。当系统处于“开”的时候，它们恒速运转；当系统处于“关”的时候，则立刻停转，料堆高度下降。等料堆下降到不能触及监测片 1 时，又转为“开”。因为系统打开后要运转一定间隔时间才能使料堆高度恢复原标准，因此开关式系统难以使料堆高度维持恒定。这是开关式控制系统的一个最大缺陷。

（2）比例式供料自控系统　比例式供料自控系统可以克服开关式供料自控系统的缺陷。它除了有“开”“关”两个动作外，还有快、中、慢三个档位的速度，在每档速度的转换间隔内又有一定的速度变化。开动后在调定的最大工作速度以内都处在各种不同速度下工作，速度瞬时变换及时，可保证铺层有均匀的质量（料不过多或过少），又有较高的生产率（比开关式高 10% ~ 15%）。

速度选择器 5 根据混合料的性质和需料量（视路面宽度、铺层规定厚度、原路表面的凹凸起伏情况和摊铺速度等而定）定出其最大值和最小值范围，如图 10-9 所示。比例控制阀 6 根据监测片所测得的关、慢速、中速、快速四种相应的料堆高度，按比例地来回推动液压缸活塞，使液压泵操纵臂也按比例左右摆动，以改变液压泵的排量，于是刮板螺旋输送系统给出相应的运转速度。

五、沥青混合料摊铺机的调整和自动调平系统

1. 熨平板的浮动原理

沥青混合料摊铺机的熨平装置仅在前端通过牵引臂控制液压缸与机架铰接，后部在重力作用下支承在铺层上。当机械行进时，熨平装置可以随铺层的作用绕牵引臂铰点上下摆动，这种结构称为浮动式熨平装置。

工作时，如果路基表面起伏不平，两侧牵引臂牵引铰点在摊铺过程中会上下波动，使熨平板上下偏移；或者作用在熨平板上的外力发生变化（如供料数量、温度、粒度、摊铺机行走速度等发生变化），则都将引起熨平板与路基间工作仰角的变化，从而造成铺层表面的不平整。但这种摊铺厚度的变化，不是简单地再现路基的不平。当原有路基起伏变化的波长较短时，可以起到修正路基不平的作用。其原理如图 10-10 所示，当摊铺机越过起伏变化的路基时，如果熨平板两侧牵引臂铰点随机架上升了 H 距离，整个熨平装置以后边缘为支点转动一个角度。熨平板前缘抬起高度 h 为

$$h = (b/a)H$$

当摊铺第二层时，熨平板前缘抬起量 h' 为

$$h' = (b^2/a^2)H$$

当摊铺第三层时，熨平板前缘抬起量 h'' 为

$$h'' = (b^3/a^3)H$$

由于牵引臂长度 a 远大于熨平板长度 b（b/a 一般为 $1/5.5$ 左右），第一层的铺层厚度变化比原路基高低不平的变化衰减了许多，当第二次摊铺时，这种不平整度将进一步衰减。浮动熨平板的这种对原有路基不平整度起到"滤波"作用的特性（图 10-11），称为自调平特性。

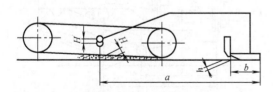

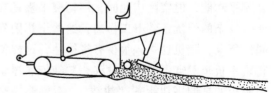

图 10-10　熨平板自调平的射线原理　　　　图 10-11　浮动熨平板的滤波情况

浮动熨平板的自调平性能，取决于熨平装置牵引臂的长短。牵引臂越长，自动调平能力越强；牵引臂越短，自动调平能力越弱。当路基不平度的波长很大时，自调平效果变差。若波长长到一定程度，则自调平作用完全消失，铺层将再现道路线形的坡度变化。

2. 熨平板仰角的调整

熨平板的仰角影响摊铺层的厚度和表面质量，在其他结构参数、运行参数及材料规范不变的情况下，改变工作角可以调整摊铺厚度；反之，也可用改变工作角的方法，来调整因其他因素变化对摊铺厚度的影响。所以在每次摊铺作业前，应根据其他摊铺参数和材料规范来调整仰角的初始值。工作时若要增加摊铺层的厚度，则需要逐渐调整熨平板仰角。仰角一次调整太大，会在熨平板前形成混合料的堆积，若此时熨平板温度偏低，沥青混凝土容易形成冷楔，部分沥青混合料不仅难以进入摊铺层，还会黏结、撕裂摊铺层，使摊铺质量下降。图 10-12 所示为熨平板前堆积混合料过多时的铺筑情况。

3. 熨平板拱度的调整

路拱的形状与大小在道路设计时已经确定，在摊铺前应将熨平板的拱度调整到设计值。沥青混合料摊铺机上都设有拱度调节机构，如图10-13所示。熨平板自整机纵对称面分成结构相同、对称布置的两部分，上边以双向螺纹杆连接。转动调节螺杆，可以使两侧熨平板框架上端分开或靠拢，使熨平板底板抬高或下降，改变底板拱度。拱度调节机构配合左右两边的厚度调节机构的上下移位，使底板呈水平、双斜坡和单斜坡三种横截面形状，以适应不同路面拱度的要求。调整好的拱度，应该在首次摊铺过程中用水准仪来检测。如果不符合标准，应重新调整，直到符合要求为止。

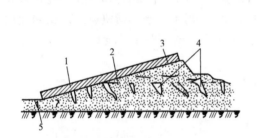

图10-12 熨平板前堆积混合料过多时的铺筑情况

1—熨平板 2—铺层摩擦面 3—楔形料堆
4—大裂缝 5—熨平后的小裂缝

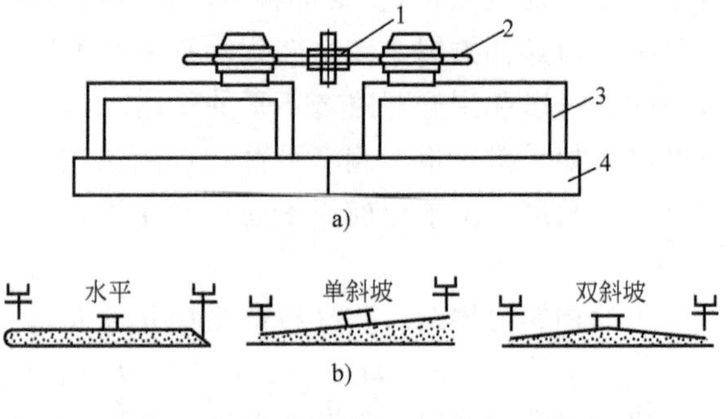

图10-13 拱度调节机构和铺层拱度

a) 拱度调节机构 b) 铺层拱度

1—锁紧螺母 2—调节螺杆 3—栅板 4—振捣梁

4. 自动调平控制系统

摊铺机的浮动熨平板虽具有"滤波"的自调平功能，但实际作业时，浮动熨平板是在十分复杂的干扰条件下工作的，这些干扰因素错综复杂，随机性强，很少有规律性，这样使得熨平板牵引点不断产生位移，单纯依靠浮动熨平板的自调平功能来"滤波"，不可能完全消除干扰因素所产生的不良后果，不能保证铺层的标高完全符合设计要求，所以摊铺机加装了自动调平控制系统。

摊铺机自动调平控制系统如图10-14所示。系统包括纵向调节和横向调节两个子系

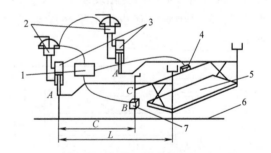

图10-14 摊铺机自动调平控制系统

1—电源 2—电磁换向阀 3—液压缸
4—横向控制器（包括横向传感器和调节器） 5—熨平板
6—基准 7—纵向控制器（包括纵向传感器和调节器）

统。每一子系统都包括信号传感装置、信号处理及控制指令装置和终端执行装置三大部分。全液压伺服机构可以随信号的大小，通过液压传动对熨平板进行比例调平。绝大多数摊铺机采用电-液控制调平装置，即用传感器将机械信号变成电信号，经过处理放大后，由控制指令装置传给终端执行机构。执行机构可以是电动的或液压的。

（1）自动调平控制系统的类型

1）按调平系统的工作原理，可分为三种形式：

a）开关调节式。系统只有"开"和"关"两种状态，从而执行恒速调节或不调节。这

类装置的结构简单，对器件要求不高，故制造成本低廉，使用可靠性好，但调节精度不高。为了防止系统产生振荡或超调，仪器死区不能过小，一般最小分辨率达 2mm 以上。

b）全比例调节式。系统调节作用的强弱随传感的误差信号的大小成比例变化，因此，系统静态精度高，这对集中处理多点不等值传感信号的设备是十分必要的。但结构复杂，对元器件要求高，价格昂贵。

c）比例脉冲式。比例脉冲式综合了上述两种调节系统的特点，克服了各自的缺点。它将调节过程按误差大小分为死区、脉冲调节区和恒速调节区三个范围。当外界干扰大，传感信号值处于恒速调节区时（例如某些设备规定基层纵向不平整度大于 5mm、横向坡度大于 0.3%），系统的控制指令装置连续发射脉冲，使终端执行装置持续动作，系统进行恒速调节。这种情况下可能产生超调现象，但不影响调平精度。当外界干扰降低，传感器显示的偏差信号值处于脉冲调节区时（例如小于 5mm），系统的调节随偏差信号值成比例变化。其工作方式有两种：一是自某一脉冲频率开始（例如 3Hz），脉冲频率随偏差信号的强弱成比例变化，从而改变其终端调节强度，直到脱离脉冲区进入死区后调节终止；另一种工作方式是脉冲频率不变，脉冲宽度随偏差信号成比例变化。这类自动调平装置的调节精度很高，其最小分辨率纵向高度可达 ±0.3mm，横向坡度可达 $\pm0.02\%$，即可分辨出 $40''$ 的角度变化。

2）按调平基准的设置可分为四种形式。

a）挂线控制调平。这种调平方式中，作为基准的张紧钢丝的标高是按铺层设计标高预先测量架设的。纵坡传感器装在熨平装置上，传感器探臂压在基准线上，摊铺过程中，当熨平装置的高度偏离基准高度时，传感器探臂转角发生变化。变化的信号经系统处理后控制牵引臂液压缸活塞伸缩改变摊铺厚度，使熨平板的标高重新回到基准设定的标高上。

以张紧钢丝绳为基准的横坡控制有两种方式。一种为双面挂线分别控制两侧高程的方式，即两侧放钢丝基准线，用两个纵向传感器（即角位移式传感器）检测信号。另一种为单面挂线控制方式，即一侧用纵坡传感器，另一侧用横坡传感器配合控制。

使用横坡传感器在摊铺过程中应定期用水准仪检查路面的横坡度，并与传感器的设置值相比较，可以及时纠正外界因素的影响所导致的误差。

当摊铺机并列作业或分带摊铺时，常常直接以铺好的铺层作为基准，纵坡传感器的探臂安上滑靴并在已铺好的铺层上滑行，以此来控制新铺层表面与原铺层标高一致。

b）机械式浮动梁调平。机械式浮动基准梁是一种随摊铺机一起运动的基准，如常用的滑靴式浮动平衡梁，可由主梁和附梁组成，梁的两端安装有滑靴，纵坡传感器摆臂搭在梁上。作业时，平衡梁在摊铺机侧面跟随一同前进，滑靴在地面上滑动。浮动基准梁用较大范围内地面多点高度的平均值来控制摊铺厚度。平均基准越长，取得点越多，摊铺的平整度越好。通常用于高程已经精确校正后的下面层上摊铺上面层。

当摊铺机并列作业或分带摊铺时，常常直接以铺好的铺层作为基准，纵坡传感器的探臂安上滑靴并在已铺好的铺层上滑行，以此来控制新铺层表面与原铺层标高一致。

c）声呐非接触平衡梁调平。非接触式平衡梁（SAS 系统）即声呐平衡系统，它由声呐追踪器、控制盒和平衡杆组成。一根平衡杆上装有四个声呐追踪器，声呐追踪器以地面为基准，每个探头每秒发射几十次声脉冲，精确测出距离平均值，再通过传感器指挥机械本身的液压浮动装置来控制升降高度。

非接触式平衡梁采用非接触数字处理技术，数字控制电路没有机械误差，消除了移动式浮动梁与沥青黏层及碎石接触所产生的机械误差，因而比接触式浮动梁精度高。

d）RSS 非接触式激光扫描自动调平。RSS 非接触式激光扫描自动调平的工作原理图如图 10-15 所示，激光扫描器发射出多束不可见的激光 A 到路面上，这些激光波从路面反射回扫描器 B，扫描器内的电子装置计算出从发射到接收激光波所经过的时间，从而测量出激光波所运行的距离，时间越长，距离越大。

当机器工作时，通过安装在扫描器上的旋转镜头扫描路面，各个角度的距离都可以测量，而所有数据从扫描器送入 RSS 计算机，路面的详细信息经过 RSS 计算机处理，并发送指令使机上执行机构进行相

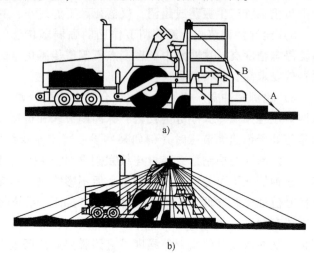

图 10-15　RSS 非接触式激光扫描自动调平的工作原理图
a）工作原理　b）扫描范围和测点

应调平动作。RSS 系统使用了大范围的多点扫描测量。当测量长度超过 12m 时，可等效于机械式平衡梁的 30m 测量长度。

（2）自动调平系统的合理运用

1）正确选择和安装参照基准和传感跟踪元件。浮动拖梁随摊铺机同步在基面上滑动或滚动，是一种相对基准件，可将基波均化、分解或部分消除。长度稍大于路基波长的滑动拖梁，可将波长拉大，但不能减小波幅高度。两点或多点支承（支承轮或弹性支承垫）的拖梁，既能将基波分解，又能降低波幅，效果比滑动拖梁好，但结构复杂，质量大，不便于安装和运输。

张紧钢丝或钢绳是以地球为参考系的绝对基准，从理论上讲是绝对精确的，但也存在人为的误差、测量误差和器材的变形。所以在使用时要严格遵守张拉长度、张拉载荷、支柱间距等方面的规定，并严格检测，细心保护和管理，摊铺时不得碰撞基准线。

2）正确选用纵向和横坡装置，使之形成最佳匹配。在大多数情况下，摊铺宽度接近摊铺机的基本宽度，熨平板的组合刚度大，应使用一侧纵向基准和一个横坡调平装置，二者匹配，达到调平的目的。当摊铺宽度大，熨平板接长后，结构的刚度下降容易发生变形。如采用纵向-横向组合调平，纵向动作液压缸不可能将熨平板一侧抬高或放下，容易产生振荡导致横坡传感器所传输的信号失真，产生误调。这时应采用双侧纵向调平系统。在摊铺层两侧各设一条基准线，用两纵向基准线的标高差来控制横坡。摊铺机两侧各安装一个纵向高度传感器分别跟踪，达到调平目的。

3）自动调平装置使用前应正确安装和校正。自动调平装置各元件的安装，应严格按规定执行。一般来说，不论熨平板处于何种角度，纵横坡传感器都应安装在熨平板前方。纵坡传感器的跟踪点至少距熨平板前缘 0.5m。如果摊铺厚度不大（6cm 或更小），熨平板工作角变化很小，该距离可适当增大。

横坡传感器安装在熨平板中部，安装接触面应加以清理，同时注意传感器前后方向是否

正确。安装好的自动调平装置在使用之前要进行校正。校正之前，摊铺机停放在水平的平坦地面上，将熨平板放下，调好摊铺厚度和初始工作角。

当纵向传感器相对于基准调到规定位置时，显示纵向高度误差的仪表指针必须指在零位上（中间位置）。因摊铺机停放在水平地面，横坡指针也应在零位置上，否则也必须予以校正。

校正后的自动调平系统，在开始工作阶段要加强对摊铺厚度和横坡值的检测，发现问题应及时修正。每调整一次，需要行驶一段距离后方可再进行检测，此距离不得小于该摊铺机的全长。

六、双层沥青混合料摊铺机

双层沥青混合料摊铺机拥有两套独立的摊铺工作装置，每套摊铺工作装置都包括有料斗、刮板输料器、螺旋分料器、熨平振捣装置以及自动找平装置等，摊铺时可以一次性同时铺设出两层不同沥青混合料的路面。图 10-16 所示为戴纳派克（DANAPAC）F300CS＋AM300 型双层沥青混合料摊铺机的外形结构。

图 10-16　戴纳派克（DANAPAC）F300CS＋AM300 型双层沥青混合料摊铺机的外形结构
1—摊铺机主机及行走装置　2—(25t) 磨耗层料斗　3—熨平板 1（高压实熨平板）
4—熨平板 2（磨耗层熨平板）　5—(45t) 大容量黏结层料斗

双层沥青混合料摊铺机通过转运机将自卸货车运送来的不同配比的沥青混合料，分别输送到双层摊铺机的两个相应的料斗，通过前后布置的两套螺旋分料器和熨平板，将两种不同级配的混合料（联结层沥青混合料＋磨耗层沥青混合料或基层沥青混合料＋磨耗层沥青混合料）分层铺筑，最终通过压实机械一次压实两层路面。两层路面一次性摊铺可以保证层与层之间的热黏结和磨耗层的冷却速度变缓，能更好地利用沥青的流动性和润滑作用。后续的压实过程使两层料之间相互嵌合，利于两种混合料复合成一体。一次性双层摊铺消除了层间污染，使沥青路面的整体性更好，弥补了磨耗层（或装饰性彩色水泥磨耗层）较薄、冷却快的缺陷，赢得了更多的时间，以便充分压实，达到最佳的密实效果。不仅可大大提高路面强度和延长使用寿命，还可以减少施工的交通封闭时间，降低道路施工对市政交通的影响。

目前的双层摊铺机分为组合式和整体式。组合式双层摊铺机是在一台经过改进的传统摊铺机基础上，外加可独立行走的拖车式摊铺系统组合而成，其中拖车部分具有上面层摊铺作业所需要的全部工作装置以及本身的能源供给系统（独立的副发动机）。同时，拖车式摊铺系统的各项技术参数均按照传统摊铺机的要求设计，该装置可以很方便地随时拆卸而无须使用其他起重设备，与基础摊铺的拼装也非常容易。与组合式双层摊铺机相比，整体式双层摊铺机的最大特点是：整机只有一套动力源、一组牵引臂，其行走方式与传统摊铺机一样，为整体独立行走。其他代表产品还有荷兰 bam TAS 型和德国 Vogele S-2100 型等。

第三节　滑模式水泥混凝土摊铺机

一、滑模式水泥混凝土摊铺机的组成和工艺流程

滑模式水泥混凝土摊铺机一般由动力传动系统、机架、行走机构、自动控制系统、工作机构和喷水系统等几部分组成。其中工作机构包括螺旋布料器、虚方控制板、振动棒、捣实板、拉杆插入器、成形模板（含侧模板和超铺板）和浮动模板等装置。图 10-17 为四履带滑模式水泥混凝土摊铺机总体结构图。

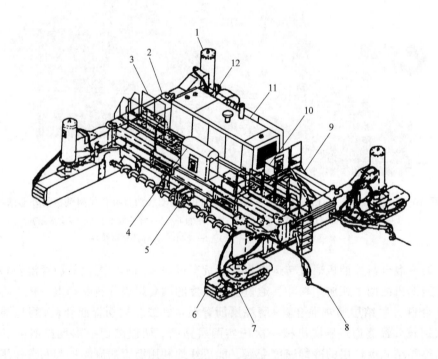

图 10-17　四履带滑模式水泥混凝土摊铺机总体结构图

1—浮动支腿　2—喷洒水系统　3—固定机架　4—操作控制台　5—摊铺装置　6—行走装置

7—自动转向系统　8—自动调平系统　9—伸缩机架　10—人行通道　11—动力系统　12—传动系统

滑模式水泥混凝土摊铺机的工艺流程为：螺旋布料→进料控制→内部振实→表面捣实→

成形→打入拉杆→整形和表面处理。

二、主机架结构

摊铺机的主机架是摊铺机的骨架部分，是由厚钢板焊接而成的箱形结构，属重型结构伸缩式机架，由两根大梁和加强梁组成。动力系统、传动系统和操纵控制台等布置在机架上部，工作机构布置在机架下方。机架的加宽和收缩由两个液压缸控制，伸缩调整十分方便。主机架的方形支腿支承在四条履带上，可使机架升降改变摊铺层厚度。将机架及工作装置提升到离开地面，还十分有利于摊铺机的转移。各支腿可以绕各自枢轴转动，使履带变化多种位置，满足摊铺机作业和装运的要求。

三、行走系统

1. 履带总成

履带总成包括支腿（含升降液压缸、方形支柱、连接箱体）、履带、张紧装置、液压元件。履带张紧装置采用液压张紧方式，主要由张紧弹簧、液压缸以及导向轮组成，液压缸中的压力作用在导向轮轴上，使导向轮前移从而张紧履带。张紧装置上有两个液压阀，一个用于注油增压使履带张紧；另一个用来泄油减压，使履带稍有松弛，以减少过紧疲劳。

2. 支腿总成

支腿在提升过程中可能由于重载而偏斜，所以在支腿圆筒内设计了一根导向支柱。此导向支柱与轭板焊在一起，当机器达到最低位置时支柱顶部应承受重力，使液压缸活塞杆卸载。由于支柱与轭板焊在一起，转向时同行走机构一起转动，所以它必须承受由转向液压缸传来的推力，带动履带转向，因而将支柱设计成正方形空心结构。支腿液压缸可以通过转向臂安装在支腿行走机构上。转向时，转向液压缸带动行走机构偏转而整个机架不动，所以转向接盘应与支腿圆筒做相对转动，但与支柱之间不能有转动，故将转向接盘设计成内方外圆结构。

四、螺旋布料器及振动捣实系统

1. 螺旋布料器系统

（1）螺旋布料器结构与工作原理　图 10-18 所示为螺旋布料装置，从螺旋布料器液压马达传出的动力，通过减速器、链传动箱达到减速增矩的目的后，带动螺旋传动轴转动。

螺旋传动轴筒上的叶片表面经过特殊硬化处理，比较耐用。当加宽摊铺机宽度时，螺旋可机械加长，拆装比较方便。两个液压马达分别驱动左、右摊铺螺旋，正、反转可选择，因此能实现从中间向两边摊铺布料、两边向中间集料，以及从一边向另一边移料。系统采用液压马达驱动，可无级调速，因此，可根据前方料堆的变化随意调整转速，使布料达到最佳效果。

（2）螺旋布料器液压系统　螺旋布料器液压系统（图 10-19）为变量闭式液压系统，左、右螺旋布料器泵-马达系统是两套相互独立的液压回路。由布料器泵 1 和 3、电位移控制器 5、溢流阀 8、单向阀 7、布料器马达 2 和 4、过载阀 9 组成。两个单向阀 7 为布料器泵 1 和 3 不同出口供油时的单向补油阀。

2. 振动棒系统

振动棒系统的作用是对物料进行振实，以保证一定的密实度。振动棒（又称为振动器）

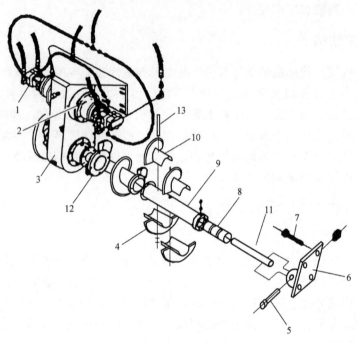

图 10-18　螺旋布料装置图

1—液压马达　2—减速器　3—链传动箱　4—下螺旋叶片　5、7、13—螺栓
6—支座　8—轴承　9—螺旋传动轴筒　10—上螺旋叶片　11—支承轴　12—法兰盘

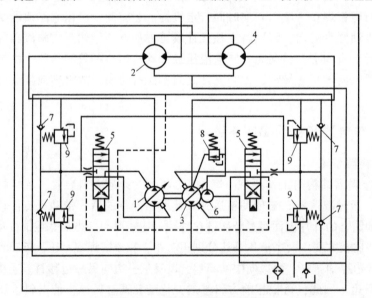

图 10-19　螺旋布料器液压系统

1—左布料器泵　2—左布料器马达　3—右布料器泵　4—右布料器马达
5—电位移控制器　6—供给泵　7—单向阀　8—溢流阀　9—过载阀

由单独的液压系统控制，振动频率和深度位置可调。不同性质的混凝土（如坍落度不同），使之充分液化的最佳振动频率不同，因此采用液压传动，可实现无级调频，以达到最佳效果，使混凝土在最短时间内即达到黏稠状态。

　　单个振动棒结构如图 10-20 所示。液压马达 7 带动偏振器 4 使振动棒产生振动。每根振动棒均有一个单独的油路，均可单独调频。振动棒按一定间距排列，靠两托架夹板固定在支承横梁上，悬挂振动棒的支承横梁有三根。为适应不同路拱的施工需要，摊铺机振动棒装置可整体垂直升降，也可单独左边、右边及中间段的升降，由操作者操纵液压平行连杆机构来实现。

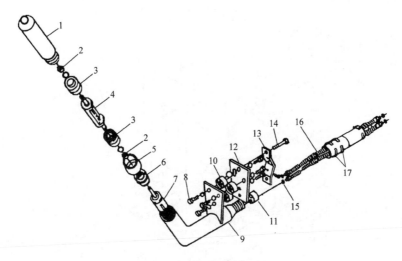

图 10-20　单个振动棒结构

1—偏心器壳　2、6—锁紧螺母　3—支承座　4—偏振器　5—偏振器支承座　7—液压马达　8、14—螺栓
9—马达外壳　10—橡胶隔振体　11—闭锁装置　12—装配托架　13—装配压板　15—O 形密封圈　16—软管　17—夹管

　　液压平行连杆机构固定于成形盘上，当液压缸活塞伸出或回缩时，支承上下臂绕其轴转动，带动支架上下移动，由夹板夹住的支承横梁也上下移动。

3. 捣实系统结构

　　振动过的混凝土经过捣实板捣实，把表面上的粗粒压入混凝土之中，然后进入成形模板。捣实系统由驱动液压马达 1、偏心轮 5、凸轮盘 6、主动杆 8、振捣板驱动棒 13、支承架 11、双臂摇杆 10、调整杆 14 和捣实板 16 等组成。当液压马达转动时，带动偏心轮运动，偏心轮把驱动力通过主动杆的连杆机构传给捣实板的支承架，驱动棒再带动捣实板的支承架做运动，从而使捣实板做上下和左右运动。捣实板的结构分解图如图 10-21 所示。捣实板的锤击作用取决于驱动偏心轮上凸轮盘的位置。

五、摊铺装置

1. 摊铺装置的结构

　　图 10-22 所示为滑模摊铺机摊铺装置的构成。摊铺装置包括虚方控制板、成形模板、振动棒悬挂梁、浮动抹光板、侧模板和拉筋板等。

　　虚方控制板用来控制混凝土进入成形模板的数量，进料过多或过少都会影响摊铺质量。虚方控制板由三个液压缸操作，每个液压缸的提升均可单独控制，可使虚方控制板左边、右边升降，亦可整体升降。提升液压缸的上端固定于主机架，液压油来自于中央组合阀。

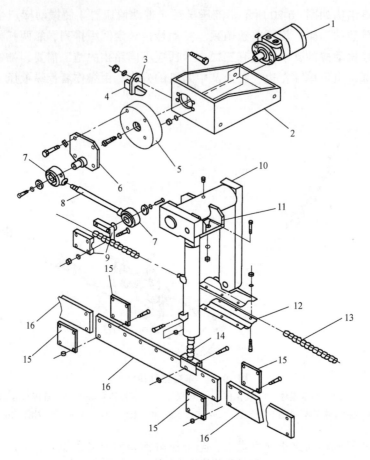

图 10-21　捣实板的结构分解图

1—液压马达　2—装配套　3—马达托架　4—成形盘　5—偏心轮　6—凸轮盘
7—悬杆支座　8—主动杆　9—主动压板　10—双臂摇杆　11—支承架
12—夹板　13—振捣板驱动棒　14—调整杆　15—装配衬垫　16—捣实板

在成形模板的后端还带有一块刚性结构的弹性悬挂浮动盘，用来对路面进行第二次平整，它以较小的变形在混凝土表面进行修整。注意弹性连接处不能把悬挂弹簧锁得太紧，否则会影响其浮动功能。浮动模板两侧的扩张与收缩由边缘液压缸控制。调整弹簧而使浮动盘成一定的倾角，这一倾角可对混凝土产生轻微压实作用，提高路面质量。

摊铺机设有机械拉杆插入器，拉杆打进去后随着摊铺机的前进，拉杆自动脱模。拉杆间距的设置由施工设计决定。打拉杆的信号由安装在履带上的小车轮

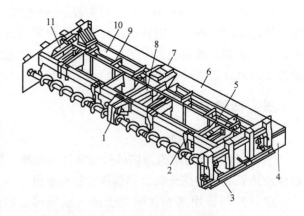

图 10-22　滑模摊铺机摊铺装置的构成

1—螺旋分料装置　2—计量装置　3—侧模板　4—修边器
5—内部振捣装置　6—定形抹光装置　7—调拱装置
8—中间支梁　9—外部振捣装置　10—成形装置　11—两端支梁

发出，小车轮被履带行走带动旋转。当转到设计所需距离时，轮子上的定位块与触点接触发出喇叭声，操作人员听到响声便迅速打入拉杆。拉杆可以两边同时打入，也可单边打入，由施工设计决定。

2. 摊铺装置液压系统

摊铺装置液压系统的主要组成元件有：辅助泵、高压过滤器、压力歧管、电磁组合阀等。按照控制元件的位置不同，摊铺装置液压系统又可分为中央、左端和右端电磁组合阀系统，在摊铺机上的布置如图 10-23 所示。

（1）中央电磁组合阀系统　中央电磁组合阀位于摊铺机的后中部，由八个双作用电磁阀组成，分别控制着虚方控制板的升降液压缸、振动棒的升降液压缸、成形模板的调拱马达和浮动抹光板的升降液压缸。其布置和控制的执行液压缸如图 10-24 所示。

从辅助泵来的液压油经过压力歧管到达中央电磁组合阀，若控制板上的虚方控制板、振动棒和浮动抹光板的升降开关移至 RAISE，则相应的双作用电磁阀的某一电磁线圈通电，电磁力移动阀芯，液压油经电磁阀输给相应液压缸的小腔，收回活塞杆，提升虚方控制板、振动棒和浮动抹光板。若控制板上的各升降开关移至

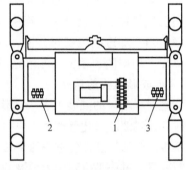

图 10-23　摊铺装置电磁阀
1—中央电磁组合阀　2—左端电磁组合阀
3—右端电磁组合阀

LOWER，则相应的双作用电磁阀的另一电磁线圈通电，电磁力反方向移动阀芯，液压油输给相应液压缸的大腔，伸长活塞杆，降低虚方控制板、振动棒和浮动抹光板。当将升降开关移至中位时，则各电磁阀不动作，虚方控制板、振动棒和浮动抹光板维持原来的位置。升降液压缸的回油经电磁阀直接回油箱。

虚方控制板和振动棒都有三个升降液压缸，每个液压缸可单独控制，便于调拱。浮动抹光板的三个液压缸由一个升降开关控制，只能同时动作，不允许独立工作，这样做有利于路面的最后成形。调拱马达位于成形模板中心，它驱动调拱机构实现调拱，当控制板上的调拱开关移至 RAISE 时，双作用电磁阀的某一电磁线圈通电，移动阀芯，液压油注入调拱马达的一侧，马达旋转带动路拱机构的两螺旋轴旋转，提升成形模板产生路拱。当控制板上的调拱开关移至 LOWER 时，双作用电磁阀的另一电磁线圈通电，反向移动阀芯，马达反向旋转带动螺旋轴反向旋转，降低成形模板，减少或消除路拱，马达回油经电磁阀直接返回油箱。

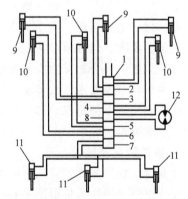

图 10-24　中央电磁组合阀液压回路
1—右虚方控制板电磁阀　2—中央虚方控制板电磁阀
3—左虚方控制板电磁阀　4—右振动棒电磁阀
5—中央振动棒电磁阀　6—左振动棒电磁阀
7—浮动抹光板电磁阀　8—调拱马达电磁阀
9—虚方控制板升降液压缸
10—振动棒升降液压缸
11—浮动盘升降液压缸　12—调拱马达

（2）端部电磁组合阀系统　端部电磁组合阀有两套系统：手动和自动边模端部电磁组合阀系统。

1）手动边模端部电磁组合阀系统。手动边模端部电磁组合阀分为两块，分别位于摊铺机的左、右两端，每块由三个三位四通电磁阀组成，分别控制左、右边模升降液压缸和左、右边缘升降液压缸。左端部电磁组合阀控制摊铺机左侧的前、后边模升降液压缸和边缘升降液压缸，右端部电磁组合阀控制摊铺机右侧的前、后边模升降液压缸和边缘升降液压缸。从辅助泵排出的液压油，经辅助压力歧管、中央电磁组合阀然后进入左端和右端电磁组合阀。

2）自动边模端部电磁组合阀系统。自动边模端部电磁组合阀也分为两块，位于摊铺机的左、右两端。另外，自动系统还包括四个转阀，以实现自动反馈控制。当自动系统既可实现自动边模控制，也可实现当手动边模控制。当自动边模控制时，前、后边模液压缸可单独控制。当手动边模控制时，前、后边模液压缸只能同时动作。左右端电磁组合阀分别控制摊铺机左右两侧的边模液压缸和边缘液压缸。

3. 成形模板的调整

经过捣实后的混凝土进入成形模板，被模板挤压成形。成形模板长为150cm，当摊铺直行道时，通过液压马达调整为中央路拱。当弯道作业时，调整为单边坡，即通过液压装置改变路面模板一侧的拱度，使中央路拱逐渐消失，直至成为单边坡。这一使路面模板随摊铺机的前进不断变平的过程是由驾驶人控制的。驶出弯道后驾驶人再将路拱恢复到原设定值。成形模板还可根据施工需要调整仰角的大小，仰角过大会影响摊铺质量，一般控制在6mm之内。

成形模板利用左、右两侧模板组合，视施工情况可调整成前宽后窄的喇叭口。其作用是使水泥混凝土受到挤压，增加边上密实度。

为减少坍落度，可以在成形模板左、右两侧设置超铺板，与侧模板组合可调整成前、后侧模上端窄、下端宽，上边缘略高且向内收，成为一内八字形。当摊铺机过后，由于混凝土的收缩作用，上边坍落，消除了内八字形，使两侧边上、下轮廓正好成为直角，而表面横坡又正好符合要求，这样可防止混凝土因坍落度稍大而塌边。

成形模板由几个相互独立的标准块用螺栓联接而成，中间部分是以铰接形式保证路拱的调节。路拱调节装置用于调节路拱，也对拖架的中央部分起支持作用。路拱调节装置由路拱上部总成和路拱下部总成两部分组成。上部总成安装在与主机架相连接的壳套内，下部总成用销与成形顶模板的中央部分相连接。

4. 自动调平系统

作业时，在所需要铺筑的水泥混凝土路面的旁侧，按照路面施工的要求标高及路形，预先拉设一根尼龙绳作为机器调平和转向的基准线。尼龙绳是由拉线桩支承的，拉线桩由1m长的圆钢制成。拉线桩之间的间距为5~10m，最长不超过15m。尼龙绳通过一组绞盘被拉紧。机器的调平与转向由液压控制系统自动实现，即不管道路是高低不平、直线或弯道，自动装置都能根据尼龙绳的基准线使摊铺的路面保持预定的高度和方向。

（1）调平原理　在主机架左、右侧安装有四个支柱臂，臂端分别安装有水平传感器（液压伺服机构），其上铰接有触杆，如图10-17中的6、1和8。触杆的一端靠其自重始终压紧在尼龙绳上，其压力大小可通过调整触杆上的平衡配重加以改变。当摊铺机施工作业时，如果路基低了，机器的行走机构将下降，此时压紧在尼龙绳上触杆的偏转使液压伺服机构动作，从液压泵出来的高压油通过伺服机构进入升降液压缸的上腔，使机器上升（机架与液压缸连接为一体），直至机架达到基准的水平位置；反之如果路基高了，同样的道理，机架就会相应地下降。

（2）调平系统 调平液压系统组成和布置如图 10-25 所示。

调平回路是个电控液压回路，其作用是通过四个升降液压缸进行手动或自动控制摊铺机调平。液压油由辅助泵提供，流经压力歧管，再到每个端架压力歧管，由此到达每个支腿的电磁组合阀，每个组合阀中的两个电磁阀与垂直安装于支腿内的升降液压缸连接，升降液压缸的回油通过电磁阀再回到油箱。

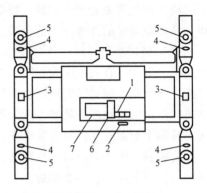

图 10-25　调平液压系统组成和布置
1—辅助泵　2—压力歧管
3—端架压力歧管　4—电磁组合阀
5—升降液压缸　6—变速器　7—发动机

1）手动调平回路。当控制板上的调平开关移至 RAISE 时，回路中双作用电磁阀中的某一电磁线圈通电，电磁力驱动阀芯移动，打开进入升降液压缸的油路，液压油流经液压锁到达升降液压缸的无杆腔，活塞杆推出，支腿升高，有杆腔中的液压油经电磁阀流回油箱。当控制板上的调平开关移至 LOWER 时，双作用电磁阀和液压缸做相反的动作，支腿降低。当调平开关打在中位时，双作用电磁阀中的电磁线圈不通电，弹簧使阀芯处于中位，关闭进入升降液压缸的油路，支腿不升降。回路中液压锁的作用是：维持支腿的升降位置，防止液压缸推杆自动缩回。当液压缸一腔进油时，液压油给另一腔的液控单向阀提供一个先导压力，使单向阀打开，这样另一腔能够回油。当没有液压油流进入升降液压缸时，两腔的液压油被单向阀锁住，使活塞杆的位置得以保持。

2）自动调平回路。如图 10-26 所示，当手动/自动选择开关打在 AUTO 时，控制传感器的单作用电磁阀起作用，输送液压油到传感器。此时手动回路中的双作用电磁阀不起作用，在弹簧的作用下处于中位。若此时路面降低，支腿降低，则触杆带动传感器的偏心轴顺时针转动，滑阀关闭 C2 口，打开 C1 口，液压油从 C1 口流出来，经液压锁流到升降液压缸的无杆腔，活塞杆伸出，机架升高，使触杆带动传感器的偏心轴逆时针转动，滑阀逐渐关闭 C1 口直到机架又恢复到原来的高度。若此时路面升高，支腿升高，则触杆带动传感器的偏心轴逆时针转动，滑阀关闭 C1 口，打开 C2 口，液压油从 C2 口流出来经液压锁流到升降液压缸的无杆腔，活塞杆缩回，机架降低，使触杆带动传感器的偏心轴顺时针转动，滑阀逐渐关闭 C2 口，直到机架又恢复到原来的高度。若路面一直很

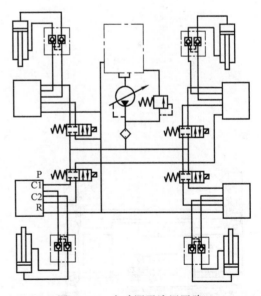

图 10-26　自动调平液压回路

平，触杆及偏心轴都将不动，滑阀一直关闭升降液压缸的油路，机架保持在原来的高度。

5. 转向系统

（1）转向原理 在行走机构前后支腿上，安装有四个转向传感器。当摊铺机在弯道上

作业时，转向传感器根据道路旁设置的放样线（基准）的方向信息，使其支腿上的转向液压缸动作而使履带轮产生偏转，履带轮的偏转使得转向臂动作，并带动对应的转向液压缸动作，从而使对应的履带轮、前轮或后轮产生同步偏转而实现全轮转向。

（2）转向液压回路　转向液压回路的组成如图 10-27 所示，辅助泵位于变速器输出部分的后部，电磁组合阀位于支腿箱里面，转向液压缸位于支腿上。转向液压回路是个电控液压回路，作用是：通过转向液压缸活塞杆的伸出和缩回，使机器进行手动或自动转向。辅助泵排出的液压油流经压力歧管，进入每个端架歧管，再流到每个支腿的电磁组合阀。电磁组合阀中有两个电磁阀与垂直安装于支腿的转向液压缸液压连接。电磁阀由控制台上的一系列转向开关控制，可手动转向，也可通过传感器自动转向。转向传感器安装在摊铺机放样线侧的履带上，一个在前、一个在后。

1）手动转向。当手动转向开关移到 LEFT（左）时，双作用电磁阀的电磁线圈通电，产生的电磁力使阀芯移动，一个电磁阀打开到转向液压缸的液压油口，此液压油注入左前转向液压缸的无杆腔，活塞杆伸出，另一电磁阀打开使液压油注入右前转向液压缸的有杆腔，活塞杆缩回，这样，两履带实现向左转动。转向液压缸回油经过电磁阀返回油箱。当转向开关处在中位时，电磁阀中的电磁线圈不通电，阀芯在弹簧的作用下处于中位，阻止液压油流过电磁阀。

2）自动转向液压回路。如图 10-28 所示，当控制板上的转向开关打在 AUTO 时，控制自动转向的单作用电磁阀起作用，电磁线圈通电，电磁力驱动阀芯打开通往转向传感器的油口，转向传感器从 P 口接收液压油，再根据路面情况以决定从 C1 口供油，还是从 C2 口供油。

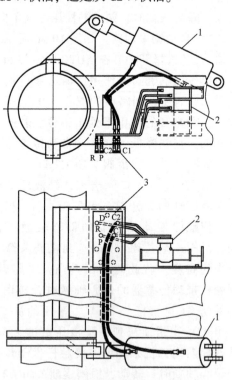

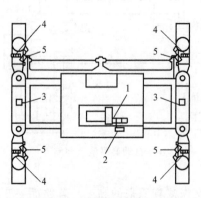

图 10-27　转向液压回路的组成

1—辅助泵　2—压力歧管　3—端架歧管

4—电磁组合阀　5—转向液压缸

图 10-28　自动转向液压回路

1—转向液压缸　2—单作用电磁阀

3—快速分离盘

思 考 题

1. 简述沥青混合料摊铺机的作用、类型特点及工作原理。

2. 简述沥青混合料摊铺机的组成及各部分的作用和结构特点。

3. 简述沥青混合料摊铺机的自动调平原理和作用，以及自动调平控制系统的类型和路拱及铺层厚度的控制方法。

4. 简述滑模式水泥混凝土摊铺机的组成和施工工艺过程。

第十一章

水泥混凝土搅拌设备

　　水泥混凝土搅拌设备是将一定配合比的水泥、砂石集料和水等拌制成匀质混凝土的机械，大致可分为水泥混凝土搅拌机和水泥混凝土搅拌站（楼）两大类。前者主要用于在施工现场搅拌混凝土，一般需另配计量装置；后者是由计算机控制实现上料、计量和配料的自动化混凝土生产成套设备，具有较完善的生产管理和质量控制体系，既可用于较大规模的建筑施工，也可作为商品混凝土生产的高效搅拌设备。

第一节　水泥混凝土搅拌机

一、类型和特点

　　为了适应不同类型水泥混凝土的搅拌以及不同施工场地的要求，水泥混凝土搅拌机发展出了许多机型，一般按工作过程或工作原理进行分类。按工作过程可分为连续式和周期式两类，按工作原理可分为自落式和强制式。

　　1）连续式搅拌机。作业过程无论装料、搅拌和卸料都是连续进行的，生产率高。但混凝土的配合比和拌和质量难以控制。多用于混凝土需要量大的市政、路桥和水利工程中。

　　2）周期式搅拌机。加料、搅拌、出料按周期循环作业。一批料拌和好卸出后再进行下批的装料和搅拌，易于控制配合比和保证拌和质量，建筑工程中应用最普遍。

　　3）自落式搅拌机。其工作原理如图 11-1 所示。搅拌机工作机构为筒体，沿内壁圆周安装着若干搅拌叶片，工作时，筒体绕其自身轴线（水平或倾斜）回转，搅拌物料由固定在搅拌筒内的叶片带至高处，靠自重下落。叶片对物料进行分割、提升、撒落和冲击，使配合料的相互位置不断重新分布而得到拌和。其优点

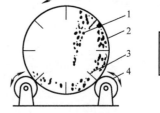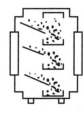

图 11-1　自落式混凝土搅拌机的工作原理图
1—混凝土　2—搅拌筒　3—搅拌叶片　4—托轮

是结构简单，磨损程度小，易损件少，对集料粒径有一定适应性，使用维护较简单。主要缺点是靠重力自落实现搅拌，搅拌强度不大，转速和容量受到限制，生产率低，一般只适于拌和塑性混凝土。

　　4）强制式搅拌机。搅拌物料由旋转的搅拌叶片强制搅拌。搅拌机构的搅拌轴垂直或水平设置在搅拌筒内，轴上安装搅拌叶片。工作时，转动的搅拌轴带动叶片对筒内物料进行剪切挤压和翻转推移等强制搅拌，使物料在剧烈的相对运动中得到均匀的拌和。搅拌轴垂直设置的搅拌机称为立轴式搅拌机，按搅拌轴及搅拌叶片的结构形式又可分为涡桨式和行星式两

种类型；搅拌轴水平设置的搅拌机称为卧轴式搅拌机，按照搅拌轴的数量又可分为单卧轴式和双卧轴式。强制式搅拌机的拌和质量好，效率高，特别适于拌和干硬性混凝土和轻质集料的混凝土。但这种搅拌机结构比较复杂，耗能大，搅拌工作部件磨损快，对集料粒径有较严格限制。一般混凝土搅拌站（楼）均使用此类搅拌机作为主机。立轴强制式搅拌机的工作原理如图 11-2 所示。

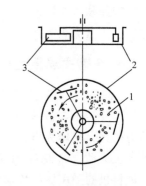

图 11-2　立轴强制式搅拌机
的工作原理图

1—混凝土　2—搅拌筒　3—搅拌叶片

另外，水泥混凝土搅拌机还可按搅拌筒的结构分为鼓筒形、双锥形、梨形、盘形和槽形等，按出料方式分为倾翻式和反转式等。

常用水泥混凝土搅拌机表示方法见表 11-1 和表11-2，主要由机型代号和主参数组成。其主参数为标称容量，即出料容量，如 JZ350，即表示出料容量为 0.35m³（即 350L）锥形反转出料的自落式搅拌机；JDY350 表示标称容量为 350L、电动机驱动、强制式单卧轴液压上料的搅拌机。

表 11-1　水泥混凝土搅拌机的分类

类型	自　落　式			强　制　式			
	倾翻出料		反转出料	立轴式		卧轴式	
	单口	双口		涡桨式	行星式	双卧轴	单卧轴
代号	JF		JZ	JW	JN	JS	JD
示意图							

表 11-2　水泥混凝土搅拌机型号分类及代号

机类	机型	特性	代号	代号含义	主参数
混凝土搅拌机 J（搅）	强制式 Q（强）	强制式	JQ	强制式搅拌机	搅拌容量/m³
		单卧轴式（D）	JD	单卧轴强制式搅拌机	
		单卧轴液压式（Y）	JDY	单卧轴液压上料强制式搅拌机	
		双卧轴式（S）	JS	双卧轴强制式搅拌机	
		立轴涡桨式（W）	JW	立轴涡桨强制式搅拌机	
		立轴行星式（X）	JX	立轴行星强制式搅拌机	
	锥形反转出料式 Z（锥）		JZ	锥形反转出料搅拌机	
		齿圈（C）	JZC	齿圈锥形反转出料式搅拌机	
		摩擦（M）	JZM	摩擦锥形反转出料式搅拌机	
			JF	锥形倾翻出料式搅拌机	
	锥形倾翻出料式 F（翻）	齿圈（C）	JFC	齿圈锥形倾翻出料式搅拌机	
		摩擦（M）	JFM	摩擦锥形倾翻出料式搅拌机	

随着新技术的涌现，各种不同类型的新型搅拌机应运而生，如无轴式搅拌机、螺旋轴式搅拌机、蒸汽加热搅拌机、超临界转速搅拌机和声波搅拌机等。

二、自落式混凝土搅拌机

1. 锥形反转出料式搅拌机

锥形反转出料式搅拌机的搅拌筒呈双锥形，正转为搅拌，反转为出料。该类型搅拌机主要有以电动机为动力的 JZ 系列和 JZY 系列型号。JZY 型除进料机构采用液压传动外，其余结构及性能与 JZ 型相同。目前该系列产品的出料容量有 150L、200L、350L、500L、750L 等。

图 11-3 JZC350 型锥形反转出料式混凝土搅拌机的外形

锥形反转出料式搅拌机主要由进料机构、搅拌筒、传动系统、供水系统、电气控制系统和底盘等组成。图 11-3 和图 11-4 所示分别为 JZC350 型锥形反转出料式混凝土搅拌机的外形和总体结构。

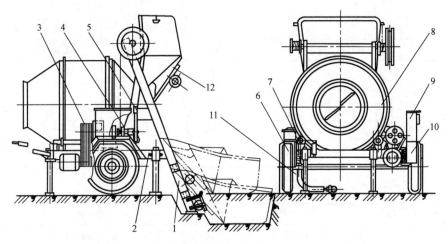

图 11-4 JZC350 型锥形反转出料式混凝土搅拌机的总体结构
1—上料架 2—底盘 3—传动系统 4—离合器 5—操纵杆 6—轮胎 7—托轮
8—搅拌筒 9—电气控制箱 10—轮胎罩 11—供水系统 12—上料斗

（1）搅拌筒 搅拌筒的结构如图 11-5 所示，筒内焊有与筒轴线成一定夹角且交叉布置的高叶片 2 和低叶片 6 各一对，拌和料由进料锥端进入。当搅拌筒正转搅拌时，叶片使拌和料做提升、下落的运动，还强迫物料做轴向窜动，有强化搅拌作用。当搅拌筒反向旋转时，叶片将拌和料推向出料锥一端，由两条空间交叉成 180°的螺旋形出料叶片 8 将拌和料卸出筒外。

（2）传动系统 目前国产锥形反转出料式搅拌机有两种传动形式。

1）齿轮传动（即 JZC 型）。传动系统如图 11-6 所示，搅拌筒由四个托轮支承，由电动机 1 控制转向，动力经 V 带 2 输入减速器 3，经两对齿轮传给小齿轮 4 和固定在搅拌筒上的大齿圈 5 带动搅拌筒旋转。齿轮传动具有不打滑、传动比准确等特点。

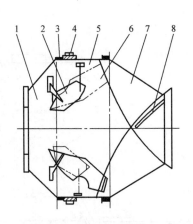

图 11-5　搅拌筒的结构

1—进料锥　2—高叶片　3—滚道　4—齿圈
5—筒体　6—低叶片　7—出料锥　8—出料叶片

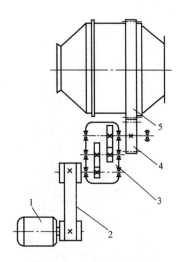

图 11-6　齿轮传动系统

1—电动机　2—V 带　3—减速器
4—小齿轮　5—大齿圈

2）摩擦传动（JZM 型）。摩擦传动是依靠耐磨橡胶托轮与搅拌筒滚道间的摩擦力来驱动搅拌筒旋转的，如图11-7所示。搅拌筒 6 通过滚道 4 支承在四个橡胶摩擦轮 3 和 5 上。其中一对摩擦轮 3 为主动轮，另一对摩擦轮 5 为从动轮。当电动机 1 经减速器 2 使一对主动摩擦轮 3 旋转时，在搅拌筒及混凝土拌和料重量的作用下，主动橡胶摩擦轮靠摩擦力驱动搅拌筒 6 回转。为防止搅拌筒轴向窜动，滚道 4 的两侧有导向挡圈。摩擦传动的特点是噪声小，结构简单紧凑，但遇油、水容易打滑而降低生产率。

（3）进料机构　锥形反转出料式搅拌机的进料机构根据搅拌机出料容量的大小而有所不同，一般由上料架、进料斗及提升机构等组成。提升机构包括钢丝绳、滑轮和带离合器的卷筒等。

图 11-8 所示为常见搅拌机的进料机构。把操纵杆 6 扳到"上升"位置，减速器输出轴端的离合器 5 合上，钢丝

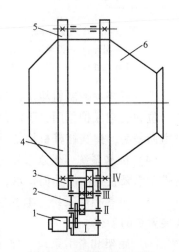

图 11-7　摩擦传动示意图

1—电动机　2—减速器　3、5—摩擦轮
4—滚道　6—搅拌筒

绳卷筒 4 转动，钢丝绳 3 经滑轮 2 拉动料斗 1 由地面翻转至上部位置，把拌和料装入搅拌筒之后离合器自动脱开。把操纵杆 6 推到"下降"位置，料斗靠本身的自重下落，料斗落地时将操纵杆打到"停止"位置。

有些搅拌机的进料机构为增加上料高度而加一段爬轨。上料时，进料斗先沿爬轨上升到一定位置后再旋转，将拌和料倾入搅拌筒。

图 11-9 所示为 JZC500 型及以上容量搅拌机的上料机构，驱动电动机带动钢丝绳卷筒转动，钢丝绳经过滑轮 5 牵引料斗 4 沿上料架轨架 1、2、6 向上爬升，当爬升到一定高度时，料斗底部上的一对滚轮进入上料架水平岔道，斗门自动打开，拌和料经过进料漏斗投入搅拌筒内。驱动电动机带有常闭式制动器，可保证料斗在满负荷运行时可靠地停在任意位置。

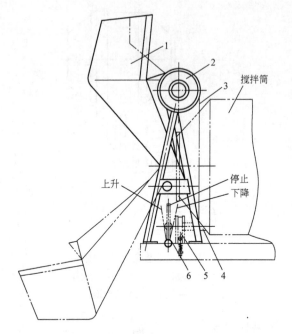

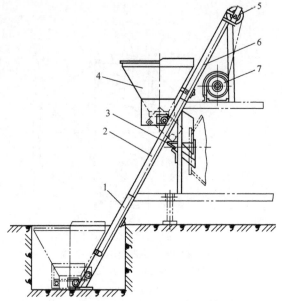

图 11-8 常见搅拌机的进料机构

1—料斗 2—滑轮 3—钢丝绳

4—钢丝绳卷筒 5—离合器 6—操纵杆

图 11-9 JZC500 型及以上容量搅拌机的上料机构

1—下轨架 2—中轨架 3—中间料斗

4—料斗 5—滑轮 6—上轨架 7—提升机构

由行程开关控制料斗运行的上下限位。上料架上装有两个上限位开关，分别对料斗上升起限位和安全保护作用；下限位开关装在导轨顶部，当料斗下降至地坑底部时，钢丝绳失去拉力而松懈，弹簧杠杆机构使下限位开关动作，卷扬机构自动停车。

（4）供水系统 供水系统一般由电动机、水泵、三通阀和水箱等组成。工作时，电动机带动水泵直接向搅拌筒供水，通过时间继电器控制水泵的供水时间来控制供水量。

（5）电气控制系统 电气控制系统用于控制搅拌筒和水泵的运转以及时间继电器和安全装置等的动作。

（6）底架和牵引系统 搅拌机所有的机构都安装在一个拖挂式单轴或双轴底架上，前轮轴上安装转向机构和牵引拖杆，用于车辆拖行转场。底架上还设置四个螺旋顶升式支腿，在搅拌机工作时，轮胎不承载，由支腿支承整机重量并调平。

2. 锥形倾翻出料式搅拌机

锥形倾翻出料式搅拌机是大中型施工工地和混凝土搅拌站（楼）广泛使用的机型，常为固定式，故只有以电动机为动力的 JF 型，如 JF750、JF1000、JF1500、JF3000 等型号。

双锥倾翻出料式搅拌机具有搅拌仰角大、工作容积利用系数高、搅拌筒进料和出料共用一个开口、功率消耗小、结构简单、对不同配比和坍落度的混凝土适应性较好等优点。

图 11-10 所示为 JF1000 型双锥倾翻出料混凝土搅

图 11-10 JF1000 型双锥倾翻出料

混凝土搅拌机外形图

拌机外形图，额定出料容量为 $1.0m^3$，搅拌的最少时间为 $1 \sim 1.5min$。其主要机构是搅拌系统和倾翻机构，因用作混凝土搅拌站（楼）的主机，故加料装置、供水装置以及空气压缩机等辅助机构需另行配置。

（1）搅拌系统　锥形倾翻出料式搅拌机也是自落式搅拌机型。JF1000 型搅拌机的外形和内部结构如图 11-11 所示，搅拌筒由两个截头圆锥组成。搅拌筒的一端封闭，通过另一端的开口进行加料和卸料。筒壁内镶有耐磨衬板，并沿轴向布置三个搅拌叶片。

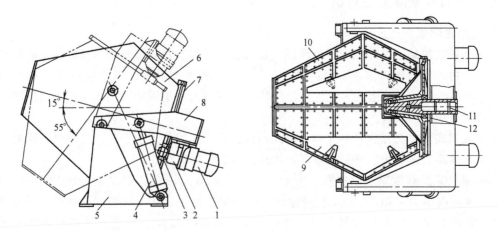

图 11-11　JF1000 型搅拌机的外形和内部结构

1—电动机　2—减速器　3—小齿轮　4—倾翻机构　5—支架　6—搅拌筒
7—大齿圈　8—曲梁　9—叶片　10—衬板　11—锥形心轴　12—圆锥滚子轴承

搅拌筒通过一对圆锥滚子轴承支承在曲梁的锥形心轴上，整个支承装置是密封的，两台 7.5kW 的电动机经两个行星摆线针轮减速器减速后，由小齿轮驱动搅拌筒上的大齿轮旋转，使搅拌筒进行搅拌工作。工作时，搅拌筒轴线与水平线成 15°仰角；卸料时，由倾翻机构使搅拌筒向下旋转 70°（从水平线向下倾斜 55°）。

（2）倾翻机构　JF1000 型搅拌机采用气动倾翻机构，如图 11-12 所示。整个倾翻机架及搅拌筒在气缸的作用下完成倾翻卸料工作。当倾翻机构工作时，压缩空气经过分水排水

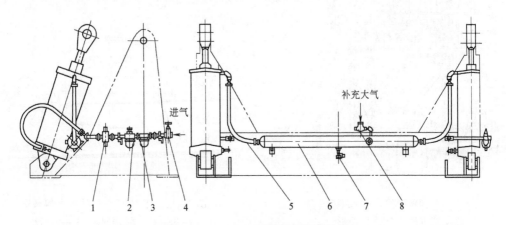

图 11-12　JF1000 型搅拌机倾翻机构

1—电磁气阀　2—油雾器　3—分水排水器　4—截止阀　5—夹布胶管　6—储气筒　7—二通旋塞　8—单向阀

器、油雾器及电磁气阀进入气缸下腔，使活塞杆推动曲梁并带动搅拌筒向下转动；在气缸下腔通入压缩空气时，上腔的气体导入储气筒内产生背压。当搅拌筒转动到极限位置时，背压最大，从而减小了搅拌筒倾翻时的冲击。

当搅拌筒复位时，电磁气阀使气缸下腔与大气相通，此时在储气筒的背压和搅拌筒倾翻架及传动部件的重力作用下，搅拌筒逐渐复位。

三、强制式混凝土搅拌机

1. 立轴强制式混凝土搅拌机

立轴强制式混凝土搅拌机的搅拌原理，是靠安装在搅拌筒内带叶片的旋转立轴将物料挤压、翻转、抛出等复合动作进行强制搅拌，与自落式搅拌机相比，具有搅拌质量好，效率高，适合搅拌干硬性、高强和轻质混凝土等特点，在国内外中型施工工地和大中型混凝土制品厂被普遍应用。

立轴强制式搅拌机分为涡桨式和行星式两种，其搅拌筒均为水平放置的圆盘。涡桨式搅拌机因结构紧凑、体积小、密封性能好等优点而得到广泛应用。

（1）强制式涡桨混凝土搅拌机　图 11-13 所示为 JW1000 型固定涡桨强制式混凝土搅拌机外形，搅拌容量为 1.0m^3，一次搅拌循环时间不超过 2min。用于一般建筑材料的搅拌，如混凝土、矿渣、硅酸盐和耐火材料等。该机主要由搅拌、传动、气动、供水及电气等系统组成。

1）搅拌系统。搅拌系统如图 11-14 所示，其主要由搅拌筒、搅拌叶片总成及罩盖等组成。搅拌筒由内筒、外筒及底板焊接而成，并镶有耐磨衬板。系统共有六片搅拌叶片，并沿内外筒壁各装一块刮板，以使拌和料搅拌均匀、迅速并不至于粘在内外筒壁上。搅拌筒上设有罩盖，使搅拌过程在封闭的搅拌筒内进行，粉尘不外扬，改善了作业环境。罩盖上有进料口，筒底装有两扇由气动控制的扇形出料门。

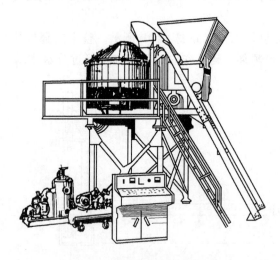

图 11-13　JW1000 型固定涡桨
强制式混凝土搅拌机外形

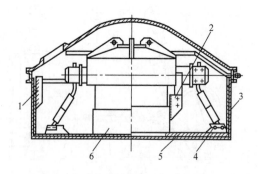

图 11-14　JW1000 型搅拌机搅拌系统
1—外刮板　2—内刮板　3—外衬板
4—搅拌叶片　5—底衬板　6—内衬板

2）传动机构。传动机构如图 11-15 所示。带凸缘结构的主电动机 2 直接倒挂安装在封闭式两级行星轮减速器 3 的下缘口上。减速器的输出轴与搅拌叶片总成 4 直接连接，使搅拌叶片以 20r/min 的速度进行搅拌。

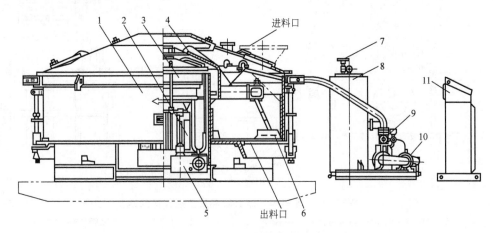

图 11-15　JW1000 型搅拌机传动机构

1—搅拌筒　2—主电动机　3—行星轮减速器　4—搅拌叶片总成　5—润滑泵

6—搅拌叶片　7—调节手轮　8—水箱　9—水泵及五通阀　10—水泵电动机　11—操纵台

3）气动和供水系统。该机配有一台空气压缩机作为出料门及配水五通阀气动装置的压缩空气源。其气路采用电磁气阀控制出料门及配水五通阀。

供水系统由水箱、水泵和五通阀组成。供水前先起动水泵，水进入水箱直至装满，然后接通五通阀的电磁线圈，使五通阀的活塞向右移动，水箱里的水即向搅拌筒内注入，当水面低于配水管时注水停止。由调节手轮调节配水管水位的高低，并由指针指示。

（2）强制式行星混凝土搅拌机　强制行星式混凝土搅拌机有两根回转轴，分别带动几个拌和铲。行星式又可分为定盘式和盘转式。在定盘式中，拌和铲除了绕自己的轴线转动（自转）外，两根拌和铲的轴还共同绕盘的中心线转动（公转）。在盘转式中，两根装拌和铲的轴不做公转，而是整个盘做相反方向的运动。行星式构造复杂，但搅拌强度大。盘转式由于整个搅拌盘在转动，结构较复杂，且消耗能量也较大。定盘式由于消除了离心力对集料分布位置的影响，不容易产生离析现象，所以盘转式已逐渐少用。立轴强制式混凝土搅拌机都是通过盘底部的卸料口卸料，卸料迅速。但如果搅拌时卸料口密封不好，水泥浆容易泄漏。所以，该类型搅拌机不适合搅拌流动性大的混凝土。

2. 卧轴强制式混凝土搅拌机

卧轴强制式混凝土搅拌机分为单卧轴式和双卧轴式两类，具有搅拌质量好、生产率高等优点。

（1）单卧轴强制式混凝土搅拌机　单卧轴强制式混凝土搅拌机一般采用倾翻出料，兼有自落式和强制式两类搅拌机的优点。

图 11-16 所示为 JDY350 型液压机械式单卧轴混凝土搅拌机的结构示意图。其主要由传动系统、搅拌装置、上料装置、离合器操纵系统、倾翻出料机构、供水系统、电气系统及行走支承装置等组成。

1）搅拌装置。如图 11-17 所示，JDY350 型搅拌机的搅拌装置由搅拌筒和搅拌轴等组成。搅拌筒由钢板卷制焊接而成，筒内的弧形衬板及侧衬板均用耐磨材料制成，并用沉头螺

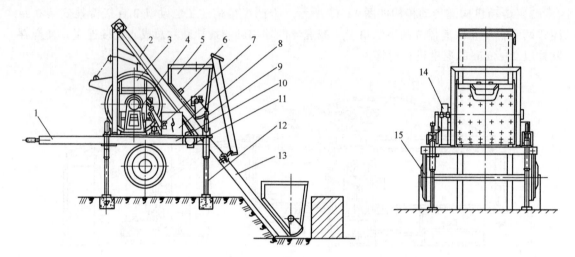

图 11-16　JDY350 型液压机械式单卧轴混凝土搅拌机的结构示意图

1—牵引杆　2—钢丝绳　3—搅拌筒　4—支座　5—上料斗　6—止斗销　7—操纵阀　8—电控箱
9—支腿微调　10—底盘　11—钢绳长度调整索具　12—支腿　13—上料架　14—减速器　15—车轮

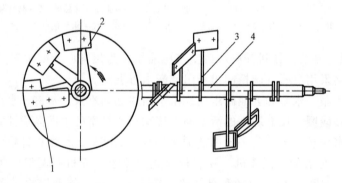

图 11-17　JDY350 型搅拌机搅拌装置示意图

1—侧叶片　2—搅拌叶片　3—搅拌臂　4—搅拌轴

栓与筒内壁、侧壁联接，磨损后可更换。搅拌轴和搅拌筒支承在支座和减速器上，搅拌轴可以相对搅拌筒转动，轴上装有搅拌臂、搅拌叶片及侧叶片（刮板）。工作时呈螺旋带状布置的搅拌叶片把靠近搅拌筒壁的混凝土拌和料推向搅拌筒的中间及另一端，迫使拌和料做强烈的对流运动。另外，叶片的圆周运动使拌和料受到挤压、剪切，形成一个分散抛料过程，使拌和料在较短的时间内被搅拌均匀。

2）搅拌传动系统和卸料机构。JDY350 型搅拌机的搅拌传动系统为机械传动系统。电动机经带传动和三级圆柱齿轮减速器减速后驱动搅拌轴旋转。JDY 型搅拌机采用液压倾翻卸料机构。卸料时，倾翻液压缸的活塞杆伸出，推动搅拌筒翻转。搅拌筒的倾翻角度由液压缸活塞杆的行程决定。该机构可针对不同容量的混凝土运输工具，完成一次卸料或分批卸料。

3）上料系统。JDY350 型搅拌机上料系统工作原理以液压缸活塞杆的伸缩，通过增速滑轮组牵引连接在料斗上的钢丝绳来实现料斗升降，料斗上升高度由活塞杆的行程决定。该系统结构简单、操作方便，减少了机械上料系统带来的冲击，料斗运行平稳。

（2）双卧轴强制式混凝土搅拌机　双卧轴强制式混凝土搅拌机由搅拌传动系统、上料装置、搅拌装置、供水系统、卸料机构和电气控制系统等组成。整机结构如图 11-18 所示。

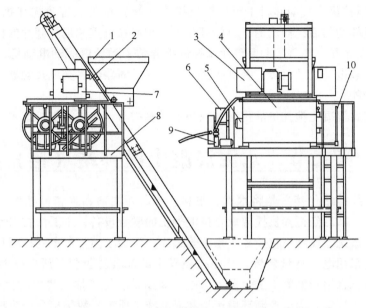

图 11-18　双卧轴强制式混凝土搅拌机整体结构图

1—进料斗　2—上料架　3—卷扬机构　4—搅拌筒　5—搅拌装置

6—搅拌传动系统　7—电气系统　8—机架　9—供水系统　10—卸料机构

1）搅拌装置。如图 11-19 所示，搅拌筒 1 内镶有衬板，用沉头螺钉与筒体连接；筒内
装有两根水平布置的搅拌轴 2，轴上连接
等距错角度排列的搅拌臂 3，搅拌臂上分
别装有叶片 4 和 5，可刮掉端面上的混凝
土。叶片与衬板之间的间隙根据搅拌机容
量而定，一般在 3~5mm 之间。搅拌机工
作时电动机通过带传动带动齿轮减速器，
分别带动两根水平的搅拌轴做反向等速回
转，其上的叶片 4、5 做反向螺旋运动对
拌和料产生强烈的挤压、对流作用，空间
错开位置的搅拌叶片一方面将筒底和中间
的拌和料向上翻滚，另一方面又分别将拌
和料沿搅拌轴的轴线方向推压，（拌和料
的运动路线如图 11-19 中箭头所示），从
而使拌和料得到快速均匀搅拌。所以双卧
轴强制式混凝土搅拌机在搅拌时可使拌和
料产生较大的相对运动速度，拌和料间的
位置和距离任一瞬时都在变换。无论塑性
和干硬性混凝土都有良好的搅拌效果。

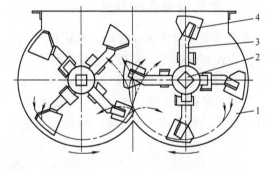

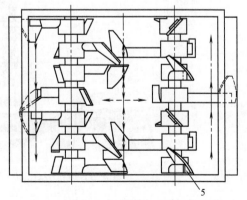

图 11-19　双卧轴强制式混凝土搅拌机搅拌装置

1—搅拌筒　2—搅拌轴　3—搅拌臂　4—搅拌叶片　5—侧叶片

2）卸料机构。双卧轴强制式混凝土

搅拌机采用底卸式卸料方式，卸料机构有手动和气动两种。手动卸料主要用于单机使用且容量小于500L的搅拌机，气动卸料主要用于搅拌楼（站）中的大容量搅拌机（500L以上）。当筒内拌和料搅拌均匀后，筒底的卸料门打开，拌和料在自重和搅拌叶片的推送下卸出。

3）电气控制系统。电气控制系统用来控制搅拌传动系统的驱动电动机、上料装置的卷扬电动机以及水泵电动机的运转。控制线路中设有低压断路器、交流接触器，具有短路、过载和断相保护功能。

双卧轴强制式混凝土搅拌机的供水系统和上料机构与自落式搅拌机基本相同。

第二节　水泥混凝土搅拌站（楼）

水泥混凝土搅拌站（楼）是将水泥、集料、水、外加剂和掺和料等物料按照混凝土配比要求进行计量，然后经搅拌机搅拌成合格混凝土的联合设备，主要由物料储存系统、物料运送系统、计量系统、搅拌系统及控制系统等组成。混凝土搅拌设备的机械化、自动化程度很高，由于普遍采用电子计量装置，严格按照设定的配合比投料，所以既能保证混凝土质量，又省料高效，常用于混凝土工程量大、施工周期长、施工地点集中的大中型水利电力、桥梁和建筑施工工程等。为了控制环境污染和提高施工质量，我国出台相应法规，禁止在大中城市的市区施工现场搅拌混凝土，而大力发展包括混凝土搅拌站（楼）、混凝土输送（泵）车在内的商品混凝土生产模式，推广混凝土泵送施工，实现了搅拌、输送、浇注机械的联合作业。

一、水泥混凝土搅拌站（楼）的分类

水泥混凝土搅拌站（楼）按其结构不同可分为固定式和移动式，按其作业形式不同可分为周期式和连续式，按其工艺布置形式不同可分为单阶式和双阶式。

1. 移动式混凝土搅拌站

移动式混凝土搅拌站通常带有行走装置，可随时转移，机动性好。主要用于临时性或移动性较强的工程项目，如道路、桥梁等。图11-20所示为HZQ-2000型移动式混凝土搅拌站。

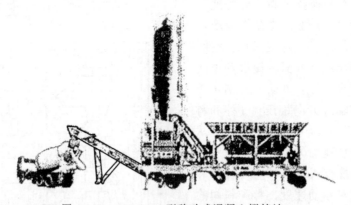

图11-20　HZQ-2000型移动式混凝土搅拌站

2. 拆迁式混凝土搅拌站

拆迁式混凝土搅拌站是由几个大型组件拼装而成的，能在短时间内组装和拆除，随施工现场转移。主要用于商品混凝土工厂及大中型混凝土施工工程。图 11-21 所示为拆迁式混凝土搅拌站。

3. 固定式混凝土搅拌楼

固定式混凝土搅拌楼是一种大型混凝土搅拌设备，如图 11-22 所示，生产能力大，安装时一般需要有混凝土基础，主要用在商品混凝土工厂、大型预制构件厂和水利工程工地等。

4. 水上搅拌站

水上搅拌站（混凝土搅拌船）如图 11-23 所示，它集混凝土配料、称量、生产、搅拌、混合、输送为一体，可为水上建筑工程提供移动混凝土

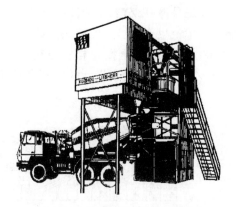

图 11-21　拆迁式混凝土搅拌站

输送的工程船舶，其功能综合性强、智能化程度高、机械结构较为复杂，主要用于横跨海洋、江河、湖泊的大桥、岸堤等水上建设工程。

图 11-22　固定式混凝土搅拌楼

混凝土搅拌站（楼）的编号由搅拌机装机台数、组代号、型代号、特性代号、主参数代号、更新变型代号等组成，其型号说明如下：

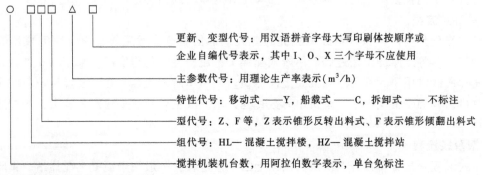

更新、变型代号：用汉语拼音字母大写印刷体按顺序或企业自编代号表示，其中 I、O、X 三个字母不应使用

主参数代号：用理论生产率表示（m³/h）

特性代号：移动式——Y，船载式——C，拆卸式——不标注

型代号：Z、F 等，Z 表示锥形反转出料式、F 表示锥形倾翻出料式

组代号：HL——混凝土搅拌楼，HZ——混凝土搅拌站

搅拌机装机台数，用阿拉伯数字表示，单台免标注

我国的混凝土搅拌站的型号表示为：HZ-P 或 HL-P。

H——混凝土；

Z——搅拌站；

L——搅拌楼；

P——生产率（m³/h）。

如编号为 HZZY25A 的混凝土搅拌站，即表示配套主机为一台锥形反转出料式混凝土搅拌机，理论生产率为 25m³/h，第一次更新设计的周期式移动混凝土搅拌站；编号为 2HLWI20B 的混凝土搅拌楼，即表示配套主机为两台涡浆混凝土搅拌机，理论生产率为 120m³/h，第二次变形设计的周期式混凝土搅拌楼。

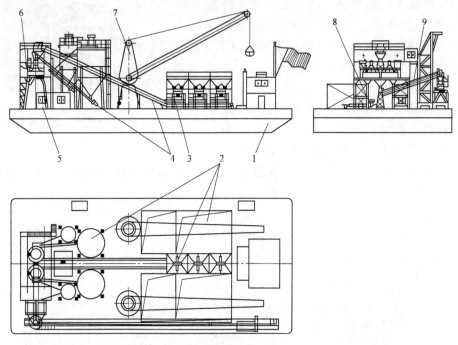

图 11-23　水上搅拌站（混凝土搅拌船）
1—船体　2—储料单位　3—计量单位　4—输送单元　5—发电机组
6—搅拌主体　7—起重机　8—水泥输送泵　9—砼补料单元

二、水泥混凝土搅拌站的工艺流程

水泥混凝土搅拌站的工艺流程主要分为单阶式与双阶式两种。

1. 单阶式流程

单阶式流程是指搅拌原材料经一次提升存入顶部储料仓，然后靠自重下落完成所有计量、搅拌和出料等工序的工艺过程。单阶式搅拌工艺流程自动化程度高，采用独立称量，计量时间短，所以常用于大型固定式混凝土搅拌楼。采用单阶式流程，在一套搅拌设备中安装数台搅拌机，其混凝土生产率可达每小时数百立方米。其主要缺点是建筑高度大，需配置大型集料输送设备。

2. 双阶式流程

双阶式流程是指集料提升两次或两次以上的工艺过程，一般用于混凝土搅拌站。集料第一次提升进入储料斗，经称量配料集中，第二次提升装入搅拌机。双阶式设备的高度小，集料输送不需大型运输设备，整套设备简单，投资少，建设快。双阶式流程一般采用累加计量，材料配好集中后要经过二次提升，所以自动化程度不高，效率也较低。但混凝土搅拌站目前也在向大型、高效方向发展，其配料系统和计量方式已得到了改进。

三、水泥混凝土搅拌站（楼）的构造

1. 混凝土搅拌站

图 11-24 所示为一种典型混凝土搅拌站。

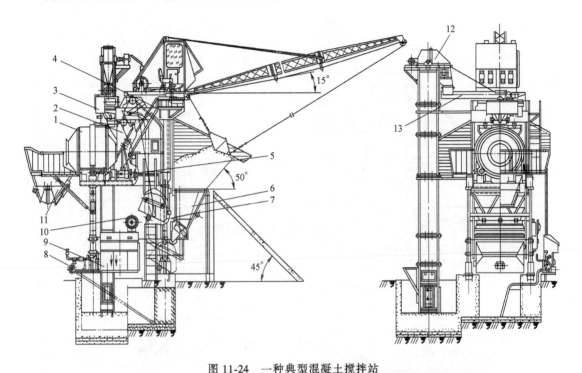

图 11-24　一种典型混凝土搅拌站

1—混凝土搅拌系统　2—中间集料斗　3—水泥斗及水泥计量装置　4—悬臂拉铲
5—料斗提升机构　6—集料仓　7—提升料斗　8—供水系统　9—电气系统　10—集料计量系统
11—出料存料斗　12—斗式提升机　13—水泥螺旋输送机

　　悬臂拉铲 4 将砂石集料拦运至集料仓 6 处，控制系统控制集料仓 6 的仓门开启，将砂、石集料放入提升料斗 7，同时由集料计量系统 10 进行计量，然后由料斗提升机构 5 提升料斗将集料送入中间集料斗 2，待到搅拌时刻放入搅拌机进行搅拌。供水系统 8 根据混凝土配合比将定量水注入搅拌机中。水计量一般有流量计量和称重计量两种方式。该系统采用流量计量。水泥储存在水泥筒仓中，由螺旋输送机送至斗式提升机 12，再经上部水泥螺旋输送机 13 送至水泥斗及水泥计量装置 3 进行计量，然后在适当时刻放入搅拌机。为减小集料对搅拌机的冲击和提高搅拌效率，向搅拌机的投料顺序一般设定为水—水泥—砂—石。搅拌好的混凝土放入出料存料斗 11 暂存，待混凝土搅拌车就位后再开启斗门放出。电气系统 9 用于控制搅拌机、螺旋输送机、料斗提升机构和斗式提升机等驱动电动机的起停及各料仓门的启闭。整个系统的运行及搅拌投料时序由工控机或可编程序控制器（PLC）控制。随着电子信息技术的进步，混凝土搅拌站的电气控制系统性能大幅度提高，高精度电子秤已广泛取代了低精度机械杠杆秤，计算机或 PLC 控制取代了落后的继电器逻辑控制。

2. 混凝土搅拌楼

　　混凝土搅拌楼型号繁多，但构造基本相同，其金属结构垂直分层布置，机电设备分装各

层，集中控制。混凝土搅拌楼一般自上而下分为进料、储料、配料、搅拌和出料五层，高达24~35m。图11-25所示为某型搅拌楼的结构示意图。

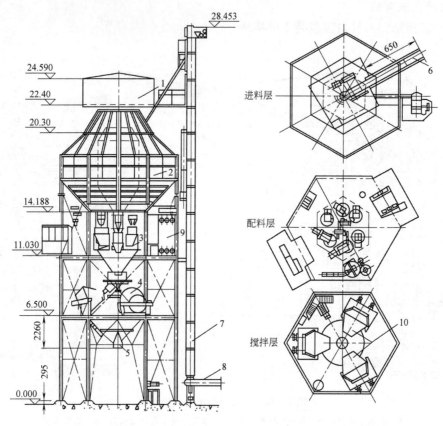

图 11-25　某型搅拌楼的结构示意图
1—进料层　2—储料层　3—配料层　4—搅拌层　5—出料层
6—带式输送机　7—斗式提升机　8—螺旋输送机　9—吸尘器　10—搅拌机

进料层主体结构为一个旋转分配头，将上料倾斜带式输送机从集料场输送来的集料分配到相应的储料仓。一般大型搅拌楼设置两种砂料和三种石料共五个集料仓，因此旋转分配头有五个停靠位置，分别由接近开关控制。旋转分配头由交流电动机通过摩擦传动机构驱动。

储料层主要包括集料仓、水泥仓和水箱。水泥仓通常设置两个，分别储存水泥和粉煤灰。集料仓和水泥仓内分别装有高低料位传感器，水箱内装有水位传感器，分别用于检测料位和水位高度，并控制自动上料和上水。

砂石集料的供料系统主要包括料场储料仓、料场水平带式输送机和上料倾斜带式输送机。水泥供料系统主要包括水泥筒仓、螺旋输送机和斗式提升机。

配料层主要包括砂石集料、水泥、水以及附加剂的称重计量装置。称重计量装置普遍采用电子秤，具有称量精度高、易于实现自动控制的特点。一般两种砂料共用一台电子秤，中、小石料共用一台电子秤，大石料单独用一台电子秤，两种水泥料用一台电子秤，再加上水称重电子秤和附加剂电子秤，这样配料层应设置六台电子秤。

搅拌层设置一台或数台强制式混凝土搅拌机，立轴式和卧轴式均有应用。一般搅拌楼的工作循环从配料开始，由计算机控制多台电子秤同时计量，然后按指定时序将配料依次投入搅拌机中进行搅拌。为避免石料对搅拌机的冲击并保证搅拌质量，投料时序类似于搅拌站，依次为水→水泥→砂→中小石料→大石料→附加剂。

　　搅拌好的混凝土放入暂存料斗，待搅拌输送车就位后再放出。混凝土搅拌楼的主要组成部分及商品混凝土生产流程示意图如图 11-26 所示。

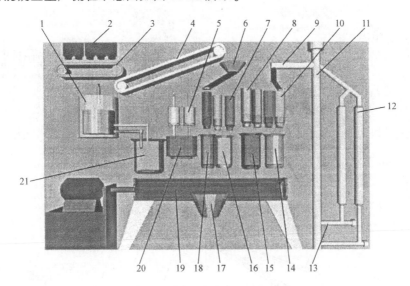

图 11-26　混凝土搅拌楼的主要组成部分及商品混凝土生产流程示意图

1—水箱　2—集料场料仓　3—水平带式输送机　4—上料倾斜带式输送机　5—附加剂储存罐

6—集料旋转分配头　7—石料仓　8—砂料仓　9—上部螺旋输送机　10—水泥料仓

11—斗式提升机　12—水泥筒仓　13—下部螺旋输送机　14—水泥秤　15—砂秤

16—石料秤 1　17—混凝土暂存斗　18—石料秤 2　19—强制式搅拌机　20—附加剂秤　21—水计量秤

3. 混凝土搅拌船

　　水上混凝土搅拌船的优点就是解决了水上混凝土浇筑的大规模运输的问题，同时保证了大体积混凝土的浇筑速度和混凝土的质量。

　　图 11-27 所示为水上混凝土搅拌船在进行桩基混凝土施工。

　　图 11-28 所示为某大型水上混凝土搅拌船基本构造，其由主楼结构、集料舱、粉料舱、搅拌系统、称量系统、集料输送系统（水平带式输送机和大倾角带式输送机）、粉料输送系统（螺旋机）、除尘系统、供水系统、气控系统及电控系统等组成。

　　主楼位于船头中间位置，水泥、粉煤灰等粉料仓置于船头两侧，集料仓位于船体中部。搅拌系统、称量系统设置于主楼上，双线大倾角传动带式输送机将位于船体中部的集料输送到主楼上。两台搅拌机各有一套独立的集料、粉料、水及外加剂的输送与称量系统。

　　主体部分自上而下分为称量层、搅拌层和出料层。称量层布置有大倾角带式输送机头、集料等待斗、粉料配料称量装置、除尘装置及水和外加剂的配料称量装置。混凝土搅拌系统的主控制室布置在搅拌层的前部；搅拌层布置有集料的卸料溜管、卸水管路和搅拌机；出料层位于主甲板上，布置有混凝土出料斗、混凝土出料弧门和混凝土泵。在前舷两侧置有两台混凝土布料机。

图 11-27　水上混凝土搅拌船在进行桩基混凝土施工

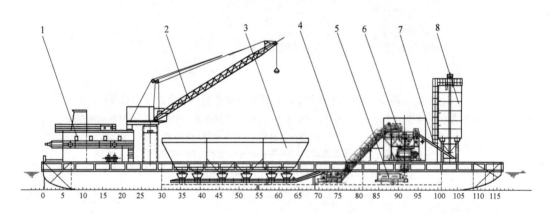

图 11-28　某大型水上混凝土搅拌船基本构造

1—主控室　2—抓斗吊　3—集料配料系统　4—集料输送系统　5—混凝土输送泵
6—搅拌主楼　7—粉料输送系统　8—粉料储存系统

在船体主甲板下设置有工作水舱（淡水舱）和冷水系统，搅拌用水从工作水舱或冷水系统的冷水舱内由泵送至位于称量层上的配料调节水箱内；主甲板上设置有两个外加剂储液箱，通过两台磁力泵分别向两个外加剂配料调节箱供液。

搅拌船主体设备的执行机构的气缸动作，均通过空气管路系统中的气动元件组及电磁气阀来控制。本混凝土搅拌系统有一套完整的气路系统。

混凝土搅拌船电气控制采用工业工控微机集中控制系统与强电控制系统的协调配合，对进料、称量、搅拌和出料等混凝土生产全过程实现自动控制，也可以人工控制操作，分步运行；全部生产数据均可储存并按要求打印输出。

四、混凝土搅拌站（楼）的技术特点及发展趋势

混凝土搅拌站（楼）技术特点及发展趋势如下：

1. 标准化和模块化的设计理念

模块化的设计可以很方便地根据用户的需求改变相关参数，使生产率可以在每小时几十立方米与几百立方米之间变化，混凝土配料的种类也可以是几种或者十几种不等。

2. 智能化和网络化生产过程控制

通过生产过程智能化和网络化从而实现生产过程的自动化和管理调度的科学化，能够极大地提高生产率。智能化和网络化的实现可以使操作人员在控制室内就能够完全掌握搅拌站的实时工作情况并对各种数据进行实时处理。如采用 CAN BUS 总线系统的分布式控制系统、大型工程的多站并联的局域网系统、混凝土公司内部的局域网系统的混凝土搅拌站（楼）。

3. 高精度的计量技术

随着用户对混凝土的配料精度要求增加，必然会促进高精度的计量设备的发展。将集料的计量过程分为粗称和精称，然后每个储料斗上也设置成大、小两个气动阀门，这样不仅提高了生产率，而且还能够保证计量精度，如采用集料的含水量在线检测技术、混凝土坍落度在线检测技术的搅拌站（楼）。

4. 节能环保型搅拌站

随着环境污染压力的增大，绿色节能环保型搅拌站（楼）在未来将占主导地位。该型搅拌站（楼）生产混凝土的过程中产生的粉尘，一般通过将设备进行封闭安装，然后利用收尘器再将粉尘收集起来集中处理；噪声污染主要来源于设备运转的过程中，特别是混凝土搅拌过程中会产生比较刺耳的噪声；废料和污水主要是通过清洗搅拌主机和混凝土搅拌输送车产生，一般采用砂石分离机进行分离后就可以将废料回收，分离后的污水就会经过沉淀池沉淀后再循环使用，如采用带式输送机和搅拌主机的变频控制技术、风槽输送水泥技术的搅拌站（楼）。

此外，振动搅拌主机及传统搅拌主机新技术、大型组装式水泥仓制作和安装技术、新搅拌工艺实施与分步搅拌工艺、集料水洗系统、环保再生系统、远程故障诊断技术等都具有较好的应用前景。

思 考 题

1. 水泥混凝土搅拌机如何分类？各有什么特点？
2. 简述 JW1000 型强制式水泥混凝土搅拌机的工作原理。
3. 用简图说明双卧轴式水泥混凝土搅拌机的结构和工作原理。
4. 单阶式和双阶式水泥混凝土搅拌装置工艺流程各有什么特点？
5. 用简图说明水泥混凝土搅拌楼的配料搅拌工艺流程。

第十二章

水泥混凝土输送设备

水泥混凝土输送设备是将拌制好的水泥混凝土输送到施工现场的一类设备。根据施工目的和用途，可分为混凝土搅拌运输车、混凝土输送泵和混凝土输送泵车。

第一节　水泥混凝土搅拌运输车

商品混凝土的发展淘汰了施工现场自行搅拌混凝土的落后生产方式，而由专业化的配备有大型混凝土搅拌站（楼）的混凝土工厂集中生产供应，提高了混凝土质量，减少了环境污染。但是，商品混凝土的集中化生产，势必拉大混凝土搅拌地点到各个施工现场之间的距离。当混凝土的输送距离（或输送时间）超过某一限度时，仍然使用一般的运输机械进行输送，混凝土就可能在运输途中发生分层离析，甚至初凝现象，严重影响混凝土质量和施工质量。为了适应商品混凝土的远距离运输，发展了一种混凝土专用远距离运输设备——混凝土搅拌运输车。

一、分类和工作特点

1. 分类和基本结构

搅拌运输车是由相对独立的混凝土搅拌装置和运载底盘两大部分组成。

按运载底盘的结构形式可分为：普通载重汽车底盘和专用半拖挂式底盘的搅拌运输车。

按混凝土搅拌装置的传动形式可分为：机械传动、液压传动和液压-机械传动的搅拌运输车。

按动力配置可分为：共用动力和独立驱动的搅拌运输车。共用动力搅拌运输车的行走和搅拌装置的驱动动力都取自汽车发动机，而独立驱动的搅拌运输车行走和搅拌装置的驱动动力来自独立的发动机。

图 12-1 所示为以载重汽车为底盘，采用独立驱动、液压-机械传动的水泥混凝土搅拌运输车。该搅拌运输车以单独发动机及液压泵组件 1 为搅拌装置的动力源，动力经液压马达及减速器总成 2 带动搅拌筒 5 转动，实现混凝土在运输过程中的搅拌。

大容量的搅拌运输车（$9m^3$ 以上）多采用半拖挂式专用底盘和独立驱动形式。

2. 工作特点

水泥混凝土搅拌运输车是在载重汽车或专用运载底盘上安装混凝土搅拌装置的组合机械，兼有载运和搅拌双重功能，可在运送混凝土的同时对其进行搅拌，因此能保证长时间或长距离运输时的混凝土质量。

混凝土搅拌运输车可以采取不同的工作方式。

1）预拌混凝土的搅拌运输。搅拌运输车从混凝土工厂装进已经搅拌好的混凝土，在运

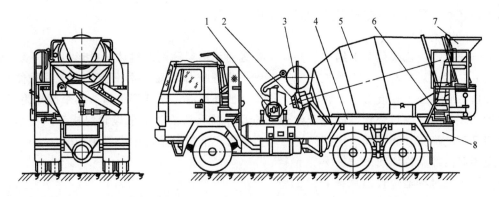

图 12-1　独立驱动的混凝土搅拌运输车

1—发动机及液压泵组件　2—液压马达及减速器总成　3—供水系统
4—附加车架　5—搅拌筒　6—操纵系统　7—进出料装置　8—运载底盘

往工地途中使搅拌筒保持 1~3r/min 的低速转动，对载运的混凝土不停地进行搅拌，以防止出现初凝或离析等现象。但其运输距离或时间应控制在预拌混凝土开始离析以前。

2）混凝土拌和料的搅拌运输。分为湿料和干料搅拌运输两种方式。

湿料搅拌运输方式是指搅拌运输车在配料站按混凝土配比同时装入水泥、砂石和水等拌和料，在运送途中使搅拌筒以 8~12r/min 的搅拌速度转动，完成对混凝土拌和料的搅拌作业。

干料搅拌运输方式是指在配料站按混凝土配比向搅拌筒内加入水泥、砂石等干料，在驶向工地途中的适当时候向搅拌筒内喷水进行搅拌。也可根据工地的浇注要求将干料运到现场后再注水搅拌。

由于搅拌运输车的搅拌难以获得像混凝土工厂生产出的和易性好、均匀一致的混凝土。所以，在质量要求严格的现代建筑施工中，多采用预拌混凝土的搅拌运输方式。

从运输的经济性和合理性来看，不同装载容量的混凝土搅拌运输车都有其经济运距，目前搅拌运输车的平均运距为 8~12km。

二、搅拌装置

图 12-2 所示为液压-机械传动的搅拌运输车的搅拌装置总成，主要由搅拌筒、搅拌筒驱动装置、装料和卸料装置、搅拌筒支承装置及供水系统等组成。

工作时发动机通过取力传动轴、液压传动系统及齿轮减速器驱动搅拌筒转动。搅拌筒正转时进行搅拌或装料，反转时卸料。搅拌筒的转速和转动方向由操作人员根据

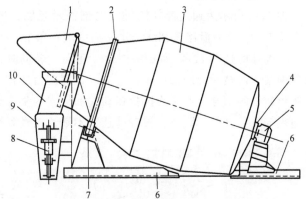

图 12-2　液压-机械传动的搅拌运输车的搅拌装置总成

1—装料斗　2—环形滚道　3—搅拌筒　4—连接法兰
5—减速器　6—附加车架　7—支承滚轮　8—调节机构
9—活动卸料溜槽　10—固定卸料溜槽

车的工作状态，通过改变液压马达的斜盘角度来实现。

1. 搅拌筒结构

大部分搅拌筒都采用梨形结构，是一个变截面而不对称的双锥体，外形似梨，从中部直径最大处向两端对接着一对不等长的截头圆锥，底段锥体较短，端面封闭；上段锥体较长，端部开口。底端面上安装着中心转轴，上段锥体的外部有一条环形滚道。整个搅拌筒通过中心转轴和环形滚道倾斜卧置，固定于机架上的调心轴承和一对支承滚轮组成三点支承结构，所以能平稳地绕其轴线转动。搅拌筒的驱动力来自于液压马达对中心转轴的驱动。

搅拌筒内部结构如图12-3所示。搅拌筒纵向沿内壁对称地焊接着两条连续的带状螺旋叶片2，当搅拌筒转动时，叶片被带动做绕搅拌筒轴线的螺旋运动，对混凝土进行搅拌或卸料。为提高搅拌效率，筒内还装有辅助搅拌叶片3。

在搅拌筒的筒口处，沿两条螺旋叶片的内边缘焊接了一段进料导管6，将筒口以同心圆形式分割为内外两部分，中心部分的导管形成进料口，混凝土由此装入搅拌筒，导管与筒壁形成的环形空间为出料口，卸料时，混凝土在叶片反向螺旋运动的顶推作用下由此流出。进料导管与进料

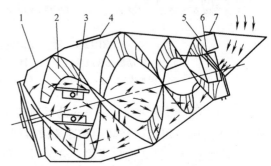

图 12-3　搅拌筒内部结构

1—搅拌筒　2—带状螺旋叶片　3—辅助搅拌叶片
4—安全盖　5—辅助出料叶片
6—进料导管　7—进料斗

斗的出口紧密吻合，以防止加料时混凝土外溢，并引导混凝土迅速进入搅拌筒内部；同时保护筒口部分的筒壁和叶片在加料时不受集料的直接冲击，避免叶片变形。导管与筒壁和叶片形成卸料通道，卸料口处还设有四条辅助出料叶片，使卸料更加均匀连续。搅拌筒中段设有两个安全盖4，用于对搅拌筒的清理和维修。

2. 搅拌筒工作原理

图12-4所示为通过搅拌筒轴线的剖面示意图，图中斜线表示剖面部分的螺旋叶片，α为螺旋升角，β为搅拌筒轴线与水平面的倾斜角。

当搅拌筒按图12-4a所示旋向做"正向"转动时，混凝土因与筒壁和叶片的摩擦力及本身的内聚力而被沿圆周带起来，达到一定高度后在自重作用下向下翻跌和滑移，同时受叶片螺旋形轨道的引导，产生沿搅拌筒切向和轴向的复合运动。由于搅拌筒连续转动，混凝土不断地被提升且又向下跌滑，被叶片连续不断地推送到搅拌筒的底部。到达筒底的混凝土受到

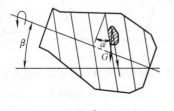

a)

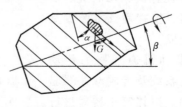

b)

图 12-4　通过搅拌筒轴线的剖面示意图

搅拌筒端壁的顶推又翻转回来，增加了混凝土上下层的轴向翻滚运动，混凝土就在这种复杂的运动状态下得到搅拌。因混凝土部分受到螺旋叶片的强制推移和翻滚，故属于半强制式搅拌。

当搅拌筒按图 12-4b 所示做"反向"转动时，叶片的螺旋运动方向也相反，这时混凝土即被叶片引导向搅拌筒口方向移动，直至从筒口卸出。

搅拌筒的几何形状和尺寸、螺旋叶片的曲线参数、搅拌筒的转速等，决定搅拌筒的工作性能，是搅拌筒的重要技术数据。

3. 装料和卸料装置

装料和卸料装置结构如图 12-5 所示。加料斗 1 为一广口漏斗，斗体如一个纵向剖开的半圆锥体，出口在平面斗壁一侧，并朝向搅拌筒口与进料口贴合。整个加料斗通过斗壁上缘的销轴铰接在门形支架 4 上，可以绕铰接轴翻转而露出筒口，以便对搅拌筒进行清洗和维护。在加料斗曲面斗壁的两侧（或中间）焊有凸块，搭在门形支架上增加其支承力。

在搅拌筒出料口 2 两侧，呈 V 形配置两个断面为弧形的固定卸料溜槽 3，其上端包围着搅拌筒的出料口，下端向中间聚拢对着活动卸料溜槽 6。活动卸料溜槽通过调节机构 5 斜置在机架上。调节机构能使活动卸料溜槽实现水平面内 180°扇形转动和垂直平面内一定角度的俯仰，以适应不同卸料位置，并加以锁定。

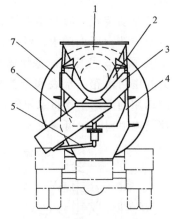

图 12-5　装料和卸料装置结构
1—加料斗　2—搅拌筒出料口　3—固定卸料溜槽　4—门形支架　5—调节机构
6—活动卸料溜槽　7—搅拌筒

4. 搅拌筒支承装置

搅拌筒的支承装置承载搅拌筒的全部工作重量，并限制其有害跳动，除要有足够的承载能力和可靠的约束条件外，还要求对搅拌筒的回转阻力小，对支承构件因变形而引起的干涉有自动调整能力，并能将承担的载荷合理地传递给机架和底盘。

对于斜置的梨形搅拌筒，大多采用中心转轴与滚子轴承、滚道与一对支承滚轮所组成的三点支承结构（图 12-2 的 4 和 7）。其结构简单可靠，稳定性好，便于搅拌筒的驱动，对底盘的负荷分布较合理。为适应工作时底盘变形对支承装置的影响，中心转轴的轴承结构应具有调心功能。

滚道一般用钢带或钢轨、型钢等弯制而成，焊接在搅拌筒外圆周上。滚道的作用是把筒体的重量传递给支承滚轮，并支承筒体在滚轮上滚动。

支承滚轮承受着搅拌筒大部分重量，滚轮轴承应具有调位作用，以适应车架变形和道路不平时搅拌筒轴线的变位。由于是在不良的条件下工作，因而应有良好的润滑条件。

滚轮的安装位置应与搅拌筒滚道的垂直平面的距离相等，且两轮心距离等于滚轮和滚道半径之和，如图 12-6 所示，即滚轮中心和筒体断面中心连成的两直线的夹角等于 60°。这样安装筒体不致向两侧移动，也不会被滚轮挤紧。两个滚轮轴与搅拌筒轴线平行，以保证滚道与滚轮表面均匀接触。

5．供水系统

水泥混凝土搅拌运输车的供水系统主要用于清洗搅拌装置。

供水系统由水泵、水泵驱动装置、水箱和计量装置等组成。现代的搅拌运输车常采用气压供水，省去了水泵及一套驱动装置，简化了系统结构，同时便于压力喷水清洗及搅拌。压力供水系统及压力喷水工况如图 12-7 和图 12-8 所示。气压供水系统需设置一个能承受一定空气压力的密封水箱、水表和有关控制阀。工作时，利用

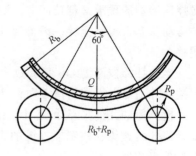

图 12-6　支承滚轮布置简图

汽车制动用的压缩空气将水箱储水从管道压出，通过截止阀和装设在搅拌筒出料口处的喷嘴向搅拌筒内喷射，也可通过冲洗软管供清洗用。

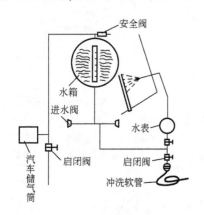

图 12-7　压力供水系统

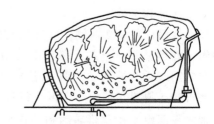

图 12-8　压力喷水工况

第二节　水泥混凝土输送泵和泵车

水泥混凝土输送泵（又称为混凝土泵）是通过管道依靠压力输送水泥混凝土的施工设备，可经过水平和垂直输送实现混凝土远距离的连续泵送和浇筑。其工作效率高、费用低、单位时间内的传送量大，二三百米高的高层建筑、数万立方米的大型基础设施也能在短时间内浇筑完毕。尤其对于场地狭窄、有障碍物以及用其他运输工具难以直接靠近的施工现场，其优越性尤为显著。

一、分类

混凝土泵可按驱动动力、能否移动、理论输送量等进行分类。

1．按驱动动力分类

混凝土泵按驱动动力可分为电动式和内燃式。电动式相对结构简单，控制方便，价格较为便宜，适用于电源充足稳定的施工场合。内燃式由内燃机驱动，适用于缺乏电源或电压偏低的施工场合。

2．按泵体移动形式分类

按泵体移动形式可分为固定式、拖挂式和自行式三种。

固定式混凝土泵安装在固定机座上，多由电力驱动，适用于工程量大、移动次数较少的场合。

拖挂式混凝土泵是把泵安装在简单的台车上，既能在施工现场方便地移动，又能在道路上拖行，是使用较多的形式。

自行式混凝土泵是把泵直接安装在汽车的底盘上，并带有布料装置（由臂架及输送管道组成），又称为泵车，它机动性好，施工前后不需要铺设和拆卸输送管道。

3. 按理论输送量分类

混凝土泵按理论输送量大小可分为超小型、小型、中型、大型和超大型等。输送量为 $10 \sim 20 m^3/h$ 的为超小型泵，输送量为 $30 \sim 40 m^3/h$ 的为小型泵，输送量为 $50 \sim 95 m^3/h$ 的为中型泵，输送量为 $100 \sim 150 m^3/h$ 的为大型泵，输送量在 $160 \sim 200 m^3/h$ 以上的为超大型泵。

4. 按工作时混凝土泵出口压力分类

按混凝土泵出口处的混凝土压力可分为低压、中压、高压和超高压等。压力为 $2.0 \sim 5.0 MPa$ 属低压泵，压力为 $6.0 \sim 9.5 MPa$ 属中压泵，压力为 $10.0 \sim 16.0 MPa$ 属高压泵，压力为 $22.0 \sim 28.5 MPa$ 属超高压泵。

二、液压活塞式混凝土泵

活塞式混凝土泵的动力传动方式经历了机械式、液压式和水压式等形式。目前普遍应用的是液压活塞式混凝土泵。

液压活塞式混凝土泵又分为单缸式和双缸式两种。双缸式的结构虽较单缸式的复杂，但因为是两个缸交替工作，故输送较连续平稳，生产率高，发动机功率利用充分。所以，大中型的混凝土泵都采用双缸式的。

1. 液压活塞式混凝土泵的工作原理

液压活塞式混凝土泵通过液压油推动活塞，再通过活塞杆推动混凝土缸中的工作活塞压送混凝土。其工作原理根据分配阀和控制方式的不同也有所不同，主要区别在换向动作的实现上。下面以 S 形管阀式混凝土泵为例介绍其工作原理。

混凝土缸活塞 7、8 分别与主液压缸 1、2 活塞杆相连，在主液压缸液压油的作用下做往复运动，一缸前进则另一缸后退；混凝土缸出口与料斗连通，分配阀 10 一端接出料口 14，另一端通过花键轴与摆臂 11 连接，在摆动液压缸的作用下可以左右摆动，使其分别与某一个混凝土缸口连通，如图 12-9 所示。

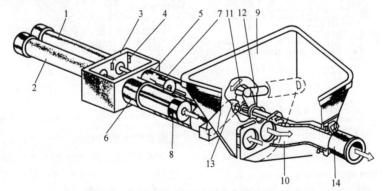

图 12-9　液压活塞式混凝土泵的泵送原理

1、2—主液压缸　3—水箱　4—换向装置　5、6—混凝土缸　7、8—混凝土缸活塞
9—料斗　10—分配阀　11—摆臂　12、13—摆动液压缸　14—出料口

当泵送混凝土时，在主液压缸液压油的作用下，混凝土缸活塞 7 前进，混凝土缸活塞 8 后退，同时在摆动液压缸的作用下，分配阀 10 与混凝土缸 5 连通，混凝土缸 6 与料斗 9 连通。当混凝土活塞 8 后退时，将料斗 9 内的混凝土吸入混凝土缸 6；混凝土缸活塞 7 前进，将混凝土缸 5 内的混凝土送入分配阀 10 后经出料口 14 排出。

当混凝土缸活塞后退至行程终端时，触发水箱 3 中的换向装置 4，主液压缸 1、2 换向，同时摆动液压缸 12、13 换向，使分配阀 10 与混凝土缸 6 连通，混凝土缸 5 与料斗 9 连通，这时混凝土缸活塞 7 后退将混凝土吸入混凝土缸 5，混凝土缸活塞 8 前进将缸 6 内的混凝土排出。如此循环，从而实现连续泵送。

当混凝土泵发生堵管或需要停机时，必须把输送管道中的混凝土抽回。此时进行反泵操作，使处于吸入行程的混凝土缸与分配阀连通，处于推送行程的混凝土缸与料斗连通，从而将输送管道中的混凝土抽回料斗，如图 12-10 所示。

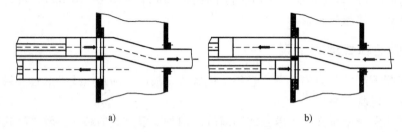

a)　　　　　　　　　　　　　　　　b)

图 12-10　正反泵工作状态

a）正泵　b）反泵

2. 拖式混凝土泵的基本构造

拖式混凝土泵也称为混凝土拖泵，主要由主动力系统、分配阀及料斗、推送机构、液压系统、电气系统、机架及行走装置、润滑系统和输送管道等部分组成。图 12-11 所示为闸板阀式拖式混凝土泵。

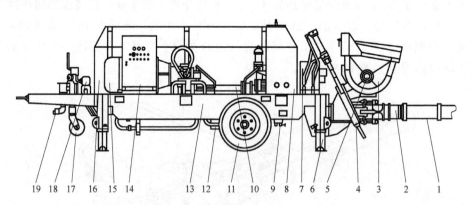

图 12-11　闸板阀式拖式混凝土泵

1—输送管道　2—Y 形管组件　3—料斗总成　4—闸板阀总成　5—搅拌装置　6—支腿
7—润滑装置　8—油箱　9—冷却装置　10—油配管总成　11—行走装置　12—推送机构
13—机架总成　14—电气系统　15—主动力系统　16—罩壳　17—导向轮　18—水泵　19—水配管

（1）料斗及搅拌装置　料斗又称为集料斗，其中装有搅拌装置。料斗是混凝土泵的承料器，主要作用如下：

1）调节混凝土输送设备向混凝土泵供料和混凝土泵泵送速度之间的不协调。

2）对混凝土进行二次搅拌，减少离析现象，改善混凝土的可泵性。

3）搅拌装置的搅拌叶片帮助向分配阀和混凝土缸喂料，提高混凝土泵的吸入效率。

料斗主要由料斗体、防溅板、方格网和料斗门等组成，如图 12-12 所示。料斗体用钢板焊接而成，左右两侧板上安装搅拌装置，后壁由混凝土出口与两个混凝土缸连通，前壁与输送管道相连。混凝土泵作业时要将防溅板竖起，防止料斗进料时混凝土砂浆溅到混凝土泵的其他部位；当混凝

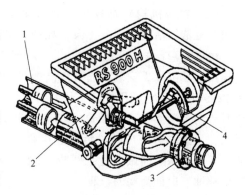

图 12-12　料斗
1—混凝土缸　2—料斗体
3—输送管道　4—搅拌装置

土泵停止工作时，把防溅板放倒盖在料斗的上部，防止杂物进入料斗。方格网用圆钢或钢板条焊接而成，用铰链同料斗连接，用于防止混凝土拌和物中超粒径的集料或其他杂物进入料斗，减少泵送故障，同时保护操作人员的安全。当检修料斗内部或清理料斗时，可把方格网向上翻起。

搅拌装置如图 12-13 所示。

搅拌轴由中间轴、左半轴和右半轴组成，并通过轴套用螺栓联接成一体，轴套上焊接着螺旋搅拌叶片。这种结构形式有利于搅拌叶片的拆装。搅拌轴靠两端的轴承和轴承座支承在料斗的两个侧板上，搅拌轴承采用调心球轴承，轴承座外部装有注润滑脂的螺孔，其孔道通到轴承座的内腔可对轴承进行润滑。由液压马达直接驱动搅拌轴带动搅拌叶片旋转。

搅拌轴传动装置的形式有两种，一种是液压马达通过机械减速后驱动搅拌轴，另一种是由液压马达直接驱动搅拌轴（如图 12-13）。而机械减速的方式又有链传动、蜗杆传动，以及齿轮传动等。

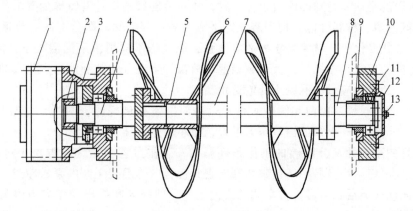

图 12-13　搅拌装置
1—液压马达　2—花键套　3、10—轴承座　4—左半轴　5—轴套　6—搅拌叶片　7—中间轴
8—右半轴　9—J 形密封圈　11—轴承　12—端盖　13—油杯

（2）推送机构　推送机构是混凝土泵的执行机构，采用双缸液压活塞式混凝土泵，如图12-9所示。

由于主液压缸换向冲击大，一般要有缓冲装置，现多采用液压缸端部安装单向节流阀的 TR 机构，其原理如图 12-14 所示。当液压缸活塞快到行程终了，越过缓冲油口时单向节流阀打开，使高压油有一部分经缓冲油口到低压腔，减小两腔压差，活塞速度降低，达到缓冲的目的，并为活塞换向做准备；另外，TR 机构还能为封闭腔自动补油，保证活塞的行程。

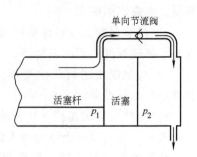

图 12-14　TR 机构工作原理图

由于活塞杆与油液、水泥浆等接触，为改善耐磨性和耐蚀性，在其表面要镀一层硬铬。

主液压缸活塞杆伸入到混凝土缸内，通过中间接杆连接着混凝土缸活塞。混凝土缸一般用无缝钢管制造，由于缸内壁与混凝土及水长期接触，并承受着剧烈的摩擦和化学腐蚀，因此混凝土缸内壁镀有硬铬层，或经过特殊热处理，以提高其耐磨性和耐蚀性。

水箱用钢板焊成，既是储水容器又是主液压缸与混凝土缸的支持连接件。其上面有盖板，打开盖板可以清洗水箱内部，且可观测水位。在推送机构工作时，水在混凝土缸活塞后部随着混凝土缸活塞来回流动，其主要作用如下：

1）清洗混凝土缸壁上每次推送后残留的砂浆，以减少混凝土缸体与活塞的磨损。

2）防止主液压缸泄漏出的液压油进入混凝土中，影响混凝土的质量。

3）冷却润滑混凝土缸活塞、活塞杆及活塞杆密封部位。

（3）分配阀　分配阀是活塞式混凝土泵的关键部件，位于集料斗、混凝土缸和输送管三者之间，协调各部件的动作，直接影响混凝土泵的使用性能（如堵管、输送容积效率以及工作可靠性等）和整体设计（如集料斗高度等）。

对于单缸的混凝土泵，分配阀应该具有二位三通的基本性能（二位——吸料或排料，三通——通集料斗、混凝土缸及输送管）。

双缸的混凝土泵，两个缸共用一个集料斗，并处于吸入和排出行程，所以分配阀需具有二位四通（集料斗、缸Ⅰ、缸Ⅱ和输送管）的性能。

由于输送的是性质特殊的混凝土拌和物，故对分配阀的设计有特殊的要求：

1）良好的集、排料性能，使混凝土能平滑地通过分配阀。即分配阀的流道必须短且流畅，截面和形状变化小，对混凝土的适应性强，能泵送不同坍落度的混凝土，流动阻力小，减少堵管现象的发生。据统计，大多数堵塞事故都发生在分配阀和流道变化大的地方。分配阀的阻力小，还能相应增加混凝土的输送距离。

2）良好的密封性。阀门和阀体的相对运动部位要有良好的密封性，以减少漏浆现象。密封性不好，会使混凝土泵的出口压力下降，减小输送距离。

3）良好的耐磨性。分配阀的工作条件恶劣，工作过程中始终与混凝土进行强烈的摩擦，若耐磨性不好，将极易损坏且破坏阀的密封性，影响混凝土泵的泵送性能。

4）换向动作灵活、可靠。分配阀的换向动作，即吸入和排出动作应当协调、及时、迅速。一般换向动作应在 0.1~0.5s（最好 0.2s）内完成，以防止灰浆倒流。这对于垂直输送尤为重要。

此外，还要求分配阀的结构应该简单，便于加工；具有良好的排除阻塞性能；当分配阀置于集料斗中时，要保证搅拌叶片不要有死角，确保有良好的搅拌性；还应使集料斗的离地高度低一些，便于搅拌运输车的卸料等。

分配阀的种类很多，而且在不断发展中。常见的分配阀有管形阀、闸板式阀、蝶形阀和裙形阀等，用得最多的是管形阀和闸板式阀。

1）管形分配阀。它是在混凝土缸与输送管之间设置一摆动管件来完成混凝土的吸入和排出作业的。管形分配阀一般置于集料斗中，管阀本身就是输送管的一部分，它一端与输送管接通，另一端可以摆动，管口交替对准置于集料斗后壁的混凝土缸口，进行排料。

对于双缸活塞式混凝土泵，管阀口与两个混凝土缸交替接通，对准哪一个缸口，哪一个缸就进行排料，而另一个缸就从集料斗中吸料。

管形分配阀的优点是集料斗的离地高度低，便于混凝土搅拌运输车向集料斗卸料，而且结构简单，流道通畅、耐用，磨损后易于更换。其缺点在于它置于集料斗中，使搅拌叶片的布置困难，容易有死角。当混凝土的坍落度较小时，管阀的摆动阻力大，摆动速度降低，影响混凝土的吸入效率。

管形分配阀从结构上可分为立式和卧式两类；而从形状上可分为S形、C形和裙形等几种类型。

① S形管阀。图12-15所示为一种卧式S形管形分配阀，目前应用广泛。S形管阀的管体有变径和不变径两种形式。变径S形管阀的特点是可以靠混凝土的压力推动密封环自动密封管口，密封性能好。但不变径S形管阀阀体的冲击小、阻力小、磨损小、流动顺畅，成本低。

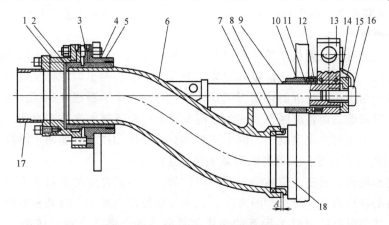

图12-15　一种卧式S形管形分配阀

1—压力套管　2、4—闭锁套管　3—轴承环　5—支承环　6—S形管阀　7—推力环　8—耐磨环　9—耐磨套管　10—法兰轴承　11—衬套　12—耐磨垫　13—摆柄　14—卡板　15—垫圈　16—螺栓　17—变径管　18—耐磨板

S形管阀的摆动液压缸可以设置在料斗的后方，也可设置在料斗的前方。后置式摆动液压缸利用摆动轴水平伸入料斗中与阀体连接，推动阀体摆动，但摆动轴与阀体连接形成的屏障影响混凝土的流动和泵的吸入效率；前置式摆动液压缸则去掉了摆动轴及其支承，泵的吸料性能大为提高，安装维护方便。

集料斗底部的形状与搅拌叶片运动轨迹及S形管阀的摆动轨迹一致，S形的管体下部设刮板，防止集料斗底部积料；同时集料斗底部向混凝土缸缸口方向倾斜，利于混凝土缸口的吸料。

② C形管阀。如图 12-16 所示，它是一种立式管形分配阀。其出料端垂直布置，管阀呈 C 形，由于管阀在水平面内摆动，与混凝土缸接口要做成圆弧面。这种管阀的磨损补偿及密封性能均不如 S 形管阀，制造工艺性也稍差。它多用于臂架式混凝土泵车，因为泵车的布料杆通常安装在车身的前部，泵送的混凝土经分配阀后可直接引至布料杆，大大减少堵管现象。

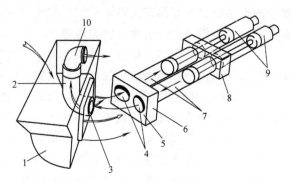

图 12-16　C 形管阀
1—集料斗　2—C 形管阀　3—摆动管口
4—混凝土缸口　5—可更换的摩擦板　6—缸头
7—混凝土缸　8—水箱　9—液压缸　10—出料输送管口

2) 闸板式分配阀。闸板式分配阀也是应用较多的一种分配阀，它利用快速往返运动的闸板，周期性地开闭混凝土缸的进料口和出料口，从而切换混凝土在集料斗和混凝土缸之间的流向，实现混凝土的反复泵送。其优点在于：构造简单，耐磨损，寿命长；关闭通道时像一把刀子在切断混凝土流，比较省力，另外，闸板是由液压缸直接带动而不像管阀要通过一套杠杆来驱动阀体，开关迅速、及时。

闸板式分配阀有平置式、斜置式和摆动式等几种：

① 平置式闸板阀。如图 12-17 所示，在集料斗 6 下部与混凝土缸之间，装有两个闸板 7 和 8，其中吸入闸板 7 控制集料斗与混凝土缸之间的通道，排出闸板 8 控制混凝土缸与输出 Y 形管 9 之间的通道。

图中所处位置是吸入闸板 7 关闭左混凝土缸吸料通道，而排出闸板 8 关闭右混凝土缸排料通道时的工况，这样右混凝土缸吸入混凝土的同时，左混凝土缸则排出混凝土。在下一个推送周期，两个闸板在液压缸的作用下切换动作，与前一个周期正好相反，吸入闸板 7 关闭右混凝土缸吸料通道，而排出闸板 8 关闭左混凝土缸排料通道，这样左混凝土缸吸入混凝土的同时，右混凝土缸则排出混凝土。两个闸板的交替来回动作，改变两个混凝土缸、集料斗与 Y 形管之间的通断状态，从而实现混凝土泵的连续泵送。

这种阀动作准确、迅速，依靠闸板的侧面密封，可达到良好的密封效果；在工作压力的作用下，可自动补偿闸板与阀之间的间隙；缓冲装置的使用减小了振动和噪声，使该种阀具有较好的耐久性和耐磨性。但 Y 形管的使用使集料斗的上料高度相对较高，而且容易发生堵塞现象。

② 斜置式闸板阀。如图 12-18 所示，闸板阀倾斜地设置在集料斗 1 的后面，既可降低集料斗的高度，又使泵体紧凑，而且流道合理，进料口大，密封性好。但缺点是结构复杂，维修困难。

单个斜置式闸板阀具有二位三通的功能，液压缸 2 使闸板 3 上下运动来控制混凝土缸、集料斗和输送管之间的通路。图中，液压缸控制闸板下行，关闭混凝土缸与输送管间的通道，打开与集料斗间的通道，混凝土泵吸料；反之，如液压缸提起闸板，则封闭进料口，打开出料口，混凝土泵排料。双缸式混凝土泵采用这种结构，需配置两套斜置式闸板阀，实现二位四通的功能。两套斜置式闸板阀交替往复动作，轮流启闭混凝土缸、集料斗与输送管之间的通道，实现混凝土的连续泵送。

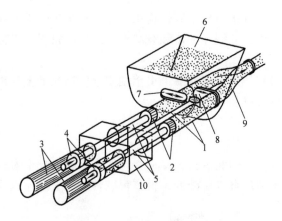

图 12-17 平置式闸板阀

1—混凝土缸 2—混凝土缸活塞 3—液压缸

4—液压缸活塞 5—活塞杆 6—集料斗 7—吸入闸板

8—排出闸板 9—Y 形管 10—水箱

图 12-18 斜置式闸板阀

1—集料斗 2—液压缸 3—闸板

4—混凝土缸 5—混凝土缸活塞 6—输送管

③ 摆动式闸板阀。如图 12-19 所示，摆动式闸板阀由扇形闸板 1 与舌形闸板 2 结合在一起，具有结构简单、布置紧凑以及动作迅速的特点。通过调整扇形闸板与转轴的相对位置，可以消除阀板与阀体之间由于磨损而产生的间隙。

摆动式板阀设置在集料斗 1 的下部，扇形闸板 2 控制混凝土缸与输送管之间的通路，舌形闸板 3 控制混凝土缸与集料斗之间的通路。如图 12-20 所示，由液压缸控制板阀的左右摆动提供进料和出料通道。在图示的位置，舌形闸板 3 使集料斗 1 与混凝土缸 5 相通，混凝土缸 5 中活塞后移吸料；与此同时，扇形闸板 2 封住混凝土缸 5 的排料口而打开缸 4 的排料口，缸 4 中的活塞把混凝土压入 Y 形管。相反，在下一个循环，混凝土缸 4 吸料，而混凝土缸 5 排料。

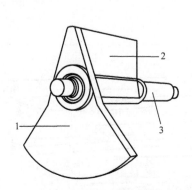
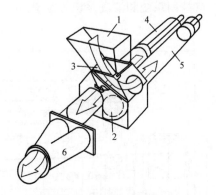

图 12-19 摆动式闸板阀阀体

1—扇形闸板 2—舌形闸板 3—转轴

图 12-20 摆动式闸板阀

1—集料斗 2—扇形闸板 3—舌形闸板

4、5—混凝土缸 6—Y 形管

（4）支承和行走机构 拖式混凝土泵的支承和行走机构包括机架、车桥、导向轮和支腿等（图 12-11），其作用是支持整个泵机，保持拖行时的平稳性和泵送作业时的稳定性。

机架是整个混凝土泵的骨架，由两根纵梁和若干根横梁焊接而成，用于安装动力装置、混凝土泵和所有其他附属装置。车桥为支承桥，直接与机架刚性连接，起支承泵机的重量和安装车轮的作用。车轮和地面有良好的附着能力，并缓和冲击和衰减振动。导向轮固定于机架前端，泵机行走时引导机体转向。

四个支腿分别固定在机架两纵梁的前后两侧，可上下伸缩，由销轴固定。当混凝土泵作业时，应由四个支腿均匀支承整机重量，保持泵机的水平和稳定。

三、水泥混凝土输送泵车

把混凝土泵和布料杆都安装在一台拖车或汽车的底盘上，即成为臂架式水泥混凝土输送泵车，又称为混凝土泵车。臂架式混凝土泵车利用自身所带的布料杆可以将混凝土搅拌运输车运来的混凝土连续均匀地泵送到浇筑地点，确保混凝土的浇筑质量，并提高施工效率。尤其在建造高层建筑、高架公路、桥梁、堤坝及地下工程等施工中，混凝土泵车具有机动灵活，适宜各种浇筑条件的特点。图 12-21 所示为混凝土泵车的作业情况。

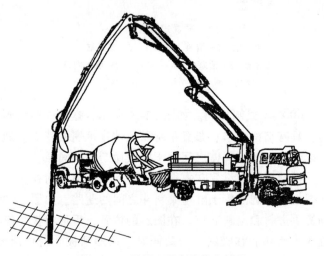

图 12-21　混凝土泵车的作业情况

1. 基本构造与主要参数

（1）基本构造　图 12-22 所示为垂直布料高度为 38m 的混凝土泵车的基本构造，其主要由载重汽车底盘、底架装置、混凝土泵送装置、臂架装置、取力装置及液压系统、电气控制系统和清洗系统等组成。

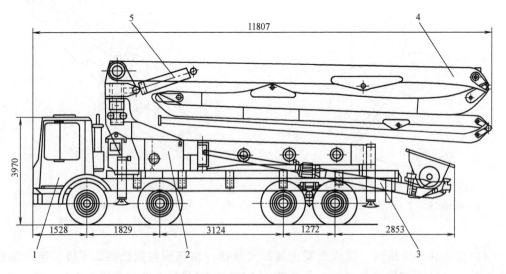

图 12-22　垂直布料高度为 38m 的混凝土泵车的基本构造

1—载重汽车底盘　2—底架装置　3—混凝土泵送装置　4—臂架装置　5—取力装置及液压系统

（2）主要参数　混凝土泵车的主要参数包括布料杆的垂直伸展高度、泵送系统的排量、泵送压力以及液压系统工作压力、布料工作尺寸等。目前国内外常见混凝土泵车臂架的垂直伸展高度为 12~62m，臂架节数为 2~5 节，泵送系统排量为 66~200m³/h，泵送压力为 5.5~28.5MPa。目前世界上还没有混凝土泵车的统一标准，各主要生产厂家的参数系列略有差异。常见的布料杆垂直高度系列有 17m、21m、27m、32m、37m、42m、47m、52m、57m、62m 等，但有些厂家也采用 38m、43m、48m、58m 等参数。混凝土泵送系统排量参数常见的有 50m³/h、85m³/h、100m³/h、120m³/h、125m³/h、150m³/h、200m³/h 等。

混凝土泵车的臂架由多节臂铰接而成，各节臂之间用液压缸和连杆机构控制其折叠和伸展，并能在回转支承机构的控制下做 360°或接近 360°的回转。因此，不同型号的混凝土泵车都有其布料作业范围。图 12-23 所示为某 38m 混凝土泵车的布料工作尺寸图。

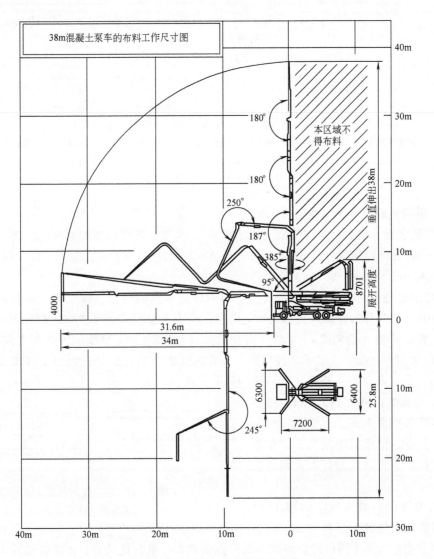

图 12-23　某 38m 混凝土泵车的布料工作尺寸图

2. 混凝土泵车的臂架装置

（1）混凝土泵车的臂架结构　混凝土泵车的臂架又称为布料臂或布料杆，是泵车的主要工作部件，一般为多节箱形梁结构，各节臂杆间铰接，由液压缸通过四连杆机构驱动，相当于多自由度的机械手臂。混凝土输送管敷设在臂架上，用于将混凝土输送到浇筑地点。输送管的末端连接软管，以便在一定范围内移动浇筑点。泵车的臂架装置不仅承载自身重量，还要承载混凝土管及所泵送混凝土重量及混凝土流动引起的动载荷，它的设计合理与否，直接影响着混凝土泵车的可靠性和整机稳定性。因此，在满足结构刚度、强度以及整机稳定性的条件下，要求臂架重量尽可能轻，以增加布料高度和混凝土输送量。泵车臂架结构一般选用超高强度合金结构钢，如常用的 WELDOX700、WELDOX900 和 WELDOX960，其屈服极限可分别达 700MPa、900MPa 和 960MPa。图 12-24 所示为某型号 42m 泵车臂架装置结构图。

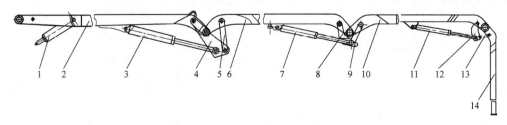

图 12-24　某型号 42m 泵车臂架装置结构图

1—变幅液压缸　2—第一节臂　3—第二节液压缸　4—第二节摇杆　5—第二节连杆　6—第二节臂
7—第三节液压缸　8—第三节摇杆　9—第三节连杆　10—第三节臂　11—第四节液压缸　12—第四节摇杆
13—第四节连杆　14—第四节臂

（2）混凝土泵车臂架折叠方式

1）臂架节数。混凝土泵车布料臂架节数有 3~5 节，可根据臂架总伸展长度 L 来确定其节数 N。一般选择规律为：$12m < L \leqslant 20m$，取 $N = 2$；$12m < L \leqslant 35m$，取 $N = 3$；$20m < L \leqslant 42m$，取 $N = 4$；$40m < L \leqslant 60m$，取 $N = 5$。

2）臂架折叠方式。臂架的折叠方式，与回转支承座的位置、臂架节数以及各厂家的设计风格有关。二节臂的臂架折叠形式较为简单，只有上支点式和下支点式两种。三节臂的折叠方式主要有 R 型（卷绕式）、Z 型（折叠式），而四节及以上臂架的折叠形式则比较复杂，常见的有 RZ 型、M 型、S 型等。按照第一节臂的位置分类，又可分为上支点式（第一节臂在上）和下支点式（第一节臂在下）两种折叠方式。

① 二节臂的折叠方式。图 12-25 所示为二节臂的折叠方式。上支点式因第一节臂在上方，臂架重心较低，对整车稳定性有利；下支点式的优点是展开比较方便。

② 三节臂的折叠方式。如图 12-26 所示，根据支点位置和折叠方式，三节

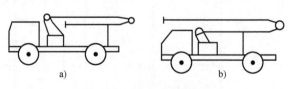

图 12-25　二节臂的折叠方式
a）上支点式　b）下支点式

臂的折叠方式有六种常用的组合形式，每种折叠方式各有其优缺点：R 形折叠臂架的结构布局比较紧凑；Z 形折叠臂架的打开空间较低，打开和折叠时动作迅速。

③ 四节和五节臂的折叠方式。四节和五节臂的折叠方式组合更多，常用的有 M 形、S 形、RZ 形等。RZ 形是 R 形和 Z 形两种基本方式的组合，因兼有两者的优点而被广泛采用。

图 12-27～图 12-29 所示分别为四节臂 M 形、五节臂 S 形、五节臂 RZ 形折叠。

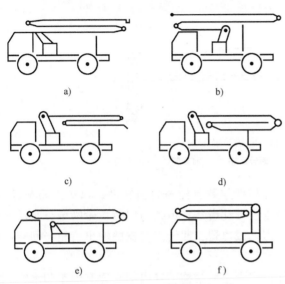

图 12-26　三节臂的折叠方式

a) 前下支点 Z 形　b) 中间支点 Z 形　c) 前上支点 Z 形
d) 前上支点 R 形　e) 前下支点 R 形　f) 后上支点 R 形

图 12-27　四节臂 M 形折叠

图 12-28　五节臂 S 形折叠

图 12-29　五节臂 RZ 形折叠

3. 混凝土泵车的底架装置

混凝土泵车的底架装置主要包括回转头、回转支承、回转底座和支腿等部分，如图 12-30 所示。底架装置在泵车作业时不仅承载整个机器的自重，还要承载臂架外伸的倾覆力矩和泵送作业引起的动载荷。所以，整个底架装置不仅要有足够的强度、刚度和稳定性，还要有足够的疲劳强度。

回转头上部与第一节臂及变幅液压缸的下端铰接，底部用螺栓与回转支承的回转圈联接，用于承载整个臂架的作用力，必须有足够的强度和刚度。

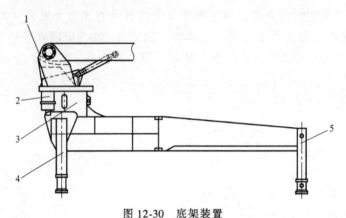

图 12-30 底架装置

1—回转头 2—回转支承 3—回转底座 4—前支腿 5—后支腿

回转支承用来承受整个臂架装置的载荷并使臂架装置能够自由转动，以扩大布料范围。回转支承目前常用两种形式。一种是采用液压缸推动齿条，齿条与回转齿轮啮合，带动回转圈和臂架旋转；另一种是采用液压马达驱动回转减速器，回转减速器的输出齿轮与回转圈的齿轮啮合，带动臂架旋转。

回转底座是混凝土泵车的主要受力构件，多为箱形结构，其内部布置有油箱和水箱。回转底座主要用于连接下车底盘，承担上车臂架的工作重量及动载荷。

回转底座上部连接回转支承及回转减速器。为保证减速器及回转支承的啮合特性，回转底座上部应有足够的刚度。常用结构是采用薄座圈板加肋或采用铸钢结构的厚座圈板。

支腿的作用是保证混凝土泵车在工作中的安全性和稳定性。由于混凝土泵车一般不像起重机那样配置平衡重，当泵车臂架的水平外伸量较大时会产生很大的倾覆力矩，这些倾覆力矩主要靠支腿的反力来平衡。因此，要求支腿要有足够大的支承面积以及足够大的强度、刚度和疲劳强度。

底架结构按照支腿的伸展支承方式，分为前后摆动型支腿、前后伸缩型支腿、前伸缩后摆动型支腿等形式。

4. 混凝土泵车的泵送装置

混凝土泵车的泵送装置采用活塞式混凝土泵，其结构与拖式混凝土泵基本相同，但混凝土输送管结构与拖泵有所不同。拖泵在使用时需另铺设固定管道，泵车的输送管是泵车自带并能跟随回转头转动和随臂架运动。因此，在回转底座内设有垂直回转接头，以便使泵车上固定管道内的混凝土能够输送到随回转头旋转的臂架上。同时，为了适应各节臂的相对运动，臂架上各节混凝土管之间也装有回转接头。泵送装置和泵送装置水箱如图 12-31 和图 12-32 所示。

5. 混凝土泵车的取力装置

混凝土泵车臂架装置的回转、各节臂的伸展回收、支腿的收放以及混凝土泵活塞的往复运动和混凝土分配阀的运动，均为液压驱动。液压泵的动力取自载重汽车底盘的发动机。

混凝土泵车的取力方式主要有两种。一种是汽车变速器带有全功率输出端，通过连接传动轴直接驱动液压泵。这种取力方式十分方便，底盘改装无须改动汽车的传动系统，工作安全可靠。另一种形式是在汽车底盘前后传动轴之间安装取力箱（即分动箱）。这种取力方式适合传递不同的功率、转矩和转速，可根据液压泵配置方案配备不同的取力箱。

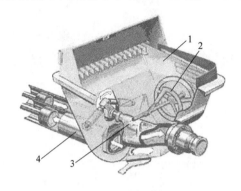

图 12-31　泵送装置

1—料斗　2—搅拌装置　3—S形管阀　4—混凝土缸

图 12-32　泵送装置水箱

第三节　自行式小型混凝土搅拌站

　　自行式小型混凝土搅拌站是一种将混凝土运输车和混凝土搅拌站功能结合为一体的设备，集上料、称重、抽水、搅拌、运输与卸料六项功能于一体。该种设备具有一机多用的功能，可实现现场搅拌、现场浇筑，易于在狭窄空间内活动，特别适用于农村民用建设，乡镇及新农村建设，以及矿洞、公路、铁路、隧道等各种洞内施工。图 12-33 所示为自行式小型混凝土搅拌站现场作业情况。

图 12-33　自行式小型混凝土
搅拌站现场作业情况

一、分类及结构特点

1. 分类

1）按搅拌筒容量分类：有 $1 \sim 3.5 m^3$ 和 $4 \sim 5.5 m^3$。

2）按工作装置的位置分类：有前置式和后置式。

工作装置前置式即为铲斗在驾驶室一端，铲料过程视野好，利于驾驶人操作，如图 12-34a 所示。工作装置后置式即为铲斗与驾驶室分别位于车辆两端，驾驶室操纵台可以回转 180°，铲料时，驾驶人面向铲斗操纵车辆；运输时，操纵台回转使驾驶人背向铲斗方向，保证车辆行驶的安全性。由于将发动机和液压泵置于驾驶室一边，使整车结构紧凑，更利于狭小场地工作，如图 12-34b、c、d 所示。

3）按搅拌筒卸料位置分类：有回转式和固定式。回转式是上车和搅拌筒可以回转，实现车辆360°全方位角度卸料，如图 12-34a、b 所示。固定式即没有上车架，搅拌系统直接安装于运载底盘上，结构简单，但由于只能依靠车体的转向实现不同位置的卸料，不利于狭小地域工作，主要用于小容量或铰接式车架上，如图 12-34c、d 所示。

2. 结构特点

图 12-35 所示为工作装置前置-回转式上车-整体式车架结构的自行式小型混凝土搅拌站。

图 12-34　自行式小型混凝土搅拌站

a）工作装置前置-回转式上车-整体式车架　b）工作装置后置-回转式上车-整体式车架

c）工作装置后置-固定式上车-整体式车架　d）工作装置后置-固定式上车-铰接式车架

其主要由动力系统（发动机及液压泵）、行走驱动系统、搅拌系统（包括搅拌筒和搅拌驱动系统）、上下车架、工作装置、供水和操纵系统等组成。发动机为设备的各个系统提供动力。工作装置将混凝土原料按一定比例铲入搅拌筒内，供水系统向搅拌筒内注入适量的水，搅拌筒在搅拌驱动系统的带动下高速转动，实现混凝土的搅拌；搅拌筒反转时卸料，搅拌好的混凝土在螺旋叶片的顶推作用下从筒口流出。搅拌筒可以实现三种不同转速：$1 \sim 3r/min$、$5 \sim 14r/min$、$7 \sim 18r/min$，以满足混凝土的进料、搅拌、运输和卸料的不同要求。回转装置带动搅拌筒各系统以及整个上车部分实现 300° 转动。

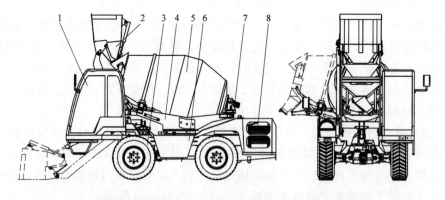

图 12-35　工作装置前置-回转式上车-整体式车架结构的自行式小型混凝土搅拌站

1—驾驶室　2—上料工作装置　3—下车架及行走驱动系统　4—上车架

5—搅拌筒　6—供水系统　7—搅拌驱动系统　8—发动机及液压泵

二、整车主要部分结构

1. 搅拌系统

自行式小型混凝土搅拌站的搅拌系统与本章第一节介绍的水泥混凝土搅拌运输车的搅拌系统基本相同，如图12-2所示。工作时，通过操纵机构控制变量泵的排量来控制搅拌筒的旋转速度，以满足进料、搅拌及出料的不同要求。为了兼顾强制式搅拌机的搅拌效果与快速卸料的要求，在进行自行式小型混凝土搅拌站搅拌筒的结构设计时，搅拌筒内前锥大端和小端顶部螺旋角和叶片斜置角度，以及后锥大端和后锥小端根部螺旋角的取值范围均应合理。

2. 工作装置

自行式小型混凝土搅拌站的工作装置由铲斗、动臂及相应的液压缸组成，如图12-36所示。铲斗、动臂、斗杆液压缸及车架组成四连杆机构。动臂为单板结构，后端支承于车架上，前端连接铲斗，中部与动臂液压缸连接。动臂液压缸伸缩使动臂绕其后端销轴转动，实现铲斗的提升或下降，在动臂举升过程中，料斗在四连杆机构的作用下平稳上升。斗杆液压缸为一异形加长杆液压缸，后端支承在车架上，前端连接铲斗底部。斗杆油缸伸缩使铲斗绕其前端铰接点转动，完成铲斗的上转或下翻动作，实现铲料和卸料。

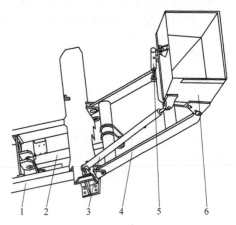

图 12-36　工作装置外形图

1—下车架　2—动臂液压缸　3—斗杆液压缸
4—动臂　5—铲斗液压缸　6—铲斗

3. 车架系统

车架系统主要由上车架、下车架及中间的回转支承组成。下车架采用整体式钢制焊接边梁式车架结构，由两根纵梁及连接两根纵梁的四根横梁组成。上车架由于需要承载搅拌筒及满载时其内的混凝土，也采用箱式钢制焊接结构，由两块高强度厚钢板作为箱式结构的侧壁，前后则采用折弯焊接式钢筒焊接为一整体。上下车架通过单排球式回转支承连接，回转齿轮泵通过减速机驱动回转支承带动上车动作。

4. 行走驱动系统

自行式小型混凝土搅拌站的行走驱动系统为液压-机械传动形式，由行走液压泵-液压马达组成闭式液压系统，经变速器、前后传动轴、前后转向驱动桥驱动车轮，如图12-37所示。其中双变量行走液压马达与两档变速器可实现车辆四个不同档位的变化。

液压-机械行走驱动系统兼有液压传动无级变速和机械传动效率高的优点，

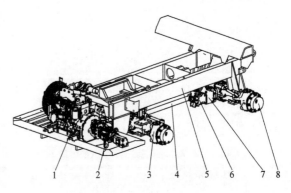

图 12-37　行走驱动系统

1—发动机　2—行走液压泵　3—后转向驱动桥
4—传动轴　5—下车架　6—行走液压马达
7—变速器　8—前转向驱动桥

在提高驱动系统传动效率的同时增大了车辆的调速范围，且整机布局更加合理。

思 考 题

1. 简述水泥混凝土搅拌运输车搅拌筒的结构和工作原理。
2. 简述液压活塞式混凝土泵的结构组成和工作原理。
3. 简述常用活塞式混凝土泵分配阀的种类、特点和工作原理。
4. 混凝土泵车的臂架装置有几种折叠方式？各有什么特点？以简图说明。
5. 简述混凝土泵车底架装置的组成及其结构特点。

第十三章

起 重 机 械

第一节　起重机械分类

　　起重机械是现代施工工程中的重要机械装备，是一种能在一定范围内以间歇或重复工作的方式，通过起重吊钩（或其他取物装置）的垂直升降与水平运动，实现负荷（或重物）在三维空间的位移，完成起重及装卸搬运等作业的机械设备。起重机械能减轻人类体力劳动强度，提高效率，完成特殊工艺操作，是实现工业过程机械化和自动化必不可少的重要工具。

　　起重机械通常根据动作特点分为单动作的起重设备和复动作的起重机。起重设备的工作范围是一条直线，如果仅配备起升机构（或顶升装置），只能实现垂直方向的升降运动，如千斤顶、滑车、轻小型起重葫芦、电梯和升降机等；起重机的工作范围是立体空间、四维动作，所以通常配备两个及两个以上的工作机构，以实现多方向上的往复运动，其分类如图 13-1 所示。

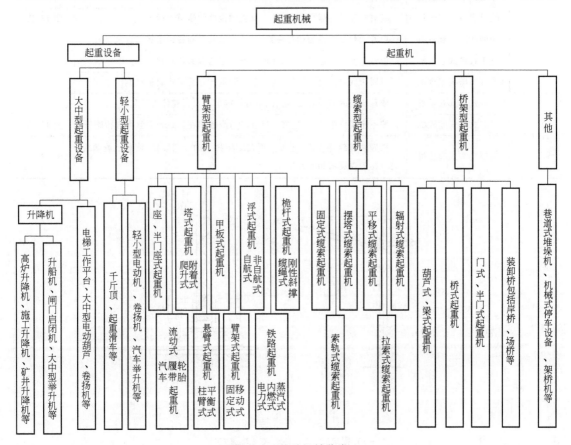

图 13-1　起重机械分类

本章主要介绍流动式起重机和建筑用塔式起重机结构及应用范围。

第二节 塔式起重机

塔式起重机是可回转臂架型起重机,它的臂架安置在垂直的塔身顶部。是建筑安装工程中主要的施工机械,特别对于高层建筑施工来说,更是一种不可缺少的机械装备。常用于房屋建筑和工厂设备安装等场所,具有适用范围广、回转半径大、起升高度高、操作简便等特点。

一、塔式起重机分类

塔式起重机的分类方法有多种,一般按结构形式、回转形式、架设方法、变幅方法和应用场合进行分类。

1. 按结构形式分类

塔式起重机按照结构形式分为固定式、移动式和自升式,详见表 13-1。

表 13-1 塔式起重机按照结构形式分类

类 别		特 征	图例
固定式	固定式塔式起重机	通过连接件将塔身基架固定在地基基础或结构物上进行起重作业	图 13-2a
移动式	移动式塔式起重机	具有大车(整机)运行装置,整机可以行走	
	轨道式塔式起重机	具有可移动的运行装置,并在预先铺设好的轨道上运行	图 13-2b
	轮胎式塔式起重机	以专用轮胎底盘为运行底架,其他工作装置与普通塔式起重机类似	
	汽车式塔式起重机	以汽车底盘为运行底架,其他工作装置与普通塔式起重机类似	
	履带式塔式起重机	以履带底盘为运行底架,其他工作装置与普通塔式起重机类似	
自升式	自升式塔式起重机	依靠自身的专门装置,增、减塔身标准节或自行整体进行爬升	
	附着式塔式起重机	按一定间隔距离,通过支承装置将塔身锚固在建筑物上且可自行爬升	图 13-3a
	内爬式塔式起重机	设置在建筑物内部,通过支承在结构物上的专门装置,使整机能随着建筑物的高度增加而升高	图 13-3b

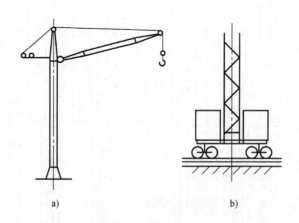

a)   b)

图 13-2 塔式起重机
a) 固定式 b) 移动式(轨道式)

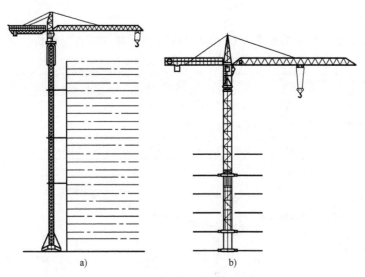

图 13-3　自升式塔式起重机

a）附着式　b）内爬式

2. 按照回转形式分类

按照回转形式不同可分为上回转和下回转塔式起重机，详见表 13-2。

表 13-2　塔式起重机按回转形式分类

类　别		特　征	图例
上回转式	上回转塔式起重机	回转支承设置在塔身上部	图 13-4a
	塔帽回转式塔式起重机	臂架及平衡臂等安装在塔身顶部的塔帽上且能绕塔顶轴线回转	
	塔顶回转式塔式起重机	塔身顶部连同起重臂等能相对塔身并绕其轴线回转	
	上回转平台式塔式起重机	回转平台设置在塔身顶部	
	转柱式塔式起重机	臂架及平衡臂等安装在插入塔身上部可回转的柱状结构上	
下回转式	下回转塔式起重机	回转支承设置在塔身底部,塔身可相对于底架转动	图 13-4b

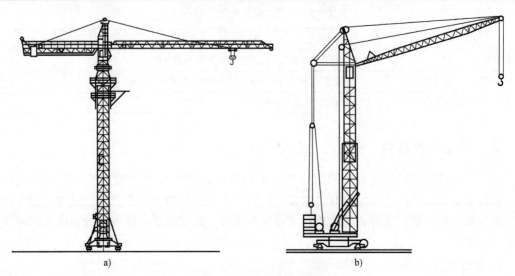

图 13-4　回转式塔式起重机

a）上回转式　b）下回转式

3. 按照变幅方式分类

按照变幅方式不同可分为小车变幅、动臂变幅和折臂式塔式起重机，详见表13-3。

表13-3　塔式起重机按变幅方式分类

类　别	特　征	图　例
小车变幅塔式起重机	起重小车沿起重臂运行进行变幅	图13-5a
动臂变幅塔式起重机	臂架做俯仰运动进行变幅	图13-5b
折臂式塔式起重机	臂架可以弯折，同时具备动臂变幅和小车变幅的性能	图13-5c

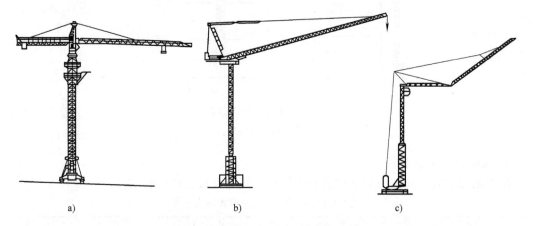

a)　　　　　　　　　b)　　　　　　　　　c)

图13-5　变幅方式不同的塔式起重机

a) 小车变幅式　b) 动臂变幅式　c) 折臂变幅式

4. 按使用场合分类

按照使用场合塔式起重机可分为建筑用、堤坝建设用和电站建设用等类型，详见表13-4。

表13-4　塔式起重机使用场合

类　别	特　征	备　注
建筑塔式起重机	工业和民用建筑施工中，进行起重、安装和搬运作业	
堤坝建设塔式起重机	堤坝建设等水利工程中，用于吊运和浇筑混凝土等作业	
电站建设塔式起重机	在电站施工中，吊装发电机组、厂房构件等	

二、主要工作机构

工作机构是为实现起重机不同运动要求而设置的，不同类型的起重机工作机构有所不同。但其最基本的工作机构有起升、变幅、回转和大车运行四大工作机构，而复杂的起重机械还有其他工作机构，如塔式起重机有塔身顶升机构，轮式起重机还有吊臂伸缩机构和支腿收放机构等。

1. 起升机构

起升机构用来实现货物的升降，是起重机中最重要、最基本的机构。

起升机构驱动动力有内燃机驱动、电动机驱动和液压驱动三种驱动方式。

内燃机驱动的起升机构，其动力由内燃机提供，经机械传动装置集中传给包括起升机构在内的各个工作机构。这种驱动方式的优点是具有自身独立的动力，机动灵活，适用于流动作业的流动式起重机。缺点是为保证各机构的独立运动，整机的传动系统较为复杂笨重。由于内燃机不能逆转，不能带载起动，需依靠传动环节的离合实现起动和换向，因此这种驱动方式调速困难，操纵繁杂，属于淘汰类型，目前仅应用于少数履带起重机。

电动机驱动是起升机构主要的驱动方式。直流电动机的机械特性适合起升机构的工作要求，调速性能好，但在实现方式上获得直流电源较为困难。在大型的工程起重机上，常采用内燃机和直流发电机实现直流传动。交流电动机能直接从电网取得电能，操纵简单，维护容易，机组重量轻，工作可靠，在电动起升机构中被广泛采用。

液压驱动的起升机构，由电动机带动液压泵，将工作油液输入执行构件（液压缸或液压马达）使机构动作，通过控制输入执行构件的液体流量实现调速。液压驱动的优点是传动比大，可以实现大范围的无级调速，结构紧凑，运转平稳，操作方便，过载保护性能好。缺点是液压传动元件的制造精度要求高，液体容易泄漏。目前液压驱动在流动式起重机上获得日益广泛的应用。

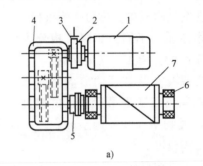

a)

塔式起重机起升机构有多种传动方案，主要有闭式传动（图13-6）和开式齿轮传动（图 13-7）两类。图 13-6a 为单联卷筒，b 为双联卷筒，一般塔式起重机上使用的起升机构中多采用单联卷筒。

起升机构由电动机、制动器、减速器、卷筒、钢丝绳、滑轮组和吊钩组等组成。当电动机旋转时，通过减速器带动卷筒旋转，缠绕在卷筒上的钢丝绳，通过滑轮组，带动吊钩做垂直上下的直线运动，从而实现重物的起升或下放动作。

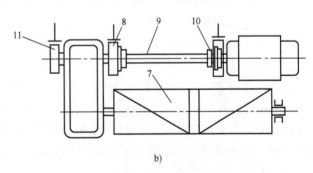

b)

图 13-6　闭式传动起升机构构造形式
a) 单联卷筒　b) 双联卷筒
1—电动机　2—带制动轮的弹性柱销联轴器或全齿联轴器
3—制动器　4—减速器　5—全齿联轴器　6—轴承座　7—卷筒
8—带制动轮的半齿联轴器　9—浮动轴
10—半齿联轴器　11—安全制动器

为使重物在空中能停止在某一位置，起升机构中必须设置制动器和停止器等控制部件。为了适应不同吊重对作业速度的不同要求和安装作业准确就位的要求，起升速度应能调节，并具有良好的微动控制功能。

通常制动轮装在高速轴上，一般装设一个。特殊场合、用途的起重机常需安装两个制动器。当安装两个制动器时，第二个制动器可装在减速器高速轴的另一端，或装在浮动轴的另一个联轴器上。也可以把制动器装设在电动机的尾部轴伸上，但需要有两端轴伸的电动机。

目前也有将制动器放在电动机尾部的壳体内，制作成组合的部件，使机构更加简化紧凑。起升机构的制动器应是常闭式，就是仅在通电时制动器才打开，否则为抱紧状态。

2. 变幅机构

起重机的幅度，对于回转类型的起重机，指从取物装置中心线到起重机回转中心线的距离。对于非回转的臂架型起重机，则定义为从取物装置中心线到臂架铰轴的水平距离。起重机上用来改变幅度的机构，称为变幅机构。

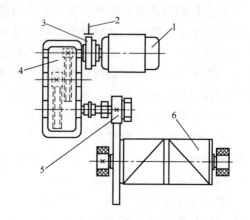

图 13-7　带有开式齿轮传动的
起升机构构造形式
1—电动机　2—制动器　3—带制动轮的
全齿联轴器或弹性柱销联轴器　4—减速器
5—开式齿轮　6—卷筒

根据工作性质的不同，变幅机构分为调整性的（非工作性的）与工作性的两种。

调整性变幅是在装卸开始前的空载下进行的，使起重机调整到适于吊运物品的幅度。在物品吊装运转过程中，则不调整幅度，一般都采用较低的变幅速度。

工作性变幅机构可使物品沿起重机的径向做水平移动，以扩大起重机的服务面积和提高工作机动性。这种变幅是在带载进行的，其变幅过程成为每一工作周期的主要工序之一。其主要特征是变幅频繁变幅速度高，变幅速度对装卸生产率有直接影响。因此这类变幅机构在构造上较为复杂。

根据变幅方法，变幅机构分为俯仰臂架式（图 13-8a、b）和运行小车变幅式（图 13-8c）。在俯仰臂架式变幅机构中，幅度改变是靠动臂在垂直平面内绕其销轴转动和动臂俯仰来达到的，广泛应用于流动式起重机及一部分塔式起重机中。在运行小车变幅式的变幅机构中，幅度改变是靠小车沿着水平的臂架弦杆运行来实现的，小车可以是自行式或绳索牵引式，民用的塔式起重机多采用绳索牵引式。

绳索牵引小车运行机构驱动装置装设在起重小车的外部，靠钢丝绳牵引实现小车运行（图 13-9）。小车运行时为了使绳索保持一定的张紧力，不致因绳索松弛引起小车的冲击或绳索脱槽，一般采用弹簧或液压张紧装置。由于驱动装置不装在小车上，因此不存在驱动轮打滑的问题，这对于坡度大、高速运行的小车具有实际意义。牵引小车一般采用普通卷筒驱动。图 13-9b 所示为牵引绳卷绕图。当小车行程较大时，也可采用双摩擦卷筒或驱绳轮驱动。绳索牵引式小车运行机构的传动效率较低，当工作频繁时，钢丝绳磨损比较严重，因而只用于运行坡度较大或有必要减轻小车自重的场合。

3. 回转机构

使起重机的回转部分相对于非回转部分实现回转运动的装置称为回转机构。回转机构是臂架型回转起重机的主要工作机构之一，它的作用是使已被起升在空间的货物绕起重机的垂直轴线做圆弧运动，以达到在水平面内运输货物的目的。回转机构与变幅机构配合工作，可使服务面积扩大到相当宽的环形面积。典型代表是建筑施工用的塔式起重机和流动式起重机。

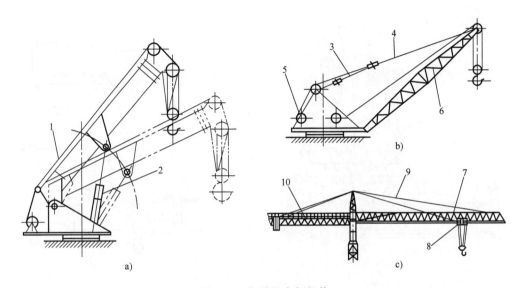

图 13-8　起重机变幅机构

a）液压缸变幅机构　b）钢丝绳变幅机构　c）小车牵引式变幅机构

1、6、7—吊臂　2—变幅液压缸　3—变幅钢丝绳　4—悬挂吊臂绳

5—变幅卷筒　8—变幅小车　9—拉杆　10—平衡臂

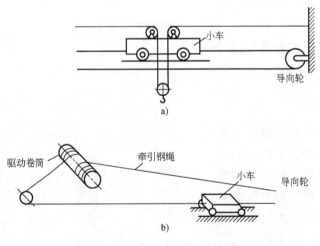

图 13-9　绳索牵引小车运行机构

a）小车和起升、运行机构　b）牵引绳卷绕简图（卷筒驱动）

图 13-10a 所示为轮式和履带式起重机常采用的回转机构。回转支承的内圈与行走底盘连接，外圈与回转平台连接，液压马达驱动回转小齿轮与回转支承内齿做啮合传动。

图 13-10b 所示为塔式起重机常采用的回转机构，回转支承的内圈与塔顶连接，外圈与顶升套架连接。电动机驱动回转小齿轮与回转支承外啮合传动。

液压马达（或电动机）通过减速器减速后带动小齿轮旋转，小齿轮与固定在下车的内齿圈或外齿圈啮合，小齿轮围绕大齿圈做行星运动，既自转又围绕大齿圈公转，从而带动转台旋转。

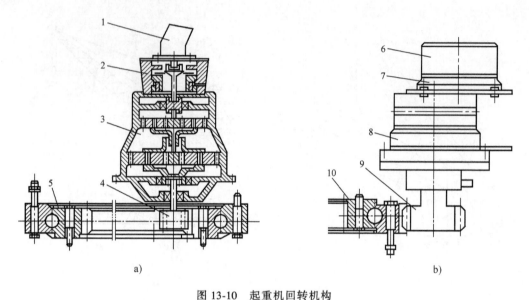

图 13-10 起重机回转机构

a）轮式、履带式起重机常用的回转机构 b）塔式起重机常采用的回转机构

1—液压马达 2、7—制动器 3、8—行星减速器 4、9—回转小齿轮 5、10—回转支承 6—电动机

塔式起重机的回转机构，还有一种结构简单、制造方便的转柱式回转装置（图 13-11），适用于起升高度和工作幅度较大而起重机高度尺寸没有严格限制的塔式起重机和门座起重机。

4. 运行机构

运行机构的任务是使起重机或载重小车做水平运动。工作性的运行机构用来搬运货物，非工作性的运行机构只是用来调整起重机的工作位置。运行机构分为无轨运行和有轨运行两种。前者机动性好，可以随时调整到需要工作的地点；后者在专门铺设的钢轨上运行，负荷能力大，运行阻力小，是一般起重机常用的运行装置。移动式塔式起重机的整机可以沿导轨运行，但近年来，从提高工作效率和整机安全

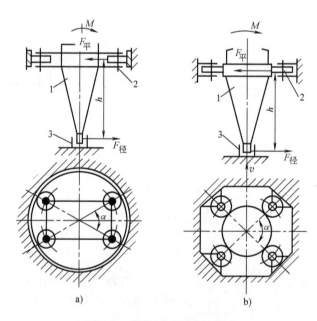

图 13-11 转柱式回转支承装置

a）滚轮装在转柱上 b）滚轮装在固定部分上

1—转柱 2—滚轮 3—径向止推轴承

性考虑，通常为固定式。为了满足服务区域需要，常在一个施工现场运用多台塔式起重机进行协同工作，这种方式也叫作群塔工作。图 13-12 所示为三峡建筑工地群塔施工现场图。群塔工作带来新的难题，就是群塔的防撞等问题。解决该问题是采集塔机的运行数据，判定塔

机的工作姿态和预测塔机的下一个运行姿态，做到提前报警和控制。

图 13-12 三峡建筑工地群塔施工现场图

5. 顶升机构

自升式塔式起重机顶升机构主要有液压顶升式、齿轮齿条顶升式，应用较多的是液压顶升式。

液压顶升机构是用于自升式塔式起重机塔身升高或降低的液压动力系统。液压缸设在顶升套架上，设在其一侧的属于侧顶升系统；液压缸设在塔身标准节内的属于中央顶升系统。液压顶升机构由电动机、齿轮泵、手动换向阀、液压缸和爬爪等组成。通过电动机驱动液压泵，经过控制阀驱动液压缸转变为机械能驱动负载，使下支座以上部分与塔身标准节脱开，来完成塔身的升高或降低。

图 13-13 为液压顶升系统及顶升过程示意图，由于采用了双向回油节流调速系统，能有效地控制下支座以上部分的顶升和回缩速度。在油路中装有液压锁，可保证液压缸工作过程中随时停留在任意位置，不致因瞬间停电或低压断路器脱扣时，下支座以上部分自行下滑发生危险。

顶升过程中，开动液压泵，液压油便经由过滤器吸入泵，以高压输出到两个控制阀控制的三位四通换向阀，和用手柄控制的两位两通弹簧复位的换向阀。推动手柄向前，高压油便可经换向阀进入液压缸上部无杆腔，活塞杆在液压油的作用下向下伸出，活塞以下的油液流回油箱，套架以上的结构则被顶起。拉动手柄向后，液压油则经由三位四通阀流入液压缸下部的有杆腔，并使活塞杆往上运动缩回缸内，而活塞上部的液压油流回油箱。手柄的作用是控制供油压力。

顶升接高过程：①移动平衡重，使塔身不受不平衡力矩，起重臂就位，朝向与引进轨道方位相同并加以锁定，吊运一个标准节安装在摆渡小车上；②顶升；③定位销就位并锁定，提起活塞杆，在套架中形成引进空间；④引进标准节；⑤提起标准节，推出摆渡小车；⑥使标准节就位,安装联接螺栓;⑦微微向上顶升,拔出定位锁使过渡节与已接高的塔身固联成一体。

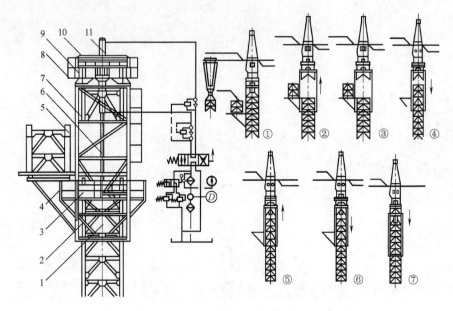

图 13-13 液压顶升系统及顶升过程示意图
1—定位销操纵杆 2—顶升套架 3—液压顶升系统的油箱总成 4—操作平台
5—塔身标准节及摆渡小车 6—活塞杆 7—过渡节 8—上操作平台
9—承重 10—回转支承 11—液压缸

三、主要工作装置的金属结构

金属结构是起重机械的重要组成部分之一。金属结构材料的选用直接关系到起重机工作是否安全和经济。塔机金属结构主要有起重臂、塔身、转台、承座、平衡臂、底架和塔顶等。

1. 起重臂

起重臂简称臂架或吊臂,按构造形式分为小车变幅水平臂架、俯仰变幅臂架(简称动臂架)、伸缩式小车变幅臂架和折曲式臂架,如图 13-14 所示。

1)变幅水平臂架是一种兼受压弯作用的水平臂架,是塔机广泛采用的一种臂架,其特点是:吊载可借助变幅小车沿臂架全长进行水平位移,并能平稳准确地进行安装就位。变幅水平臂架又可分为三种不同形式:单吊点、双吊点和起重机与平衡臂连成一体的锤头式小车变幅水平臂架。幅度较小时一般采用单吊点,双吊点则常用于较大幅度的臂架结构。双吊点小车变幅臂架结构自重较轻,与同等起重性能的单吊点小车臂架相比,自重约可减轻5%~10%。常用的小车变幅臂架的几种形式如图 13-15 所示。

锤式小车变幅水平臂架的特点是臂架与平衡臂连成一体,装设于塔身顶部,状若锤头,这种塔机也称为平头塔机。常用的平头塔机形式如图 13-16 所示。平头塔机臂架的优点是:吊臂与平衡臂连成一体,腹杆布置形式单一;臂架结构形式有利于受力,能提高疲劳强度和延长结构寿命;省略塔顶及臂架拉索结构,有利于减轻自重和风载荷对塔机的不利影响;架设安装简单;便于布置小车牵引机构。

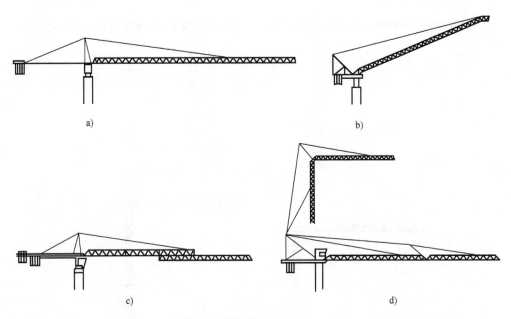

图 13-14　塔机臂架四种形式示意图

a) 小车变幅水平臂架　b) 俯仰变幅臂架　c) 伸缩式小车变幅臂架　d) 折曲式臂架

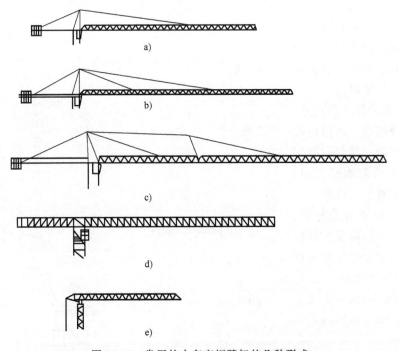

图 13-15　常用的小车变幅臂架的几种形式

a) 单吊点水平臂架　b) 双吊点水平臂架　c) 两段式双吊点水平臂架

d) 大中型自升塔机用平头臂架　e) 轻型快装塔机用平头臂架

2) 仰俯变幅臂架简称为动臂架，主要承受轴向压力，故又称为压杆臂架。臂架自重较轻，可通过变幅机构绳轮系统进行俯仰变化，从而能避开回转中所遇到的障碍并增大起升高度。

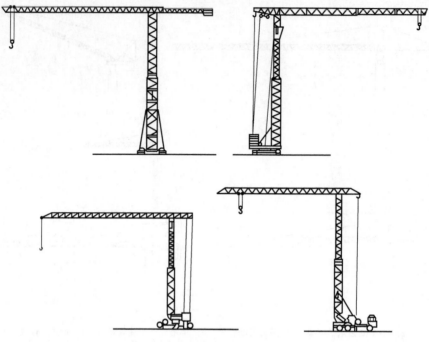

图 13-16 常用的平头塔机形式

3）伸缩式小车变幅臂架通过臂架前部的伸缩可使臂架最大幅度缩减近一半，从而避开运行过程中的障碍物。

4）折曲式臂架的特点是，臂架由两部分组成，可以折曲并进行俯仰变幅。臂架前节可以平卧成小车变幅水平臂架，吊臂后节可以直立发挥塔身作用。此类臂架最适合冷却塔、电视塔以及一些超高层建筑施工需要。折曲式臂架工作特性示意图如图 13-17 所示。

塔机臂架的截面一般有正三角形截面、倒三角形截面和矩形截面三种。

2. 塔身

塔身也叫作塔架，是塔机结构的主体，有转与不转之别，并有内（塔身）与外（塔身）之分。按高度不同，

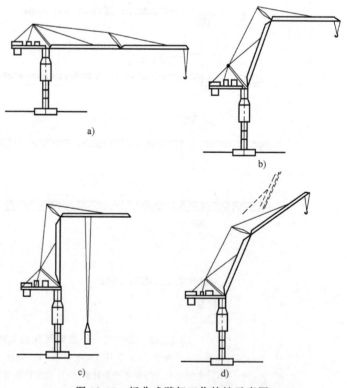

图 13-17 折曲式臂架工作特性示意图

a）正常工作状态 b）吊臂后节仰起，前节保持水平工作状态

c）后节臂架直立代替塔身 d）吊臂前后节均仰起状态

可分为固定式、伸缩式、折叠式和接高式。根据构造的不同，又可分为整体式和分片拼装式两种。下回转快速安装塔机的塔身结构可转，并可折叠。根据需要，下回转快速安装塔机的塔身高度也是可变的，因而有些塔机的塔身采用伸缩式结构。上回转自升式塔机的塔身固定不转，但可以顶升接高。当采用中央顶升接高工艺时，塔身有内、外之分，内塔身为整体式结构，外塔身为分片拼装式。依据接高位置还分为下顶升接高、中顶升接高和上顶升接高等。图13-18所示为塔身的几种形式。

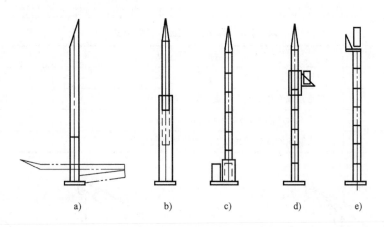

图 13-18　塔身的几种形式

a) 折叠式　b) 伸缩式　c) 下顶升接高式　d) 中顶升接高式　e) 上顶升接高式

塔身结构的断面常用矩形、三角形及圆形三种，最常用的是矩形断面。每个塔身标准节由弦杆和腹杆组成。弦杆通常由角钢、角钢与角钢、角钢与钢板组合、钢管及其他型钢组成。腹杆布置形式常称为腹杆系统。不同的腹杆形式决定了塔身受载能力的大小。常用的腹杆系统如图13-19所示。

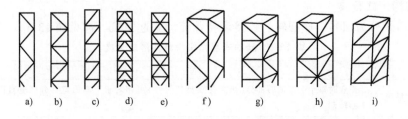

图 13-19　常用的腹杆系统

a) 超轻型及轻型腹杆形式　b)、c) 中型塔机腹杆形式　d) 重型塔机腹杆形式

e) 重型和超重型塔机腹杆形式　f)、g) 腹杆不交于同一点，塔身主弦杆承受由转矩而导致的附加载荷

h)、i) 腹杆交于一点，塔身主弦杆不承受由转矩而导致的附加载荷

第三节　流动式起重机

流动式起重机是指能在带载或空载情况下沿无轨道路行驶，依靠自重保持稳定的臂架类型起重机。

流动式起重机的机动性好，广泛地应用建筑工程施工和设备安装，这类起重机也被称为工程起重机。

一、流动式起重机分类

流动式起重机可按底盘形式、结构形式、臂架形式与用途进行分类。

1. 按照底盘形式分类

按照底盘形式，流动式起重机可分为履带、汽车、轮胎和特殊底盘起重机，见表13-5。

表13-5 流动式起重机底盘形式

类 型	特 征	备 注
履带起重机	以履带为运行底盘	图13-20a
汽车起重机	以通用或专用的汽车底盘为运行底盘	图13-20b
轮胎起重机	装有充气轮胎，以特制底盘为运行底盘	图13-20c
特殊底盘起重机	具有除轮胎或履带底盘以外的特殊结构底盘	

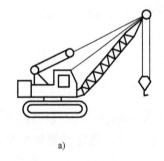 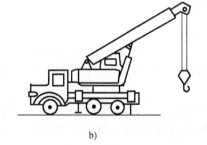 

a)   b)   c)

图13-20 流动式起重机械

2. 按结构形式分类

按结构形式分为回转、非回转、铰接和特殊流动式起重机，详见表13-6。

表13-6 流动式起重机按结构形式分类

分 类	特 征	备 注
回转流动式起重机	作业时整个上车回转部分(包括臂架及其附件)可相对于下车固定部分绕垂直回转中心转动	
非回转流动式起重机	臂架不能相对于下车运行底架转动	
铰接流动式起重机	转向机构与垂直枢轴铰接，在行走时臂架做水平摆动	
特殊流动式起重机	将不同的附件加于基型流动式起重机上，以提高其起重能力或扩大其功能范围	

3. 按臂架形式分类

按臂架形式分为桁架臂、箱形臂和铰接臂流动式起重机，详见表13-7。

表13-7 流动式起重机按臂架形式分类

分 类	特 征	备 注
桁架臂流动式起重机	臂架采用桁架结构	图13-21a
箱形臂流动式起重机	臂架采用箱形结构	图13-21b
铰接臂流动式起重机	臂架采用铰接臂结构	图13-22b

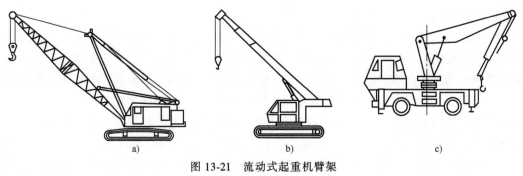

图 13-21　流动式起重机臂架

a）桁架臂　b）箱形臂　c）铰接臂

4. 按用途分类

按用途分为通用、越野和专用流动式起重机，详见表 13-8。

表 13-8　流动式起重机按用途分类

分　类	特　征
通用流动式起重机	适用于一般情况下进行作业
越野流动式起重机	具有越野功能，可在崎岖不平的场地进行作业
专用流动式起重机	从事某种专门作业或备有其他设施进行特殊作业，如集装箱轮胎起重机等

本节主要介绍轮胎式和履带式运行机构的组成和典型形式。

二、典型流动式起重机的整机组成

1. 汽车起重机

以通用或专用的汽车底盘为行走机构并装备有起升机构，具有与汽车编队行驶速度、轴压及外形尺寸符合公路行驶要求的自行式起重机，称为汽车起重机。

汽车起重机具有良好的机动性，可迅速转移工作地点；多采用伸缩式臂架和液压支腿装置。广泛地应用于建筑工地、货场仓库、车站码头等各种装卸及安装工作，特别适用于工作点分散、货物零星的装卸和安装作业。其整机组成如图 13-22 所示。

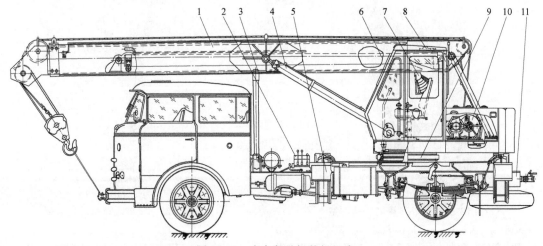

图 13-22　汽车起重机整机组成

1—臂架　2—液压系统　3—臂架支架　4—变幅液压缸　5—支腿　6—臂架伸缩液压缸
7—幅度指示器　8—起重驾驶人室　9—回转机构　10—起升机构　11—汽车底盘

2. 轮胎起重机

以特制底盘并配以专用充气轮胎为行走机构,装备有起升机构的自行式起重机,称为轮胎起重机。轮胎起重机比汽车起重机车身短、转弯半径小,越野性能好,行驶速度相对低,起升机构在车身中间,作业稳定性好,所以在一定载荷范围内可吊重行驶,起重和行驶共用一个驾驶室,结构简单。因此轮胎起重机多被应用于作业条件受到限制或狭窄的作业场所。

近年来,小吨位的轮胎起重机已被汽车起重机所代替,轮胎起重机和汽车起重机向标准化、系列化、通用化和大型化方向发展,出现了多桥驱动的全路面起重机。全路面起重机集中了汽车起重机和轮胎起重机的优点,多桥驱动和多桥转向的行走系统强化了起重机的越野性能和机动性能;伸缩式臂架以及桁架组合式臂架结构保证了起重机作业效率和提升了起重机的起重量,专门设计的车架和支腿系统保证了起重机的作业稳定性,近年来100t以下的全路面起重机有替代同吨的履带式起重机的趋势。图13-23所示为徐工集团的QAY160全路面起重机。

图13-23 徐工集团的QAY160全路面起重机

3. 履带起重机

履带起重机(简称为履带吊)是把起重工作装置和设备装在履带式底盘上,靠行走支承轮在自身封闭的履带上滚动行驶的起重机。它是由臂架、上转盘、回转支承装置、车架、履带行走装置,以及起重、回转、变幅机构和电气附属设备等组成的,属于全回转动臂式起重机。履带起重机的基本型和组合型如图13-24和图13-25所示。

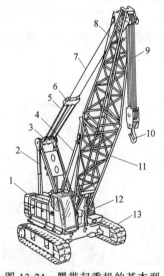

图13-24 履带起重机的基本型
1—配重 2—人字架 3—门架滑轮组 4—防臂架后仰装置
5—臂架俯仰钢丝绳 6—背绳滑轮组 7—臂架支承钢丝绳
8—臂架上部 9—卷扬钢丝绳 10—吊钩 11—臂架下部
12—上车回转体 13—下车行走系统

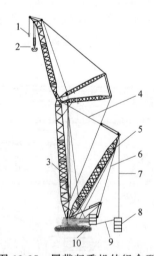

图13-25 履带起重机的组合型
1—副钩 2—主钩 3—主臂
4—超起变幅拉杆 5—超起桅杆
6—超起后拉索 7、9—超起配重拉索
8—超起配重 10—原配重

　　履带起重机主要采用可变长度的桁架组合式臂架，钢丝绳变幅，臂长可根据工作需要迅速接长。与轮式起重机相比，履带起重机对地平均比压小，爬坡能力强，牵引性能好（约为轮式起重机的 1.5 倍），在较松软和泥泞地面的行驶性能较好。履带的支承面宽大，其起重稳定性好，一般无须像轮式起重机那样设支腿装置，且能带载慢速行走。所以大型履带起重机在各种大型构件吊装施工中占有很重要地位。但履带起重机的机动性能不如轮胎起重机，转场能力受到限制，常用于相对固定的工程中进行吊装作业。

　　随着石油化工和核电的发展，大型履带起重机获得飞速发展，其起重质量已达 4000t 级以上，并采用了许多新技术新结构，如多履带驱动的行走系统驱动力强劲，使下车受力均匀、接地比压更小；双发动机动力系统提供整机动力，双泵合流的闭式液压系统支持双发、单发作业模式；人字形臂架的塔状结构增强了臂架系统的侧向承载稳定性，比双主弦管单臂节减少了臂架重量对起重能力的削弱影响，较同规格的双平行臂的侧向承载稳定性提升 30%，臂架自重减轻了 20%，综合起重能力提升 35%；履带行走装置设计成可横向伸展形式，以扩大其支承宽度，提高作业时的稳定性；配置附加配重装置（超起装置）扩展整机的起重能力等。

　　图 13-26 所示为三一重工的 SCC36000A 型履带起重机，其起重质量达 3600t。徐工集团的 XGC88000 型履带起重机的起重质量已达 4000t。

图 13-26　三一重工的 SCC36000A 型履带起重机

三、主要工作机构

1. 起升机构

　　流动式起重机中常用液压起升机构。液压起升机构分为高速液压马达驱动、低速大转矩液压马达驱动和液压缸驱动三种形式。

　　（1）高速液压马达驱动　高速液压马达驱动的起升机构在液压起重机中应用最广，工作可靠，成本低，寿命长，效率高，可以采用批量生产的减速器与其配套。

　　图 13-27 所示为高速液压马达与普通圆柱齿轮减速器和卷筒构成的起升机构，液压马达和卷筒并列布置，是中、小吨位液压起重机最常见的起升机构形式。

　　图 13-28 所示为采用行星轮减速器，是大吨位汽车和铁路起重机广泛应用的起升机构形式。行星轮减速器和多片盘式制动器置于卷筒内腔，卷筒与液压马达同轴线布置，结构紧凑，制动器、行星轮减速器和卷筒制成三合一总成，习称液压卷筒。使用时，只需配装液压马达即组成所需的起升机构。

　　在大中型液压起重机上，一般除主起升机构外，为了提高轻载或空钩时的速度，还装设副起升机构。需要双钩同时工作的某些特殊用途起重机，必须装设相同的两个起升机构。为了减少零部件的规格种类，主副起升机构一般都为独立驱动，构造完全相同，只减少了副起升机构的滑轮组倍率。

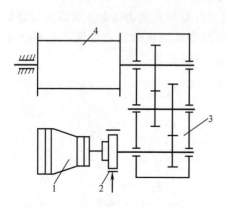

图 13-27 高速液压马达与普通圆柱
齿轮减速器和卷筒构成的起升机构
1—高速液压马达 2—制动器
3—圆柱齿轮减速器 4—卷筒

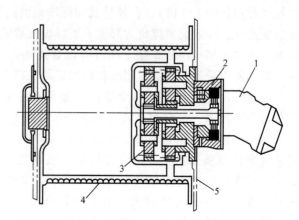

图 13-28 高速液压马达与卷筒同轴布置
1—高速液压马达 2—多片盘式制动器
3—行星轮减速器 4—卷筒 5—支架

图 13-29 所示为用一个液压马达驱动两个卷筒的起升机构的两种布置形式。制动器必须装在卷筒上，操纵制动松开器可以实现物品自由下降，提高了作业效率。

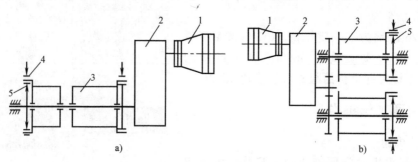

图 13-29 一个液压马达驱动两个卷筒的起升机构的两种布置形式
a）卷筒同轴 b）卷筒并列
1—高速液压马达 2—减速器 3—卷筒 4—制动器 5—离合器

（2）低速大转矩液压马达驱动 低速大转矩液压马达转速低，输出转矩大，一般不需要减速传动装置。液压马达直接与卷筒连接，简化了传动机构的构造（图 13-30a）。低速大转矩液压马达的体积和重量比同功率的普通齿轮减速器小得多，当输出转矩增大时，这一优点更加明显。因此，低速大转矩液压马达适

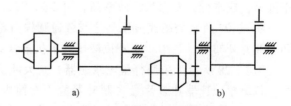

图 13-30 低速液压马达驱动
a）直连方案 b）开式齿轮传动方案

用于大起重量的起升机构。为了满足输出转矩和转速的要求，有时在液压马达和卷筒之间增

加一级开式齿轮传动（图 13-30b）。

（3）液压缸驱动　液压缸驱动的起升机构有多种形式。图 13-31 所示为起升液压缸配增速滑轮组构成的起升机构。当液压缸 2 的活塞运动时，带动动滑轮 1 向相同方向运动，缠绕钢丝绳通过动滑轮实现了起升绳的增速运行，但同时使得钢丝绳的拉力减少为液压缸受力的一半左右，液压缸运动做功与吊钩下的重物做功数值上一样，即满足做功相等的要求。这种起升机构受液压缸推力和行程限制，只用于起重量和起升高度都不大的场合。

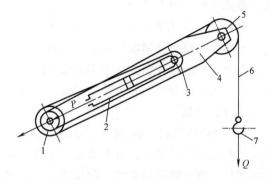

图 13-31　起升液压缸配增速滑轮组构成的起升机构

1—动滑轮　2—液压缸　3—定滑轮　4—吊臂
5—导向滑轮　6—钢丝绳　7—吊钩

2. 变幅机构

流动式起重机常用臂架摆动式变幅机构，该机构是通过臂架在垂直平面内绕其铰轴摆动来改变幅度。根据臂架的结构又分定长臂架变幅和伸缩臂架变幅两种，如图 13-32 所示。

（1）定长臂架变幅机构　定长臂架一般采用钢绳滑轮组式变幅机构（图 13-32a）。臂架结构有箱形和桁架式两种形式，通常采用直臂架。为增大在小幅度时臂架下的工作空间，臂架上部常制成折线形式。

桁架式臂架有整体式和加长型两种形式。整体式臂架长度固定，加长型臂架可按需要加装多节可拆装的等截面臂节，以增加臂架长度，满足起升高度的需要。

钢丝绳滑轮组是定长箱形和桁架式臂架以及臂节可拆装的格构型臂架变幅机构所采用的主要形式。由于钢丝绳是挠性件，只能承受拉力，在小幅度时风力和物品突然掉落的惯性载荷作用，使臂架有后倾的可能，需要装设防倾安全装置。防倾装置设在臂架前方时采用拉索

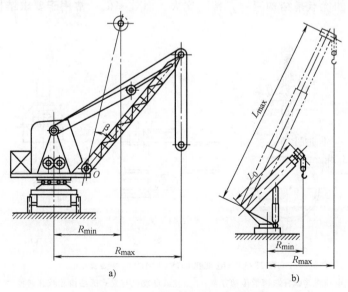

图 13-32　普通臂架变幅机构简图

a）臂架摆动式（定长臂）　b）臂架摆动式（伸缩臂）

或折叠式拉杆，设在臂架后方时则采用伸缩式撑杆。另一方面，钢丝绳滑轮组变幅机构在增大幅度时只能靠臂架自重和物品重量下落。为了吸收臂架下落时的势能，控制落臂的速度，电动机驱动时可以采用电气制动；当液压驱动时，依靠油路中的平衡阀限速。

钢丝绳滑轮组变幅的优点是构造简单，工作可靠，臂架受力小，而且可以放至最低位置，能采用标准卷扬机作为驱动装置，总体布置也较方便。缺点是效率低，臂架容易晃动，钢丝绳容易磨损。

（2）伸缩臂架变幅机构　液压缸变幅是伸缩臂起重机最有代表性的变幅形式。液压缸变幅机构结构简单紧凑，易于布置，工作平衡。根据变幅力大小，可采用双缸或单缸。臂架变幅液压缸有三种布置方式：前置式、后置式和后拉式。

伸缩式臂架配合变幅机构改变幅度，作业时实现取得较大的起升高度，行驶时以获得较小的外形尺寸。

3. 回转机构

流动起重机的回转机构与单斗液压挖掘机的回转装置相似，由回转支承装置和回转驱动装置两部分组成。前者将起重机的回转部分支承在固定部分上，后者驱动回转部分相对于固定部分回转。回转支承装置简称为回转支承。主要保证起重机回转部分有确定的回转运动，并承受起重机回转部分作用于它的垂直力、水平力和倾覆力矩。

回转驱动主要有电动机回转驱动装置和液压回转驱动装置两种形式。

（1）电动机回转驱动装置　回转驱动装置通常装在起重机的回转部分上，电动机经过减速器带动最后一级小齿轮，小齿轮与装在起重机固定部分的大齿圈（或针齿圈）相啮合，以实现起重机回转。在起重机回转机构中，常用的是下列三种形式的机械传动装置：

1）卧式电动机与蜗杆减速器传动（图 13-33a）。为了防止回转机构过载，在蜗轮与立轴之间装有摩擦传动的极限力矩联轴器，当蜗杆传动出现自锁或采用常闭式制动器时，极限力矩联轴器能对机构传动零件起安全保护作用。极限力矩联轴器应尽可能靠近驱动小齿轮。

这种传动方案的优点是结构紧凑，传动比大，但效率低。常用于要求结构紧凑的中小型起重机。

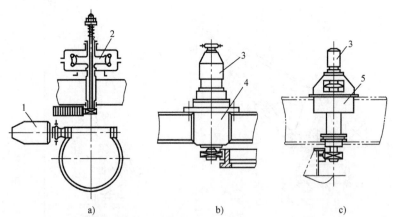

图 13-33　电动机回转机构的传动方案

a）卧式电动机与蜗杆减速器传动方案　b）立式电动机与立式圆柱齿轮减速器传动方案

c）立式电动机与行星减速器传动方案

1—卧式电动机　2—蜗杆减速器　3—立式电动机　4—立式圆柱齿轮减速器　5—行星轮减速器

2）立式电动机与立式圆柱齿轮减速器传动（图 13-33b）。这种传动方案的优点是平面布置紧凑，传动效率高，维护容易。

3）立式电动机与行星减速器传动（图 13-33c）。这种传动方案采用的行星减速器有 3Z、2Z-X 传动、摆线针轮传动、渐开线少齿差或谐波传动等。行星传动具有传动比大、结构紧凑等优点，是起重机回转机构较理想的传动方案。

（2）液压回转驱动装置

1）高速液压马达与蜗杆减速器或行星减速器传动。该种传动装置在传动形式上与电动机驱动基本相同（图 13-33a、c），只是用液压马达代替了电动机。液压驱动的小起重量起重机，通过液压回路和换向阀的相应动作，可以使回转机构不装制动器，同时保证回转部分在任意位置上停住，并避免冲击。

2）大转矩液压马达回转机构。低速大转矩液压马达可以直接在液压马达轴上安装回转机构的驱动小齿轮，如图 13-34 所示。如液压马达输出转矩不满足传动要求，可以加装一级机械减速装置。该形式在一些小吨位汽车起重机上所应用。有的不装制动器，也可以在液压马达输出轴上加装制动器。

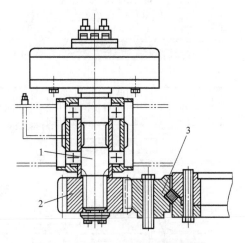

图 13-34　液压马达驱动回转机构
1—马达轴　2—驱动小齿轮　3—回转机构大齿圈

采用低速大转矩液压马达可以省去或减小减速装置，因此机构很紧凑，但低速大转矩液压马达成本高，使用可靠性不如高速液压马达。

与机械传动相比，液压驱动具有许多优点：如结构紧凑，工作平稳，自重轻，可实现无级调速等，改善了起重机的工作性能。液压部件的制造、安装精度要求较高，否则会产生漏油等故障，使工作可靠性降低。随着我国液压技术的发展，液压驱动形式将会得到越来越广泛的应用。

4. 行走机构

（1）轮胎起重机行走机构　该机构由传动系统、行走系统、转向系统和制动系统四部分组成，根据起重机的作业要求，车架可以采用通用汽车车架、改装的汽车车架或专门设计的车架。

（2）履带起重机行走机构　履带起重机的行走机构由底架、支重轮、引导轮、履带、托链轮、驱动轮及行走驱动装置等组成，如图 13-35 所示，其结构和工作原理与液压单斗挖掘机行走装置非常相似，具有牵引力大、接地比压小、通过性能好、稳定性好、转弯半径小的特点。

四、辅助工作机构

1. 伸缩臂架机构

汽车起重机的箱形伸缩臂架是非定长的臂架，需要由臂架伸缩机构实现臂架长度的改变。采用液压伸缩机构，可以实现无级伸缩和带载伸缩，扩大其在复杂条件下的使用功能。

　　箱形臂架伸缩基本上有三种方式：顺序伸缩、同步伸缩和独立伸缩。

　　顺序伸缩是指各节伸缩臂架按一定先后次序完成伸缩动作。为了使各节伸缩臂伸出后的起重能力与起重机的特性曲线相适应，伸臂顺序一般为先2后3（以三节臂为例说明），如图13-36a所示，即先里后外。缩臂顺序与伸臂顺序相反，先3后2，即先外后里。

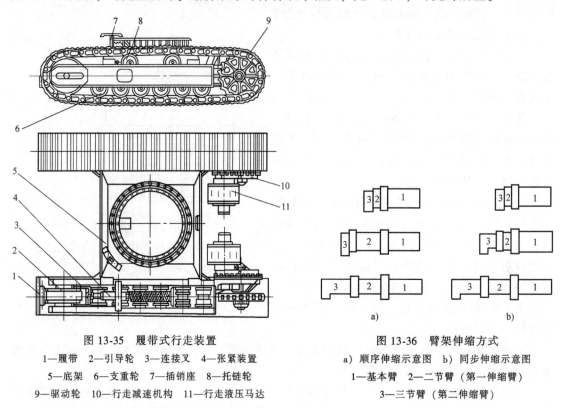

图 13-35　履带式行走装置

1—履带　2—引导轮　3—连接叉　4—张紧装置
5—底架　6—支重轮　7—插销座　8—托链轮
9—驱动轮　10—行走减速机构　11—行走液压马达

图 13-36　臂架伸缩方式

a）顺序伸缩示意图　b）同步伸缩示意图
1—基本臂　2—二节臂（第一伸缩臂）
3—三节臂（第二伸缩臂）

　　同步伸缩是指各节伸缩臂以相同的行程比率同时伸缩，如图13-36b所示。

　　独立伸缩是指各节伸缩臂独立进行伸缩动作。显然，独立伸缩机构同样也可以完成顺序伸缩和同步伸缩的动作。

　　在实践中，三节和三节以上伸缩臂的伸缩机构，往往是上述几种方式的综合，很少单独采用某一种伸缩方式。

2. 支腿收缩机构

　　汽车和轮胎起重机都装有可收放的支腿。支腿的作用是增大起重机的支承基底，提高起重机作业时的工作可靠性。一台起重机上一般有四个支腿，前后左右两侧分置。为了补偿作业场地地面的倾斜和不平，增大起重机的抗倾覆稳定性，支腿应能单独调节高度。支腿要求坚固可靠、收放自如。工作时支腿外伸着地，起重机抬起。行驶时，将支腿收回，减小外形尺寸，提高通过性。

　　支腿收放现在基本采用液压驱动，即液压支腿。液压支腿类型有如下几种：

　　（1）蛙式支腿　蛙式支腿的工作原理图如图13-37所示，支腿的收放动作由一个液压缸完成。图13-37a所示为普通式蛙式支腿，液压缸推动支腿绕车架上的销轴 A 转动实现支腿的收放动作。

图 13-37b 所示为滑槽式支腿，在支腿曲线臂上开有滑槽，液压缸推动活塞头沿滑槽运动，从而实现支腿的收放动作。

图 13-37c 所示为连杆式支腿，液压缸推力只用于使车架抬起，车架一经抬起后，支腿的支承反力直接由支腿摇臂、撑杆和活动套传给车架，实现支腿的收放动作。

蛙式支腿结构简单，液压缸数量少、重量轻。但每个支腿在高度上单独调节困难，不易保证车架水平，而且支腿摇臂尺寸有限，因而支腿支点距离不能很大，宜在中小型起重机上使用。

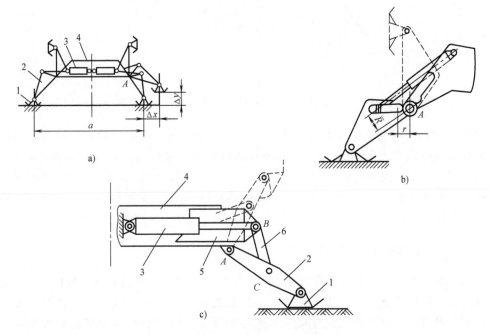

图 13-37　蛙式支腿的工作原理图

a) 普通式　b) 滑槽式　c) 连杆式

1—支腿盘　2—支腿摇臂　3—液压缸　4—车架　5—活动套　6—撑杆

（2）H 形支腿　H 形支腿如图 13-38 所示，每个支腿有两个液压缸，即水平外伸和垂直支承液压缸。H 形支腿外伸距离大，每个支腿可以单独调节外伸距离和高度，对作业场地和地面的适应性好，因此广泛应用于大中型起重机上。缺点是质量大。支腿高度大，影响作业空间。

（3）X 形支腿　X 形支腿如图 13-39 所示，支腿的垂直支承液压缸作用在固定支腿上，每个支腿能单独调节高度，可以伸入斜角内支承。X 形支腿铰轴数量多，行驶时离地间隙小，影响了起重机移动时的通过性；垂直液压缸的压力比 H 形支腿高，在支腿时有水平位移。

（4）辐射式支腿　支腿结构直接装在回转支承的底座上，如图 13-40 所示，起重机上车架所受的全部载

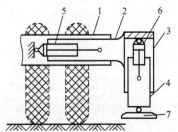

图 13-38　H 形支腿

1—固定梁　2—活动梁　3—立柱外套

4—立柱内套　5—水平液压缸

6—垂直液压缸　7—支脚盘

荷，直接经过回转支承装置传到支腿上。以避免支腿反力过大，要求车架加大截面，故整个底盘可以减轻重量 5% ~ 10%。辐射式支腿多用于大型轮胎起重机，如全路面起重机。

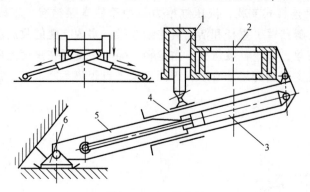

图 13-39　X 形支腿

1—垂直液压缸　2—车架　3—伸缩液压缸　4—固定腿　5—伸缩腿　6—支脚盘

（5）铰接式支腿　铰接式支腿的活动支腿与车架铰接，由人力或水平液压缸实现支腿的水平摆动（收拢或放开），收腿时活动支腿紧靠车架大梁两侧，放开时根据需要支腿与车架形成不同的夹角，使伸出的跨距得以改变，以适应不同场地和不同作业性能的要求。这种支腿的垂直支承液压缸与 H 形支腿相似，但整体刚度比 H 形支腿好，没有因伸缩套筒之间的间隙而引起车架摆动现象。

五、主要工作装置的金属结构

流动式起重机金属结构主要有臂架、转台和车架。臂架是其主要受力构件，决定起重机的承载能力、整机稳定性和自重。为了提高产品的竞争力，臂架截面的选择及外观均要合理。轮式起重机臂架的结构根据变幅方式的不同分为定长式臂架和伸缩式臂架两种，如图 13-41 所示，臂架按照截面形式分为桁架式和箱形式。

图 13-40　辐射式支腿

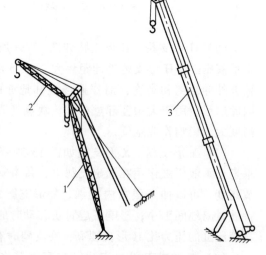

图 13-41　轮式起重机臂架结构形式

1—桁架式主臂　2—桁架式副臂　3—箱形伸缩臂

1. 桁架式臂架

桁架式臂架由钢管、型钢或异形钢管制成。通常是用柔性的钢丝绳牵拉臂架的端部来实现变幅，故臂架是以受压为主的双向压弯构件。臂架可以制成轴向为直线形或折线形两种形式（图13-42）。直线形臂架结构简单，制造方便，受力情况较好。为了增大起重机的工作范围，还可以在臂端安装直线形副臂。折线形臂架能充分利用臂下空间，但臂架构造复杂，受力情况不好，制造工艺也复杂。

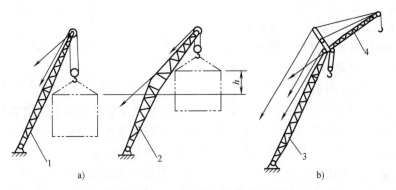

图 13-42 直线形与折线形桁架式臂架
1—直线形臂架 2—折线形臂架 3—直线形主臂 4—直线形副臂

臂架的断面可制成矩形或三角形，臂架的弦杆和腹杆由无缝钢管、方形钢管和角钢等型钢组成。腹杆体系可以是三角形腹杆体系，也可以是带竖杆的三角形腹杆体系，如图13-43所示。

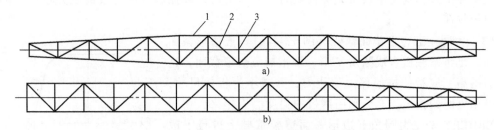

图 13-43 桁架式臂架腹杆体系图
a) 变幅平面 b) 回转平面
1—弦杆 2—腹杆（斜杆） 3—腹杆（竖杆）

由受力特点决定，臂架在变幅平面的两片桁架通常制成图13-43所示的中间部分为等截面平行弦杆，两端为梯形结构。对于回转平面的两片桁架则制成端部尺寸小、根部尺寸大的形式。为了能够拼接成不同长度的臂架，在桁架式臂架的中间部分可以制成几段等截面形式。

桁架式臂架结构的端部、根部与拼接的构造设计必须合理，所以，在端部通常用钢板代替腹杆体系。可以更好地将压力传到转台，在靠近根部一段长度内的变幅平面桁架用钢板加强。为了保证桁架式臂架根部具有一定的水平刚度，回转平面的桁架应设置较强的缀板，缀板的位置应尽量靠近支承铰点。臂架根部的水平刚度也可用刚性板条来保证。刚性板条同回转平面桁架的腹杆及弦杆一起构成了强有力的支承刚架，拼接区各段桁架之间通过法兰盘用螺栓联接。

2. 箱形臂架形式

在钢材牌号相同、截面面积也相同时，不同的截面结构可以得到不同的抗弯能力和抗失稳能力，所以合理的截面能够减轻自重并提高起重性能。尤其是在大中型轮式起重机上，已经有多种臂架截面的结构形式。除了最基本的矩形截面臂架外，还有大圆角矩形截面臂架、梯形截面臂架、大圆角五边形截面臂架与八边形截面臂架等，如图 13-44 所示。

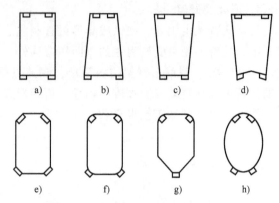

图 13-44 伸缩臂的几种典型截面形式

（1）矩形截面臂架（图 13-44a） 中小型轮式起重机主要采用矩形截面臂架。这种臂架是采用四块钢板在四角焊接而成，两侧的腹板比上下板稍薄些，臂架内装有液压缸、滑块与引导轮等伸缩部件。具有结构简单、布置方便和制造容易等优点。

制造时，要将两侧腹板弯折 90°，在弯折部位很容易产生较大的残余应力，降低臂架的强度。伸缩臂伸出后，各节臂架之间的叠加间隙比较大，会使各节伸缩臂的中心线难以保持同轴线，因此在回转作业与其他载荷变化时，整个臂架会产生摇摆。此外，臂架自重相对较大。

（2）大圆角矩形截面臂架（图 13-44e、f） 大圆角矩形截面臂架上下盖板比腹板厚，而且两侧弯成大圆角，能够避开尖角的最大应力点，并能有效利用材料。大圆角本身具有较高的抗弯曲性能，它对两侧的腹板形成较强的约束，而且该约束作用不会因纵向压力的存在而产生明显下降，这是平板所无法相比的。大圆角可以降低腹板的有效高度并增强其刚度，所以腹板较薄。

（3）大圆角五边形截面臂架（图 13-44g） 五边形截面的特征，是将下底板弯成圆角 V 形，即形成五边形截面，这样能够提高下底板的抗局部失稳能力，并减小腹板的尺寸，可以采用更薄的钢板，充分利用钢板的强度。近年来，德国的 LIEBHERR 是在大圆角五边形截面臂架基础上进行了改进，将下底板改造成圆形，同时截面中性面向上略微超过中性面。上腹部采用大圆角折弯结构，以增加侧板的稳定性，如图 13-45 所示。臂架材质选用高强度细晶结构钢制成，设有良好的滚轮托架，强度高、刚性大、自重轻。利用偏心调节器，可自动调节好臂架伸缩工况，我国一些起重机厂家也采用了该项技术。

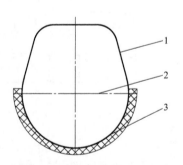

图 13-45 伸缩臂的新截面形式
1—上腹部 2—中性面 3—下底板

转台是用来安装臂架、起升机构、变幅机构、回转机构、配重、发动机和驾驶室的机架结构。它通过回转支承装置装在起重机的车架上。为了保证起重机的正常工作，转台应具有足够的强度和刚度。对于轮式和轨式起重机，为了有较好的通过性，应使转台的外形尺寸尽量小，转台上机构的配置应紧凑，使转台受力合理。

车架用来安装轮式起重机的底盘及运行部分，同时，将起重机上的载荷传递到支腿或车轮。车架也必须保证具有足够的强度与刚度，且机构配合要合理，使车架具有良好的力学性能，并保证整机具有良好的维修性。

思　考　题

1. 简述起重机械的类型和分类方法。
2. 简述塔式起重机的定义、分类及适用性。
3. 简述塔式起重机工作机构的组成、作用和金属结构件的特点。
4. 简述流动式起重机的分类及适用性。
5. 简述流动式起重机工作机构的组成和作用，以及各机构的形式和特点。
6. 简述流动式起重机工作装置金属结构件的类型及特点。

第十四章

高空作业车

第一节 概 述

一、定义及用途

高空作业车是用液压装置或机械作为提升力，用来运送工作人员、工具和材料到达 3m 以上高处指定位置进行工作的具有自行能力的设备。

与起重机不能带载运行不同，高空作业车由于带载行驶作业稳定性好，在高度、位置和方向上方便调整，具有操纵方便、升降灵活、迅速安全，可以跨越障碍物进行作业等特点。广泛应用于邮电通信设施、高位信号灯、城市道路照明等的安装和检修，园林树枝的修剪，消防救护，高层建筑外饰及物业装修，比赛场馆及高架桥的维修，影视高空摄影以及造船、石油、化工、航空等行业。

二、分类、主要参数及规格型号

1. 分类

高空作业车可按臂架的形状、臂架的展开方式、工作机构驱动方式和整车使用功能等进行分类。

（1）按臂架的形状 按臂架的形状不同，高空作业车可分为直臂式高空作业车和曲臂式高空作业车两种。

1）直臂式高空作业车。如图 14-1 所示，直臂式高空作业车的臂是倾斜的，可以做 360°旋转，其臂架和起重机的臂架相似，一节一节伸出。当直臂式高空作业车工作时，根据需求会直伸达到离地面一定的高度，作业高度越高，臂伸越长时，在

图 14-1 直臂式高空作业车

360°的旋转下其作业半径（车体底座与作业地方的水平距离）会越来越大，伸到最长时，作业半径最大。直臂式高空作业车具有最快的平台升降速度和行驶速度，工作效率高。但是其工作半径较大，对场地大小有一定的要求，并且存在不能到达的作业面。

2）曲臂式高空作业车。如图 14-2 所示，曲臂式高空作业车采用的是折叠臂，类似水泥泵车的传送臂，但可以做 360°旋转。工作时，每一节臂可以单独展开，从而构成不同的形状。曲臂式高空作业车操作比直臂式高空作业车略为复杂一些，因为需要每节臂单独动作。曲臂式高空作业车在低空作业时可以将臂充分展开，臂做 360°旋转可以在很广阔的半径面

积内随时作业，随着作业高度的增加，臂也将慢慢树立，最大
高度为与车体形成 90°的垂直高度，此时，不管下方如何旋转
都不会有半径的形成。曲臂式高空作业车最大的好处就是能跨
越空中的障碍物到达作业面，作业时最大高度是一条直线到车
辆底座，半径几乎为零，场地占用面积较小。低作业高度的曲
臂式高空作业车还有蓄电池驱动形式，可以在厂房内部工作，
不会对环境造成影响。

图 14-2　曲臂式高空作业车

（2）按臂架的展开方式　按臂架的展开方式不同，高空作
业车可分为以下四种：

1）伸缩臂式高空作业车。伸缩臂式高空作业车又称为直臂
式高空作业车，一般由工作平台 1、伸缩臂 2、基本臂 3、变幅
液压缸 4 和立柱 5 等组成，如图 14-3 所示。立柱上端与基本臂
铰接，基本臂的倾角由变幅液压缸控制调节。伸缩臂式高空作
业车伸缩臂与汽车起重机伸缩式起重臂一样，是由多节套装、
可伸缩的箱形臂构成的，只是在其末端用工作平台代替了起重机吊钩。伸缩臂节数依据
高空作业车的最大作业高度而异，对于作业高度不大的，只有一节伸缩臂。这种形式的
作业车最大作业高度可达 60~80m，最大的缺点是越障能力差，多用于船厂等高度要求较
高的场所。

2）折叠臂式高空作业车。折叠臂式高空作业车其升降机构是由多节箱形臂铰接而成
的，又称为曲臂式高空作业车，其由工作平台 1、上折臂 2、撑臂液压缸 3、下折臂 4、变幅
液压缸 5 和立柱 6 等组成，如图 14-4 所示。上下折臂是由多节箱形臂折叠而成的，折叠方
式可以分为上折式和下折式两种。一般用 2~3 节折叠臂，各节臂的折叠与展开运动均由各
节臂的液压缸来完成，既可以分别升降，也可以同时升降，升降机构采用平行四连杆机构，
当上、下折臂起升到任何位置时，工作平台都能保持平行于地面的状态。这种作业车可完成
三维空间的位置调整。下折式升降机构可以完成地平面以下的空间作业，如图 14-5 所示，
如立交桥下的维修与装饰等，扩大了高空作业车的作业范围。折叠臂式高空作业车具有越障
能力强、灵活多样和适应性好等优点。

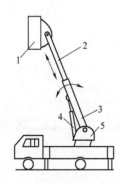

图 14-3　伸缩臂式高空作业车
1—工作平台　2—伸缩臂
3—基本臂　4—变幅液压缸　5—立柱

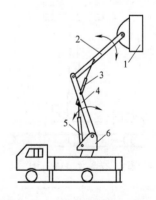

图 14-4　折叠臂式高空作业车
1—工作平台　2—上折臂　3—撑臂液压缸
4—下折臂　5—变幅液压缸　6—立柱

3）垂直升降式高空作业车。这种高空作业车的升降机构形式较多，主要的有如下几种：

① 剪叉式升降机构如图14-6所示，其由多组交叉连杆框架铰接成剪形，通过装在连杆框架间的液压缸的伸缩改变连杆交叉的角度，来改变升降机构的升降高度。这种垂直升降的剪叉式升降机构结构简单、工作平稳、负载能力强、工作平台较大，适合完成高度较低的作业，广泛用于清洁电车线路、室内维修、飞机、船舶制造等作业场地。这种作业车的缺点是越障能力差，由于其升降机构只能做垂直运动，故工作范围小。

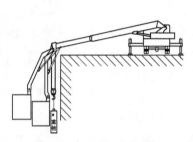

图 14-5　下折式升降机构

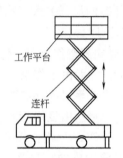

图 14-6　剪叉式升降机构

② 套筒式升降机构如图14-7所示，其是由桁架式、箱式或圆筒式套筒套合在一起，利用伸缩液压缸2、3、4直接顶升，当起动电动机时，由电动机带动齿轮泵供油，油液经单向阀及电磁通道输入液压缸，伸缩液压缸则逐节上升，当升到最大高度时系统压力也就达到了额定工作压力，此时有溢流阀卸荷，油压保持在恒定的工作压力，停机后单向阀保压，升降机构便停留在最大的工作位置，升降机构可根据现场的作业高度在最大高度以下任意位置停留。也可用钢丝绳或链条带动多节套筒的伸缩，完成升降动作。这种升降机构的使用特点与剪式升降机构相似。

③ 云梯式升降机构如图14-8所示，其是由多节桁架式梯子1套合在一起的，利用液压缸和钢丝绳控制云梯的升降，通过变幅液压缸2控制云梯的变幅。这种升降机构结构简单、质量小、功能全、工作可靠、适应性强，广泛应用在消防汽车上，即云梯消防车。

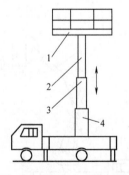

图 14-7　套筒式升降机构

1—工作平台　2~4—伸缩液压缸

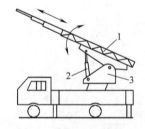

图 14-8　云梯式升降机构

1—梯子　2—变幅液压缸　3—立柱

④ 混合式高空作业车。图14-9所示为伸缩式臂式和折叠臂式组成的混合式高空作业车，其由工作平台1、上折伸缩臂2、上折基本臂3、撑臂液压缸4、下折伸缩臂5、下折基

本臂6、变幅液压缸7及立柱8等组成。混合臂式高空作业车既有折叠臂式跨越障碍能力，又有伸缩臂式操作简单、作业效率高、作业高度和作业幅度较大的优点，在特殊领域和大高度上具有无比优势，但它的结构也最为复杂。

（3）按使用功能　按使用功能不同，高空作业车可分为普通高空作业车、绝缘高空作业车和高低空作业车。

① 普通高空作业车不具备绝缘功能，不能进行带电作业，只能进行普通高空作业。

② 绝缘高空作业车其工作平台为绝缘平台，并带有绝缘内衬，部分工作臂采用绝缘材料制作，工作平台和下部车体之间的控制管路、线缆等也全部为绝缘材料，使在空中工作的人员和地面之间绝缘。绝缘高空作业车在说明书和标牌上都清楚地标明绝缘体的绝缘范围以及额定电压，并在说明书中注明绝缘检测电压和检测周期。

③ 高低空作业车是多用途重型工程车，它具有起重作业、高空作业、低空作业和低空混合作业等功能，且工作平台可定点升降，对低空装卸和维修作业十分方便。用一台高低空作业车即可代替一台起重机和一台空中作业车，同时还可避免两台车同时工作时动作失误，用途广泛。高低空作业车特别适用于港口、码头、桥梁、隧道和电力施工等工程。

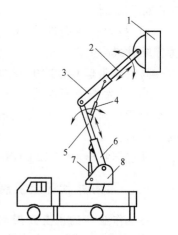

图14-9　伸缩式臂式和折叠臂式
组成的混合式高空作业车
1—工作平台　2—上折伸缩臂
3—上折基本臂　4—撑臂液压缸
5—下折伸缩臂　6—下折基本臂
7—变幅液压缸　8—立柱

2. 主要参数

1）作业高度。作业高度为工作平台高度与作业人员进行安全作业所能达到的高度（GB/T 9465—2008 规定 1.7m）之和。通常把作业高度分为最大作业高度和最大作业幅度时的作业高度。

2）作业范围。作业范围是指高空作业车在固定位置的条件下，其工作装置（如工作平台）将工作人员和器材送达作业场点进行作业的范围。

3）工作平台装载质量。高空作业车工作平台装载质量是指额定装载质量，不含工作平台自身的质量。

4）作业幅度。作业幅度是指高空作业车旋转中心线（对于垂直升降的高空作业车为升降的中心线）至平台外边缘的水平距离。它表示在高空作业车不移动的条件下，将作业人员和器材送达水平距离的远近程度。一般表现为最大作业幅度和最大作业高度时的作业幅度，最大平台幅度与作业人员可以进行安全作业所能达到的最大水平距离（GB/T 9465—2008 规定 0.6m）之和。

5）工作速度。高空作业车的工作速度包括工作平台垂直升、降的平均速度和回转速度。GB/T 9465—2008 中规定：工作平台升、降速度≤0.5m/s，回转机构的最大回转速度≤2r/min。

3. 规格型号

高空作业车规格型号由组、型代号，型式代号，主参数代号和更新变型代号组成，如图 14-10 所示。

标记示例

1）最大作业高度为 10m 的绝缘型伸缩臂式高空作业车：

高空作业车 GKJS 10 GB/T 9465

2）最大作业高度为 12m 的非绝缘型垂直升降式高空作业车的第一次变型产品：

高空作业车 GKC 12A GB/T 9465

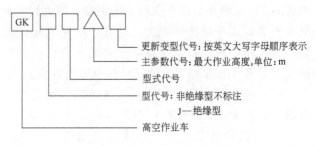

图 14-10　高空作业车规格型号

三、国内外状况及发展趋势

高空作业车的主要发展动向是实现六化、三性，以提高高空作业车的适用性。六化，即液压化、轻量化（采用新型高强度材料、减轻构件重量）、最优化（采用计算机辅助设计）、机电液一体化（如安全保护、报警装置等）、通用化、系列化。三性，即安全性、可靠性和舒适性。

为适应市场需求，对高空作业车行业提出了以下更高的要求：

1）产品结构。折叠臂式高空作业车需在安全性和人性化方面改进提高；伸缩臂式高空作业车将以作业高度在 18~28m 之间的成为主力产品；混合臂式高空作业车由于技术复杂、制造工艺要求高、成本高等缺点，普及程度要低于伸缩臂式高空作业车；采用越野底盘的高空作业车也将成为一个新的产品方向。

2）产品技术大量采用新技术和新结构，逐步执行国际标准，以降低整车质量和整车高度，增大作业幅度和工作平台承载能力；推广采用在汽车起重机上已经普遍应用的六边形、多棱形及 U 形截面的臂体截面；工作平台采用高强度、低重量和高耐蚀性的铝合金材料，并增大其额定载荷；方便出入的工作平台转台前置和工作平台后置结构形式，将成为伸缩臂式高空作业车的主流结构，以提高产品人性化设计；节能环保技术将更多应用，全电驱动底盘高空作业车将随着新能源汽车技术的成熟在城市市政领域得到快速发展。

第二节　高空作业车的总体构造

高空作业车一般包括动力装置、支腿、工作装置与控制系统四部分。

一、动力装置

动力装置是高空作业车的动力源，包括高空作业车各工作装置的动力传动部分。常见的有内燃机-机械传动、电力-机械传动、内燃机-电力传动、内燃机-液压传动等传动方式。

1. 内燃机-机械传动

采用汽车底盘作为行走机构的高空作业车，动力源为汽车发动机。高空作业装置需要的功率不大，一般约为 10~20kW，而载货汽车发动机的功率根据载重量不同在 50~150kW 以上，且高空作业装置工作时不允许行驶，因此发动机的动力足以保证高空作业装置工作。动力经变速器传出后，经分动器、离合器、减速器、卷扬机、滑轮及钢丝绳等元件传递到工作装置，传动线路长，结构较复杂，仅在用途单一的高空作业车中使用。

2. 电力-机械传动

利用车载电源或外接电源，通过电动机将电能转变为机械能，经机械传动装置将动力传递到各工作装置。由于电动机具有在较大转速范围内实现无级调速和可逆转性等特点，并且各机构可用独立的电动机驱动，简化了传动和操纵机构，噪声较低、污染少，适用于外接电源方便或流动性不大的场地作业。

3. 内燃机-电力传动

传动路线是汽车发动机—发电机—电动机，然后带动各工作装置运转。其优点是利用直流电动机的优良工作特性，使高空作业车获得良好的作业性能，但质量较小，费用较高。

4. 内燃机-液压传动

动力源为汽车发动机，采用变速器取力方式，通过安装在变速器侧面的取力器传递出发动机的动力，并驱动液压泵向高空作业装置供油。取力系统中还设置控制装置，在底盘行驶时，取力器没有输出，液压泵不工作，当需要进行高空作业时，取力器输出，液压泵工作。可充分利用液压传动的优点，简化了传动结构，并且易于实现无级调速和运动方向的变化，传动平稳，操纵简便省力，能防止过载，因此大部分高空作业车采用这种传动方式。

二、工作装置

工作装置用来实现高空作业车不同的运动要求，一般设有升降机构、变幅机构、回转机构和平衡机构等，如图14-11所示。

1. 升降机构

升降机构是高空作业车工作机构的一个重要组成部分，能实现工作平台的升降和变幅。垂直升降机构按传动方式可分为液压传动和机械传动，按其结构

图 14-11　高空作业车的工作装置
1—升降机构　2—变幅机构　3—回转机构　4—平衡机构

形式可分为叉剪式、套筒式和云梯式，这种垂直升降机构作业高度有限，工作范围较小，但工作平台较大，且支承稳定。动臂式升降机构如前所述可分为伸缩臂式或直臂式、折叠臂式或曲臂式、混合臂式等形式，这是目前主流的升降机构形式。

2. 变幅机构

高空作业车变幅是指改变工作斗到回转中心轴线之间的距离。变幅机构扩大了高空作业车的作业范围，由垂直上下的直线作业范围扩大为一个面的作业范围。高空作业车变幅机构一般采用液压缸变幅，液压缸需要随变幅机构运动，因此液压缸与液压主回路需使用液压胶管连接，此时液压缸既作为变幅时的动力，又作为施工作业时变幅机构的支承构件，因此液压缸及其连接管路对于整个系统安全起着非常重要的作用。

常用的上折叠式动臂升降、变幅机构如图14-12

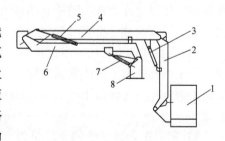

图 14-12　常用的上折叠式
动臂升降、变幅机构
1—工作平台　2—上折臂　3、5—撑臂液压缸
4—中间折臂　6—下折臂
7—变幅液压缸　8—立柱

所示。它包括三个动臂：上折臂 2、中间折臂 4 和下折臂 6。下折臂 6 下端铰接在立柱 8 上，由变幅液压缸 7 驱动；上折臂 2 下端与中间折臂 4 上端、中间折臂 4 下端与下折臂 6 上端铰接，由撑臂液压缸 3 和 5 以及四杆机构驱动；工作平台 1 与上折臂 2 上端铰接，有内藏式四连杆机构使工作平台保持水平。下折臂 6、中间折臂 4 和上折臂 2 在铅垂平面内的运动范围一般为：

下折臂相对于回转台：0°~82°。

中间折臂相对于下折臂：0°~160°。

中间折臂相对于上折臂：0°~90°。

3. 回转机构

高空作业车的上车部分（回转部分）相对于下车部分（非回转部分）做相对的旋转运动称为回转，回转机构用于实现高空作业车的回转运动。高空作业车回转台与挖掘机械的类似，回转台基本结构如图 14-13 所示，其是由液压马达 1 经减速器 2 将动力传递到回转小齿轮 3 上，小齿轮 3 既做自转又做沿着固定在底架上的回转支承大齿圈 4 的公转，从而带动整个转台 5 回转。依靠变幅机构和回转机构实现载人工作平台在两个水平和垂直方向的移动，从而使高空作业车从面作业范围又扩大为一定的空间作业范围。

回转机构的设计按照 GB/T 9465—2008，回转速度不大于 2r/min，回转过程中的起动、回转、制动要平稳、准确、无抖动、无晃动现象，微动性能良好。转盘是回转机构最重要的零部件，在设计时必须考虑到支承能力及强度和刚度的要求。

4. 平衡机构

为使高空作业车在作业过程中工作平台和水平面之间的夹角保持不变，高空作业车上装有使工作平台保持水平的自动调平机构，主要有以下几类：

1）重力式调平机构，原理是将作业臂的顶端与工作平台质心铅垂线上的一点铰接，这样工作臂无论做什么运动，工作平台始终处于铅垂状态，其底平面能保持水平。但是这种机构在举升过程中由于

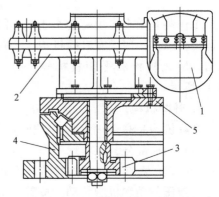

图 14-13　回转台基本机构

1—液压马达　2—减速器　3—小齿轮
4—大齿圈　5—转台

惯性力的作用及作业人员的质心不能与工作平台的质心完全重合，使工作平台出现偏移或偏摆，减少了安全感，目前已经很少采用这种机构了。

2）机械式调平机构有四杆机构、钢丝绳机构、钢丝绳与链轮机构和锥齿轮机构。平行四杆调平机构是常采用的机械机构，原理是上、下折臂同时或分别做起伏运动时，两套四杆机构中的连杆始终保持平行，则与连杆铰接的工作平台的底平面在举升过程中总处于水平位置。

3）机液组合调平机构，即机械与等容积液压缸组合调平机构。原理是在作业前将结构、大小、容积完全相同的主调液压缸和副调液压缸充满液压油，并分别连接两液压缸的有杆腔和无杆腔，使两液压缸形成一个封闭回路。当作业臂受变幅液压缸的作用时，会带动主调液压缸的活塞杆伸缩，与此同时，副调液压缸的活塞杆则产生相应的伸缩运动，使得作业臂无论处于何种状态，工作平台都能与底面保持水平位置。

4）电液组合式调平机构，即电-液伺服调平机构，工作原理是通过安装在工作平台上的水平传感器感知工作平台的状态，并产生相应的电流，控制调平液压缸的动作，最终使平台保持水平状态。

三、支腿

高空作业车的支腿起调平和保证整车工作稳定的作用，要求坚固可靠，操作方便。主要有蛙形支腿、X形支腿以及H形支腿，目前多采用H形液压支腿。在高空作业车两侧，一般设有操纵杆，可使前后左右四个液压支腿单独伸出或缩回，所以即使在不平整或倾斜地面上，也能把车体调整到水平状态，安全作业。

为满足高空作业车的作业能力和整个作业范围内的作业稳定性及其调平作用，高空作业车的支腿要求坚固可靠，操作方便。支腿设计内容主要包括跨距确定、压力计算和支承脚接地面积确定。

1）支腿跨距的确定。高空作业车的支腿为前后设置，并向两侧伸出形成矩形，如图14-14所示，L_1为支腿横向跨距，L_2为支腿纵向跨距。高空作业车的作业范围通常是全方位的。支腿纵横方向选取要适当，原则是工作平台额定载荷工作在最大幅度时，应保证其稳定性。即在最不利的载荷组合条件下，各项稳定力矩之和仍要大于倾覆力矩之和。在支腿全部外伸时，支腿中心连线所形成的矩形四边形就是倾覆边。

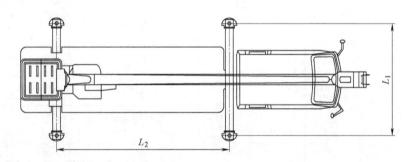

图 14-14　支腿跨距示意图

2）支腿压力的计算。计算支腿压力是求高空作业车工作时支腿所承受的最大支反力，该力是支腿强度计算的依据。一般都是按弹性支承的假定条件，不考虑风力、水平方向惯性力和变速动载荷来计算的。

3）支腿脚接地面积计算。为了使高空作业车工作时能在规定的地面承受压力不下陷，且保证在不同地面能可靠支承，支承脚要有足够的接地面积 S_d，保证在最大支反力 F_{max} 下对地面的压强不大于地基强度，即

$$S_d = \frac{F_{max}}{[\sigma_d]}$$

式中　$[\sigma_d]$——地基强度，一般取 1.6MPa。

支腿与支承脚采用球式铰接，以适应不同地形。

四、控制系统

高空作业车各机构动力传递的方向、运动速度的快慢以及机构起动停止等均由控制系统

控制。控制系统包括操纵装置、执行元件和安全装置。现代高空作业车的工作装置均采用液压传动和电液操纵，以实现机构的起动、调速、换向、制动和停止。执行元件包括变幅用的液压缸、回转马达和液压泵等，用来推动结构件实现动作。安全装置包括各种传感器、行程开关、报警器、液压锁止阀，用来检测危险工况保证工作安全。

图 14-15 所示为某高空作业车支腿控制的液压系统原理图，该系统上加装上、下车互锁安全装置，使得高空作业车在下车支腿可靠支承在地面上时，才能进行上车各项动作的操作，另外只有在上车臂架收到位的时候，才能将下车支腿收起。如图 14-15 所示，变量泵 1 的出油管与支腿操纵阀 10 之间接入一个二位四通电磁阀 5，该电磁阀的连接方法如下：P 口与变量泵 1 的出油管连接，A 口与支腿阀连接，B 口与液控阀 2 的回油口连接，T 口用螺堵封堵。在支腿操纵阀 7 的回油口处设单向阀 6，防止电磁阀 5 回油对支腿操纵阀 7 的冲击。当臂架收回到托架时，行程开关被压下，电磁阀 5 失电复位，变量泵 1 的液压油经电磁阀 5 的 P 口流向 A 口，进入支腿操作阀 P 口，下车支腿便可操纵。当臂架抬起离开托架时，行程开关复位，电磁阀 5 得电，支腿操纵阀 P 口的油路被切断，下车支腿便不可操纵。当电磁阀 5 得电时，变量泵 1 的液压油经电磁阀 P 口流向 B 口，推动液控阀 2 阀芯移动，使上部操作不受影响，上、下车互锁功能得以实现。

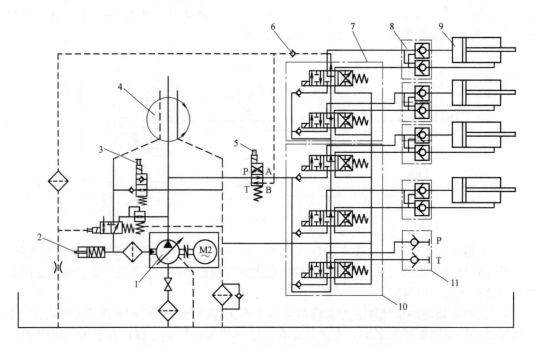

图 14-15　某高空作业车支腿控制的液压系统原理图
1—变量泵　2—液控阀　3、5—电磁阀　4—回转中心　6—单向阀
7、10—支腿操纵阀　8—液压锁　9—支腿液压缸　11—液压工具接口

五、技术性能

为了使高空作业车能安全、稳定地工作，进行整体结构设计时还应满足下列的技术要求：

（1）总体要求

1）高空作业车外廓尺寸总长≤14.5m、总宽（不包括后视镜）≤2.5m。总长、总宽、总高应不超过设计值的0.5%。

2）高空作业车最大总质量不得超过选用底盘的规定，最大轴载质量不超过设计值的3%。

3）外部照明和信号装置、制动距离、噪声及发动机废气排放应符合《机动车运行安全技术条件》的规定（详见 GB 7258—2017）

4）作业高度>20m的作业车应备有对讲设备；作业高度≤20m的作业车，工作平台与下边底座内同时可用声音信号联系，允许使用汽车的声音信号。

5）作业车底盘部分的技术要求，应符合底盘生产厂的规定。

（2）抗倾覆稳定性要求

1）水平面上的稳定性。作业车置于坚固的水平地面上，外伸支腿固定作业车，工作平台上升至整车处于允许的最差稳定状态下，工作平台承载1.5倍的额定载荷，作业车应达到静载稳定性要求。

2）斜面上的稳定性。当作业车（垂直升降式除外）在特定的形式下使用时，工作平台承载1.33倍的稳定载荷，整车位于倾斜5°易引起倾翻的斜面上，允许外伸支腿调整，工作平台应达到静载稳定性要求。

（3）安全要求

1）工作平台及升降机构承载部件所用的塑性材料，按材料的最低屈服强度计算，结构安全系数应不小于2；按非塑性材料最小强度极限计算，结构安全系数应不小于5。

2）确定结构安全系数的设计能力，是作业车在额定载荷工况下作业，并遵守操作规程时，结构件内所产生的最大应力值。设计应力还应考虑到应力集中及动力载荷的影响，安全系数按下式计算：

$$S = \frac{\sigma}{(\sigma_1 + \sigma_2)f_1 f_2}$$

式中　S——结构安全系数；

　　σ——材料屈服强度或材料抗拉强度（MPa）；

　　σ_1——由结构质量产生的应力（MPa）；

　　σ_2——有额定载荷产生的应力（MPa）；

　　f_1——应力集中系数，一般取$f_1 \geqslant 1.1$；

　　f_2——动力载荷系数，一般取$f_2 \geqslant 1.25$。

（4）整车稳定性和结构强度要求　高空作业车应符合 JG 5099—1998《高空作业机械安全规则》要求。设有防超载保护装置的，该装置不可人为失效，其静稳定性载荷值为测试工况能够起升的最大的载荷，其强度测试载荷值为测试工况能够起升的最大载荷。

思　考　题

1. 简述高空作业车的分类方法和类型。

2. 简述高空作业车的主要参数。

3. 简述高空作业车的总体构造。

4. 简述高空作业车工作装置的组成及各机构的作用。

5. 简述高空作业车支腿的作用及常用形式。

参 考 文 献

[1] 张洪，贾志绚. 工程机械概论 [M]. 北京：冶金工业出版社，2006.

[2] 成凯，吴守强，李相锋. 推土机与平地机 [M]. 北京：化学工业出版社，2007.

[3] 卢和铭，刘良臣. 现代铲土运输机械 [M]. 北京：人民交通出版社，2003.

[4] 何挺继，展朝勇. 现代公路施工机械 [M]. 北京：人民交通出版社，2002.

[5] 田流. 现代高等级路面机械 [M]. 北京：人民交通出版社，2003.

[6] 周春华，钟建国，黄长礼，等. 土、石方机械 [M]. 北京：机械工业出版社，2003.

[7] 郑训，张世英，等. 路基与路面机械 [M]. 北京：机械工业出版社，2001.

[8] 徐希民，黄宗益. 铲土运输机械设计 [M]. 北京：机械工业出版社，1988.

[9] 马文星，邓洪超. 筑路与养护路机械 [M]. 北京：化学工业出版社，2005.

[10] 闻邦椿，刘树英. 现代振动筛分技术及设备设计 [M]. 北京：冶金工业出版社，2013.

[11] 唐元宁，唐经世. 掘进机与盾构机 [M]. 2版. 北京：中国铁道出版社，2009.

[12] 龚秋明. 掘进机隧道掘进概论 [M]. 北京：科学出版社，2014.

[13] 黎中银，焦生杰，吴方晓. 旋挖钻机与施工技术 [M]. 北京：人民交通出版社，2010.

[14] 胡永彪，杨士敏，马鹏宇. 工程机械导论 [M]. 北京：机械工业出版社，2013.

[15] 黄长礼，刘古岷. 混凝土机械 [M]. 北京：机械工业出版社，2001.

[16] 荆农. 沥青路面机械化施工 [M]. 北京：人民交通出版社，2004.

[17] 傅智. 水泥混凝土路面滑膜施工技术 [M]. 北京：人民交通出版社，2000.

[18] 陈道南. 起重运输机械 [M]. 北京：冶金工业出版社，2003.

[19] 文豪. 起重机械 [M]. 北京：机械工业出版社，2013.

[20] 冯晋祥. 专用汽车设计 [M]. 北京：人民交通出版社，2007.

[21] 张应力. 起重机司机安全操作技术 [M]. 北京：冶金工业出版社，2003.

[22] 罗振辉，等. 高空作业车 [M]. 哈尔滨：哈尔滨工程大学出版社，2010.

[23] 吴社强，杜愎刚. 通用特种车辆与装卸机械使用维修 [M]. 北京：国防工业出版社，2006.

[24] 卞学良. 专用汽车结构与设计 [M]. 北京：机械工业出版社，2007.

[25] 中国机械工业联合会，土方机械 铲运机 术语和商业规格：GB/T 7920.8—2003 [S]. 北京：中国标准出版社，2003.

[26] 全国土方机械标准化技术委员会. 平地机 技术条件：GB/T 14782—2010 [S]. 北京：中国标准出版社，2011.

[27] 全国建筑施工机械与设备标准化技术委员会. 建筑施工机械与设备 混凝土搅拌站（楼）：GB/T 10171—2016 [S]. 北京：中国标准出版社，2016.

[28] 全国起重机械标准化技术委员会. 起重机设计规范：GB/T 3811—2008 [S]. 北京：中国标准出版社，2008.

[29] 全国起重机械标准化技术委员会. 起重机术语第1部分：通用语：GB/T 6974.1—2008 [S]. 北京：中国标准出版社，2009.

[30] 全国起重机械标准化技术委员会. 履带起重机：GB/T 14560—2016 [S]. 北京：中国标准出版社，2016.

[31] 全国起重机械标准化技术委员会. 轮胎起重机：JB/T 12576—2015 [S]. 北京：中国标准出版

社，2015.

[32] 全国起重机械标准化技术委员会. 汽车起重机：JB/T 9738—2015 汽车起重机 [S]. 北京：中国标准
出版社，2015.

[33] 孔庆璐. 林德液压助力中国推土机行业技术升级 [J]. 建筑机械，2016 (06)：30-33.

[34] 宋金宝，等. 履带式推土机电液新技术的应用与发展 [J]. 建筑机械，2011 (08)：73-76.

[35] 许佳音，叶森森. KOMATSU 将推出系列智能化推土机 [J]. 工程机械，2014，45 (3)：68.

[36] 邱静雯，等. 国内外大型液压旋回破碎机的发展现状 [J]. 金属矿山，2013 (07)：126-134+152.

[37] 郎世平，王行政. 颚式破碎机的发展与创新 [J]. 矿业装备，2014 (04)：60-63.

[38] 刘旭南. 掘进机动态可靠性及其关键技术研究 [D]. 阜新：辽宁工程技术大学，2014.

[39] 王鑫. 盾构机倒拔施工关键技术 [J]. 建筑施工，2017，39 (01)：121-123.

[40] 秦海洋，等. 硬岩掘进机在中国的发展与展望 [J]. 筑路机械与施工机械化，2017，34 (02)：
19-25.

[41] 张博. 三一全液压驱动轮胎压路机 [J]. 工程机械，2006 (02)：14-16.

[42] 陈兆昆. 混凝土搅拌机的类别及结构特点与设计分析 [J]. 才智，2013 (17)：223-224.

[43] 穆柯. 沥青路面面层双层一体摊铺技术研究 [D]. 西安：长安大学，2012.

[44] 邱丽鹏. 沥青双层摊铺设备及施工特点 [J]. 施工机械与管理，2016 (10)：103-106.

[45] 刘增辉，等. 混凝土拌合站关键技术展望 [J]. 工程建设与设计，2016 (13)：136-139.

[46] 焦予民，王梯品. STC150 系列混凝土搅拌船在水上基础施工工程中的应用 [J]. 建设机械技术与管
理，2006 (09)：76-79.

[47] 全国升降工作平台标准化技术委员会 (SAC/TC 335). 高空作业车：GB/T 9465—2018 [S]. 北京：
中国标准出版社，2018.

[48] 全国建筑施工机械与设备标准化技术委员会 (SAC/TC 328). 道路施工与养护机械设备　沥青混合
料搅拌设备：GB/T 17808—2010 [S]. 北京：中国标准出版社，2011.